Günter Friedmann

Bienengemäß imkern im Jahreslauf

Das Standardwerk der naturgemäßen Bienenhaltung

Was Sie in diesem Buch finden

Vorwort

Naturgemäß Imkern ist das Leitbild von Günter Friedmann, mit dem ich vor einigen Jahren den ersten Ansatz zu einer Naturethik der Biene vorlegen durfte.[1] Seine praktischen Erfahrungen haben mir als Philosophin neue Dimensionen eröffnet, wie es sein könnte, Biene zu sein. Gemeinsam sind wir der Überzeugung: Erst wenn wir uns ihr Leben und den Jahresablauf ihres Volks besser vorstellen können, sind wir bereit, ausreichende Schritte zum Wohl der Bienen zu unternehmen. Das vorliegende Buch enthält wichtige Gedanken zur ökologischen Erneuerung der Gesellschaft und zum Schutz ihrer Mitwelt – dass die Biene bis auf Weiteres ein politisches Tier bleibt, mit dem Kämpfe um Landnutzung und Flächenverbrauch ausgetragen werden; dass die Honigbiene – auch als Indikator für den Zustand anderer Fluginsekten – in Europa weiterhin als gefährdet gelten darf; und nicht zuletzt, dass der pflegliche Umgang mit ihr als einem Nutztier sehr viel über uns selbst und unsere ethische Sicht auf die Natur aussagt.

Hier kommt die Naturgemäßheit ins Spiel. Mit diesem Ausdruck erkennen wir an, dass das Imkern etwas mit Kulturlandschaften zu tun hat – also nicht mit etwas rein Natürlichem, Urwüchsigem oder Wildem. Die Biene hat zusammen mit den Blütenpflanzen eine Koevolution durchlaufen, an der vor Jahrtausenden die Züchtung ansetzen konnte. Seitdem entwickelt sie sich in Partnerschaft mit den Menschen und ihren Lebensgewohnheiten. Aber diese werden zunehmend künstlicher und weniger naturgemäß. Wie die aktuelle Forschung zeigt[2], können Insekten Schmerz- und Stressreize viel weitreichender verarbeiten – vermutlich auch empfinden – als gedacht. Was hier neurobiologisch im Labor erforscht wird, wissen professionelle Imker wie Günter Friedman schon lange, weil ihnen das geänderte Sozialverhalten gestresster Bienen auffällt.

Beim Handwerk des Imkerns wird Natur in kultivierte Formen gebracht, wie Völker einer bestimmten Größe und optimale Behausungen für die Honiggewinnung. Das Natürliche – das, was den Anfang seines Wandels in sich hat, wie Aristoteles sagt – wird durch ein naturgemäßes Bewirtschaften erhalten. Dafür sind geeignete Materialien ebenso wichtig wie ein angepasstes Arbeiten an die Jahreszeiten und Verhaltensweisen. Hier wird die Natur nicht als Ding, sondern als ein Prozess gesehen, der sich weiterentwickeln kann.

Mit diesem Buch bündelt Günter Friedmann seine langjährige Erfahrung im Beobachten, Nutzen und Erhalten der Bienen. Er lässt uns teilhaben am Normalen und Ungewöhnlichen, an Bienengesundheit und -krankheit, am Honigen der Blüten, am Schwärmen der Bienen – und für die Bienen.

Prof. Dr. Nicole C. Karafyllis,
Technische Universität Braunschweig

[1] Karafyllis, N. C. u. G. Friedmann: Kein Honigschlecken: Bienen als „Ökosystemdienstleister" und natürliche Mitwelt. In Thomas Kirchhoff et al. (Hrsg.): Naturphilosophie. Ein Lehr- und Studienbuch. Tübingen: Mohr Siebeck, 2. Aufl. 2020, S. 292-302.

[2] Gibbons, M., Sarlak, S. u. L. Chittka: Descending control of nociception in insects? In: Proceedings of the Royal Society B., Vol. 289, Issue 1978, 13 July 2022. http://doi.org/10.1098/rspb.2022.0599.

Vorwort des Autors

Der Imker und seine Bienen

Mit diesem Buch möchte ich den Leser an den Erfahrungen auf meinem Weg als naturgemäßer Imker teilhaben lassen. Dieser Weg war oft nicht einfach, manchmal herausfordernd und schon gar nicht geradlinig. Oft genug sind uns Fehler passiert. Wir mussten unsere Ansichten ändern, dazulernen und immer wieder Kompromisse machen. Es überwiegen jedoch die schönen und positiven Erfahrungen. Naturgemäße Imkerei ist für mich keine Ideologie. Ein geistiger bzw moralischer Hintergrund ist wichtig. Aber letztlich muss alles am Bienenstand gut umsetzbar und machbar sein. Aus diesem Grund habe ich immer versucht, mich in meiner Arbeit an denn tatsächlichen Verhältnissen zu orientieren. Bienen sind nichts Heiliges und naturgemäße Imkerei schon gar keine Religion. Natürlich basiert eine naturgemäße Imkerei auf einigen grundsätzlichen Aspekten. Modern ausgedrückt nennt sich das »Basics«. Naturgemäße Imkerei ist nach meiner Ansicht neben allem imkerlichen Handwerk zuallererst Zuhören! Hören wir auf die Bienen und dann auf unseren gesunden Menschenverstand.

Eigentlich ist eine naturgemäße Bienenhaltung recht einfach: Sie ist ein Dialog, eine Begegnung zwischen Bienen und Imker. Daraus erwächst eine Betriebsweise, die darauf basiert, was die Bienen von ihrer Natur her brauchen. Aber auch das, was der Imker braucht, ist wichtig. Beide Aspekte sollten ausbalanciert sein. Das sehe ich in der heutigen Imkerei nicht mehr.

Ncht alles, was in der konventionellen Imkerei empfohlen wird, ist schlecht. Mich hat schon immer gestört, dass viele Maßnahmen als alternativlos dargestellt und gelehrt werden. Natürlich stimmt das nicht! Es gibt immer eine Alternative. Wichtig ist mir, zu verstehen, warum etwas gemacht wird. Dann kann man auch überlegen, ob das gleiche Ziel nicht auf andere bzw.natürlichere Art und Weise erreicht werden kann.

In diesem Buch versuche ich zu zeigen, welche Motive hinter vielen imkerlichen Maßnahmen stehen. Oft genug geht es nur um den Honigertrag. Diese Betriebsweisen sind nicht automatisch auf das Wohl unserer Bienen ausgerichtet. Oft genug widersprechen sie der Natur der Bienen sogar. Vordergründig und kurzfristig betrachtet, funktioniert diese »moderne« Art des Imkerns recht gut. Die allgemeine Lage der Imkerei hingegen ist schwierig, ja prekär. Das erlebe ich als einen Widerspruch und halte eine Erforschung der Ursachen dieser prekären Situation für nötig. Mein Ziel ist es, Verständnis für die Natur der Bienen zu wecken und Veränderungen in Richtung einer naturgemäßeren Imkerei zu fördern. Der entscheidende Schritt dahin findet im Kopf statt. Ich verspreche Ihnen, dieser Weg ist spannend und lehrreich. Nach meiner Erfahrung machen die Bienen vieles, was nach unserer Ansicht nur durch imkerliche Eingriffe erreicht werden kann, von selbst genauso gut, meist sogar besser. Eine bienengemäße Imkerei kann auch ökonomisch erfolgreich betrieben werden. Auch bei den Bienen stellt sich rasch ein Erfolg ein. Es war eine meiner besten Lebensentscheidungen, den Beruf des Imkers zu ergreifen. Von Anfang an wollte ich immer ein naturgemäßer Imker sein. Wichtig war mir die Begegnung mit den Bienen auf Augenhöhe und der Versuch, mit der Natur der Bienen zu arbeiten, anstatt gegen sie.

Naturgemäße Imkerei – eine kurze Einführung

Naturgemäße Imkerei ist ein Kompromiss zwischen dem Bestreben, den Bienen die Möglichkeit zu geben, ihre natürlichen Bedürfnisse so weit als möglich auszuleben, und dem, was der Imker für seine Arbeit braucht. Die Ausgestaltung liegt in der Verantwortung des Imkers.

Leben und Arbeiten mit den Bienen

Imkerei ist die Begegnung des Imkers mit den Bienen. Die Bienen haben zurecht einen Anspruch darauf, ihrer Natur gemäß behandelt zu werden. Das ist nicht nur eine Frage der Tierethik. Natürlich lebende Bienenvölker können Mechanismen entwickeln, die eine Koexistenz von Bienen und Varroamilben ermöglichen.

Warum ist naturgemäße Imkerei wichtig?

Die gesellschaftlichen Entwicklungen und Veränderungen machen auch vor der Imkerei nicht halt. Das Verhältnis des Menschen zu seiner Umwelt verändert sich. Vieles wird heute kritisch hinterfragt und geprüft, auch unser Umgang mit den Bienen. Das bringt Veränderungen mit sich. Die Imkerei muss sich zurückbesinnen auf das Wesen der Bienen und naturgemäßer werden.

Die Imkerei im Spannungsfeld der gesellschaftlichen Entwicklung

Die Imkerei spiegelt die Themen und Einflüsse wider, die uns Menschen unmittelbar bewegen. Als ich 1979 mit der Imkerei begann, war dies scheinbar noch anders. Der Imker lebte in seiner besonderen Nische und war zufrieden, wenn er in Ruhe bei seinen Bienen arbeiten konnte. Ökologie und Umweltschutz waren noch keine Themen, die ihn und die Allgemeinheit beschäftigt oder gar bewegt hätten. Die Imker hinterfragten ihren Umgang mit den Bienen kaum - und wenn, dann nur unter dem Aspekt der Betriebsweise, also Erleichterung der Arbeit oder Verbesserung der Völkerführung bzw. Steigerung des Honigertrags. Die Bienenhaltung war vorwiegend auf die imkerlichen Interessen ausgerichtet. Das Befinden des Bienenvolks war kein Thema, denn Imkerei galt per se als naturgemäß. Die imkerliche Welt war noch in Ordnung, auch weil keine gravierenden Krankheiten die Bienen und die Imker plagten und forderten. Die Ernährungssituation war ebenfalls noch gut. Gewandert wurde nur zur Gewinnung von Sortenhonigen. Standimkerei war die Regel und auch gut möglich. So bewirtschaftete zum Beispiel meine erste Lehrmeisterin in der Nähe von Regensburg 100 Bienenvölker, die alle dauerhaft in einem großen Bienenhaus untergebracht waren. Das kann man sich heute kaum noch vorstellen.

Die Varroamilbe und die ausgeräumte Landschaft infolge der Intensivierung der Landwirtschaft veränderten alles! Die Welt der Imker geriet aus den Fugen. Imkerei war nicht mehr nur eine Idylle. Vielmehr wurden wir Imker mehr und mehr mit neuen Herausforderungen konfrontiert: Die alljährlich notwendige Milbenbekämpfung war neu. Zudem verursachten die gegen die Milbe verfügbaren chemotherapeutischen Medikamente Rückstände in unserem Honig. Wir Imker standen plötzlich vor den gleichen Problemen wie die Landwirte. Hier galt es, eine Antwort zu finden.

Erste Entlastung verschaffte die Entdeckung der varroaziden Wirkung der organischen Säuren. Gleichzeitig entstand die ökologische Imkerei, als zunächst Demeter und Bioland eigene Richtlinien entwickelten. Einige Jahre später wurde dann die EU-Basis-Richtlinie zur Ökologischen Imkerei verabschiedet. Der Fokus dieser Regelwerke lag, mit Ausnahme der sehr bienengemäßen Demeter-Richtlinien, auf der Gewinnung von rückstandsfreien Bienenprodukten und weniger auf dem Umgang mit den Bienen selbst. Der gewünschte Erfolg stellte sich umgehend ein. Honig, Wachs etc. aus ökologischer Imkerei konnten weitgehend frei von Belastungen gewonnen werden. Allerdings zeigte

Die Varroamilbe ist sowohl für uns Imker als auch für die Bienen eine Herausforderung.

sich auch die Beschränktheit der Richtlinien, da sich an der realen Situation der Bienen nichts änderte. Ganz im Gegenteil! Die Imker, auch die Öko-Imker, mussten ihre Strategien und die Intensität der Varroabekämpfung stetig verschärfen. Ihre Situation glich der der konventionellen Landwirtschaft. Die Spirale der Varroabekämpfung drehte sich weiter und weiter, es war kein Ende in Sicht.

Zudem eroberte das Wort vom »Bienensterben« die öffentliche Aufmerksamkeit und lenkte den Blick auf die desaströse Lage der Insekten inklusive der Honigbienen. Letzteren ging es nur dank der Unterstützung durch den Imker besser als den Wildbienen, Schmetterlingen und anderen Insekten. Langsam gab es einige Anpassungen in den landwirtschaftlichen Förderprogrammen, aber an der Situation der Insektenwelt änderte sich wenig.

Umdenken in Sicht?

Immer wieder meldeten sich Imker zu Wort, die auch die imkerlichen Betriebsweisen hinterfragten und darauf hinwiesen, dass diese ebenfalls zur Schwächung der Bienen und zu deren abnehmender Resilienz beitragen könnten. Zunächst fanden sie jedoch kein Gehör. Das scheint sich zu ändern. Seit Kurzem wird dieses Thema ernsthaft diskutiert. Triebfeder ist einmal die Frustration in der Imkerschaft über die scheinbar ausweglose bzw. alternativlose Varroasituation. Statt sich im Lauf der Zeit abzuschwächen, wie es oft bei Epidemien vorkommt, hat sich die Lage sogar verschlechtert. Trotz intensiverer Maßnahmen gegen die Milbe, die dem Imker einiges abfordern, liefert sich dieser jedes Jahr erneut einen Wettlauf mit der Varroa. Oft genug verliert er diesen. Es mehren sich die Stimmen, die fragen: Wo soll das alles enden?

Gleichzeitig hat sich die Struktur der Imkerschaft grundlegend gewandelt. Noch vor nicht allzu langer Zeit waren die Imkervereine in der Hand alter Männer. Heute gibt es einen hohen Frauenanteil und viele Vorstände und Mitglieder sind jung und offen für neue, aber auch brisante Themen. Zahlreiche Neu-Imker haben mit der Motivation, den Bienen zu helfen, mit der Bienenhaltung begonnen. Sie sehen sich aber mit einer Imkerei konfrontiert, in der Betriebsweisen dominieren, die gegen die natürlichen Bedürfnisse und Triebe der Bienen gerichtet sind. Einzeln betrachtet wirkt vieles gar nicht so dramatisch. Wenn ich aber das gesamte Ausmaß der imkerlichen Eingriffe betrachte, so erschrecke ich schon. Der Bien sieht sich einem umfassenden System von Manipulationen gegenüber, der ihm kaum mehr Raum lässt, seiner Natur gemäß zu leben.

Und noch etwas könnte einen imkerlichen Gesinnungswandel bewirken: Die Bienen selbst zeigen uns, dass sie mit der Varroamilbe klarkommen und deren Invasion überleben können. Voraussetzung dafür ist allerdings, dass sich zwischen der Milbenpopulation und dem Bienenvolk ein Gleichgewicht herausbilden kann. Das geht nur mit einer extensiven Imkerei und einem weitgehenden Verzicht auf eine aktive Varroabekämpfung. Eine Imkerei, die der Natur der Bienen genügend Raum lässt und den Bienen ermöglicht, diese auch auszuleben, stärkt die Gesundheit, Stabilität und Resilienz der Völker. Zudem können unsere Bienen unter diesen Bedingungen eigenständig eine Toleranz bzw. sogar eine Resistenz gegen die Varroamilbe entwickeln. Deutlicher kann es gar nicht ausgedrückt werden: Eine Imkerei gemäß der Natur der Bienen stärkt die Bienen und macht sie wieder gesünder.

Nun geht es nur noch darum, dass die Stimme der Bienen selbst Gehör findet bei denjenigen Menschen, die sie pflegen und unterstützen - bei uns Imkern. Natürlich ist und bleibt die Honigbiene ein Nutztier. Allerdings ein Nutztier, das nicht mit der Kuh, dem Huhn oder dem Schwein vergleichbar ist. Bei diesen kontrolliert der Landwirt alle Bedingungen, unter denen diese Tiere leben. Die Biene hingegen ist zwar domestiziert, bis zu einem gewissen Grad ist sie aber ein wild lebendes Tier geblieben. Es hat sich gezeigt, dass die Bienen umso anfälliger und schwächer werden, je mehr wir sie manipulieren, kontrollieren und domestizieren. Normalerweise hätte unser gesunder Menschenverstand uns schon lange ein Licht aufgehen lassen müssen. Das ist aber nur sehr eingeschränkt passiert. Stattdessen zeigen uns nun die Bienen selbst die Richtung. Das finde ich grandios!

Langsam kommt also in der Imkerschaft eine produktive Diskussion in Gang. So hat ein ökologischer Anbauverband eigene Tierwohl-Richtlinien formuliert und fordert seine Mitglieder auf, diese umzusetzen. Das ist ein großartiger Impuls. Studiert man diese Tierwohl-Richtlinien, so enthalten sie viele gute Forderungen. Zum Beispiel, dass der Imker seine Bienen nicht an kalten, schattigen Stellen oder gar in Kaltluftseen aufstellen soll. Er soll immer auf das Vorhandensein ausreichender Futtervorräte achten, keine verschimmelten oder verkoteten Waben verwenden etc. (Bioland-Leitfaden für Imker zur Tierwohl-Kontrolle, 2021). Genauer betrachtet, gehört jedoch die Mehrzahl der Maßnahmen, die hier als Tierwohl beschrieben werden, zur guten imkerlichen Praxis. Aber: Ein Anfang ist gemacht!

Was ist gute fachliche Praxis?

Sie ist eine Basisstrategie und bezeichnet die Gesamtheit der im jeweiligen Bereich anerkannten Regeln der Techniken und Maßnahmen. Diese müssen in der Wissenschaft als gesichert gelten, aufgrund von Erfahrungen angemessen und geeignet sein. Außerdem müssen sie den sachkundigen Anwendern bekannt sein (Wikipedia 2023). Auf die Imkerei übertragen heißt das: Gute imkerliche Praxis ist Imkerei auf dem Stand des anerkannten Wissens. Sie beinhaltet alles, was notwendig ist, um das Überleben und die Gesundheit der Bienenvölker zu sichern sowie um Honig ernten zu können. Nicht mehr, aber auch nicht weniger. Viele imkerliche Maßnahmen sind richtig, notwendig und angemessen, wie zum Beispiel das Füttern. Allerdings ist die gute fachliche Praxis mehr auf das handwerkliche Imkern und weniger auf das Bienenvolk an sich ausgerichtet.

Das Tierwohl und die gute fachliche Praxis können auch im Widerspruch zueinander stehen. Das gilt zum Beispiel für das Ausbringen von Ameisensäure im Bienenvolk oder das Ausschneiden der Drohnenbrut und die Stellung und biologische Bedeutung der Drohnen im Bienenvolk.

Was bedeutet Tierwohl?

Während vor einigen Jahrzehnten Tiere im Bürgerlichen Gesetzbuch noch als Sache galten, so gibt es hier, rein gesetzgeberisch gesehen, große Fortschritte. In § 1 TierschG wird das Tier schon als Mitgeschöpf bezeichnet, dem niemand ohne vernünftigen Grund Schmerz, Leiden oder Schaden zufügen darf. Tierwohl wird heute weitgehend durch die fünf Freiheiten definiert (Wikipedia 2023):

- Freiheit von Hunger, Durst und Fehlernährung
- Freiheit von Unbehagen
- Freiheit von Schmerz, Verletzung und Krankheit
- Freiheit von Angst und Leiden
- Freiheit zum Ausleben normalen Verhaltens (die Tiere leben unter Bedingungen, die psychisches Leiden vermeiden)

Konkret sind diese fünf Freiheiten auf die üblichen Nutztiere ausgerichtet. Hier können viele Parameter direkt überprüft werden. Die Lebenswelt der Bienen ist uns aber oft fremd. Das macht es schwierig, ihr Wohlbefinden zu beurteilen. Doch mittlerweile ist die Forschung, hier vor allem Biologie, Philosophie und Ethik, weit vorangeschritten. Wir wissen, dass Bienen Emotionen haben. Sie vollbringen intellektuelle Leistungen wie Rechnen oder das Beurteilen von Situationen. Sie wägen ab und treffen Entscheidungen etc. Ja, Bienen kennen sogar das soziale Lernen. Dies alles trifft aber nicht nur auf der Ebene der Einzelbiene zu. Das gilt auch für das Bienenvolk als Ganzes bei der Wahl eines geeigneten Nistplatzes oder Mobilisierung von Sammlerinnen für die Ausnutzung von Trachtquellen - der Bien hat Entscheidungsstrukturen und -prozesse entwickelt, die zu der für eine Gemeinschaft besten Lösung führen. Diese sind meiner Ansicht nach sogar unseren demokratischen Prozessen überlegen.

Diese Erkenntnisse bringen uns das Wesen eines Bienenvolks schon deutlich näher. Es ist keine Sache, die uns da gegenübersteht. Kein seelenloses, dummes Wesen, dem unbedenklich der Honig weggenommen werden kann und dem es egal ist, wie mit ihm verfahren wird. Beim Imkern begegnen wir einem starken, eigenständigen Gegenüber - fast schon einer Art Persönlichkeit. Diese fordert zu Recht unsere Achtung und unseren Respekt.

Darüber hinaus ist in der Ethik der Begriff des Eigenwerts des Tieres von hoher Bedeutung. Jedes Wesen hat einen solchen Eigenwert. Daraus leitet sich sein Recht auf Freiheit von Leiden etc. ab.

Da die Wissenschaft in den letzten Jahren große Fortschritte in der Beschreibung des Lebens ebenso wie in der Entdeckung der vielfältigen und erstaunlichen Fähigkeiten der Tiere gemacht hat, muss der Begriff des Tierwohls erweitert werden:

- Jedes Tier verfügt über spezifische Fähigkeiten, mit deren Hilfe es seine Ziele verfolgt. Und die muss es ausüben dürfen.
- Darüber hinaus hat jedes Wesen ein Recht auf ein »gutes Leben«. Die Definition davon darf sich nicht am Menschen orientieren, sondern einzig und allein an den Fähigkeiten und Fertigkeiten der Tiere selbst - an ihrer Natur.

Es ist Unrecht, wenn Tiere darin behindert werden, ihre Ziele in der ihnen eigenen Art zu verfolgen. Dies, so die moderne Ethik, ist nur dann tolerierbar, wenn es der eigenen Verteidigung dient oder dem Schutz anderer. Das eröffnet für eine tiergerechte und naturgemäße Landwirtschaft vollkommen neue Perspektiven. Der Fokus muss auf das Tier und nicht mehr nur auf seinen Halter gerichtet werden.

Dieser Diskussion werden wir Imker uns nicht entziehen können. Das zeigt die Landwirtschaft, wo das Thema Tierwohl bei Schweinen, Rindern und Hühnern einen ganz wichtigen Stellenwert bekommen hat. So unangenehm und teuer das für die Landwirte werden kann, sie müssen reagieren. Das ist auch gut so. Bisher hat die Imkerei alle Entwicklungen in der Landwirtschaft - wenn auch zeitverzögert - mitgemacht. Deshalb ist zu erwarten, dass auch wir uns der Fragen nach dem Wohl unserer Bienen und nach unserem Umgang mit ihnen stellen und darauf entsprechend reagieren müssen.

Das Grundprinzip der naturgemäßen Imkerei

In diesem Kontext gewinnt die naturgemäße Imkerei ihr Profil und ihre Zukunft. Werden die Bienen, sofern sie ihrer Natur gemäß leben dürfen, dann auch noch gesünder, sprich varroaresistent, so sollte eigentlich jeder diesen Weg gehen.

Naturwabenbau ist ein wesentliches Element der naturgemäßen Imkerei.

Das Grundprinzip der naturgemäßen Imkerei ist der Versuch, so zu imkern, dass das natürliche Leben der Bienen selbst die Basis der imkerlichen Tätigkeit darstellt. Ich versuche, diesem natürlichen Leben in meinen imkerlichen Eingriffen gerecht zu werden, statt es um jeden Preis zu unterdrücken und zu manipulieren. Und natürlich möchte ich daraus auch einen Nutzen ziehen. Die Basis meiner Begegnung mit den Bienen ist Vertrauen, Achtung und Respekt. Das Ziel ist die Autonomie der Bienenvölker in einer weitgehend extensiven Imkerei.

Die einzelnen Elemente der naturgemäßen Imkerei sind für mich:

- Der Naturwabenbau, um der Bedeutung von Wachs und Wabenbau für das Leben des Bienenvolks gerecht zu werden
- Vermehrung über den Schwarmprozess und keine systematische künstliche Königinnenzucht
- Harte Selektion, basierend auf einer großzügigen Vermehrung im Sommer
- Varroaresistenz-Basiszucht
- Eine gut bienenverträgliche und wirksame Varroabekämpfung (falls notwendig)
- Fütterung und Futterversorgung
- Behandlung des Honigs als wertvolles Bienenprodukt
- Eine ausgewogene Honigernte. Als Imker möchte ich auch Honig ernten. Das ist gewissermaßen die Gegenleistung dafür, dass ich die Bienen pflege und sie versorge. Das bedeutet aber nicht, dass ich den Bienen den kompletten Honig wegnehme. Ich kenne die Bedeutung des Honigs für die Bienen selbst und versuche, dem Jahr für Jahr gerecht zu werden.

Die Biene als politisches Tier

Imkerei ist heute mehr als »nur« Imkern. Durch die massive Verarmung der Landschaft als Folge der intensiven modernen Landwirtschaft sind wir Imker gefordert, uns auch politisch zu engagieren.

Imkern - eine politische Tätigkeit

Um erfolgreich imkern zu können, sollte jeder Imker den näheren und weiteren Einzugsbereich seiner Bienenvölker kennen. Das heißt, er betrachtet die Landschaft mit den Augen einer Biene. Honigbienen befliegen je nach Jahreszeit ein Gebiet, das bis zu 100 km^2 groß sein kann. Sie zeigen dem Imker, wie es dort um die Blütenvielfalt und die Biodiversität, also die natürliche Vielfalt, bestellt ist. Indirekt kann er diese Parameter an der Gesundheit und der Konstitution seiner Bienenvölker ablesen. Honigbienen sind daher Bio-Indikatoren für den Zustand der Landschaft, in der sie leben.

Hier verlässt die Imkerei den privaten Bereich eines Hobbys oder einer Leidenschaft und die Honigbiene wird zum politischen Tier. Durch ihre Lebensweise und ihr Sammelverhalten deckt sie viele für uns schwer wahrnehmbare Zusammenhänge auf und führt uns die Konsequenzen vor Augen. Der Imker hat seine Hand unmittelbar am Puls der Natur. Das ist auf der einen Seite ein Privileg, weil daraus eine intime Kenntnis und eine große Verbundenheit mit den Naturzusammenhängen entstehen kann. Auf der anderen Seite erwächst daraus eine zweifache Verantwortung ...

- ... für die Gesundheit und das Wohlergehen seiner Bienenvölker.
- ... für Menschen, die dieses Privileg der Naturverbundenheit nicht haben. Wir Imker müssen sie aufklären und informieren.

Damit wird das Imkern zu einer politischen Tätigkeit. Das ist eine Herausforderung, denn Imker sind meist Individualisten und zufrieden, wenn sie bei ihren Bienen sein können. Diese Haltung können wir uns heute aber nicht mehr leisten. Zu gravierend sind die Veränderungen. Und wir sind noch nicht am Ende! Ermutigend finde ich, dass viele Imker in der jüngeren Zeit ein politisches Bewusstsein und auch die Bereitschaft zu einem entsprechenden Engagement entwickeln.

Naturlandschaft vs. Nutzlandschaft

Die moderne intensiv betriebene Landwirtschaft hat die Landschaft in Mitteleuropa in nur wenigen Jahrzehnten auf eine radikale, früher kaum vorstellbare Weise verändert. Ein Blick aus dem Fenster genügt. Wir leben in einer »Nutzlandschaft«, in der nahezu jeder Quadratmeter von Menschen bewirtschaftet wird. Dennoch scheint diese Landschaft im Großen und Ganzen noch intakt zu sein. Die Vögel singen noch, ab und zu fliegt ein Schmetterling vorbei und auf den Wiesen wachsen immer noch einige Blümchen.

Bei genauerer Betrachtung wird jedoch deutlich, wie armselig die Landschaft geworden ist. Es fehlen nicht nur die Insekten. Insgesamt ist es um die lebendige Artenvielfalt und die Biodiversität schlecht bestellt. Für mich als Imker, der mittlerweile mehr als vier Jahrzehnte in der gleichen Landschaft tätig ist, sind diese gravierenden Veränderungen auf den ersten Blick wahrnehmbar. Tatsächlich fällt es mir im Sommer oft schwer, diese Monotonie, diese Verarmung und Einseitigkeit zu ertragen. Nicht nur, weil es die Ökonomie meines Imkereibetriebs tangiert, sondern weil ich auch erlebe, wie schwer sich die Bienen in dieser Landschaft tun.

Aber auch die abstrakte Statistik spricht eine deutliche Sprache. 1950 gab es in Deutschland ca. zwei Millionen Bienenvölker. Diese Zahl sank zwischenzeitlich auf etwa 800.000 Völker. Mittlerweile leben hier dank des Imkerbooms der letzten Jahre wieder etwa eine Million Bienenvölker. Letztlich sind das nach meiner Ansicht trotz des Aufwärtstrends dramatische Zahlen. Denn es ist nicht nur die Zahl der Bienenvölker um ca. 50 Prozent zurückgegangen. Die verbliebenen Völker werden statt mit acht bis zehn Kilogramm Zucker aktuell mit 20 bis 25 Kilogramm Zucker eingefüttert. Die Trachtlücken im Sommer werden immer größer. An vielen Standorten kann dauerhaft nicht mehr gut geimkert werden. Wenn der Imker nicht andere Trachtquellen anwandert, ist er gezwungen, seine Bienenvölker auch im Sommer zu füttern. Konsequent zu Ende gedacht, bedeutet dies nichts anderes, als dass unsere Landschaft nicht einmal mehr die Hälfte der Nahrungsquellen bietet, die hier noch in den Fünfzigerjahren vorhanden waren. Zur Bewusstseinsbildung brauchen wir die Möglichkeit zum Vergleich. So erinnern wir uns daran, dass in unserer Kindheit bunte Blumensträuße zum Muttertag schnell gepflückt waren. Oder daran, dass früher die Windschutzscheiben und Scheinwerfer nach langen Autofahrten von Tausenden von Insekten verklebt waren. Aber das sind vage Erinnerungen. Tatsächlich gibt es kaum belastbare Zahlen dazu.

Studie zum Insektenschwund

2017 veröffentlichte der Entomologische Verein Krefeld eine Langzeitstudie zum Rückgang fliegender Insekten. Die Hobbyentomologen des Vereins fingen von 1989 bis 2013 regelmäßig fliegende Insekten in sog. Malaisefallen. Dabei stellten sie fest, dass das Gesamtgewicht der gefangenen Insekten in dem Beobachtungszeitraum um bis zu 80 Prozent zurückgegangen war. Wurden in den Anfangsjahren der Untersuchung pro Falle noch bis zu 1,6 Kilogramm Insekten gefangen, so waren es in späteren Jahren oft nur noch 300 Gramm. Weitere Untersuchungen bestätigten diese Ergebnisse, wobei nicht nur das Gesamtgewicht, sondern auch die Zahl der gefangenen Individuen und die Artenzahl verglichen wurde. Auch hier war der Rückgang erschreckend hoch: Die Gesamtzahl der Insekten ging um 78 Prozent zurück, die Artenzahl sank um mehr als 30 Prozent.

Wir werden Opfer eines Phänomens, das in der Fachsprache »shifting baselines« genannt wird. Jede Generation hat als Ausgangspunkt ihrer Wahrnehmung nur das, was sie vorfindet. Das hält sie für den Normalzustand. So ist für unsere Kinder ein grüner Sommer Normalität. Es findet eine Gewöhnung an das schleichende Verschwinden von Buntheit, Vielfalt statt. Das macht es schwer, ein tatsächliches Bewusstsein für die Dramatik zu entwickeln. Noch schwerer ist es, das Verhalten zu verändern. Mir selbst geht es auch so. Manchmal kann ich kaum glauben, dass es tatsächlich so schlimm ist. Darum tun wir uns mit dem Verschwinden der Biodiversität so schwer. Ein grüner Sommer ist doch auch ein schöner Sommer!

Das Bienensterben

In den letzten Jahren verging kaum ein Tag, an dem nicht in unterschiedlichen Medien über das »Bienensterben« und die zunehmende Not der Bienen berichtet wurde. Dadurch geriet die Imkerei in den Fokus des öffentlichen Interesses, während sie zuvor eine kaum wahrgenommene Randexistenz geführt hatte. Mittlerweile hat sich die Debatte wieder beruhigt bzw. sie wurde von anderen Themen wie Klimaerwärmung etc. überlagert. Tatsächlich ist der Begriff »Bienensterben« ein sehr starker Terminus, der zu Recht viele Menschen aufgewühlt hatte. Wenn wir auch in diesem Buch immer wieder darüber sprechen, dass die Imkerei heutzutage immer schwieriger und die Lage der Bienen oft prekär geworden ist, so kann jedoch nicht die Rede von einem allgemeinen Bienensterben sein. Es herrscht Konsens darüber, dass es der Honigbiene nicht gut geht und die Lage der Imkerei in vielen Ländern als prekär bezeichnet werden kann: Es gibt hohe Verlustraten, erfolgreiche Imkerei wird immer schwieriger und wir Imker befinden uns in einem Wettlauf mit der Varroamilbe, den wir oft genug verlieren. Aber als Bienensterben würde ich das nicht bezeichnen. Dieser Begriff impliziert, dass die Bienen in vielen Regionen massenweise sterben. Das stimmt so nicht. Eine Ausnahme stellen jedoch die Vereinigten Staaten dar: Dort liegen die jährlichen Verlustraten seit einigen Jahren konstant bei fast 50 Prozent.

Betrachtet man die Lage der Imkerei weltweit, so zeigt sich ein differenziertes Bild. Es gibt Regionen, wie etwa Südamerika oder auch weite Teile Afrikas, in denen die Imkerei blüht und gedeiht. Auf der anderen Seite gibt es Gebiete, vorwiegend in Europa, Nordafrika und Nordamerika, in denen sich die Zahl der Bienenvölker verringert hat und die Verlustraten hoch sind.

Extensive Imkerei und Bienensterben

Auffällig finde ich, dass es den Bienen dort gut geht, wo weitgehend extensiv geimkert wird und wo es auch um die Biodiversität gut bestellt ist. Den Bienen geht es dagegen in den Gebieten schlecht, in denen sowohl moderne, intensiv betriebene Landwirtschaft als auch moderne, intensiv betriebene Imkerei vorkommen. Dieser

Blütenvielfalt ist elementar für eine gute Ernährung der Honigbienen. Das beeinflusst auch die Bienengesundheit.

Zusammenhang sollte uns zu denken geben. Der Vergleich zeigt deutlich, welche Gründe für die bedenkliche Lage bzw. für das Blühen und Gedeihen der Bienen und der Imkerei mitverantwortlich sein könnten. Gleichzeitig können daraus auch Lösungsmöglichkeiten für einen Ausweg aus der Krise herausgearbeitet werden.

In Südamerika sind der Aufschwung der Imkerei und das Wohlergehen der Bienen eng mit der Ausbreitung der Afrikanisierten Biene, spektakulär auch »Killerbiene« genannt, verbunden. Diese Kreuzung der Italienischen Biene *Apis mellifera ligustica* mit der Afrikanischen Hochlandbiene *Apis mellifera scutellata* ist sehr aggressiv und hat sich in wenigen Jahren über große Teile des südamerikanischen Kontinents bis nach Kalifornien ausgebreitet. Dort stieß sie an eine klimatische Grenze, da sie nicht winterfest ist. Die Imker hatten zunächst große Probleme, mit der Aggressivität dieser Bienen umzugehen. In Mexiko ist es zum

Beispiel verboten, diese Biene innerhalb von menschlichen Siedlungen zu halten. Das ist zu gefährlich. Doch im Lauf der Zeit lernten die Imker damit umzugehen und imkern jetzt sehr extensiv. Außer einer Honigernte wird nur wenig gemacht. Das funktioniert natürlich nur deshalb gut, weil aufgrund der hohen Biodiversität die Trachtverhältnisse hervorragend sind. Die Afrikanisierte Biene wird mittlerweile als evolutionärer Glücksfall bezeichnet. Sie ist sehr vital und varroatolerant, sodass die Varroamilbe die Bienenvölker nicht existenziell bedroht. Verantwortlich dafür ist das Verhalten der Bienen selbst: Sie verlassen den Stock, wenn die Belastung mit Milben zu groß wird. Dieses Absconding genannte Verhalten führt allerdings auch dazu, dass die Bienen den Stock verlassen, wenn der Imker zu sehr nervt. Gleichzeitig zeigt die Afrikanisierte Biene ein ausgeprägtes Putzverhalten, das Grooming. Die Bienen befreien sich gegenseitig von Milben. Die Varroamilbe vermehrt sich dort vorwiegend in der Drohnenbrut.

Dass nicht nur die Genetik für die Koexistenz mit der Milbe verantwortlich ist, sieht man auch an der Situation der Imkerei in Afrika. Dort wird in vielen Gebieten noch sehr traditionell geimkert, zumeist extensiv wegen der auch dort hohen Aggressivität der Bienen. Gleichzeitig ist auch in Afrika die Biodiversität sehr hoch.

Moderne Landwirtschaft und die Krise der Imkerei

Welchen Anteil die moderne intensive Bewirtschaftung der Bienenvölker an der Krise der Imkerei haben könnte, versuche ich in diesem Buch zu beschreiben. Gleichzeitig ist es mein Anliegen, Lösungsmöglichkeiten aufzuzeigen. Bei der Betreuung unserer Bienen können wir selbst tätig

Eine Nutzpflanzenwüste der Agrarindustrie: Millionen Exemplare einer einzigen Pflanzenart auf dem Feld, doch ohne Nutzen für die Bienen, da sie weder Pollen noch Nektar bieten.

werden. Für die Blütenvielfalt und Biodiversität in der Landschaft können wir kaum etwas tun, da uns dazu die Flächen fehlen. Diese sind in der Hand der Landwirte. Der Beitrag der Landwirtschaft zur krisenhaften Lage der Bienen, aber auch zum dramatischen Rückgang der für die Bestäubung elementar wichtigen Insekten- und Wildbienenpopulationen ist hoch. Allerdings bleibt uns im Kern nichts anderes übrig, als immer wieder auf die Probleme aufmerksam zu machen. Ich fühle mich verpflichtet, die Öffentlichkeit zu informieren. Wer sonst außer uns Imkern agiert an vorderster »Front« und erlebt hautnah die negativen Auswirkungen der intensiven Landwirtschaft auf die Blütenwelt, die Insekten und die Biodiversität? Wir müssen aber auch mit den Landwirten kooperieren und diese informieren. Die Einflüsse sind so komplex, dass wir nicht davon ausgehen können, dass die Landwirte alle Zusammenhänge erkennen.

Landwirtschaft ist heute ebenfalls ein schwieriges Metier. Bauern verdienen unseren Respekt. Sie besitzen die Flächen, auf denen unsere Bienen »weiden«. Eine Verbesserung der Situation kann daher nur gemeinsam mit den Landwirten erreicht werden, getragen und unterstützt von Politik und Gesellschaft. Die Diskussion über die prekäre Situation der Insektenwelt hat bereits zu einigen Veränderungen in der Landschaft geführt. Als Beispiel möchte ich nur die Förderung von Blühstreifen, Zwischenfrüchten etc. anführen. Tatsächlich hat sich aber trotz einiger Fortschritte grundlegend nur wenig verbessert – nach meiner Wahrnehmung hat sich die Situation in den letzten Jahren sogar noch verschlechtert. Dies gilt allerdings nicht für alle Regionen.

Es gibt nicht die eine Ursache für die fatale Entwicklung in der Beziehung Insektenwelt und Landwirtschaft. Das gesamte System der modernen intensiven Landwirtschaft, beruhend auf dem Zusammenwirken von vielen verschiedenen Einflussfaktoren, hat die gravierenden Probleme zu verantworten. Ich bin daher der Meinung, dass einzelne Maßnahmen zwar punktuelle Verbesserungen, aber keine grundlegende Veränderung bewirken können. Deshalb sehe ich auch im ökologischen Landbau keinen wesentlichen Faktor zur Verbesserung der Lage der Insekten bzw. der Biodiversität. Der ökologische Landbau folgt ebenfalls dem Pfad der Intensivierung. Tatsächlich kann aber nur eine Extensivierung zu einer Erhöhung der Nachhaltigkeit und Verbesserung der Biodiversität führen.

Auslöser der ökologischen Krise

Werfen wir einen kurzen Blick auf die einzelnen Mosaiksteine, die die prekäre Lage, in der wir uns befinden, verursacht haben. Viele einzelne Auslöser der Krise sind bekannt, ebenso die von ihnen ausgehenden ökologischen Folgen. Eine Zusammenschau öffnet den Blick auf die tatsächliche Dimension der ökologischen Krise, in der wir uns befinden, und darauf, wie schwierig es sein wird, einen Ausweg zu finden und zu gestalten.

Insektizide

Insektizide gefährden unmittelbar Bienen und andere Insekten. Ein Insektizid ist eine chemische Substanz, um Insekten oder deren Entwicklungsstadien abzutöten, zu vertreiben oder zu hemmen. Mit dieser Definition ist eigentlich alles gesagt. Synthetische Insektizide sind relativ jung. Das erste Insektizid auf der Basis von Phosphorsäureester wurde 1938 entwickelt. Prinzipiell treffen Insektizide Schädlinge wie Nützlinge gleichermaßen. Um diese Kollateralschäden zu minimieren, arbeitet die chemische Industrie beständig an dem Spagat »Schutz der Honigbienen trotz hochwirksamer Insektizide«. Unzweifelhaft gibt es Fortschritte bei der Entwicklung neuartiger, sehr selektiv wirkender Insektizide. Auch die Zulassung neuer Mittel wurde verschärft. Ich kann mich noch gut an Zeiten von akuten Bienenvergiftungen erinnern, denen ganze Völker zum Opfer fielen. Das ist zum Glück selten geworden. Das Bienensterben im Rheintal 2008 war vorläufig das letzte seiner Art bei uns. Damals wurden viele Bienen durch den Abrieb und Insektizidstaub bei der Aussaat gebeizten Saatguts getötet. Das Beizmittel haftete nicht fest genug am Samenkorn. Die Saatgutbeizung ist eine wichtige Neuerung bei der Insektizidanwendung. Dabei wird das Saatgut mit dem Insektizid ummantelt. Der Wirkstoff gelangt so nicht direkt in die Umgebung, sondern zirkuliert lediglich, ausgehend vom Samenkorn bzw. von der Wurzel, im Siebröhrensaft der Nutzpflanze. Saugt ein Insekt an der behandelten Pflanze, so stirbt es. Dies nennt man systemische Wirkung. Allerdings gelangt das Insektizid auch in den Nektar. Durch die Saatgutbeizung ist das direkte Ausbringen von Insektiziden stark zurückgegangen. Die Emissionen wurden reduziert. Viele Menschen haben daher den Eindruck, dass weniger Insektizide gespritzt werden. Dieser Eindruck täuscht jedoch. Der Inhalt bleibt gleich, nur die Form ändert sich. Zudem wirken moderne Insektizide wesentlich effektiver. Ihre Giftigkeit hat sich im Vergleich zu den früher eingesetzten Insektiziden massiv erhöht. Trotzdem töten sie ihre Zielorganismen oft nicht unmittelbar, sondern wirken »lediglich« subletal, also nicht direkt tödlich.

Moderne Insektizide sind zum Beispiel die Neonicotinoide, die weltweit zu den am meisten verbreiteten Insektiziden gehören. Sie wirken direkt auf die Nervenzellen der Insekten und lösen dort eine Art Nervenzusammenbruch aus. Neonicotinoide kamen in den letzten Jahren in Verruf, das Lernvermögen und die Orientierung der Honigbienen zu schädigen. Sammelbienen fanden nicht mehr zum Heimatstock zurück bzw. brauchten für den Rückweg wesentlich länger. Zudem gerieten die Neonicotinoide in Verdacht, auch das Immunsystem der Bienen zu schwächen. Als Folge eines Gerichtsurteils des Europäischen Gerichtshofes sind heute zahlreiche Neonicotinoide in vielen Ländern Europas nicht mehr zugelassen. Allerdings reicherten sich die Wirkstoffe in der Vergangenheit im Boden an und gelangen weiterhin in den Siebröhrensaft der Pflanzen und damit in den Honig. Moderne intensive Landwirtschaft kann nur mit dem Einsatz von chemisch-synthetischen Wirkstoffen funktionieren. Daher werden wir Imker auch in Zukunft weiterhin mit dieser Problematik und der daraus resultierenden Schwächung der Bienen konfrontiert sein.

Herbizide

Herbizide oder Unkrautbekämpfungsmittel sind chemische Substanzen, die unerwünschte Pflanzen abtöten sollen. Auch Herbizide sind eine relativ junge Entwicklung und werden erst seit etwa 70 Jahren eingesetzt. Seit den 1960er-Jahren ist ihr Einsatz jedoch systematischer Bestandteil der modernen Landwirtschaft. Herbizide sind in hohem Maße verantwortlich für die jetzige Situation der Imkerei. Noch vor wenigen Jahrzehnten herrschte auf den Feldern Buntheit und Vielfalt. Dank der Beikräuter und der blühenden Wiesen fanden die Bienen vom Frühjahr bis Ende September ein kontinuierliches reichhaltiges Blühangebot vor, das sogenannte Trachtband. Im Frühjahr spendeten vor allem Weiden, Schlehen, Feldahorn, Heckenrose etc. in Hecken und an Waldrändern den Insekten Nahrung. Im Sommer bestand die Haupttracht aus den Ackerunkräutern, wie Hederich, Kornblumen, Disteln und Mohnblumen. Im Herbst blühte auf den Wiesen Bärenklau. Für Schmetterlinge, Wildbienen, Hummeln und Honigbienen gab es ganzjährig reichhaltige Nahrung. Heute ist unsere Landschaft weitgehend ausgeräumt und wird großflächig von Nutzpflanzen dominiert. Gerade im Sommer herrscht in vielen Regionen Mangelernährung. Honigt der Wald nicht, so leiden Wildbienen und Bienen Hunger, weil die Ackerunkräuter durch den Einsatz von Herbiziden eliminiert wurden. So ist für die Insektenwelt in evolutionär gesehen kürzester Zeit eine vollkommen ungewohnte Situation entstanden. Honigbienen sind dabei noch im Vorteil, weil sie als Generalisten unterschiedlichste Nahrungsquellen nutzen können. Zum anderen sind sie durch die große Anzahl von Sammelbienen in einem Volk schlagkräftig und können eine Tracht gut ausnutzen. Zudem erweitern sie bei Nahrungsmangel einfach ihr Einzugsgebiet. Wildbienen und Schmetterlinge haben es viel schwerer. Sie sind oft auf bestimmte Pflanzenarten spezialisiert. Verschwindet diese einzige Nahrungsquelle, so verschwindet auch das mit ihr zusammenlebende Insekt. Außerdem ist der Flugradius von Wildbienen deutlich kleiner. Wildbienen leben solitär, eine einzige Biene baut das Nest, legt die Eier und versorgt die Nachkommen, die meist erst im nächsten Jahr schlüpfen, mit Nahrung. Werden die Nahrungsquellen in der unmittelbaren Umgebung rar, so sind die Kräfte schnell erschöpft. Honigbienen haben aber noch einen weiteren Vorteil: Sie haben den Imker, der sie betreut und der bei Nahrungsmangel sogleich mit dem Zuckersack bereitsteht. Wildbienen sind ganz auf sich allein gestellt.

Neuartige Herbizide: Glyphosat ist ein systemisch wirkendes Breitbandherbizid. Das bedeutet, dass es nicht selektiv gegen einzelne Unkräuter wirkt, sondern dass die meisten Pflanzen, die damit in Berührung kommen, absterben. Wendet der Landwirt Glyphosat an, so kann er auf eine mechanische Unkrautbekämpfung verzichten. Es gibt bereits Saatgut, das eine Glyphosat-Resistenz aufweist. Hier kann der Landwirt gleichzeitig mit der Ausbringung des neuen Saatguts das Unkraut bekämpfen. Das ist wirtschaftlich und arbeitstechnisch interessant. Glyphosat gibt es seit 1974 und es wird für drei verschiedene Zwecke eingesetzt:

- Nach der Ernte wird vor der erneuten Aussaat das Feld mit Glyphosat von Unkraut bereinigt.
- Kurz vor der Saat wird Glyphosat ausgebracht.
- Die dritte Anwendungsform ist die Sikkation. Hier wird das Herbizid kurz vor der Ernte ausgebracht. Das Unkraut, aber auch die Kulturpflanzen sterben ab. So wird ein einheitlicher Erntezeitpunkt ermöglicht.

Mit Glyphosat erfuhr die Blütenarmut noch einmal eine Steigerung. Bei der herkömmlichen Unkrautbekämpfung, entweder mechanisch oder mit einem selektiv wirkenden Wirkstoff, kam es auf den Zeitpunkt der Anwendung an. Oft konnte der Landwirt das Feld aber aufgrund schlechter Witterungsbedingungen nicht befahren, weil es zu

Ein Totalherbizid hat ganze Arbeit geleistet. Alles Unerwünschte wurde abgetötet.

feucht war, oder er vergaß einen Streifen. Dann kamen dort einige Beikräuter auf sogenannten Blühinseln doch noch zum Blühen. Mit Glyphosat ist auch dies vorbei. Das Feld wird zu einem geeigneten Zeitpunkt prophylaktisch behandelt. In der Folge blüht dann dort nichts mehr. Somit ist das Blühpotenzial der Landschaft noch einmal ärmer geworden.

Silage

Die Wiesennutzung wurde im Vergleich zu den Ackerflächen relativ spät intensiviert. Erst um das Jahr 2000 herum etablierte sich auch in meiner Region, der Schwäbischen Alb, die Silagebereitung. Bis dahin war es üblich, die Wiesen etwa dreimal im Jahr zu mähen, um Heu als Futter zu gewinnen. Oft genug wurden die Tiere täglich mit frischem Gras gefüttert. Auf den Wiesen gab es noch viele blühende Pflanzen, die die Insekten als Nahrungsquellen nutzen konnten. Doch auch die Landwirte denken ökonomisch und intensivierten die Wiesennutzung. Frischfutter wird nur noch von sehr wenigen Landwirten gewonnen. Der Arbeitseinsatz ist einfach zu hoch. Auch wird nur noch wenig Heu gemacht. Heute dominiert die Silagebereitung bei der Nutzung der Wiesen. Dabei ist das Wetterrisiko im Vergleich zur Heuernte deutlich niedriger. Heu muss einige Tage trocknen, Silage kann nach einer kurzen Antrocknungsphase oft noch am Abend desselben Tages eingeholt werden. Heuqualität und -zusammensetzung sind je nach Wiese und Jahreszeit unterschiedlich. Das beeinflusst die Milchqualität. Silagefutter ist immer gleich und damit auch die Zusammensetzung der Milch. Das ist für die Molkerei einfacher. Beim Silieren wird das Gras durch eine Art Milchsäuregärung zu einem dem Sauerkraut ähnlichen Futter. Intensiv bewirtschaftete Wiesen werden fünf- bis sechsmal im Jahr gemäht. Dabei versucht der Landwirt, kurz vor Beginn der Blüte zu mähen, dann ist der Eiweißgehalt der Pflanzen besonders hoch. Als Konsequenz dieser modernen Art der Futtergewinnung sehen wir heute Grünland, das einem Golfplatz gleicht. Da die Pflanzen nicht mehr zum Blühen kommen und daher keine Samen bilden können, werden die Wiesen automatisch armseliger und monotoner. Als Folge verschwinden im Lauf der Zeit immer mehr Blühpflanzenarten, denn ihr Aussamungspotenzial kann nicht unbegrenzt erhalten werden.

Viele Landwirte säen zudem schnell wachsende Gräser ein, um die Erntemasse zu erhöhen. Diese dominieren nach und nach die Wiesen und unterdrücken die Pflanzenkonkurrenz. Erschwerend kommt die Düngung mit Gülle dazu. Blühende Wiesen sind Magerwiesen. Es genügt schon, das Mähgut nicht zu entfernen. Dann verbleiben zu viele Nährstoffe auf der Wiese und diese verliert ihren Charakter. Wird nur einmal Gülle oder Mineraldünger ausgebracht, ist eine Magerwiese wegen Überdüngung für mindestens ein Jahrzehnt verloren. Die meisten Wiesen werden aber regelmäßig jedes Jahr mindestens zweimal gedüngt. Auch das trägt zum massiven Rückgang des Reservoirs blühender Pflanzen bei.

Für Imker am deutlichsten bemerkbar, ist zum Beispiel das Verschwinden der Löwenzahntracht im Mai. Was war das für ein Duft aus den Völkern nach einem warmen Tag zur Zeit der Löwenzahnblüte. Das Wachs war goldgelb, die golden bepuderten Bienen – eine Pracht. Wunderbar fand ich immer, wenn ein Regenguss aufkam. Die Blüten schlossen sich schnell und die Sammelbienen fanden in der geschlossenen Blüte Schutz. Schien dann wieder die Sonne, öffneten sich die Blüten und die Bienen flogen heraus. Heute gibt es nur dann noch blühenden Löwenzahn, wenn es viel regnet und die Landwirte keine Silage bereiten können, weil nicht einmal die kurze Antrocknungszeit für die Silage gewährleistet ist. Allerdings ist es dann auch meist zu kalt für die Bienen.

Biogas

Eine weitere Stufe der Intensivierung sehe ich in der Gewinnung von Energie aus nachwachsenden Rohstoffen – Biogas. Das führte dazu, dass Wiesen permanent siliert wurden und auf Äckern zunehmend Mais wuchs. Die Entwicklung und Verwertung von Biogas ging anfänglich von Idealisten aus, die aus der am Hof vorhandenen Gülle und dem Mist das wertvolle Methan erzeugen wollten. Ab dem Jahr 2004 entwickelte sich ein starker Biogastrend, befördert durch Bonuszahlungen aus dem Energie-Einspeisegesetz. Es entstand eine Art Biogasindustrie. Immer mehr Landwirte sprangen auf diesen Zug auf, sodass auf ca. 30 Prozent der deutschen Ackerflächen Mais angebaut wurde. Mais ist aber für die Bienen und die meisten Insekten wertlos. Er produziert keinen Nektar, durch den hohen Einsatz von Insektiziden ist er sogar schädlich. Mittlerweile ist der Biogastrend wieder rückläufig. Die Bonuszahlungen für die Gewinnung von Energie aus Biogas sind gesunken. Die gravierenden Umweltauswirkungen wurden zu belastend. Zudem ist Fotovoltaik mehr als das Zehnfache effizienter.

Maschineneinsatz – die Mechanisierung der Landwirtschaft

Moderne Landwirtschaft zeichnet sich nicht nur durch einen hohen Einsatz chemisch-synthetischer Wirkstoffe aus, sondern auch durch die Nutzung modernster, schlagkräftiger Maschinen und Agrartechnik. So kann der Landwirt schneller und effektiver arbeiten. Wenn früher eine Wiese innerhalb eines ganzen Tages gemäht wurde (Tagwerk), braucht der Landwirt dafür heute nur noch Minuten. Der Maschineneinsatz bedeutet eine enorme Arbeitserleichterung. Auch das Wetterrisiko wird dadurch minimiert. Ich kann den Siegeszug der Agrartechnik gut nachvollziehen. Zumeist ist der Landwirt die einzige Arbeitskraft auf dem Hof. Doch es gibt eben auch die andere Seite. Die negativen Auswirkungen auf die Ernährung vieler Insekten und die Biodiversität insgesamt sind hoch.

Zwischenfrüchte

Ich hatte bereits erwähnt, dass die Politik auf das Verschwinden der Nahrungsquellen reagiert hatte und zum Beispiel den Anbau von Zwischenfrüchten in das System der Agrarförderung aufgenommen hatte. Prinzipiell ist das richtig, doch anhand dieses Beispiels kann man gut zeigen, dass »gut gedacht« nicht unbedingt »richtig gehandelt« bedeutet. Die Zwischenfrüchte blühen heute meist nach der Ernte im August, September und oft genug bis weit in den Herbst hinein. Das hängt jeweils von den Witterungsbedingungen ab. Zwischenfrüchte nutzen dem Landwirt durch die Verbesserung der Bodenqualität und durch den Erosionsschutz. Das angedachte Ziel einer Hilfestellung für die Insekten wird allerdings weit verfehlt. Wildbienen, Schmetterlinge und Hummeln gibt es um diese Jahreszeit nicht mehr. Ihr Lebenszyklus ist schon länger beendet. Für die Honigbienen ist das späte Blühen kontraproduktiv, da einerseits die Winterbienen noch Nektar eintragen und sich abarbeiten, andererseits die Völker wegen des Pollenangebots in Brut bleiben, wodurch sich die Varroamilbe weiter vermehren kann. Eigentlich sollten die Bienenvölker um diese Jahreszeit brutfrei sein. Sinnvoll wäre es, Blühflächen im Sommer zu fördern, denn in dieser Jahreszeit herrscht für die Insekten der größte Mangel.

Wenn heute die Wiesen einer ganzen Gemarkung in kürzester Zeit gemäht werden, so ist das für die Insektenwelt ein Schock. Von einer Minute auf die andere sind ihre Nahrungsquellen fast vollständig verschwunden. Während Honigbienen dann einfach ihren Flugbereich erweitern, bedeutet das das Ende der Population von Wildbienen, Hummeln und Schmetterlingen, die auf bestimmte Blütenpflanzen spezialisiert sind. Neben dieser indirekten Wirkung der verschwindenden Nahrungsressourcen werden viele Insekten auch unmittelbar geschädigt. Mäht ein Landwirt eine blühende Wiese an einem schönen Sommertag bei gutem Insektenflug, so sterben im Mähwerk Tausende von Insekten. Bei einer hohen Geschwindigkeit des Mähvorgangs, verbunden mit dem Einsatz eines Aufbereiters, der das Mähgut knickt und quetscht, damit es besser trocknet, können die auf den Blüten saugenden Insekten nicht mehr fliehen und werden getötet. In einer schweizerischen Untersuchung wurde festgestellt, dass pro Hektar blühender Wiese bis zu 30.000 Bienen getötet werden. Das entspricht der Bienenzahl eines ganzen Volkes. Der Preis, der für die Arbeitsersparnis bezahlt wird, ist hoch.

Resümee

Wenn ich über die eben beschriebenen einzelnen Eskalationsstufen bzw. die Mosaiksteine dieser Entwicklung nachdenke, so kann ich kaum glauben, dass in so kurzer Zeit im ganzen landwirtschaftlichen Bereich so viele Veränderungen passiert sind. In ihrer Gesamtheit kommt dies einer Revolution nahe. Tatsächlich ist unsere Landschaft heute eine andere als vor 50 oder 100 Jahren. Selbst ich, der ich nun mehr als 40 Jahre imkere, habe noch andere Zeiten erlebt. Im Sommer färbte Storchschnabel die Wiesen blau. Im Spätsommer waren die Wiesen weiß vom blühenden Bärenklau. Es gab schöne Sommertrachten, unter anderem von Feldern, auf denen im Juli *Phacelia* als Zwischenfrucht angebaut wurde. Dort stellten wir unsere Jungvölker auf, die wir übrigens nur wenig füttern mussten. Sie versorgten sich weitgehend selbst. Nur für das Winterfutter mussten wir im September noch sorgen. Ich kann mir kaum vorstellen, dass es in unseren Breiten einmal möglich gewesen sein soll, ohne Zuckerfütterung zu imkern. Natürlich gibt es auch Ausnahmen. Diese sind heute vor allem im Osten von Deutschland zu finden. Dort blühen noch Robinien, entlang der Straßen stehen schöne Alleen mit Lindenbäumen. Auf vielen landwirtschaftlichen Flächen gibt es Kornblumen etc. Aber das ist nicht die Regel.

Generell kann man sagen, dass heute zwischen Landwirtschaft und Imkerei ein echter Interessensgegensatz besteht. Das empfinde ich umso tragischer, als doch eigentlich beide zusammengehören. Das Ernährungsproblem der Bienen können wir nur gemeinsam mit den Landwirten lösen. Diese brauchen unsere Bienen, um die Bestäubung ihrer Kulturen sicherzustellen. In früheren landwirtschaftlichen Strukturen existierte dieser Gegensatz nicht, weil auf fast jedem Hof Bienen zu finden waren.

Die Honigbienen zeigen uns, wie es um die Vielfalt und die Vitalität der Landschaft bestellt ist. Das dramatische Verschwinden der Insekten ist ein Alarmsignal. Diese stehen an zentraler Stelle im Ökosystem und ihr Rückgang bedroht die Stabilität und Balance dieses Systems insgesamt. Ich bin der Meinung, dass der Rückgang der Biodiversität genauso bedeutsam und dramatisch ist, wie der bereits spürbare Klimawandel.

Was können wir tun?

Mein Blick in die Zukunft ist pessimistisch. Ich glaube nicht, dass sich in naher Zukunft die notwendigen Veränderungen umsetzen lassen. Es sind zu viele Baustellen, die sofort und gleichzeitig bearbeitet werden müssten. Trotzdem dürfen wir nicht resignieren. Auf gesellschaftlicher Ebene müssen wir Imker von unseren Erfahrungen berichten und aufklären. Wer, wenn nicht wir, erlebt die Mangelernährung anhand eigener Erfahrungen so unmittelbar? Imkerei ist für mich somit auch eine politische Tätigkeit. Obwohl nach meiner Beobachtung Imker eigentlich unpolitisch sind, ist in den letzten Jahren viel passiert. Auch die Verbände wachen langsam auf und werden öffentlich und in politischen Gremien aktiv. Lobenswert ist das Engagement der Imker auch für die Wildbienen.

Doch was kann ich persönlich tun? Da gibt es viele Möglichkeiten, auch wenn jede einzelne nur ein Tropfen auf den heißen Stein sein kann. Als ersten Schritt sehe ich die Selbstreflexion. Es geht auch um unsere Glaubwürdigkeit. Wir können nicht von den Landwirten verlangen, tierfreundlicher und extensiver zu arbeiten, wenn wir selbst die imkerlichen Betriebsweisen immer weiter intensivieren und auf das Tierwohl in der Imkerei nicht achten.

Insgesamt sehe ich einige Möglichkeiten, sich aktiv in den Prozess der notwendigen Veränderungen einzubringen. Viele dieser Aktivitäten machen Freude. Ich kann mich noch gut an Zeiten erinnern, wo wir Imker Samen des Riesen-Bärenklaus aussäten, der in den Sommermonaten eine gern und gut besuchte Trachtquelle für vielerlei Insekten ist. Heute nennt sich das »guerilla gardening«. Ich weiß, dass dies provokativ klingt. Ich will damit nur auf die Möglichkeit des eigenen Tätigwerdens hinweisen. Bei meinen Spaziergängen fällt mir auf, dass Weidengewächse immer seltener werden. Auch bei uns im Ort sehe ich nur noch wenige Weiden. Deren Pollen und an warmen Tag auch der Nektar sind gerade für die Frühjahrsentwicklung der Bienenvölker elementar. Viele Wildbienenarten sind auf Weidenpollen angewiesen, zum Beispiel die Wildbiene des Jahres 2023, die Frühlings-Seidenbiene. Ich habe mir vorgenommen, wie vor vielen Jahren Weidenstecklinge zu schneiden und einzupflanzen. Einfacher geht es nicht. Einen fingerdicken, ca. 30 Zentimeter langen Ast über einem Auge abschneiden und an einer feuchten Stelle in den Boden stecken. Wer auf Nummer sicher gehen will, kann die Stecklinge in einen Eimer mit Wasser stellen und dort Wurzeln austreiben lassen. Dann werden sie eingepflanzt und bei Bedarf ein wenig gegossen.

Generell sehe ich in der Diskussion um invasive Pflanzen in unserer Pflanzenwelt viel Engstirnigkeit. Viele heute wichtige Trachtpflanzen waren einmal Neophyten. Ich erinnere nur an die Linde oder die Robinie, die ich gerade für den vom Klimawandel betroffenen Wald als interessante Alternative halte. In vielen Regionen schenkt das Indische Springkraut, die Balsamine, den Bienen reichlich Nektar, sodass nur wenig, manchmal gar kein Zucker zugefüttert werden muss. Natur ist nichts Statisches, sondern war schon immer ein sehr dynamisches Geschehen.

Natürlich haben wir Imker keine eigenen Flächen. Das ist ein großes Manko. Aber das sollte uns nicht daran hindern, mit Landwirten Kooperationen einzugehen. Nach meiner Erfahrung sind diese dafür sehr aufgeschlossen. Diese Kooperation gibt es aber nicht zum Nulltarif. Ein schönes Modell sehe ich darin, dass der Imker das Saatgut bezahlt, der Bauer stellt die Fläche zur Verfügung und betreut die Kulturen. So haben beide etwas davon. Die Bienen beweiden die Flächen und der Landwirt hat seine Verpflichtung zur Extensivierung eingelöst. Ohne diese würde er ab einer bestimmten Betriebsgröße keine Fördermittel aus der zweiten

Säule der Agrarförderung erhalten. So kommt man ins Gespräch und versteht die unterschiedlichen Situationen und Probleme besser. Diese Kooperation zum Nutzen der Umwelt kann öffentlichkeitswirksam beworben und bekannt gemacht werden.

Warum ist es sinnvoll, sich mit Sonnenblumen zu beschäftigen?

Sonnenblumen sind ein Paradebeispiel für den Rückgang der Biodiversität und ihre Konsequenz. Bis 1995 honigten die Sonnenblumen auf guten Böden ganz ausgezeichnet und wir Imker konnten einen Honig von sehr gutem Geschmack, goldgelber Farbe und hoher Qualität ernten. Dann verschwanden die alten Sorten und wurden durch High-Oleic-Hybridsorten ersetzt. Das Öl, das aus diesen Pflanzen gewonnen wird, kann sehr hoch erhitzt werden. Es wird als Bratöl oder in der industriellen Produktion zum Beispiel für die Herstellung von Airbags genutzt. Diese Sorten spenden jedoch keinen Nektar mehr. Die Bienenvölker drohen inmitten blühender Sonnenblumenfelder zu verhungern. Wir bauten in Kooperation mit einem Landwirt zwei alte Sorten an, bevor diese verschwanden. Das Saatgut stammte aus der ehemaligen Sowjetunion und Kasachstan. Dabei beobachteten wir den Insektenbeflug und den Honigertrag. Diese alten Sorten waren für die Insekten zwar deutlich attraktiver. Allerdings spendeten diese Sonnenblumen nur wenig Nektar. Ich führe das auf die mangelnde klimatische Anpassung zurück. In Mitteleuropa gab es kein entsprechendes Saatgut mehr.

Im Jahr 2022 erntete ein Imkerfreund wieder Sonnenblumenhonig. Die Sorte hieß 'Tango'. Sie war jedoch 2023 nicht verfügbar.

Ich wundere mich, dass Imkervereine diese Möglichkeit zur Kooperation und Beeinflussung der Bienenweide nicht nutzen. Wir selbst haben damit sehr gute Erfahrungen gemacht. Der Landwirt muss auch rechnen und kauft sonst das billigere Saatgut. Auch weil er es nicht besser weiß und alle seine Kollegen es ebenfalls so machen. Tatsächlich aber hat billiges Saatgut oft Nachteile. Es ist nicht autochthonen Ursprungs (nicht einheimisch) und spendet oft genug keinen Nektar. Da ist es besser, der Imker bezahlt das teurere und bessere Saatgut. Dann freut er sich, wenn seine Bienen auf dem Feld brummen und summen können, während es auf der Nachbarfläche zwar schön blüht, aber Totenstille herrscht. Dieses Phänomen habe ich oft erlebt. Für mich war es eine schöne Bereicherung meiner Tätigkeit, einen Acker mit Kornblumen anbauen zu lassen.

Vor mehr als 15 Jahren führten wir mit einem Landwirt in Unterfranken ein schönes Sonnenblumenprojekt mit einer alten Sorte durch, die im High-Oleic-Boom zu verschwinden drohte (siehe links). Bis heute werde ich immer wieder angeschrieben und angefragt, ob es noch Saatgut aus diesem Projekt gibt.

Was können Berufsimker tun?

Mittlerweile gibt es wieder viele junge Berufsimker. Noch vor einiger Zeit konnte ich meine Berufskolleginnen und -kollegen an einer Hand abzählen. Viele der Berufsimker sind bio-zertifiziert. Der Honigmarkt hat sich in den letzten Jahren positiv entwickelt. Die Absatzzahlen entwickelten sich gut. Die Preise für Honig stiegen deutlich an und näherten sich einem Niveau von acht bis zehn Euro pro Kilogramm. Das halte ich in Relation zu der damit verbundenen imkerlichen Arbeit immer noch für zu wenig. Allerdings ist der Preis deutlich besser als die fünf bis sechs Euro pro Kilogramm, die vor einigen Jahren bezahlt wurden. Wie sich der Honigpreis in Zukunft entwickeln wird, kann schlecht vorausgesagt werden.

Generell ist der Honigmarkt ein schwieriger, volatiler Markt. Das gilt auch für den Honig aus zertifizierter ökologischer Imkerei. Es ist schwieriger, den eigenen Honig zu einem guten Preis zu vermarkten, als ihn nur zu produzieren. Der Honigmarkt ist mit dem Markt für Wein, insbesondere dem Markt für Bio-Wein vergleichbar. Bio-Honig ist ein Nischenprodukt. Er steht nicht im Fokus des Interesses und der Aufmerksamkeit der Verbraucher, auch wenn diese stark bio-orientiert sind. Viele Konsumenten wissen gar nicht, was das Besondere der Bio-Imkerei ausmacht bzw. dass es diese überhaupt gibt. So wird der Markt für Bio-Honig, aber auch für teuren, guten Honig aus konventioneller Imkerei anfällig und unbeständig. Das ist ein Unsicherheitsfaktor für die Kalkulation und Entwicklung einer Berufsimkerei. Viele Imker versuchen dem mit einem entsprechenden Auftritt auf ihrer Webseite entgegenzuwirken. Dort erwecken sie den Eindruck von Nachhaltigkeit und Naturgemäßheit. Im Jargon des Marketings ausgedrückt, versuchen sie, eine Geschichte zu erzählen, die den Verbraucher emotional anspricht und dem Zeitgeist entspricht. Meiner Meinung nach ist dies aber für Imker bzw. Bio-Imker schwierig. Denn es gibt nur wenige Unterschiede zwischen der konventionellen Imkerei und den Betriebsweisen vieler Bio-Imker. Beide folgen dem Pfad der Intensivierung. Tatsächlich gibt es dann wenig Argumente für einen Preisunterschied zwischen beiden Herkünften. Das einzige Argument mit Überzeugungskraft ist die Regionalität, die allerdings in einer Wanderimkerei problematisch ist. Auf Dauer ist das meiner Meinung nach für eine gute Geschichte zu wenig. Rückstandsfrei zu imkern reicht heute als Werbeargument nicht mehr aus.

Für eine sichere ökonomische Basis braucht es einen treuen, festen Kundenstamm, der immer wieder auch neue Kunden über Empfehlungen bringt. Über gute Produkte, die durch gute Arbeit entstehen, sprechen Kunden gerne. Berufsimker, die gute Geschichten über ihr tatsächliches Engagement erzählen können, verbessern nicht nur die Gesundheit ihrer Bienenvölker, sondern schaffen sich auch eine bessere ökonomische Position am umkämpften Markt. Ich kann nur empfehlen, sich durch eigene Projekte, wie ich es angedeutet habe, ein Alleinstellungsmerkmal zu schaffen. Nebenbei macht das viel Freude, erweitert den eigenen Horizont und das Netzwerk. Wenn damit noch politische Impulse gesetzt werden können – was will der Imker mehr?

Was können Freizeitimker tun?

Für sie gilt das Gleiche, was ich bei den Berufsimkern beschrieben habe. Aktiv werden kann man immer, allerdings muss das differenziert betrachtet werden. Honigbienen brauchen Flächen und ein sehr großes Blütenangebot. Diese Flächen gehören uns Imkern meistens nicht, sodass wir hier wenig Einfluss ausüben können. Ich sehe hier nur die Möglichkeit für politisches Engagement und Überzeugungsarbeit bei den Landwirten und Verbrauchern. Die angesprochenen Kooperationen empfinde ich als sehr wertvoll – auch in der Außenwirkung. Hier gilt, ich muss meine Überzeugungen leben, sonst bin ich wenig glaubwürdig.

Bei den Wildbienen sieht das wieder ganz anders aus. Diese leben solitär und haben keinen Imker als »Back-up« im Hintergrund. Imker als Helfer der Wildbienen, das ist eine gute Geschichte. Gut für unser Image und nutzbringend für die Tiere. Hier kann mit wenig viel Gutes bewirkt werden. Und für Imker eröffnet sich ein weites, interessantes Tätigkeitsfeld (siehe Literatur Seite 332, 333).

Mit den Bienen durchs Jahr

Der Imker orientiert sich in seiner Arbeit am Rhythmus der Jahreszeiten, am Wetter, an der Entwicklung der Vegetation sowie am Geschehen im Wald. Dadurch wird er selbst zu einem Teil der Natur. Bienen schenken uns somit nicht nur Honig, sondern bereichern unser Leben.

Die Aufstellung der Bienen

Die Auswahl eines »guten« Standorts ist wesentlich für den Erfolg einer Imkerei. Hier gilt es, sorgfältig vorzugehen und die Umgebung bzw. die Landschaft genau zu beobachten.

Standort und Umgebung

Wer imkert, muss seine Bienenvölker irgendwo aufstellen. Eigentlich ist das eine Banalität. Meist richtet man sich dabei nach den vorgefundenen Gegebenheiten. Vieles wird auch intuitiv entschieden. Wer einen eigenen Garten oder Kleingarten besitzt, wird die Bienen dort aufstellen wollen. Ist der Aufstellungsplatz jedoch außerhalb, gibt es schon mehr zu überlegen. Oft geht es darum, wie weit ist der Platz von zu Hause entfernt, ist er gut anfahrbar etc.?

»Ein guter Standort ist die halbe Miete.«

Dieser Imkerspruch besitzt auch in der heutigen Zeit noch seine Berechtigung. Die Honigbienen sind weder Haustier noch klassisches Nutztier. Sie sind aber auch kein Wildtier mehr. Zumindest in Europa leben sie unter der Obhut des Imkers, der sie pflegt und betreut, aber auch einen Teil des Honigs erntet. Sie könnten auch allein überleben, denn sie haben sich die Instinkte eines wild lebenden Tieres erhalten und wären in der Lage, sich selbst zu versorgen. Der Imker stellt lediglich die Behausung zur Verfügung. Was die Bienen zum Überleben brauchen, holen sie sich aus der Landschaft, in der sie leben. Für uns Imker bedeutet dies, dass wir uns mit der Biologie der Biene sowie des ganzen Bienenvolks beschäftigen und uns darin gut auskennen sollten. Kenntnisse über das natürliche Umfeld der Bienen sind ebenfalls nützlich und notwendig. Trotz aller imkerlichen Einflussnahme ist das Naturgeschehen die zentrale Bezugsgröße für die Bienenvölker. Das Wechselspiel zwischen den Entwicklungsrhythmen des Bienenvolks und den Rhythmen der Natur ist für die Beobachtung unserer Bienen und die praktische Umsetzung der Betriebsweisen elementar. Die Bienenvölker entwickeln und verhalten sich immer noch angepasst an die Jahreszeiten und das Leben der Blühpflanzen bzw. der Bäume. Sie sind integraler Bestandteil des Naturkreislaufs. Hier besteht eine Symbiose zwischen der einzelnen Pflanze und der sie bestäubenden Biene. Aber auch zwischen der Landschaft bzw. dem dort vorhandenen Trachtangebot von Nektar, Pollen und Honigtau und dem gesamten Bienenvolk bzw. sogar der Bienenpopulation einer Region besteht eine Art Symbiose. In diesem Sinne ist die Honigbiene noch ein freies, wildes Tier.

Der Herausforderung, auch die natürliche Umgebung der Bienen zu kennen und zu verstehen, muss sich der Imker stellen, wenn er einen Aufstellungsplatz für seine Bienenvölker sucht. Dabei geht es nicht nur um die Verhältnisse direkt am Standort, sondern auch um die gesamten Trachtverhältnisse im Flugradius seiner Bienen. Wie wir in diesem Buch immer wieder sehen werden, ist die ganze Bienenthematik nicht so einfach, wie es auf den ersten Blick scheint. Natürlich kann der Anfänger sein neuerworbenes Bienenvolk einfach irgendwo aufstellen. Mangels Vergleichsmöglichkeiten wird er aber nie wissen, ob dieser Platz wirklich gut geeignet ist. Es sei denn, seine Bienenvölker sterben regelmäßig oder vegetieren als Schwächlinge vor sich hin. Dann wird er sicher ins Zweifeln kommen.

Ich bin der Ansicht, dass die Wahl eines guten Bienenstandorts gerade für den naturgemäß arbeitenden Imker eine wichtige Frage ist, der er sich verantwortungsvoll stellen sollte. Denn Bienen können nicht überall gut leben. Würden wir den Bienen selbst die Wahl lassen, wären sicher viele Imker über das Ergebnis erstaunt.

Was ist ein guter Standort?

Bienen sind anspruchsvoll! Die Auswahl eines geeigneten Standorts liegt normalerweise komplett in der Hand des Imkers. Eine Ausnahme bildet das Aufstellen leerer Beuten, in die dann Schwärme einziehen könnten. Diese würden damit direkt ihre Vorlieben ausdrücken. Das ist jedoch aus seuchenrechtlichen Gründen verboten. Ob es gelingen würde, Schwärme anzulocken, wage ich zu bezweifeln, denn es müssen viele Voraussetzungen erfüllt sein, die wir - ehrlich gesagt - nicht wirklich kennen.

Verfügbares Nahrungsangebot

Um beurteilen zu können, was einen guten Aufstellungsplatz ausmacht, muss man wissen, wie wichtig eine gute Ernährung und Versorgung für das Wachsen und Gedeihen eines Bienenvolks ist. Dieses braucht für seine Grundversorgung ca. 150 bis 300 Kilogramm Nektar und 30 bis 60 Kilogramm Blütenpollen über das ganze Jahr. Vergegenwärtigen wir uns, welch kleine Portionen die einzelnen Bienen von ihren Sammelflügen mit nach Hause bringen, so werden die Dimensionen deutlich:

- In der Honigblase trägt die Sammelbiene 40 Milligramm Nektar zurück in den Bienenstock. Um den Jahresverbrauch des Volks abzudecken, sind etwa sieben Millionen erfolgreiche und ergiebige Sammelflüge notwendig.
- Zwei Pollenhöschen haben ein Gewicht von etwa 15 Milligramm. Für die Eiweißversorgung einer Kolonie mit Pollen müssen ca. 1,5 Millionen Sammelflüge unternommen werden.

Nektar oder Honigtau liefern den Bienen Kohlenhydrate, womit sie die Bewegungsenergie für sich erzeugen sowie die Wärme des Volks regulieren. Diese »Energienahrung« ist durch die vielen wertvollen Inhaltsstoffe wesentlich für die Gesundheit eines Volks und der einzelnen Bienen. Unter Gesundheit verstehe ich nicht nur die Abwesenheit von Krankheiten. Das ist der passive Aspekt. Aktiv bedeutet Gesundheit Vitalität, die Biene strotzt vor Lebenskraft und Aktivität. Es fällt ihr leicht, die täglichen Arbeiten zu verrichten und sich an neue Situationen anzupassen. Teilweise kann die natürliche Nahrung Honig durch Zucker ersetzt werden. Besteht die Ernährung der Bienen allerdings vorwiegend aus Zucker, wie wir das in Ägypten erlebt hatten, so werden die Völker insgesamt geschwächt und anfällig.

Blütenpollen ist für die Ernährung essenziell und kann durch keinen anderen Stoff ersetzt werden. Er deckt den Eiweißbedarf eines Bienenvolks. Pollen ist reich an Aminosäuren, Vitaminen, Mineralstoffen, Fettsäuren und Enzymen. Er dient nicht nur der Bereitung des Futterbreies aus Pollen, Honig und Futtersaft für die junge Brut. Auch die erwachsene Biene braucht etwa ein Drittel des gesammelten Pollens für sich selbst, für das Wachstum und die Entwicklung ihrer Organe und ihres Stoffwechselsystems. Pollen hat entsprechend der Jahreszeiten einen unterschiedlichen Stellenwert für das Bienenvolk. Im Frühjahr ist er existenziell. Vor allem die Weidengewächse stellen zu dieser Zeit den Völkern einen sehr hochwertigen Pollen, noch dazu in großen Mengen zur Verfügung. Dies ist immens wichtig für den gesamten Verlauf der Frühjahrsentwicklung und damit auch der Frühjahrshonigernte. Im Sommer sichert Pollen die Brutaufzucht. Von Juli bis September entstehen die Winterbienen und es wird ein Pollenvorrat für das nächste Frühjahr eingelagert. Der

Spätsommerpollen findet sich im Fett-Eiweiß-Körper der Winterbienen und in den Pollenbrettern unter dem Winterfutter wieder. Er gibt dem Bienenvolk die Möglichkeit, bereits ab der Wintersonnenwende Brut aufzuziehen, obwohl die Bienen witterungsbedingt keine Sammelflüge unternehmen können und auch keine blühenden Pflanzen vorfinden würden.

Die Tracht - ein hochkomplexes Geschehen

Die Fraktion der Spürbienen sowie die Sammelbienen eines Volks sind mit den Eigenheiten der Vegetation in der Umgebung bestens vertraut. Sie geben dieses Wissen im Sinne einer »sozialen Vererbung« an die nachfolgende Generation weiter. Die Pflanzen haben je nach Art unterschiedliche Blühzeitpunkte und auch die Nektarsekretion ist nur selten den ganzen Tag über gleichmäßig verteilt. Die meisten Pflanzen unterliegen Sekretionsrhythmen, sowohl bezüglich der Nektarmenge als auch bezüglich des Zuckergehalts. Linden haben zum Beispiel ihre Spitzenzeiten am Nachmittag, Sonnenblumen honigen dagegen am besten am Vormittag. Boden-, Luftfeuchtigkeit und ganz allgemein das Kleinklima am Standort beeinflussen ebenfalls die Trachtverhältnisse. Raps honigt auf schweren Böden besser als auf sandigen Böden, die Himbeere liebt kalkhaltigen Boden. Wie eng die Verbindung der Bienen mit der Pflanzenwelt ist, zeigte eine sehr interessante Studie aus Frankreich von Louveau aus dem Jahr 1967 (siehe Literatur Seite 333). Dort wurden Bienenvölker zwischen verschiedenen Regionen ausgetauscht - konkret zwischen dem Pariser Becken und den Heidegebieten am Atlantik. Es wurden das Pollensammelverhalten und die Entwicklung der Brut verglichen. Erstaunlicherweise behielten die Völker ihr altes Verhalten am neuen, ihnen unbekannten Standort bei, obwohl Klima und Vegetation total unterschiedlich waren. Die Anpassung dauerte dann ihre Zeit. Wie lange, wurde in der Untersuchung aber nicht überprüft. Zu beachten ist zudem, dass der Flugradius je nach Jahreszeit differiert. Im Frühjahr befliegt ein Bienenvolk vorwiegend den Nahbereich des Stocks im Umkreis von einem Kilometer. Im Spätsommer fliegen die Bienen weiter und suchen in einem Gebiet von bis zu 100 km² Ausdehnung. Evolutionär sind die Bienen auf ein »Trachtband« geeicht. Das bedeutet, dass vom zeitigen Frühjahr bis in den frühen Herbst ständig blühende Pflanzen zur Verfügung stehen. Je vielfältiger die blühenden Pflanzen sind, desto besser ist das für die Konstitution und die Gesundheit eines Bienenvolks.

Klimatische Verhältnisse

Neben dem verfügbaren Nahrungsangebot stellen die Bienen noch weitere Ansprüche an die Qualität eines geeigneten Standorts. Bienen sind Sonnen-

Blüten schenken den Bienen Nektar und Pollen. Als Gegenleistung bestäuben die Bienen die Blüten.

tiere. Sie mögen es weder schattig noch zu kühl oder windig. Wind macht die Bienen aggressiv und führt zu Flugbienenverlusten. Das kann sich im Frühjahr auf die Volksstärke und damit die Frühjahrsentwicklung auswirken. Ist der Standort im Frühjahr schattig oder im Winter kalt und nass, so werden sich die Völker spät oder gar nicht entwickeln. Die Beuten sind feucht, im Inneren des Volks findet sich Staunässe und Schimmel. Kaltluftseen, an denen sich die kalte Luft staut, mögen die Bienen überhaupt nicht. Genauso wenig mögen sie zugige Aufstellplätze.

Es hat schon seinen Grund, warum die Spürbienen eines Schwarms auf Wohnungssuche einen Standort mehrmals besuchen und diesen genau inspizieren, weil sie sich über seine dauerhafte Eignung eine klare Meinung bilden wollen. Für das Bienenvolk ist die Wahl der Behausung und des Standorts eine existenzielle Frage.

Wie gehe ich als Imker bei der Wahl eines guten Standorts vor?

Wichtig ist, dass der Imker bei der Standortwahl versucht, die Landschaft mit den Augen einer Biene zu betrachten: Windverhältnisse, das Nahrungsangebot in der unmittelbaren Umgebung, Höhenlage, Wasser, Himmelsrichtung und Luftfeuchtigkeit sind die wichtigsten Parameter. Doch wie soll man das umsetzen? Natürlich kommt mit der Zeit Erfahrung dazu, doch meist weiß man erst nach einigen Jahren genau Bescheid.

Trachtverhältnisse

Das gilt insbesondere für die umliegenden Trachtverhältnisse, die können auf den ersten Blick gar nicht durchschaut werden. Es dauert mindestens eine Bienensaison, bis die wirklichen Verhältnisse bekannt sind. Erschwerend kommt hinzu: Nicht jedes Jahr ist gleich. Ich erinnere mich gut an einen vor einigen Jahren neu besetzten Standort, der zwei Jahre hintereinander nicht gut war. Es gab keinen Honig! Ich wollte ihn schon aufgeben, habe es dann trotzdem noch einmal ein Jahr probiert. Seither ist er einer meiner besten Dauerstandorte. Warum das so ist, weiß ich immer noch nicht. Geduld ist also auch hier gefragt. Und, um gleich bei diesem Beispiel zu bleiben, die Wiese dort ist arg nass, die Gefahr, beim Anfahren mit dem Auto stecken zu bleiben, groß. So wollte ich den Platz um 200 Meter verlegen, aber im gleichen Umkreis bleiben. Dort stellte ich versuchsweise Bienen auf. Die Region blieb also gleich. Am neuen Platz entwickelten sich die Völker jedoch schlecht. Zudem gab es nie Honig. 200 Meter weiter, am alten Platz, waren die Honigräume voll. Ich habe keine Erklärung dafür. Sinnvoll wäre es daher, zum Beispiel zwei Standorte in der näheren Umgebung auszuwählen und diese zu vergleichen.

Eine Ausrichtung der Fluglöcher nach Osten oder Südosten ist zu empfehlen. So können die Bienen schon bei Sonnenaufgang in die Waldtracht fliegen. Auch im Frühjahr werden die Fluglöcher früher erwärmt und von der Sonne beschienen. Ich würde aus dieser Empfehlung allerdings kein Dogma machen. Mittlerweile stellen wir immer vier Völker auf eine Palette – mit jeweils unterschiedlicher Ausflugrichtung: Zwei Völker fliegen nach Süden, zwei nach Norden. Oder zwei nach Westen, zwei nach Osten. Tatsächlich sehe ich bei Honigertrag und Volksentwicklung keinen Unterschied.

Was aber wichtig ist: Am Waldrand kann man immer gut Bienenvölker aufstellen. Allerdings sollte man darauf achten, dass es nicht zu windig ist. Laubbäume sind immer zu bevorzugen, denn im Frühjahr ist der Platz schön sonnig, im Sommer dann beschattet. Das kann für die Ameisensäurebehandlung von Bedeutung sein.

Der richtige Aufstellungsplatz

Es empfiehlt sich, einen potenziellen Aufstellungsplatz mehrmals im Jahr aufzusuchen - am besten zu den verschiedenen Jahreszeiten. Gerade im zeitigen Frühjahr kann das sehr aussagekräftig sein. Wo der Schnee zuerst schmilzt, ist es am wärmsten. Dort würde ich meine Bienen hinstellen, wenn alles andere passt. Die Bienen haben dann die Gelegenheit, frühzeitig ihren Reinigungsflug zu unternehmen. Bleibt der Schnee an einer Stelle lange liegen, so gilt das Gegenteil. Eine schöne Methode, die Standortqualität zu »erspüren«, ist es, dort eine Zeitlang zu verweilen. Fühlt man sich wohl, ist das schon mal gut. Mir ist wichtig, dass es an den Standorten still ist und wenig Betrieb herrscht: weder Spaziergänger, Fahrradfahrer noch Autoverkehr. So werde ich wenig abgelenkt und kann mich ganz meiner Arbeit und meiner Begegnung mit den Bienen widmen.

Erreichbarkeit des Aufstellungsplatzes

Vom betrieblichen Standpunkt aus gesehen ist relevant, dass man einen Bienenstand gut anfahren kann. Imkerei, vor allem wenn sie erfolgreich im Sinne eines guten Honigertrags sein soll, ist schwere Arbeit. Auch das Füttern kann viel Schlepperei bedeuten. Somit gilt: Je näher ich an die Beute heranfahren kann, desto besser. Am liebsten möchte ich direkt an die Bienenstöcke heranfahren. Da ich nicht so oft komme und dann meist nur kurz anwesend bin, macht das den Bienen nichts.

Wichtig ist, die persönliche Zustimmung des Grundstückseigentümers bzw. Pächters einzuholen. Ich habe die Erfahrung gemacht, dass Geiz hier nur schadet. Seitdem jeder Eigentümer, auch bei den Wanderplätzen, von uns mindestens zwölf Gläser Honig bekommt, bin ich nicht nur, aber auch deswegen gerne gesehen. Ich würde hier nicht am falschen Platz sparen. Selbstverständlich ist es eine Frage des Respekts, darauf zu achten, dass die eigenen Völker nicht zu nahe an einem anderen Bienenstand aufgestellt werden. Hier habe ich schon viel Negatives erlebt. Allein wegen einer möglichen Reinfektion sollte das zur guten fachlichen Praxis gehören. Auch die Bienendichte im Umkreis ist ein wichtiges Kriterium. Stehen in einer Region zu viele Bienen, kommt es zu Nahrungskonkurrenz oder sogar Nahrungsknappheit. Das gilt nicht während einer üppigen Rapstracht oder wenn der Wald gut honigt. Allerdings sollte dann nach dem Ende der Tracht sogleich zügig abgewandert werden.

Verfügbare Wasserquelle

Bienen brauchen auch Zugang zu einer Wasserquelle: Im Sommer benötigen sie Wasser, um den Stock zu kühlen. Zur Bereitung des Futterbreis für die Larvennahrung ist ebenfalls Wasser nötig. Ist keine natürliche Wasserquelle in der Nähe, so stellen wir eine Tränke auf. Diese sollte außerhalb der Flugbahn aufgestellt werden, damit die Bienen nicht dort abkoten. Will man die Bienen auf die Tränke dressieren, so geht das gut mit Honig- oder Zuckerwasser als Lockmittel. Leider gibt es heute keine »normalen« Misthaufen mehr. Dort konnte man beobachten, dass die Bienen ganz wild auf Jauche waren und diese fleißig aufsaugten und in den Stock zurückbrachten. Dies mag auf den ersten Blick eklig klingen. Tatsächlich enthält Jauche wertvolle Inhaltsstoffe wie Mineralstoffe etc. Das zeigt einmal mehr, dass die Bienen schon selbst am besten wissen, was sie brauchen und was ihnen guttut.

Wanderstand im Schwäbischen Wald: Hier ernten wir den begehrten und wohlschmeckenden Tannenhonig.

Der Aufstellungsplatz zu Hause

Sollen die Bienen im eigenen Garten bzw. auf dem eigenen Grundstück aufgestellt werden, sinkt natürlich die Zahl der Auswahlmöglichkeiten. Die grundsätzlichen Aspekte bleiben jedoch die gleichen, weil es auch im Garten unterschiedlich geeignete Orte gibt. Das Kleinklima ist auch hier nicht überall gleich. Zusätzlich sind jedoch das nachbarschaftliche Element bzw. die dichtere Besiedlung zu beachten. Bienenhaltung ist überall dort erlaubt, wo sie als ortsüblich angesehen wird. Trotzdem wird es nicht schaden, beim Nachbarn vorzufühlen, wenn die Absicht besteht, Bienenvölker aufzustellen. Ist Ärger abzusehen, so können einige Gläser guter Honig die Stimmung verbessern. Allerdings wird der Neueinsteiger noch keinen eigenen Honig verschenken können. Das Imkern macht einfach keine Freude, wenn ich immer darüber nachdenken muss, dass die Bienen hier nicht beliebt sind und ich immer auf Konfrontation eingestellt sein muss. Ich würde die Ängste der Menschen nicht negieren und unterschätzen. Gerade in meiner Arbeit als Hornissenbeauftragter bin ich immer wieder erstaunt, welche Ängste heute viele Menschen vor der Natur haben. Bienen können stechen. Wenn ein Schwarm wild über der Terrasse kreist, ist das schon sehr aufregend. Allein diese Energie und der »Lärm«! Auch der Reinigungsflug im Frühjahr kann Probleme mit sich bringen, wenn gerade weiße Wäsche auf der Leine hängt oder Autowaschtag angesagt ist. Natürlich ist es etwas besonders Schönes, wenn die eigenen Bienen am Haus stehen und ich direkt und unmittelbar an ihrem Leben teilhaben kann. Aber dieses Privileg muss nicht um jeden Preis durchgesetzt werden.

Stadt vs. Land

Das Trachtangebot einer bestimmten Gegend kann, wie gesagt, erst nach einigen Jahren Imkerei beurteilt werden. Ist die Tracht wirklich schlecht, so wird es sinnvoll sein, den Standort zu wechseln. Imkerei ist nichts Statisches. Das erlebe ich in meinem eigenen Betrieb immer wieder. Die Verhältnisse können sich schnell verändern: Ein neuer Pächter der landwirtschaftlichen Flächen im Umkreis, zum Beispiel ein Landwirt, der Biogas produziert, kann dazu führen, dass der Standort für die Bienen nicht mehr geeignet ist. Diese Dynamik kann man auch am Verhältnis Imkerei in der Stadt und auf dem flachen Land erleben. Stadtimkerei ist ja seit einigen Jahren groß in Mode gekommen. Gerade an diesem Thema kann man sehen, wie sich die Verhältnisse gewandelt haben.

Imkerei in der Großstadt gab es schon immer. Allerdings wurden früher die Imker in der Stadt von den Imkern auf dem flachen Land bemitleidet. In der Stadt gab es ja weder Rapshonig noch Waldhonig. Stadthonig könnte mit Blei aus den Autoabgasen kontaminiert sein. Mittlerweile haben sich die Verhältnisse komplett gewandelt. In den Städten gibt es heute wieder viele Imker. Diese schauen mitleidig auf die Imker in der Agrarlandschaft. Denn dort gibt es eine Trachtlücke mitten im Sommer, potenziell Rückstände aus Insektiziden und die Schwächung der Völker durch Neonicotinoide. In der Stadt honigen Linden, Robinien, Götterbäume, extensiv bewirtschaftete Grünflachen, Kleingärten etc. Hier gibt es oft genug das bereits zitierte Trachtband noch. Tatsache ist jedoch, dass nicht jede Stadt gleich gut geeignet ist. Ich habe viele Jahre in München geimkert und kann bei dieser Diskussion gut mitreden. Berlin, Hamburg, München oder Wien sind für die Imkerei gut geeignet. Dort ist die Tracht gut, es gibt das ganze Jahr über ein schönes Nahrungsangebot. Oft genug sind das sogenannte Läppertrachten. Die Bienen finden in den Schrebergärten, Hausgärten und Parkanlagen jeden Tag mindestens so viel, wie sie für das tägliche Leben brauchen. Richtig gute Trachten gibt es dann in den Parks, botanischen Gärten oder auf Friedhöfen. Allerdings muss auch hier wieder differenziert werden. Man kann zum Beispiel München nicht mit Berlin oder Wien vergleichen. Letztere weisen ein kontinentales Klima auf, also heiße und trockene Sommer. In München hingegen herrschen mehr atlantische Klimaverhältnisse mit häufigen Regenperioden oder sogar Starkregen zur Linden- oder Robinienblüte. Die kann dann ins Wasser fallen. Stadthonig ist meist ein sehr vielfältiger, wohlschmeckender Honig. Dieser kann im urbanen Raum gut und teuer vermarktet werden. Dank des bleifreien Benzins gibt es kaum noch Rückstandsbelastungen. Allerdings gibt es in vielen Großstädten mittlerweile zu viele Imker. Dadurch entsteht ein hoher Infektionsdruck, insbesondere mit der Varroamilbe. Imkern in der Stadt ist anders als auf dem flachen Land. Schwierig und komplex ist es aber überall.

Honigertrag

Im Gespräch brüsten sich viele Imker gern mit ihren hohen Erträgen. Abschließend möchte ich daher noch erwähnen, dass Honigerträge immer relativ gesehen werden müssen. Einfach vergleichen gilt nicht. Es gibt Regionen mit natürlicherweise hohen Erträgen, wenn dort Linden und Robinien vorhanden sind und der Ackerbau auf guten Böden großflächig und extensiv betrieben wird. Es gibt aber auch Regionen, in denen die Tracht unsicher ist, zum Beispiel in Gegenden mit Fichten- und Tannentracht. Diese kann ergiebig sein, ist aber nicht jedes Jahr gleich! Man kann unterschiedliche Regionen nicht einfach miteinander vergleichen. Wenn Wanderimker aus Raps, Robinie, Linde einen Gesamtertrag von 60 bis 70 Kilogramm Honig gewinnen, kann das nicht mit dem Ertrag eines Standimkers verglichen werden, der 15 bis 20 Kilogramm Honig pro Volk erzielt. Dieser muss deswegen kein schlechterer Imker sein.

Ich war und bin immer noch leidenschaftlich gerne Berufsimker. Mein Ideal war es, eine Imkerei zu betreiben, die feste Ganzjahresstände umfasst, aber auch Wandervölker für besondere Trachten. Das funktionierte auch viele Jahre lang gut. Seit 2010 erlebe ich allerdings eine massive Veränderung in der Landschaft und den dort vorhandenen Nahrungsquellen sowie der Biodiversität insgesamt. Mittlerweile musste ich altbewährte Feststände aufgeben. Wir sind dazu übergegangen, mit fast allen Völkern zu wandern. Auch bei meinen Berufsimkerkollegen ist es ähnlich. Ohne intensive Wanderungen quer durch Deutschland geht es nicht mehr. Es gibt einfach zu viele Regionen, in denen Standimkerei nicht mehr dauerhaft erfolgreich ist. Das kann sich allerdings auch wieder ändern. Wie gesagt: In der Imkerei herrscht eine hohe Dynamik. Das macht es einerseits schwierig, auf der anderen Seite aber auch wieder interessant.

Wie die Bienen wohnen

In diesem Kapitel beschäftigen wir uns mit den Anforderungen an eine geeignete Beute und welchen Einfluss sie möglicherweise auf die Bienengesundheit hat.

Die Frage nach der »richtigen« Beute

»Früher war alles besser.« Gerade in Imkerkreisen hört man das immer wieder. Natürlich stimmt diese Aussage so nicht, sondern es ist meist die subjektive Erinnerung, die diesen Eindruck erweckt. »Früher war vieles anders.« Das kann ich auf jeden Fall für meinen eigenen Entwicklungsweg als Imker bestätigen.

Als ich vor fast 40 Jahren mit der Imkerei begann, schien mir zunächst alles, was mit den Bienen und der Imkerei zusammenhing, sehr kompliziert zu sein. War ich doch Anfänger und hatte keinerlei Ahnung von der Welt, in die ich mich damals voller Faszination und Begeisterung begeben hatte.

Im Rückblick war es tatsächlich entspannter, weil viele unserer heutigen Probleme, wie zum Beispiel die Varroamilbe oder der gravierende Trachtmangel im Sommer, nicht existierten. So fütterte zum Beispiel der Pfarrer unseres Dorfes in der Nähe von Regensburg, der auch Bienen hielt, seine Völker erst Anfang Oktober ein. Er benötigte lediglich fünf bis acht Kilogramm Zucker, um den Wintervorrat zu komplettieren. Für diesen hatten die Bienen schon vorher auf den mit Storchschnabel und Wiesen-Bärenklau blühenden Wiesen eifrig gesammelt. Von Milbenbekämpfung hatte er noch nie etwas gehört. Stattdessen war aber die Durchlenzung, die erfolgreiche Führung der Völker durch das Frühjahr, um den Anschluss an das Sommervolk zu gewährleisten, eine große imkerliche Herausforderung. Damals gab es im Frühjahr noch mehrwöchige Regenperioden und die Salweidenblüte als die entscheidende Pollenquelle fiel oft genug ins Wasser. Nosema und die Tracheenmilbe waren an vielen Bienenständen vorhanden. Heute spielen sie für die Frühjahrsentwicklung fast keine Rolle mehr.

Welche Beutensysteme gibt es?

Auch die Frage, mit welcher Beute man imkern soll, war leichter zu beantworten als heute. Dies wurde auch nicht groß hinterfragt, denn im Allgemeinen standen nur die Zander- oder Normalmaßbeute sowie die Hinterbehandlungsbeute zur Auswahl.

Heute ist die Auswahl zwischen den Beutensystemen wesentlich größer. Gerade für den Anfänger

Einsatz der Bienenflucht

ist es daher schwierig, eine gute Wahl zu treffen, da er noch keine eigenen Erfahrungen hat und auf den Ratschlag anderer bzw. auf sein »Gefühl« angewiesen ist. Die Entscheidung für ein bestimmtes Beutensystem hat wesentliche Auswirkungen darauf, wie der Imker mit seinen Bienen arbeiten kann. Deshalb ist dies für jeden Imker, aber ganz besonders für jemanden, der mit der Imkerei beginnen möchte, die entscheidende Frage.

- Möchte ich mit kleinen Rähmchenmaßen wie dem Zander- und Normalmaß arbeiten mit zwei Bruträumen oder lieber mit einem großen Rähmchenmaß wie dem Dadantmaß und dafür mit einem ungeteilten Brutraum?
- Soll der Honigraum im gleichen Wabenmaß gehalten werden wie der Brutraum oder nutze ich lieber die leichteren Flachzargenwaben?

Die große Vielfalt der heute angebotenen Bienenwohnungen ist verwirrend, insbesondere für Anfänger. Beispielhaft seien hier nur Zanderbeute, Normalmaßbeute, Dadantmaß mit eingeschränktem Brutraum oder auch nicht, die Einraumbeute, Top Bar Hive, Bienenbox etc. erwähnt. Von »Extrembeispielen« wie Schiffertree, Bienenkiste, Strohkorb/Bienenkorb, Anastasiabeute ganz zu schweigen.

Weitere Bienenwohnungen und ihre Vor- und Nachteile

Ich kann gut nachvollziehen, dass die Wahl einer geeigneten Bienenwohnung auch aus ästhetischen Gesichtspunkten getroffen wird. Darüber hinaus wollen idealistisch gesinnte Bienenfreunde den Bienen Gutes tun und lassen sich durch gesundheitsbezogene Informationen leicht und gern beeinflussen.

Werden wir aber ganz konkret und schauen kurz auf einige als besonders bienengemäß beschriebene Typen von Bienenwohnungen:

Der Bienenkorb: Das Material Stroh war in früheren Zeiten überall verfügbar und leicht bearbeitbar. So konnte jeder einen Strohkorb flechten. Das

Beute	Breite in mm (außen)	Höhe in mm (außen)	Breite in mm (innen)	Höhe in mm (innen)	Oberträger in mm
Dadant modifiziert, Brutraum	448	285	428	256	482
Deutsch Normal, anderthalb	370	338	350	315	394
Deutsch Normal, ganz	370	223	350	200	394
Langstroth, tief, 1/1	448	232	428	203	482
Zander, 1/5	420	330	400	300	477
ZaDant	420	285	400	265	477
Zander, ganz, 1/1	420	220	400	200	477
Zander, halb	420	110	400	90	477

Volumen ist klein und auch nicht veränderbar. Die Bienen werden hier immer schwärmen. Das kann sehr schön sein, erfordert aber viel Präsenz beim Betreuer. Die Körbe sind handlich und können leicht umgedreht und das Volk kann bewundert werden. Eingreifen kann der Imker wenig. Fluglochbeobachtung ist das Mittel der Wahl. Da die Völker immer wieder schwärmen werden, ist diese Art des Imkerns nur sinnvoll in einer Umgebung, in der ein »Trachtband« genügend Futter zur Versorgung der kleinen Einheiten bereitstellt. Daran wird es heutzutage mangeln.

Die Bienenkiste: Auch in der Bienenkiste errichten die Bienen beeindruckenden Naturwabenbau – jedoch in einer Form, wie sie in der Natur nur in Notfällen vorkommt. Natürlich ist es schön, das Volk in seiner gesamten Gestalt betrachten zu können. Allerdings ist die Bienenkiste sehr unhandlich und das Gegenteil von imkerfreundlich. Zur Bearbeitung muss die Kiste aufgestellt werden. Ist es sehr warm, können die Waben dabei abreißen. Generell stelle ich mir eine mögliche Honigernte als furchtbares Geschmiere und Geklebe vor. Machen kann der Imker wenig, er ist darauf angewiesen, Experte in der Fluglochbeobachtung zu werden bzw. zu sein.

Schiffertree: Das ist eine sehr teure Bienenwohnung, die hoch in die Bäume gehängt wird. Die Bienen sollen dort unbeeinflusst von menschlichen Interessen leben. Theoretisch ist das eine gute Idee. Allerdings werden praktisch gesehen nur sehr wenige Völker überleben. Diese Erfahrung habe ich mit meinen Hornissenkästen gemacht. Dies ist also eine Art des Imkerns, die nach meiner Ansicht nur wenig Freude bereiten wird. Der dahinterliegende Gedanke, eine natürliche Selektion in Gang zu setzen, ist sicher richtig. Ich denke aber, dass hier das Pferd von hinten aufgezäumt wird. Es macht wenig Sinn, die Bienen in einer Naturumgebung frei leben zu lassen, in der sie aufgrund von Nahrungsmangel schlecht überleben können, und dass ich die frei lebenden Bienenvölker mit Zucker am Leben erhalten muss. Ein solches Experiment macht nur Sinn in einer Umgebung, in der Honigbienen aus eigener Kraft überleben können und aus der Naturumgebung gut versorgt werden.

Der Bienenkorb ist eine aus Stroh geflochtene Bienenbehausung. Die Bienen bauen darin Naturwaben, die fest mit dem Korb verbunden sind.

Auch die Reinfektion muss bei dieser Betriebsweise beachtet werden.

Zusätzlich wird die Wahl der richtigen Beute dadurch erschwert, dass viele Bienenwohnungen von ihren jeweiligen Erfindern als ideal und als besonders bienengemäß angepriesen werden. Ja, sogar die Bienengesundheit bzw. Vitalität soll von der jeweiligen Bienenbeute entscheidend abhängen.

Dem muss ich aufgrund meiner Erfahrungen vehement widersprechen! Für die Bienen selbst besitzt die jeweilige Form und Ausprägung der Bienenwohnung, bis auf einige wenige wesentliche Merkmale keine besonders große Relevanz. Diese Merkmale sind zum Beispiel Isolation, Schutz vor Wind, Wetter und Räubern sowie genügend Raum für die Entwicklung des Volks und des Honigvorrats. Für eine gesunde, bienengemäße Imkerei ist die Frage nach der idealen Bienenwohnung ebenfalls nicht ausschlaggebend. Es kann in vielen unterschiedlichen Beutensystemen gut und der Natur der Bienen gemäß geimkert werden. Viel wichtiger sind der Blick auf die Betriebsweisen bzw. die massiven Eingriffe und Maßnahmen in das Leben eines Bienenvolks, wie sie in der modernen Imkerei üblich sind.

Die Beute als Ort der Begegnung

Die Beute, der Bienenkasten, in dem die von uns gepflegten und betreuten Bienenvölker wohnen, ist der Ort, an dem sich der Mensch, hier der Imker, und die Bienen unmittelbar und direkt begegnen.

Für den Imker ist die Beute ein Handwerkszeug, das darüber entscheidet, wie (gut) er mit seinen Bienen arbeiten kann. Das betrifft einmal die Frage: Wie muss ich mich selbst plagen? Muss ich schwer heben und dabei eine ungünstige körperliche Haltung einnehmen? Wie lange dauert der Eingriff in das Bienenvolk? Geht alles zügig oder passt nichts zueinander und ich arbeite langsam und umständlich?

Für die Bienen ist die Beute das für sie relevante innere Ökosystem. Bei der Wahl der Beute durch den Imker ist für sie Folgendes wichtig: Wie lange dauern die Störungen durch den Imker und wie gravierend wird dabei in unser volkseigenes Bienenleben eingegriffen? Im Kontext der naturgemäßen Imkerei bedeutet dies, dass sich zwei Wesen – Imker und Bienenvolk – auf Augenhöhe begegnen. Respekt, Achtung, ja Empathie für das jeweilige Gegenüber sind die Basis dieser Begegnung. Natürlich können wir von den Bienen nicht erwarten, dass sie uns Menschen »bewusst« mit Respekt und Empathie begegnen. Allerdings gilt, dass ich weniger von den Bienen attackiert werde, je sorgfältiger, ruhiger ich an ihnen arbeite. Uns Imker sehe ich hier in der Bringschuld.

Die heutige Imkerei ist geprägt von den Interessen des Imkers: Oft genug werden diese gegen die Lebensinteressen der Bienen durchgesetzt. Die Floskel »Der Bien muss …« bringt diesen Sachverhalt auf den Punkt. Dieser Umgang mit den Bienen hat aber unter anderem dazu geführt, dass die Bienen und die Imkerei heute in einer schweren Krise stecken. Für eine bessere Zukunft müssen wir Imker unsere Haltung den Bienen gegenüber überprüfen und uns fragen, wie wir die imkerlichen Methoden weiterentwickeln können. Dies muss in eine Richtung erfolgen, in der der Imker den Bedürfnissen und dem natürlichen Leben der Bienen gerecht wird sowie diesen einen höheren Stellenwert in seiner Arbeit zumisst. Wenn die Bienen so leben können, wie es ihrer Natur entspricht, können sie Selbstheilungskräfte sowie die ihnen eigene Resilienz entfalten. Dieses Anliegen ist mit dem Titel dieses Buches »Bienengemäß Imkern« gemeint.

PRAXIS

Was bedeutet für mich naturgemäße Imkerei?

In Mitteleuropa gibt es kaum noch wild lebende Bienenvölker. In vielen Regionen sind die Bienen auf die Pflege und Obhut der Imker angewiesen. Zweifellos würden auch in unserem Land ohne Imker nur noch wenige Bienenvölker leben. Das heißt, dass es zukünftig sowohl um die Bienen als auch um die Imker gehen muss. Die Forderung, die Bedürfnisse der Bienen zu verabsolutieren und zum Beispiel keinen Honig mehr ernten zu dürfen, macht für mich wenig Sinn. Ich behaupte, dass es dann nur noch sehr wenige Imker geben würde und in Folge auch nur noch wenige Bienenvölker. Zukünftig wird es um eine Partnerschaft gehen: In dieser sollen die Bienenvölker so leben können, wie es ihrer Natur entspricht. Aber auch der Imker muss sich in dieser Beziehung wohlfühlen. Die imkerliche Arbeit muss unter den jeweils herrschenden Bedingungen umsetzbar und möglich sein. Ich bin davon überzeugt, dass die Bienen dann langfristig gesünder sein werden. Somit ist diese produktive Partnerschaft für beide Seiten ein Gewinn und sollte daher langfristig auch im Interesse eines jeden Imkers liegen. Naturgemäße Imkerei ist ein für alle Partner vorteilhafter und nachhaltiger Umgang miteinander.

Was bedeutet das für die Beutenfrage?

Imkerei ist eine sehr befriedigende Tätigkeit, zugleich aber auch aufwendig und teuer. Die Beute ist hierbei einer der wesentlichen Kostenfaktoren. Eine einfache Beute kann ohne großes Zubehör bearbeitet und sogar selbst gebaut werden. Holz ist dabei hierzulande das Mittel der Wahl. Betrachtet man die Imkerei weltweit mit Klotzbeuten, Bienenkörben aus Stroh oder Röhren aus Nilschlamm wie in Ägypten, so wird deutlich, dass die Bienenwohnungen jeweils aus den regional vorkommenden Rohstoffen gefertigt wurden. Das Vorkommen der Rohstoffe hat also ganz wesentlich die jeweilige Form der Bienenwohnung beeinflusst.

Ich finde diesen Aspekt ganz wichtig, da ich der Meinung bin, dass es keinen Sinn macht, besondere Beutenformen oder Beutentypen zu einem allgemeingültigen Dogma zu erheben. Es ist wichtig, nach dem Kontext zu fragen, in dem die jeweilige Form der Imkerei entstanden ist. Leider ist das oft nicht der Fall und führt letztlich nur zur Verwirrung von Anfängern, die sich mit dem Gedanken tragen, mit der Imkerei zu beginnen. Ich kann mich noch gut an die Pionierzeit der Öko-Imkerei hierzulande erinnern und an Diskussionen, in denen die Haltung der Bienen in Ägypten in Röhren aus Lehm und Schlamm gepriesen und bewundert wurde. Tatsächlich habe ich selbst erst später durch eigene Anschauung verstanden, wie stark lokale Gegebenheiten für die jeweilige Besonderheit dieser Imkerei verantwortlich waren.

Welche Elemente sind im Zusammenhang mit der Beutenfrage relevant?

Als der Mensch vor mehreren Tausend Jahren anfing, Honigbienen zu kultivieren, entwickelte er dazu Beuten, deren Gestalt und Beschaffenheit durch die genaue Beobachtung der Bienen beeinflusst waren. Sie waren immer so gestaltet, dass auch ein Zugriff auf den Honig möglich war.

Stabiler Wabenbau …?

In der freien Natur nisten die Bienenvölker meist in Baumhöhlen. Die Waben sind dort fest mit der Decke und den Seitenwänden der Nisthöhle verbunden. Nur zum Boden hin hängen sie frei. Man nennt dies Stabilbau. Bis vor etwa 200 Jahren war Stabilbau die vorherrschende Form des Wabenbaus auch bei den Imkern. Im Jahr 1853 erfand der deutsche Bienenforscher August Freiherr von Berlepsch das bewegliche Rähmchen. Dies wurde 1858 durch die Einführung der Mittelwand aus Bienenwachs durch Johannes Mehring komplettiert. Beide Erfindungen verdrängten den Stabilbau weitgehend aus der Imkerei. Die Imkerarbeit wurde dadurch wesentlich erleichtert.

Heute erlebt Stabilbau bei »alternativen Imkern« eine Renaissance und wird als ideal und gesundheitsfördernd für die Bienen angesehen. Entsprechende Beuten wie die Kugelbeute oder die Bienenkiste werden als besonders bienenfreundlich propagiert.

Aus Sicht der Bienen ist Stabilbau sicherlich günstig, da es kaum Störungen gibt: Es können keine Waben gezogen oder Brutwaben umgehängt werden. Das erschwert natürlich die Honigernte, denn die Waben müssen herausgeschnitten werden. Die Regulierung des Wärmehaushalts ist für das Bienenvolk einfacher, wenn die Wabengassen durch die Decke begrenzt werden und keine Wärme nach oben oder zu den Seiten entweichen kann. Zumeist sind die Beutenvolumina mit 30 bis 60 Liter klein. Hier waren die Bienen aber immer auf das Angebot an natürlichen Nistgelegenheiten angewiesen. Ab einer bestimmten Volksgröße bleibt den Bienen nichts anderes übrig, als zu schwärmen, da der vorhandene Raum limitiert ist. Dies dient der Gesunderhaltung des Gesamtorganismus: Der am alten Standort verbleibende Volksteil wird von Krankheitserregern entlastet. Der neue Volksteil (der Schwarm) beginnt sein Leben komplett von Altlasten befreit – neues Wachs, neue Brut etc.

Aus Sicht des Imkers ist Stabilbau jedoch extrem nachteilig. Er kann den Zustand des Bienenvolks bzw. seinen Gesundheitszustand nur über das Flugloch beurteilen. Tatsächlich sieht der Imker nur Bienen ein- und ausfliegen. Die Flugfrequenz ist natürlich ein Abbild der Volksstärke. Pollentragende Bienen können auch ein Hinweis auf das Vorhandensein von Brut, also Weiselrichtigkeit, sein. Aufgrund meiner Erfahrung gerade im Frühjahr muss ich jedoch sagen, dass der Eintrag von Blütenpollen am Flugloch über den wahren Zustand des Volks täuschen kann. Immer wieder sind es drohnenbrütige Völker, deren Flugbienen wunderschöne Pollenhöschen eintragen. Da in diesen Völkern aber keine Arbeiterinnenbrut gepflegt wird, sind sie zum Untergang verurteilt. Kurz gesagt: Die reine Flugloch-Beobachtung ist oftmals wenig aussagekräftig, was den Gesundheitszustand des Bienenvolks betrifft. Sie ist meiner Ansicht nach zudem die hohe Kunst der Imkerei und nur mit viel Erfahrung möglich. Ich halte es daher als fahrlässig, Anfängern eine Imkerei im Stabilbau nahezulegen. Er macht den Einstieg in das wunderbare Hobby Bienenhaltung unnötig schwer und führt oft genug zum Tod der Bienenvölker.

Eine schöne Brutwabe - das geschlossene Brutnest als Indikator für ein gesundes Volk und eine vitale Königin.

... oder mobiler, beweglicher Wabenbau?

Ich bin ein großer Anhänger des mobilen, beweglichen Wabenbaus. Hierbei werden die Waben in beweglichen Rähmchen oder wie bei den Top Bar Hives an den Oberträgern gebaut. Diese können bei Bedarf jederzeit herausgezogen werden, um den Zustand des Volks direkt und unmittelbar zu beurteilen. Gerade der von mir schon mehrfach erwähnte »Imker-Blick« kann nur mit dem beweglichen Wabenbau entwickelt und geschult werden. Jedes Bienenvolk, auch jede Wabe ist anders. Der vergleichende Blick ist die Grundlage für die wachsende Erfahrung. Aber gerade auch prekäre Situationen wie Krankheiten, hoher Varroabefall oder Futterknappheit können nur durch einen unmittelbaren Blick auf die Waben erkannt werden.

Im Stabilbau ist der Imker gezwungen, seine Bienenvölker in Ruhe zu lassen und wenig zu stören. Beim mobilen Wabenbau hat er dagegen jederzeit alle Möglichkeiten zum Handeln. Naturgemäße Imkerei hat für mich daher auch viel mit Bewusstheit zu tun. Ich finde es viel besser, aus dem Wissen und aus Respekt vor dem Tier Biene heraus auf Eingriffe, die oft genug nicht wirklich notwendig sind, zu verzichten als zu deren Unterlassung gezwungen zu sein. Es ist doch die ureigene Verantwortung des Imkers, zu entscheiden, was er tun oder was er lassen möchte und wie er seine Begegnung mit den Bienen gestaltet. Extensive Imkerei heißt für mich nicht, nichts zu tun und die Bienen weitgehend sich selbst zu überlassen. Stattdessen ist es eine Haltung, zur richtigen Zeit und in der richtigen Weise einzugreifen und angemessen zu handeln. Die Beziehung zu dem Tier Bienenvolk ist der Maßstab und die Richtschnur meines Handelns. Da jeder Imker andere Motive hat, ist das individuell unterschiedlich. Wichtig ist dabei nur, die Balance zwischen den beiden Polen Bienen und Imker zu halten.

Es ist zum Beispiel nicht notwendig, jede Woche die Völker so lange durchzuschauen, bis man die Königin gesehen hat. Zumeist reicht der Blick auf eine Brutwabe: Wenn auf dieser alle Brutstadien vorhanden sind, ist das Volk in Ordnung und eine Königin vorhanden. Ist das Brutnest geschlossen, dann ist das Volk gesund und munter, die Qualität der Königin gut. Ich erkenne, dass die Königin in der Lage ist, regelmäßig viele Eier zu legen und so für eine ausreichende Volksstärke zu sorgen. Das ist nicht der einzige, aber ein wesentlicher Aspekt einer guten »Regentschaft«. Mir genügt oft ein Blick auf die Wabengassen oder kurz ins Volk, um einen ausreichenden Eindruck vom Entwicklungszustand des Volks zu bekommen. Ich nenne dies eine Blitzrevision.

Zusammenfassend möchte ich in Bezug auf den Wabenbau noch einmal eine Lanze für den Mobilbau brechen. Dieser ist in der heutigen Zeit für den Imker, aber auch für die Bienen von großem Vorteil. Extensive, bienengemäße Imkerei, zum Beispiel mit Naturwabenbau, ist ohne Probleme auch mit beweglichen Rähmchen möglich. Es gibt dann halt weniger Eingriffe, aber diese zur richtigen Zeit und in der richtigen Art und Weise.

PRAXIS

Wie nähere ich mich den Bienen?

Nach der Ankunft am Bienenplatz springe ich nicht aus dem Auto und lege sofort mit der Arbeit los. Meist muss erst der Smoker angezündet werden. Das dauert ein wenig. Dabei schaue ich etwas herum. Gut ist es auch, einmal um den Stand herumzugehen und das Flugverhalten zu beobachten:

Wie fliegen die Bienen? Kommen sie ruhig ans Flugloch geflogen und fliegen entspannt zum Sammelflug wieder davon? Wie sehen die Pollenhöschen aus? Fliegen die Bienen gemütlich aus und ein, dann gibt es zumeist eine mäßige Blütentracht. Fliegen die Bienen schon bei Sonnenaufgang oder noch in der Abenddämmerung rege wie an einer Schnur aus dem Flugloch gezogen? Dann honigt meist der Wald. Ist der Betrieb an einem Flugloch besonders hektisch und aufgeregt? Kämpfen da etwa Bienen? Ist das Anflugbrett leicht mit Wachs verklebt? Das weist auf Räuberei hin, da die Räuberbienen den Honig aus den Zellen reißen, dabei ihre Füßchen mit Wachs verkleben und davon Reste am Anflugbrett zurücklassen. Das Flugbrett muss immer sauber sein! Liegen tote Bienen vor dem Flugloch?

Das Verhalten der Bienen am Flugloch verrät mir viel über den Zustand des Volks.

Wie klingt es am Bienenstand? Wichtig ist mir das Lauschen, der »Sound« der Bienen. Höre ich ein ruhiges und gleichmäßiges Summen und Brummen? Dann ist alles in Ordnung. Oder ist der Summton hoch und laut? Das weist auf Räuberei hin!

Zur naturgemäßen, extensiven Imkerei gehört, dass der Imker versucht, direkte Störungen des Volkes zu vermeiden. Das tut er, indem er sich vorher genau überlegt, was er an den Bienen tun will, wie er dies am besten und zielorientiert ausführen kann. Er versucht durch Beobachten zu erkennen, wie es den Bienen geht, was heute am Bienenstand los ist. Evtl. muss der Plan geändert werden - ein Plan B ist immer gut! Oft genug muss die Beute gar nicht geöffnet werden. Dann können alle zufrieden sein.

Form, Volumen und Lage der Beute

Die Entscheidung, in welcher Behausung die eigenen Bienen untergebracht werden, sollte jedem selbst überlassen bleiben. Natürlich kann ich aus eigener Erfahrung Ratschläge erteilen bzw. auf die jeweiligen Vor- und Nachteile eines bestimmten Beutensystems hinweisen. In der Imkerei geht es aber nicht nur um den Honigertrag. Jeder Imker hat seine eigene Motivation und einen ganz besonderen Beweggrund für die Hinwendung zu den Bienen. Die Art der Beute kann auch einen ästhetischen Grund haben, denn es macht schon einen Unterschied, ob in meinem Garten ein »nüchternes« Magazin steht oder ob eine sehr ästhetische Top Bar Hive den Garten aufwertet (siehe Seite 66). Vielleicht gefällt auch ein Weißenseifener Hängekorb aus Stroh besonders gut. Imkerei ist immer auch mit einem »emotionalen« Ertrag verbunden.

Jeder Imker sollte allerdings die Vor- und Nachteile verschiedener Systeme kennen. Vor allem sollte er wissen, warum und wie er imkern möchte. Somit ist die Beutenfrage eingebettet in ein System komplexer Beweggründe.

Die Beutenform

Natürlich braucht *Apis mellifera* eine Behausung, in der ihr Wabenbau vor Feinden und klimatischen Unbilden wie Schnee, Regen und Wind geschützt ist. Immer wieder finden sich Schwärme, die sich vollkommen ungeschützt im Freien zum Beispiel in einer Baumkrone niedergelassen und dort aus verschiedensten Gründen ihren Wabenbau errichtet haben. Diese Völker werden leicht Opfer von Vögeln, Mardern, Waschbären oder Siebenschläfern. Letztere können sogar aktive Hornissennester zerstören. Spätestens im Winter sterben diese frei lebenden Völker der Honigbienen durch Schneefall und Regen und weil sie keinen ausreichenden Wärmehaushalt und Schutz erzeugen können.

In der freien Natur bewohnen Bienen Hohlräume, die bevorzugt in alten, großen Bäumen zu finden sind. Diese Hohlräume haben zumeist eine länglich-ovale Form. Dies war aber nach meiner Ansicht mehr dem Wuchs des Baumes geschuldet als dem, was die Bienen bevorzugen. Ich habe in meiner Imkerlaufbahn schon sehr viele Schwärme eingefangen oder aus verschiedensten Nistgelegenheiten in eine Holzbeute umlogiert. Es erstaunte mich immer wieder, dass die Gestalt der von den Bienen ausgewählten Wohnung offenbar keine

Freilebendes Bienenvolk: Ohne schützende Hülle wird es nicht lange überleben.

entscheidende Rolle spielte. So habe ich Schwärme aus niedrigen Zwischenböden herausgeholt, deren Wabenbau aus vielen, sehr schmalen (10 bis 15 Zentimeter hoch) einzelnen Waben bestand. Genauso habe ich Bienenvölker aus einer Mauerspalte herausgeholt, die nur eine einzige, dafür aber riesengroße Wabe enthielt. Von der angeblich so wichtigen Wabengasse keine Spur. Daher bin ich mittlerweile davon überzeugt, dass die Beutenform allein bei der Wohnungssuche der Honigbienen keine große Rolle spielt. Sie passen sich einfach, je nach Region, an das an, was sie als Hohlraum besiedeln konnten.

Die Lage der Beute

Den Bienen ist die Lage des zukünftigen Nistplatzes viel wichtiger. Ich betreue an meinen Bienenständen über 100 Hornissen-Nistkästen. Mittlerweile sehr selten, aber doch immer wieder siedeln sich dort Bienenschwärme an. Sie bevorzugen stets die gleichen Standorte. Gleiches hatte ich 1985 während eines Versuchs bemerkt. Wir hatten damals zu Versuchszwecken leere Beuten zum Anlocken von Schwärmen aufgestellt. Die meisten Standorte blieben unbeachtet. Aber neben einem Bienenhaus im Nördlinger Ries gab es einen sehr speziellen Platz, an dem in diesem Jahr gleich vier Schwärme einzogen! Ich bin daher der Meinung, dass sowohl das Kleinklima des Standorts als auch radiästhetische Faktoren wie Wasseradern, Erdstrahlung etc. bei der Wahl der Bienen eine Rolle spielen. Leider liegen dazu keine systematischen Forschungsarbeiten vor. Allerdings gibt es sehr viele empirische Beobachtungen.

Der bekannte amerikanische Bienenwissenschaftler Prof. Thomas Seeley hat sich intensiv mit der Frage der Nistplatzwahl bei den Honigbienen beschäftigt. Seine Arbeiten sind sehr interessant, weil er seine Fragestellungen oft aus Sicht eines Bienenvolks formuliert. Dadurch erfährt der Leser seiner Bücher sehr viel über das Leben von wild lebenden Bienenvölkern. Dem Imker, dem es vorwiegend um eine Honigernte geht, bleibt vieles davon verborgen. Viele der Aussagen von Prof. Seeley kann ich durch eigene Beobachtungen bestätigen. Gerade das Verhalten der Spürbienen finde ich sehr aussagekräftig, denn daraus kann abgeleitet werden, welche Behausung der Schwarm bevorzugen und demnächst besiedeln wird. Zunächst besucht eine Spürbiene eine interessante Nistgelegenheit, inspiziert diese genau und fliegt dann zu ihrem Stock zurück, um dafür zu werben. Hat sie Erfolg, folgen umgehend weitere interessierte Spürbienen. Gefällt auch diesen die neue Behausung, werden es noch einmal mehr. Die Spürbienen besuchen diese potenzielle Behausung mehrmals. Ab einer bestimmten Besuchsfrequenz kann man davon ausgehen, dass der Schwarm demnächst seine Entscheidung für diese Behausung fällen und kurze Zeit später dort auftauchen wird. Ich habe mit dieser Einschätzung schon Wetten gewonnen.

Allein der Einzug des Schwarms ist ein Spektakel für sich und sehr beeindruckend. Der Beobachter gewinnt den Eindruck, als wäre im Inneren der Behausung ein Staubsauger aktiv, so schnell werden die Schwarmbienen hineingesaugt. Nach wenigen Minuten sind alle Bienen eingezogen und das neue Leben des Bienenvolks kann beginnen.

Das Beutenvolumen

Prof. Seeley beobachtete auch, dass Bienenschwärme einen Rauminhalt von 40 bis 60 Liter bevorzugen. Die Spürbienen vermessen die potenzielle neue Behausung akribisch. Eine gewisse Mindestgröße ist natürlich unabdingbar, denn die neue Wohnung sollte Platz für mindestens 10 bis 15 Kilogramm Futter bieten. Zudem muss genügend Wabenfläche für die Brut vorhanden sein, damit der Bien eine ausreichende Volksstärke für das Überleben generieren kann.

Aus diesen Erkenntnissen abzuleiten, dass die ideale Behausung nicht größer als 40 bis 60 Liter sein darf, ist eine interessante Frage. Dieses Volumen entspricht ungefähr dem Inhalt einer zehnrahmigen modernen Beute. Ein frei lebendes Volk braucht tatsächlich nicht mehr Rauminhalt, weil es ab einer bestimmten Größe schwärmen und sich teilen wird. Nur das Restvolk bleibt in der alten Behausung zurück. In der heutigen Imkerei spielen aber frei lebende Schwärme keine wirklich große Rolle mehr. Ich kann das gut beobachten, weil in meine Hornissenkästen immer seltener Schwärme einziehen. Überlebt hat dort übrigens noch nie ein Bienenvolk, obwohl ich oft genug die knappen Futtervorräte ergänzt hatte. Oft waren die Völker Mitte August noch schön, nahmen auch das Futter ab, starben aber trotzdem. Auffällig war, dass sie nie über ausreichende Vorräte verfügten. Dies war für mich immer ein Hinweis auf die ungenügende Trachtsituation im Hochsommer. Der Schwarm fiel für die Frühtracht zu spät, im Sommer finden die Bienen dann nicht mehr genügend Futter, um ein ausreichend starkes und gesundes Wintervolk aufzubauen. Das gilt für die Gegenden, in denen ich imkere, vorwiegend in Süddeutschland. Für andere Gegenden, vor allem bei einer guten Robinien-, Linden- oder Fichtentracht, mag das anders sein. Generell erlebe ich aber eine gestörte Beziehung zwischen der Honigbiene und der Landschaft, in der sie lebt.

Da sich die äußeren Bedingungen fundamental geändert haben, haben sich auch die Betriebsweisen geändert. Natürlich sollte der Schwarmprozess in einer artgerechten Bienenhaltung die Basis für die Vermehrung sein. Dies ist sicher auch für das Bienenvolk der beste und gesündeste Weg zur Erneuerung: der Erzeugung von neuen Königinnen und Jungvölkern. Das heißt aber nicht, dass es heute sinnvoll ist, um jeden Preis alle Völker schwärmen zu lassen. Ich halte es sogar für Unsinn, dies zu propagieren. Davon hat niemand etwas: Weder die Schwärme, die kaum geeignete Nistgelegenheiten finden werden und zumeist früher oder später verhungern, noch der Imker, weil zumindest in manchen Regionen Deutschlands seine Honigernte teilweise ins Wasser fällt.

In der heutigen Imkerei teilen sich die Bienenvölker nicht mehr aus eigenem Impuls in Vorschwärme, Nachschwärme und Restvölker. Vielmehr hält der Imker das Volk zusammen, um einerseits mittels einer großen Volksstärke einen guten Honigertrag

Emotionaler Ertrag: Schwarm und Wabenbau in einem Hornissenkasten. Hier blüht das Imkerherz auf.

zu generieren und um andererseits das Überleben des Volks zu sichern. Die notwendige Vermehrung und Erneuerung steuert dann der Imker. Das nenne ich Imkereikultur. Dabei sollte sich der Imker aber wieder auf eine gute Weise am natürlichen Vorbild orientieren.

Beutenvolumen in der heutigen Imkerei

Es gilt also für die zeitgemäße Imkerei: Bienenvölker brauchen heute mehr Raum, um den Honig einzulagern.

Somit müssen wir überlegen, ob das, was die Biene von Natur aus als ihre Behausung auswählen würde, auch unser Maßstab für die Bienenwohnung sein muss. Wir leben, wie beschrieben, in anderen, in besonderen Zeiten:

- Einmal hat die Honigernte ein ganz anderes Gewicht bekommen. Das kann man gerade im Kontext der naturgemäßen Imkerei kritisch sehen. Wir müssen natürlich auch darüber diskutieren, wie viel Honig geerntet wird und was den Bienen selbst belassen werden sollte. Das ist heute komplett aus dem Gleichgewicht geraten.
  Wenn heute in einer Berufsimkerei über Wanderungen 60 bis 80 Kilogramm Honigertrag pro Volk möglich sind, warum kann dann der Imker dem Volk nicht zehn Kilogramm des eigenen Honigs belassen oder füttern? In Schweden, einem wahren Bienenparadies, sind auch bei einer Standimkerei hohe Erträge von 60 bis 80 Kilogramm pro Volk die Regel. Auch hier könnte der Imker großzügig denken und den Völkern viel Honig für die Überwinterung belassen. Dann könnte die Varroabehandlung mit Ameisensäure, die dort wegen der kühleren Temperaturen oft nicht gut genug wirkt, früher durchgeführt werden, weil auf die Einfütterung mit Zucker weitgehend verzichtet werden kann.
- Andererseits können wir unter den jetzigen Verhältnissen natürliche Schwarmimkerei gar nicht mehr betreiben. Dann gäbe es nämlich, wie gesagt, in vielen Regionen kaum noch Honig zu ernten. Die durch das Schwärmen entstandenen Volkseinheiten wären zudem aus eigener Kraft oftmals nicht mehr in der Lage zu überleben. Dazu ist das Nahrungsangebot zu gering und zu einseitig. Kleine Nachschwärme könnten zum Beispiel gar nicht genügend Winterfutter sammeln. Die Trachtlücken im Sommer lassen das nicht zu. Ohne massive Zuckerzufütterung würde diese Art der Imkerei nicht funktionieren. Würden sich die äußeren Verhältnisse zugunsten einer besseren Versorgung der Insektenwelt wieder verändern, so könnte man über andere Formen der naturgemäßen Imkerei nachdenken und diese auch umsetzen.

Es ist eine Tatsache: Die äußeren Verhältnisse bedingen die Betriebsweisen der Imkerei. Und es ist in meinen Augen Dogmatismus, die Natur der Bienen zu verabsolutieren und die äußeren Bedingungen außer Acht zu lassen.

Es ist jedoch ein langwieriger und aufwendiger Prozess, bezüglich der Ernährungssituation unserer Bienen und vieler anderer Insekten eine Verbesserung zu erreichen. Daher ist es sinnvoll, dass wir uns neben der dazu notwendigen politischen Arbeit auf den Bereich konzentrieren, den wir unmittelbar beeinflussen können. Das sind zum Beispiel die Betriebsweisen und der direkte Umgang mit dem Nutztier Honigbiene. Für die Zukunft ist es wieder notwendig, Formen der Imkerei zu entwickeln, die den Bienen guttun. Sie müssen aber auch umsetzbar sein.

Bezogen auf das Beutenvolumen sollten wir daher kein Dogma des kleinen Raums entwickeln. Ist eine natürliche Schwarmimkerei aktuell nicht möglich, so kann es sinnvoll sein, den Schwarmtrieb zu kultivieren (siehe ab Seite 91). Nur die Völker, die sich vermehren sollen, durchleben dann den Schwarmprozess.

In diesem Zusammenhang ist es sinnvoll, auf voluminösere Beuten oder größere Beutenvolumina zu setzen. Naturgemäße Imkerei in Magazinbeuten, die an die Volksstärke und einen guten Honigertrag angepasst werden können, ist in meinen Augen kein Widerspruch.

Ich selbst arbeite ebenfalls mit diesen Magazinbeuten. Diese bereiten den Bienen keine Schwierigkeiten und ermöglichen auch dem Imker ein gutes Arbeiten mit zwei, drei oder auch vier Honigräumen. Spätestens für den Winter wird das Beutenvolumen wieder auf die von den Bienen favorisierten 40 bis 60 Liter reduziert, um die Bildung einer Wintertraube und eine gute Wärmeregulation zu ermöglichen.

Ist die Höhe, in der die Beute steht, wichtig?

Die Höhe ist in zweierlei Hinsicht wichtig:

Schutz vor Feinden

Prof. Seeley hat in seinen Untersuchungen beobachtet, dass Schwärme Nistplätze in mindestens fünf Meter Höhe bevorzugen. Und das Flugloch sollte nicht größer als 50 cm^2 sein. Beide Kriterien dienen dem Schutz des Bienenvolks vor Feinden. In fünf Meter Höhe ist das Bienenvolk vor Bären und anderen Feinden gut geschützt. Allerdings spielt der Honigliebhaber Bär hier in Mitteleuropa keine Rolle (mehr) für Imker und Bienen. In Ländern mit einer großen Bärenpopulation, wie Slowenien, können die Bienenstände mittels Elektrozäunen wirkungsvoll geschützt werden.

Entscheidet sich die Gesellschaft dafür, auch den Braunbär hier leben zu lassen, so müssten natürlich die potenziellen Opfer dieser Koexistenz unterstützt und großzügig entschädigt werden.

Heute stehen die Bienenvölker in Bodennähe, in der Regel auf Paletten, speziellen Aufstellungsgestellen oder Wanderböcken. Alles andere ist für mich unrealistisch. Ich kann mich gut an Diskussionen erinnern, die vor vielen Jahren unter den Pionieren der ökologischen Imkerei geführt wurden. Dabei ging es um die Frage einer Aufstellung der Bienen in zwei bis drei Meter Höhe. Heute spricht davon ernsthaft niemand mehr, denn es ist für den Imker eine unzumutbare Plagerei, das Material hinauf- und die schweren Honigräume wieder hinunterzuschaffen. Stadtimker, die ihre Bienen auf Dächern aufgestellt haben, wissen ein Lied davon zu singen, was das heißt, wenn es keine Aufzüge gibt.

In Bodennähe ist es allerdings für Mäuse leicht möglich, in einen Bienenstock einzudringen. Tatsächlich können auch Mäuse einem Bienenvolk gefährlich werden. Sie können jedoch gut mit einem Mäusegitter in Schach gehalten werden. Wichtig ist, die Gitter schon vor dem ersten Frost anzubringen, denn die Mäuse ziehen sich bereits dann in die geschützten Räumlichkeiten zurück. Haben sie aber erst einmal herausgefunden, dass sie dort auch einfach an leckeres Essen, sprich Bienen und Honig, herankommen, so werden sie, wenn die Mäusegitter erst später angebracht worden sind, immer wieder versuchen, in das vermeintliche Paradies einzudringen. Sie bearbeiten die Mäusegitter und reißen diese oft genug herunter. Sitzen die Bienen fest in der Wintertraube, werden sie die Mäuse nicht attackieren und töten.

Mäuse als Mitbewohner beunruhigen die Bienen. Die Wintertraube lockert sich, die Bienen sitzen

Das Mäusegitter schützt die Bienen im Winter und zeitigen Frühjahr vor eindringenden Mäusen. Die Bienen sind noch nicht aktiv genug, um sich selbst zu wehren.

dann nicht so fest, fressen mehr, dadurch füllt sich ihre Kotblase schneller. Kommt dann im ausgehenden Winter das milde Wetter für den Reinigungsflug zu spät, kann es sein, dass die Bienen im Stock abkoten. Werden die Bienen während der Winterruhe beunruhigt, verlassen einzelne Bienen die Traube und erstarren dann außerhalb. So wird das Volk geschwächt. Schwächer eingewinterte Völker können durch diesen Aderlass auch sterben. Im Frühjahr halte ich es für wichtig, die Mäusegitter möglichst bis zur Weidenblüte zu belassen. Oftmals gibt es zu dieser Jahreszeit noch sehr kühle Temperaturen, bei denen die Mäuse erneut versuchen könnten, in den Bienenstock einzudringen.

Zu beachten ist daher, die Mäusegitter so zu wählen, dass bei warmem Wetter und starkem Bienenflug kein Pollen am Gitter abgestreift wird. Haben die Fluglöcher nur einen Durchmesser von sechs Millimetern und kommen keine Mäuse, aber auch keine Spitzmäuse hindurch, dann kann auf das Anbringen eines Mäusegitters verzichtet werden.

Klimatische Vorteile

Natürlich hat eine Nisthöhle in fünf Meter Höhe auch klimatische Vorteile. In dieser Höhe ist es nicht so feucht und kühl wie in Bodennähe. Es gibt keine Schimmelbildung und das Raumklima ist trocken. Zudem können die Bienen viel früher ausfliegen und den ersten Pollen und Nektar nutzen. Honigbienen sind ja eigentlich Waldbewohner. Allerdings gilt dies nicht mehr für unsere heutigen Wälder. Große, alte Bäume, die in fünf Meter Höhe genügend Durchmesser für eine Nisthöhle bieten, gibt es nur noch selten. Die Wälder sind zumeist Monokulturen und die Bäume stehen zu dicht, sodass es im Wald dunkel, kalt und feucht ist. Das Blütenangebot ist mager. Die Wälder im Umfeld meiner Imkerei auf der Schwäbischen Alb sind sehr oft Buchenwälder. Diese sind nur im Frühjahr hell, wenn Buschwindröschen, Leberblümchen, Seidelbast, Ahorn usw. blühen. Im Sommer blüht dort nur noch wenig. Wehmütig denke ich an die vor 20 Jahren noch existierenden Sturmflächen und Kahlschläge zurück. Dort waren plötzlich große Flächen dem Licht ausgesetzt. Himbeeren, Weidenröschen kamen großflächig zum Blühen. Gerade die Himbeere bot den Bienen zumindest auf kalkhaltigen Böden eine dem Raps entsprechende Tracht. Der Imker konnte einen wunderbar milden, sehr hellen Himbeerhonig ernten. Den Bienenvölkern ging es gut, die Jungvölker entwickelten sich ohne Zufütterung phänomenal. Heute gibt es nach dem Raps bis zum Beginn der Waldtracht, wenn sie denn einsetzt, eine Trachtlücke. Bienenstände, an denen die Bienen ganzjährig gehalten und gepflegt werden, müssen heute am Waldrand liegen.

Der Schutz vor Feinden ist nicht der einzige Grund für die Wahl eines kleinen Fluglochs. Die Bienen können damit auch das Innenklima ihrer Behausung besser regulieren. Es gibt weniger Wärmeverluste. Zugluft mögen die Bienen gar nicht.

Welches Material ist für die Beute am besten geeignet?

Zum Holzmagazin sehe ich in einer modernen Imkerei kaum eine Alternative. Zwei Dinge geben mir jedoch zu denken und weisen auf die Schwachstellen unserer Holzbeuten hin.

Propolisauskleidung: Prof. Seeley beschreibt eine dicke Propolisschicht, mit der wild lebende Bienenvölker ihre Behausung auskleiden. Eine solche suchen wir in unseren Beuten vergeblich. Obwohl wir die Innenseiten unserer Beuten nicht hobeln, sondern sägerau lassen, gibt es allenfalls einen dünnen Propolisüberzug, auch wenn Bienenvölker viele Jahre in ein und demselben Brutraum leben. Warum das so ist, kann ich mir nicht erklären. Vielleicht spielt die Zucht eine Rolle. Die Waben sollen heute leicht zu handhaben sein. Verwendet ein Volk viel Propolis, so ist alles im Stock verklebt und es ist schwieriger und aufwendiger, die Waben zu ziehen. Aus diesem Grund sind die Züchter bestrebt, der Biene die Propolisierung auszutreiben. Den Bienen fehlt dadurch jedoch eine wichtige Komponente ihres äußeren Immunsystems. Möglicherweise wirkt sich die vom Menschen geleitete Zuchtauslese nachteilig auf die Gesundheit und Vitalität unserer Honigbienen aus. Hier sollten wir über die Zuchtkriterien nachdenken.

Dicke der Beutenwand: Dies ist der zweite Aspekt, der mich ins Grübeln bringt. Wir verwenden 2,4 bis 2,8 Zentimeter dicke Bretter. Bisher ging ich davon aus, dass die Beute hauptsächlich zum Schutz vor Wetterunbilden und Feinden geeignet sein muss. Einfachwandige, nicht isolierte Beuten würden den Bienen außer einem geringfügig erhöhten Futterverbrauch keine Probleme bereiten. Das war auch meine Ansicht. In den Lehrbüchern spricht man bei einfachwandigen, dünnen Beutenwänden von einem Mehrverbrauch an Winterfutter von ca. einem Kilogramm je Volk. Das wäre vernachlässigbar.

Wild lebende Bienenvölker, die wirklich eine Auswahl unter guten Nistgelegenheiten treffen können und nicht aus Not in beliebige Hohlräume einziehen müssen, leben oft umgeben von Holz, das mehr als zehn Zentimeter dick ist. Zum einen ist dieses Holz durch die Saftströme des Baums belebt und verhält sich ganz anders als totes, bearbeitetes Holz. Zum anderen ist die Holzschicht so dick, dass die Bienenvölker erst bei wirklich tiefen Außentemperaturen eine Wintertraube bilden und sich im zeitigen Frühjahr weitgehend unabhängig von den Außentemperaturen entwickeln. Die Temperatur in der natürlichen Nisthöhle ist somit beständiger und konstanter als das permanente Auf und Ab der Stocktemperatur in einer dünnwandigen Bienenwohnung. Dieses Umfeld ermöglicht natürlich eine ganz andere Wärmeregulation und damit auch einen anderen Futterverbrauch, als das in normalen Holzbeuten der Fall ist. Bisher nahm ich an, dass es doch eigentlich gut sei, wenn die Bienen in direktem Kontakt stehen mit den äußeren Wetter- und Klimaverhältnissen, was bedeutet, dass sie zum Beispiel an warmen Tagen früher ausfliegen oder zum Brüten angeregt werden. Die Beobachtungen von Prof. Seeley zeigen aber, dass es offenbar ganz anders ist. Ein erhöhter Futterverbrauch steht für vermehrte Anstrengungen und damit eine kürzere Lebenszeit gerade der Winterbienen. Vielleicht sollten wir wieder über gut isolierte Beuten, eventuell sogar aus Stroh nachdenken. Früher bestanden alle Bienenkörbe aus Stroh und das Thema wurde gerade im Kontext der frühen ökologischen Imkerei heiß diskutiert. Zumindest unsere Isolation im Deckel ist sicher verbesserungsbedürftig.

Mit welcher Beute arbeite ich?

Weltweit arbeiten die meisten Imker mit der Magazinbeute, wobei hier vor allem zwei Rähmchengrößen, nämlich das Dadantmaß und Langstrothmaß (siehe Tabelle Seite 42), verbreitet sind. Die enorme Rähmchenvielfalt dagegen ist typisch für den deutschsprachigen Raum.

Magazinbeuten sind Oberbehandlungsbeuten mit beweglichem Wabenbau, das heißt, die Waben werden nach oben herausgezogen. Das lässt sich leicht in einer angenehmen Körperhaltung bewerkstelligen. Die Entwicklung des Volks vollzieht sich in der Vertikalen. Der Nachteil dabei ist der Wärmeverlust, der eintritt, wenn die Völker geöffnet werden. Die Bienen müssen dann einen hohen Aufwand betreiben, um diesen Verlust auszugleichen. Stehen die Völker auf einer Stockwaage, so kann das leicht nachgeprüft werden. Auf alle Fälle sollte der Eingriff schnell und zielgerichtet erfolgen und der Imker sollte sich vor Beginn seiner Arbeit genau überlegen, was er an den Völkern tun muss. Auch das passende Werkzeug und Equipment sollte bereitstehen.

Bienen im Winter

In alten Bienenbüchern ist zu lesen, dass der Imker während des Winters sein Bienenhaus nur sehr vorsichtig betreten sollte, am besten gar nicht, da die Erschütterung die Bienen in der Traube beunruhigen könnte. Dadurch verlassen sie die Traube, fallen auf den Boden und sterben. Auch würde die Erschütterung einen Temperatursprung in der Traube auslösen. Heute öffnen wir bedenkenlos die Beuten und beträufeln die Bienen mit einer Oxalsäurelösung. Natürlich ist das durch die Varroamilbe notwendig geworden. Aber es ist doch sinnvoll, sich das alles zu vergegenwärtigen und zu reflektieren - gerade im Zusammenhang mit den Überlegungen zur Beutenisolation. Eine der Bienennatur gemäße Imkerei ist nicht nur auf die Betriebsweisen beschränkt, sondern fragt in allen Bereichen danach: Wie kann ich mich in meiner Imkerkultur dem, was die Bienen in der Natur ausleben, annähern.

Eine Magazinbeute besteht aus verschiedenen Einzelteilen, die beliebig miteinander kombinierbar sind. Diese Einzelteile sind der Boden, der Deckel und die einzelnen Zargen.

Der Boden

Heute sind die Böden in der Regel als Gitterböden konzipiert. Das bedeutet, dass der Boden nicht komplett verschlossen ist, sondern eine mit einem Lüftungsgitter versehene Fläche besitzt. Diese kann mittels eines Bodenschiebers geschlossen werden. Die Maschenweite beträgt 2,8 Millimeter.

Ein Gitterboden besitzt mehrere Vorteile:

- Es kann eine Gemülldiagnose durchgeführt werden, um den aktuellen Befall mit Milben sowie den Behandlungserfolg festzustellen (siehe Varroa-Gemülldiagnose Seite 248).
- Werden die Bienen zu unterschiedlichen Trachtquellen transportiert, so bekommt das Volk während der Fahrt durch das freigegebene Lüftungsgitter genügend Frischluft. Wenn alle Bienen im Stock sind, wird das Flugloch vor dem Einladen geschlossen. Wir verstellen unsere Bienenvölker

nur mit geschlossenem Flugloch, offenem Gitterboden und freigegebenem Lüftungsgitter.

Für die Bienen ist der Transport aufregend und sie geraten dabei schnell unter Stress, weil sie eingesperrt sind. Die Atmung des Volks wird beschleunigt. Fehlt dann die Luftzufuhr, weil zum Beispiel der Gitterboden verschlossen oder verstopft ist, kann das Volk verbrausen. Das heißt, das Volk gerät in Panik, seine Körpertemperatur steigt, sodass die Waben schmelzen können. Die Bienen sehen dann wie verbrüht aus, wenn sie nach dem Öffnen der Beute aus dem Flugloch taumeln. Der Großteil der Bienen liegt verendet auf dem Bodenbrett. Die Brut wird überhitzt und stirbt. Das Volk ist dann nicht mehr zu retten. Ein furchtbares Imkererlebnis!

In der modernen Imkerei wird heute empfohlen, den Gitterboden das ganze Jahr über offen zu lassen. Angeblich schützt das vor Schimmelbildung auf den Waben und die Völker gehen früher aus der Brut. Gerade wenn wir sehen, wie viel Energie die Bienen darauf verwenden, alle Ritzen und Spalten mit Propolis hermetisch abzudichten, sollten wir überlegen, ob diese Ziele - trockene Beuten und Brutfreiheit im November - nicht mit anderen Maßnahmen erreicht werden können. In meiner Imkerei bleiben unsere Bodenbretter den Winter über geschlossen.

Das Flugloch

Es ist die Schnittstelle zwischen dem Bienenvolk und seiner Umgebung - also ein zentrales Element des Bodens. Es sollte nicht zu klein sein, um einen guten Luftaustausch und eine gute Regulierung des Raumklimas zu ermöglichen. Bei der Honigverarbeitung reduzieren die Bienen den Wassergehalt des Nektars von 80 Prozent auf weniger als 20 Prozent. Die überschüssige Feuchtigkeit wird

Ein Blick auf diese Wabe offenbart: Das Volk ist verbraust und verloren.

Massive Propolisierung am Flugloch - ein Zeichen für eine vitale Biene?

aktiv durch fächelnde Bienen über das Flugloch aus der Beute heraustransportiert.

Ich bevorzuge halbrunde Fluglöcher, weil die Bienen dann direkt aus- und einfliegen. Bei eckigen Fluglöchern landen sie zunächst auf dem Anflugbrett und laufen dann in die Beute hinein. In der Natur gibt es nur runde Einfluglöcher

In diesem Zusammenhang möchte ich noch einmal auf die Propolisierung der Beuten zurückkommen. Prof. Seeley beschreibt auch, dass die wilden Bienen vor der Einwinterung die Größe des Fluglochs durch Propolis verkleinern. Für uns extensive bzw. Bio-Imker der ersten Stunde war diese Propolisierung immer auch ein Indikator für die Vitalität der Bienen und solche Völker waren heiß ersehnt. Leider zeigten nur wenige Völker ein solches Propolisierungsverhalten, wie im Bild auf Seite 57 zu sehen ist. Das Flugloch sollte sich unterhalb der Brut und entfernt vom Honig befinden. Man nennt dies fluglochfern. So ist der kostbare Honigvorrat vor Räubern geschützt, weil sich zwischen Eingang und Honigraum die Brut und fast das gesamte Volk befinden. Die Bienen machen das von Natur aus sehr klug. Der Honig wird immer fluglochfern eingelagert. Zudem sind die Wärmeverluste geringer, da Wärme immer nach oben steigt. Die Bienen können das Innenklima und den Temperaturhaushalt besser regulieren.

Hoher Boden

Wir arbeiten mit sogenannten »hohen« Böden, die mindestens zehn Zentimeter hoch sind. Dort können sich die Flugbienen aufketten und es wird im Frühjahr Drohnenbau errichtet. Wachsen die Völker ab Mitte April sowohl in Bezug auf die Brutmenge als auch auf die Bienenzahl, finden nicht alle Bienen in den Wabengassen Platz. Diese Bienen hängen dann an der unteren Leiste der Rähmchen in Form einer Bienentraube in den hohen Boden hinein bzw. es entstehen dort erste Wabenanfänge oder erste Waben. Dies ist auch ein Indiz dafür, dass der Zeitpunkt für die Freigabe des ersten Honigraums gekommen ist.

Unter Imkern wird die Frage, wann man den ersten Honigraum geben soll, heiß und kontrovers diskutiert. Viele meinen: Je früher, desto besser, weil dann mehr Honig im Honigraum eingelagert wird. Dies funktioniert jedoch nur, wenn die Zahl der Brutwaben stark eingeschränkt wird. Ich bin der Meinung, dass es besser ist, auf die Bienen zu »hören« und zu beobachten, wann die Völker für eine Raumerweiterung bereit sind. Das Durchhängen in den hohen Boden ist ein deutliches Signal, dass das Volk stark genug und bereit ist für den ersten Honigraum. Das wird auch der Qualität des Honigs nutzen, da die frisch gefüllten Honigwaben gut belagert werden und der Honig gut gepflegt wird.

Hoher Boden: Die Bienen hängen massiv durch. Bei uns misst der hohe Boden etwa zehn Zentimeter.

Die Fähigkeit, im Bienenvolk zu lesen, ist in meinen Augen eine Grundvoraussetzung für den Erfolg in der Imkerei - egal, wie dieser definiert wird: Sei es eine gute Honigernte oder - wenn dies nicht die eigentliche Motivation ist, selbst Imker zu werden -, wenigstens die Entwicklung starker, vitaler und gesunder Bienenvölker. Allerdings wird ein guter Honigertrag dann nicht ausbleiben.

Der wilde Wabenbau im hohen Boden ist ein guter Puffer gegen beengte Raumverhältnisse, durch die Schwarmstimmung ausgelöst werden könnte. Auf dem Wildbau reservieren die Bienen eine Tanzfläche, auf der die heimkehrenden Sammelbienen ihre Tänze ausführen. So kann ich den Bienen ihre Kommunikation erleichtern. Kleine, aber wichtige Bausteine einer naturgemäßen Imkerei!

Ich bin kein Freund der Bausperre. Dies ist ein Holzgitter mit ca. zwei Zentimeter breiten Schlitzen. Durch diese gelangen die Bienen zu den Waben. Die Bausperre verhindert, dass im hohen Boden wilder Wabenbau errichtet wird, der das Herausziehen der Waben erschweren könnte. Am Ende der Bienensaison kann der Wildbau mit einer Spachtel ausgeschnitten werden. Auch dieser Wachsertrag ist nicht zu vernachlässigen.

Im hohen Boden wird meist Drohnenbau errichtet. Dieser kann zur Varroareduktion ausgeschnitten werden. Drohnenbrut hält die Brutkugel wie ein Magnet in den unteren Zargen. Das ist wichtig, wenn man ohne Absperrgitter (siehe ab Seite 69) imkern will.

Die Zarge

In den Zargen hängen die Waben bzw. die Rähmchen, in denen die Waben gebaut werden. Allerdings verwende ich im Brutraum ein besonderes Wabenmaß. Es nennt sich Zadantmaß (Zadant 420 × 335 Millimeter). Der Grund hierfür liegt in der Biografie meiner Imkerei. Ich begann, wie bereits erwähnt, mit Beuten im Zandermaß (420 × 220 Millimeter). Dieses Maß wurde damals in meiner Region von fast allen Imkern genutzt. Es war für mich von Vorteil, gerade in meiner Zeit als Anfänger mit einer Beute bzw. mit Rähmchen zu imkern, die weit verbreitet waren. So war es leichter, einen erfahrenen Imkerpaten zu finden. Für mich als Lehrling war es ebenfalls einfach, das Gelernte an meinen eigenen Bienen 1:1 umsetzen zu können.

Der Brutraum einer Zanderbeute besteht aus zwei Zargen mit jeweils neun oder auch zehn Rähmchen. Der Honigraum wird im gleichen Wabenmaß darüber aufgesetzt. Es gibt also nur ein einziges Maß, was sicherlich von Vorteil ist. An diesem System ist außerdem sehr praktisch, dass bei der Schwarmkontrolle die beiden Brutraumzargen einfach auseinandergekippt werden. An den unteren Rähmchenleisten des oberen Brutraums kann man die Schwarmlust eines Volks leicht an den dort befindlichen Schwarmzellen erkennen. Sind dort keine Königinnenzellen vorhanden, so ist sicher davon auszugehen, dass dieses Volk nicht in Schwarmstimmung ist. Die Kontrolle geht daher sehr schnell. Bei vorhandener Schwarmstimmung müssen dann jedoch alle 18 Rähmchen kontrolliert werden. Das dauert.

Trotz der genannten Vorteile störte mich beim Zandermaß die kleine Rähmchengröße bzw. kleine Wabenfläche. Da sich der Brutraum über zwei Zargen erstreckt, war das Brutnest zudem immer durch das Holz von zwei Rähmchenleisten und dem Beespace durchtrennt, insgesamt fast 28 Millimeter. In der Natur kommt dies in der Regel nicht vor. Mir gefielen größere Brutwaben, die genügend Platz für das kugelförmige Brutnest, einen dieses Nest umgebenden Pollenkranz und eine Honig-

Brutzarge mit Rähmchen.

kappe boten, viel besser. Ich entschied mich daher für eine größere Wabe – 420 Millimeter in der Länge (Zander), mit einer Höhe von 335 Millimetern. Die Fläche einer solchen Zadantwabe entspricht der einer etwas niedrigeren, aber dafür breiteren Dadantwabe (ca. 13 dm^2). Da ich aber mein Beutensystem nicht umstellen wollte, versuchte ich, die großen Waben in mein bisheriges System zu integrieren. Dazu kürzte ich alle Zargen auf die Höhe von Flachzargen ein (165 Millimeter) und nutze seither jeweils zwei Flachzargen als Brutraum. Zwei Zanderzargen haben insgesamt eine Höhe von fast 40 Zentimetern. Wenn ich da mit einer Zadantwabe arbeitete, war der Abstand von der Rähmchenunterkante zum Flugloch sehr groß und es fiel den Bienen schwer, ihr Flugloch gut zu verteidigen und zu kontrollieren.

Ich benutze nun also nur einen einzigen Brutraum, bestehend aus zwei Flachzargen mit acht oder neun großen Zadantwaben. Das hat den Vorteil, dass ich die Völker schnell und zügig bearbeiten kann, da nur wenige Waben kontrolliert werden müssen. In der Regel muss ich nur die Brutwaben inspizieren, die Randwaben rechts und links sind meist frei von Brut. Mit genügend Erfahrung reicht allerdings bereits ein Blick von oben auf die besetzten Wabengassen.

Da Honigräume im Zandermaß meiner Meinung nach zu schwer sind, zudem langsamer gefüllt werden, entschied ich mich gleich zu Beginn meiner Imkertätigkeit für Honigräume im Flachzargenmaß. Das war eine meiner besten imkerlichen Entscheidungen! Im Gegensatz zu einer Zanderzarge, die gut gefüllt 25 bis 30 Kilogramm schwer sein kann, wiegt eine gefüllte Flachzarge nur etwa 15 Kilogramm. Das ist zwar immer noch recht schwer, aber gut zu handhaben. Es ist ja ein imkerliches Dilemma, dass man sich einerseits schwere Honigräume wünscht, andererseits aber oft genug die damit verbundene schwere Handarbeit »verflucht«. Jetzt gibt es in meiner Imkerei nur noch eine einzige Zargengröße. Das finde ich sehr vorteilhaft, da alle Teile miteinander austauschbar sind und zueinander passen.

Mir gefällt gut, dass auf den hohen Zadantwaben oberhalb der Brutkugel noch schöne Pollenkränze und Honigvorräte Platz finden. Das Futter für die Bienenbrut ist ja eine Mischung aus Pollen, Honig und körpereigenen Sekreten (Futtersaft). Aus diesen Rohstoffen produzieren die Ammenbienen in ihren Futtersaftdrüsen das Gelee Royale. Die Bienen, die die Brut versorgen, haben daher nur kurze Wege zwischen Brut und Pollenvorrat zu bewältigen. Dieser Bereich ist eine wichtige Reizzone für das Bienenvolk. Durch die Nähe zum Pollen und

Honig ist die Brut immer gut versorgt und die Königin kann bedenkenlos ihrer Aufgabe, täglich bis zu 2.000 Eier zu legen, nachkommen.

Das Schied

Ursprünglich imkerten wir mit neun Waben im Brutraum. Das führte leider oft dazu, dass Bienen beim Herausziehen der Waben gequetscht bzw. gerollt wurden. Wenn man nicht aufpasste, konnte es auch zu Königinnenverlusten kommen. Mittlerweile verwenden wir ein Schied und nutzen nur noch acht Waben im Brutraum. Als Schied bezeichnet man die Vorrichtung (Brett), mit deren Hilfe der besetzte Raum in einer Bienenwohnung, angepasst an die Volksstärke, vergrößert oder verkleinert werden kann. Diese Wabenfläche von mehr als 112 dm^2 bietet Platz für über 60.000 Brutzellen. Das genügt den Bedürfnissen des Bienenvolks und reicht für den Aufbau eines guten Volks leicht aus. Tatsächlich braucht das Bienenvolk selten mehr als sechs bis sieben Waben als reine Brutwabenfläche.

Mit dem Schied - hier mit einer Schwarmzelle - kann der Imker die Bienenwohnung an die Volksstärke anpassen.

Das Arbeiten mit Schied ist sehr entspannend. Zunächst wird das Schied gezogen, so wird Platz geschaffen. Dann werden die Rähmchen gelockert und das erste Rähmchen leicht zur Seite geschoben. Nun kann man die »wichtigen« Waben ziehen. Bei kleineren Völkern lassen sich durch das Schied das Brutnest bzw. die bienenbesetzten Waben exakt an die Volksstärke anpassen. Im Winter hat das Volk allerdings alle acht Waben zur Verfügung. So kann genügend Winterfutter eingelagert werden, ohne im Spätsommer und Frühherbst die Bruttätigkeit zu sehr einzuschränken. Auf den Zellen, aus denen die letzte Brut geschlüpft ist, sitzt dann die Wintertraube. Die Regulation der Traubentemperatur fällt den Bienen auf mit Luft gefüllten Waben wesentlich leichter, als wenn sie auf mit Futter gefüllten Zellen sitzen würden. Sollte dies der Fall sein, so wird sich die Wintertraube im hohen Boden bilden und im Lauf des Winters auf die dann durch den Futterverbrauch geleerten Zellen hochwandern. Im Frühjahr wird der Raum passend zur Auswinterungsstärke des Volks auf sechs bis sieben Waben eingeengt. So kann das Volk den Wärmehaushalt gut regulieren und die Brut warmhalten. Wächst das Volk, so wird das Schied versetzt und das Volk besetzt nach und nach mehr Waben. Die überschüssigen Futterwaben verbleiben im Volk. Die Bienen klettern über das Schied und holen sich dort das Futter, wenn die Futterquellen der Natur noch nicht fließen. Neben dem schönen Effekt der verbesserten Warmhaltigkeit ist dieses Futterholen aus den außen platzierten Futterwaben auch eine Art Reizfütterung. Auf jeden Fall sorgen die neben dem Schied bereitgestellten Futterwaben für einen ständigen Futterstrom, der die Frühjahrsentwicklung des Volks begünstigen kann. Zu Beginn der Frühtracht ist das Winterfutter meist verbraucht.

Früher haben wir neue Honigräume zwischen die Brut und den ersten Honigraum geschoben, um die Reizzone zu aktivieren. Heute setzen wir die Honigräume einfach auf die bereits vorhandenen auf. Jedes Volk bekommt so viele Aufsätze, wie es in dieser Tracht benötigt. Das Arbeiten mit Flachzargen als Honigräume ermöglicht dem Imker ein genaues, an die Größe des Volks sowie an das Trachtgeschehen angepasstes Aufsetzen.

Zum Füttern benutzen wir keine speziellen Futterzargen. Wir setzen einfach eine leere Zarge auf den Überwinterungsraum. Darin kann auch die Langzeitbehandlung mit Ameisensäure durchgeführt werden.

Der Deckel

Der Deckel dient einmal dem mechanischen Schutz. Außen ist unser Deckel mit unbesandeter Dachpappe beschlagen. So ist er wasserdicht und lange haltbar. Allerdings muss die Pappe erneuert werden, wenn sie beschädigt ist. Auch wenn sich eine Platte mit wasserfestem Sperrholz (drei Millimeter Dicke) darunter befindet, muss unbedingt vermieden werden, dass Wasser durch den Deckel in die Beute eindringen kann. Das verzögert die Entwicklung des Volks gerade im Frühjahr enorm und kann Wabenschimmel verursachen. Das Beschlagen mit Dachpappe ist auch eine billigere Lösung als ein Deckel aus verzinktem Blech – diese werden im Sommer sehr heiß. Der Deckel dient zusätzlich auch der Wärmeregulation. Da Wärme immer nach oben steigt, halte ich es für wichtig, die Kopfwärme zu erhalten. In unseren Deckeln befindet sich daher eine gut isolierende Weichfaserplatte mit zwei Zentimeter Dicke (Wärmeleitfähigkeit 0,04 W/m·K [= Watt pro Meter mal Kelvin]). Bei schlecht isolierten Deckeln sind die Bienen gezwungen, deutlich mehr Heizleistung zu erbringen. Dadurch verbrauchen sie mehr Futter und die Lebenserwartung sinkt. Gerade während der Frühjahrsentwicklung ist das zu beachten.

Wenn wir die Verhältnisse in den natürlichen Behausungen unserer Bienen betrachten, sind zwei Zentimeter Isolationsschicht eigentlich zu wenig. Bei der Lektüre des Buches »Das Leben wilder Bienen« von Prof. Seeley erinnerte ich mich daran, dass ich die Frage der Isolation schon einmal besser gelöst hatte. Vor ungefähr 15 Jahren überwinterten wir unsere Völker mit einer Leerzarge über der eigentlichen Überwinterungszarge. Diese Leerzarge war ca. fünf Zentimeter hoch mit Zeitungspapier und Pappe gefüllt und garantierte so gerade im Frühjahr eine sehr gute Warmhaltigkeit. Zudem saugte das Papier die Feuchtigkeit auf, sodass die Bienen immer schön trocken saßen. Ein weiterer Vorteil war, dass bei Futtermangel mehrere umgestülpte Honiggläser auf das Papier gestellt werden konnten. Durch kleine Löcher im Papier gelangten die Bienen an den Honig. Vom Standpunkt der Bienen aus gesehen hatte mir das sehr gefallen – allerdings um den Preis, dass diese Unmengen an Papier das Jahr über irgendwo gelagert werden mussten. Das war natürlich weniger schön. Eine elegantere Lösung wären Dämmmatten aus Schafwolle oder Hanf, da sie das Raumklima wesentlich verbessern. Ich denke für meine eigenen Völker darüber nach.

Das Beispiel mit den Zeitungen als Isoliermaterial habe ich auch deswegen erwähnt, weil es einen interessanten Sachverhalt widerspiegelt. Alle paar Jahre wird in der Imkerpresse eine »neue« Erfindung publiziert und von den Imkern intensiv diskutiert. In Wirklichkeit ist das meist gar nichts

Neues. So verhält es sich gerade mit den Thermoschieden, die beim angepassten Brutraum (siehe Seite 228) empfohlen werden. Das gab es alles schon mal. Die alten Imker waren gar nicht so dumm. Sie haben ihre Bienen auch genau beobachtet. Wirklich sinnvolle imkerliche Neuerungen sind mir in meiner nun doch schon einige Jahrzehnte währenden Imkerbiografie selten begegnet.

Zwischen Deckel und Rähmchenoberträgern liegt bei uns ein Wachstuch - Jeansstoff, mit Wachs getränkt. Dieses Wachstuch schließt den Beutenraum nach oben gut ab und ist trotzdem feuchtigkeitsdurchlässig. Je dichter der Stoff gewebt ist, desto haltbarer ist er. Die Bienen knabbern das Wachstuch gern an. Der hohe Anteil von Propolis im Wachstuch dient der Abwehr von Krankheitserregern.

Viele Imker verwenden einfach Plastikfolie als Abschluss nach oben. Das ist billig. Der Vorteil ist, dass man beim Öffnen gleich sieht, was im Volk los ist. Allerdings bildet sich an der Folie oft Schwitzwasser, das ins Volk tropfen kann.

Der Beutenanstrich

Wir haben unsere Beuten mit sehr heißem Leinöl eingelassen. Die Beuten werden nur außen gestrichen, innen überziehen die Bienen selbst die Wände mit einer dünnen Propolisschicht.

Diese äußere »Imprägnierung« gibt den Bienenkästen eine sehr lange Haltbarkeit. Wir imkern mit Beuten, die oft 30 Jahre alt und älter sind. Wenn das Holz morsch wird oder Ritzen entstehen, müssen sie natürlich ausgemustert werden. Jedes Bienenvolk sollte nur eine einzige Einflugöffnung haben. Auf diese konzentriert sich das »Wachpersonal«. Gibt es noch weitere Öffnungen, und seien sie auch noch so klein, so begünstigt das die stille Räuberei, weil dort diebische Spürbienen unbemerkt ein- und ausgehen können.

Bienenwohnungen aus Kunststoff

Sie weisen zwar eine bessere Warmhaltigkeit auf als Beuten aus Holz. Allerdings ist die Umweltbelastung bei der Produktion und vor allem bei der Entsorgung problematisch. Aus diesen Gründen sind in den Richtlinien zur Öko-Imkerei diese Materialien nur für Kleinteile zugelassen. Viele Imker verstehen das nicht. Ich bin jedoch der Meinung, dass dies richtig ist. Wir Imker leben ja nicht (nur) in unserer eigenen Bienenwelt und sind auch für die Umwelt mitverantwortlich. Daher sollte eine naturgemäße Imkerei immer einem ökologischen ganzheitlichen Ansatz verpflichtet sein.

Natürlich sind auch andere biologische Anstriche gut geeignet. Ich hatte mich aber aus Kostengründen für Leinöl entschieden. Zudem dringt das heiße Öl in das Holz ein. Es entsteht eine Art Imprägnierung. So mussten unsere Bienenkästen auch bei einer langen Lebensdauer und Freiaufstellung bisher nur einmal gestrichen werden.

Zusammenfassende Betrachtung

Magazinbeuten sind für den Imker sehr vorteilhaft: einfache Handhabung, zueinander passende Beutenelemente, Austauschbarkeit aller Teile, Flexibilität und gute Anpassung an die jeweiligen Volksstärken und Trachtverhältnisse. Im Honigbereich wird nicht mit einzelnen Waben gearbeitet, sondern mit ganzen Zargen. Diese Schichtenbeweglichkeit macht das Imkern einfacher. Zudem sind sie einfach und leicht aus Holz selbst zu bauen. Allerdings zeigt die Beobachtung wild lebender Bienenvölker, dass einfachwandige und ungenügend gedämmte Beuten nicht unbedingt das sind, was die Bienen bei freien Wahlmöglichkeiten bevorzugen würden. Ich denke, wir sollten uns über eine bessere Ausstattung der von uns genutzten Beuten Gedanken machen. Dass dem Volk alles egal ist und durch vermehrten Futterverbrauch ausgeglichen werden kann, stimmt so eben nicht. Auch die Frage nach der »richtigen« Beute sollte nicht nur auf die Interessen des Imkers fokussiert sein, sondern auch die Bedürfnisse der Bienen vermehrt beachten. Hier gilt es, sich von lieb gewonnenen Ausreden zu lösen. Allerdings sollte diese Thematik nicht mit »Heilsversprechen« aufgeladen werden. Die absolut richtige oder beste Beute gibt es jedenfalls nicht. Dafür sind, wie fast immer in der Bienenhaltung, die Zusammenhänge einfach zu komplex.

Der Berufs- oder Nebenerwerbsimker

Die Beute ist für den Berufsimker das wichtigste Handwerkszeug und ein nicht unbeträchtlicher Kostenfaktor. Daher muss die Entscheidung, mit welcher Beute gearbeitet werden soll, gut überlegt sein. Es ist nicht so einfach, später das Beutensystem wieder zu wechseln. Die Beute muss die Arbeit erleichtern und es ermöglichen, die Eingriffe schnell und zügig auszuführen – Time is Honey! Berufsimker handeln bienengemäß, wenn sie auch aus Eigeninteresse darauf achten, die Bienen möglichst wenig zu stören. Welche Betriebsweisen dann angewendet werden, um die Honigernte zu maximieren, steht jedoch auf einem anderen Blatt.

Die Magazinbeute mit einem allgemein gebräuchlichen Wabenmaß ist das Mittel der Wahl. Sie braucht wenig Platz, die Beutenelemente sind leicht stapelbar. Wer Geld sparen muss, und das ist beim Aufbau einer Berufsimkerei fast immer der Fall, kann diese Beuten leicht selbst bauen. So erlernt der Imker zumindest ansatzweise die Grundelemente des Schreinerhandwerks. Der Einsatz des Absperrgitters (siehe Seite 69) ist in einer Berufsimkerei eigentlich unabdingbar. Es sollen ja auch Sortenhonige geerntet werden, zu deren Gewinnung muss man die Trachten voneinander separieren und den eingetragenen Honig schnell ernten können. Oftmals sind die Trachten nur kurz. So honigt die Robinie meist nur zehn Tage. Da zählt jeder Tag. Die Beuten sollten wanderfähig sein und schnell zur Wanderung vorbereitet werden können. Oftmals honigt auch der Wald nur wenige Tage und es kommt vor, dass die Zunahmen in den ersten Tagen der Waldtracht am höchsten sind. Da gilt es, von Anfang an dabei zu sein.

Die Bienenkästen sollten aus umweltfreundlichen Materialien gebaut werden. Holz als nachwachsender Rohstoff ist das Mittel der Wahl. Trotzdem gilt es auch hier, nach Verbesserungsmöglichkeiten auch im Sinne der Bienen zu suchen: Bienengemäße Imkerei beginnt bei der Frage nach einer für die Bienen gut geeigneten Behausung.

Der Freizeitimker

Für diese Gruppe ist die Frage nach der geeigneten Beute schon schwieriger zu beantworten. Oftmals legen diese Imker keinen großen Wert auf eine üppige Honigernte. Wenn der Honig dann zur Selbstversorgung reicht, ist es genug. Den Bienen zu helfen und einen kleinen eigenen Beitrag zur Rettung dieser Spezies bzw. der Welt zu leisten, ist zumeist oft die stärkere Motivation. Da möchte man durch die Wahl der Beute den Bienen Gutes tun.

Ich denke, den Bienen ist am allermeisten geholfen, wenn der sie betreuende Mensch etwas vom Bienenleben und den Anforderungen der Imkerei versteht und seinen Bienen eine gute fachliche Pflege angedeihen lässt. Wie lange die Arbeit dann aufgrund der Beutenkonstruktion dauert, ist nicht so wichtig, wenn am Bienenstand nur wenige Völker stehen, was bei dieser Imkergruppe in der Regel der Fall ist.

Aus den vorangegangenen Ausführungen zur Beutenfrage sollte klar geworden sein, dass ich vielen Beutenentwicklungen, die heute als ideal und gesundheitsförderlich für Bienen propagiert werden, kritisch gegenüberstehe.

Natürlich kann mit allen möglichen Bienenkästen geimkert werden. Welchen Aufwand der Imker und auch die Bienen dafür betreiben müssen, steht auf einem anderen Blatt.

Auf alle Fälle würde ich empfehlen, wie zu Anfang dieses Kapitels betont, sich für eine Bienenwohnung mit mobilem Wabenbau zu entscheiden. Da es kein übersteigertes Erwerbsinteresse gibt, ist der Spielraum für sehr bienenfreundliche Betriebsweisen auch in besonderen Beutenvarianten, wenn sie denn über mobilen Wabenbau verfügen, sehr groß. Frei nach dem Motto: Alles ist möglich, aber nichts ist zwingend. Es ist dann eine Frage der Verantwortung des Einzelnen, was er mit seinen Bienen anstellt.

Der mobile Wabenbau ermöglicht jedoch, Erfahrungen zu sammeln, die durch den intimen Vergleich der Bienenvölker und das Studium einzelner Waben gewonnen werden. Der Imker kann sich durch das Ziehen einzelner Waben jederzeit über den inneren Zustand seiner Völker informieren und sogleich handeln. Er ist nicht darauf angewiesen, die Schwächung einzelner Völker oder Ungleichgewichte erst am Flugloch zu erkennen. Dann ist es zumeist sowieso zu spät, um noch das Ruder herumreißen zu können. Es sei denn, man nimmt bewusst in Kauf, dass nicht überlebensfähige Völker im Naturgeschehen gnadenlos ausselektioniert werden. Dann ist es in Ordnung, nichts zu tun und der Natur ihren freien Lauf zu lassen. Allerdings sollte man immer im Auge behalten, dass wir nicht allein imkern, sondern dass die Imker im Flugradius meiner Bienen, und der ist groß, von allen Problemen, die meine Bienen haben, wie zum Beispiel eine hohe Varroabelastung etc., ebenfalls tangiert werden.

Ich kenne keine Beuten, in denen die Bienen gesünder wären als in anderen. Hier sind die Betriebsweisen und vor allem die Nahrungsversorgung im Umfeld viel entscheidender. Wichtig gerade für Anfänger, aber auch für jeden Imker ist die Frage, wie gut er seine Bienen im jeweiligen Beutensystem beobachten und kennenlernen kann. Wie schnell kann er auf Probleme und Ungleichgewichte reagieren? Hier sind alle Beutensysteme, die auf Stabilbau basieren, von Nachteil.

Wem das Magazin zu technisch und »unromantisch« ist, kann mit Top Bar Hives imkern. Diese ermöglichen eine sehr extensive Imkerei bei beweglichem Wabenbau. Oder warum nicht mal mit Hinterbehandlungsbeuten imkern? Diese sind zwar ziemlich aus der Mode gekommen. Sie erfüllen aber durch die gute Isolation, den kleinen Brutraum und den nicht erweiterbaren Honigraum viele Anforderungen, die einer sehr naturgemäßen Unterbringung der Honigbienen nahekommen. Das Imkern in diesen Beuten ist zeitaufwendiger als im Magazin. Aber es geht den Bienen darin gut und der Imker kann einen Honig von exzellenter Qualität ernten. Allein die Ästhetik ist gewöhnungsbedürftig, denn diese Beute ist eigentlich für ein Bienenhaus gedacht. Das aber braucht die Biene am allerwenigsten.

PRAXIS

Das Hobby des Berufsimkers: Imkern in Top Bar Hives

Ich liebe den Beruf des Imkers und setze in meiner Erwerbsimkerei auf den Einsatz von Magazinbeuten. Es gibt in meiner Imkerei aber auch einen kleinen Hobby-Bereich, in dem Bienen in Top Bar Hives gehalten werden. Diese Oberträgerbeuten sind sehr naturgemäß: Ihr Volumen entspricht dem Rauminhalt, den die Bienen bei der Wohnungssuche bevorzugen. Der Wabenbau wird als Naturwabenbau errichtet. Am Flugloch ist der Brutbereich, im hinteren Teil dieser Trogbeute der Honig. Alle Waben sind beweglich und können jederzeit leicht gezogen und inspiziert werden. Die notwendigen Eingriffe wie Kontrolle auf Weiselrichtigkeit, generelle Eingriffe und/oder solche nach Ende der Schwarmzeit sind möglich und schnell durchzuführen. Der Imker ist über den Gesundheitszustand und die Versorgungssituation seines Bienenvolks jederzeit auf dem Laufenden. Er kann Honig ernten, füttern und die Bienen gut gegen die Varroamilbe behandeln.

Die Basis für eine gesunde Imkerei ist also vorhanden. Der Umgang mit den Bienen ist flexibel: Es ist alles möglich, was in der Imkerei derzeit propagiert wird.

Ich imkere mit einer solchen Beute sehr extensiv. Einfach aus der Freude heraus, beobachten zu können, was die Bienen tun oder lassen, wenn ich sie ungestört ihr Leben gestalten lasse.

Eine mögliche Betriebsweise für Top Bar Hives:

Im Frühjahr werden die nicht besetzten Waben entnommen und durch neue Oberträger ersetzt. So können die Bienen neuen Wabenbau errichten. Mit einem Schied (hier die Futtertasche) wird der Raum eingeengt und nach und nach das Brutnest anschließend erweitert. Zur Schwarmzeit ist dann die komplette Beute besetzt. Natürlich sollte während der Frühjahrsentwicklung dem Volk genügend Futter belassen werden, damit es auch Kälteperioden überstehen kann. Erst zur Salweidenblüte kann mit einem nennenswerten Nektareintrag gerechnet werden.

Im Mai kontrolliere ich auf Schwarmstimmung. Finde ich Schwarmzellen, so bestimme ich anhand des Stadiums des Zellenausbaus den Tag des Schwarmauszugs. An diesen Tagen schaue ich am Spätnachmittag kurz am Bienenstand vorbei, ob der Schwarm schon am Baum hängt. Da ich den Standort aus Erfahrung schon gut kenne, weiß ich, an welchem Baum bzw. Strauch sich die Vorschwärme gern niederlassen. So geht mein erster Blick dahin. Ist dort nichts zu sehen, wird kurz die Umgebung abgesucht.

Sollte das Volk termingerecht geschwärmt haben, so wird der Schwarm eingefangen. Wie dies funktioniert, wird im Kapitel »Vermehrung und Fortpflanzung« (siehe Seite 107) detailliert beschrieben.

Neun Tage später fallen die Nachschwärme. Dann bin ich wieder vor Ort.

Wer es aber nicht auf einen Abgang des Schwarms ankommen lassen will, kann in diesem Beutensystem leicht einen Schwarm vorwegnehmen (siehe Seite 112), einen Königinnenableger machen (siehe Seite 119 ff.) etc. Wie gesagt, es ist alles machbar, was auch im Magazin möglich ist.

Klappt es mit der Schwarmkontrolle nicht oder sollen die Bienen bewusst schwärmen und sich eine neue Wohnung suchen dürfen, so sollte nach dem Ende der Schwarmzeit Mitte Juni eine Kontrolle auf Weiselrichtigkeit durchgeführt werden. Dazu wird eine Wabe im vorderen Bereich gezogen und auf das Vorhandensein von Brut inspiziert. Sind alle Stadien vorhanden, so hat das Volk auch nach überstandener Schwarmzeit eine Königin und der Fortbestand - die Zukunft - ist gesichert. Nun muss ich bis Mitte/Ende Juli nichts mehr machen. Erst dann steht die Einwinterung und - wenn überhaupt gewünscht - die Honigernte an.

Zur Honigernte entnehme ich drei bis vier Waben aus dem hinteren Bereich. In diesen Leerraum stelle ich dann ein Gefäß mit Schwimmhilfen, das die notwendige Futtermenge für eine erfolgreiche Überwinterung des Volks enthält.

Die Varroabehandlung kann ich mit einem Schwammtuch, das auf die Oberträger gelegt wird, leicht durchführen (siehe Seite 271). Aber auch das Käfigen der Königin etc. ist möglich.

Eine Varroadiagnose entscheidet darüber, ob eine weitere Varroabekämpfungsmaßnahme oder gar eine Winterbehandlung nötig ist.

Wenn das Volk gut versorgt ist und die Bienen viele Wabengassen besetzen, bin ich mit meiner Arbeit fertig. So kann ich in einer ästhetisch sehr ansprechenden Bienenwohnung mit einer extensiven Betriebsweise den Bienen das Überleben sichern und sogar noch etwas Honig ernten. Einfacher und bienenfreundlicher geht das Imkern nicht.

Top Bar Hive - eine Augenweide in jedem Imkergarten. Auch den Bienen wird diese Beutenform gerecht.

Das Absperrgitter

In diesem Kapitel werden die Vor- und Nachteile des Einsatzes eines Absperrgitters diskutiert und praktische Möglichkeiten seiner Verwendung dargestellt.

Imkern mit dem Absperrgitter

Das Absperrgitter ist ein Trenngitter aus Metall oder Plastik, das zwischen den Brut- und den Honigraum eingelegt wird. Die 4,2 Millimeter großen Abstände zwischen den Gitterstäben verhindern, dass die Königin in den Honigraum gelangen kann. Dadurch wird die Brut vom Honig getrennt. Das Absperrgitter ist ein Hilfsmittel, das die Arbeit des Imkerns erleichtern soll.

Wofür ist das Absperrgitter nötig?

In einem »normalen« Imkerbuch würde das Absperrgitter als selbstverständliches imkerliches Hilfsmittel vorausgesetzt werden. In der naturgemäßen Imkerei ist das anders. Alles, was der Imker mit den Bienen unternimmt, wird reflektiert. Der naturgemäße Imker überlegt nicht nur, wie er seine Arbeit verbessern und seinen Honigertrag steigern kann, sondern er versucht, sein Handeln aus Sicht des Bienenvolks zu betrachten und zu beurteilen. Für mich ist dies ein spannender und wichtiger Aspekt.

Über das Absperrgitter wurde und wird gerade in der Demeter-Imkerei heftig und kontrovers diskutiert. Gleichzeitig zeigt sich in dieser Diskussion auch, dass die Bienenhaltung nicht im luftleeren Raum existiert. Ändern sich die äußeren Rahmenbedingungen, so muss auch die naturgemäße Imkerei reagieren, sonst wird die Philosophie zur Ideologie.

Meine Meinung zum Absperrgitter hat sich in den letzten Jahren deutlich geändert. Nachdem ich sehr lange komplett ohne Absperrgitter geimkert hatte, argumentierte ich in meinem Buch »Bienengemäß Imkern« vor sechs Jahren recht vorsichtig. Heute sehe ich große Vorteile und Erleichterungen beim Einsatz des Absperrgitters. Das gilt nicht nur für den Imker, sondern auch für die Bienen selbst.

Das mag zunächst seltsam klingen, ist das Absperrgitter doch unzweifelhaft ein Fremdkörper, der den Organismus Bienenvolk auf (unnatürliche) Weise in die beiden Bereiche Brut- und Honigraum trennt. Die Königin wird durch das Trenngitter vom Honigraum ausgesperrt. In einem natürlich lebenden Bienenvolk kann sich die Königin auf dem gesamten Wabenbau frei bewegen. So wird überall für die Verteilung der Königinnenpheromone gesorgt. Außerdem befindet sich die Brut mitsamt eines Pollenkranzes immer direkt unterhalb der Honigkappe. Das Zusammenspiel von Brut und Honig entwickelt sich gemäß dem Nektareintrag dynamisch. So wird nach der Winterzeit »die Brut der Wärme folgen«, das heißt, im oberen Beutenbereich werden Brutzellen angelegt. Dagegen werden nach einer guten Nektar- und Honigtautracht im Sommer die Brutzellen wieder nach unten gelenkt, sodass das Volk unter einem dicken Honigvorrat beruhigt dem Winter entgegensehen kann.

Wie bereits mehrmals erwähnt, lebt die Honigbiene am besten aus einem Überfluss heraus. All ihre Lebensäußerungen sind auf einen üppigen Nektarfluss ausgerichtet. Unter den heutigen Umweltbedingungen gilt dies nicht mehr überall. In einer Standimkerei herrschen heute nach der Rapsblüte meist schlechte Trachtbedingungen. Dadurch verändert sich die Dynamik im Bienenvolk, auch die gerade erwähnte Beziehung zwischen Honigkappe und Brut. Dies hat massive Auswirkungen auf die imkerlichen Tätigkeiten. Sie verursachen dann oftmals unnötigen Stress für die Bienen. Hier kommt das Absperrgitter ins Spiel.

Vorteile des Absperrgitters

Ich möchte zunächst die Vorteile beschreiben, die mich letztlich vom Absperrgitter überzeugt haben.

Das Absperrgitter stellt für den Imker eine große Arbeitserleichterung dar. Das soll nicht verschwiegen werden, denn Imkerei ist eine anspruchsvolle und arbeitsreiche Tätigkeit. Das gilt nicht nur für den Berufsimker, sondern während der Sommermonate auch für den Freizeit- oder Nebenerwerbsimker. Es ist also legitim, auch an die Gesundheit und das Wohlbefinden des Imkers zu denken und nicht nur das Befinden des Bienenvolks im Fokus zu haben. Letztendlich gäbe es heute in unserer Landschaft nur noch wenige wild lebende Bienenvölker und kaum noch einheimischen Honig, würden nicht die Imker Bienen pflegen und betreuen.

Das Absperrgitter erleichtert die Völkerführung und die Handhabung der Waben enorm. Dies gilt zum Beispiel für die Waben des Honigraums. Legt die Königin auf den Honigwaben Brut an, so bedürfen diese Waben nach der Ernte, bei der Aufbewahrung im Wabenlager einer speziellen Fürsorge. Bebrütete Waben locken Wachsmotten (siehe Seite 329) an und der Imker ist gezwungen, seinen Wabenvorrat mittels chemischer Stoffe dagegen zu schützen. In der ökologischen Imkerei sind hier

Ein Metallabsperrgitter mit runden Stäben und der Beachtung des Beespace von 6-7 mm nach oben und unten ist für die Bienen und den Imker am angenehmsten.

Brut im Honigraum ist normal, wenn ohne Absperrgitter geimkert wird. Für die Bienen ist das egal.

nur *Bacillus thuringiensis* (BT) und Essigsäure zulässig. Der Einsatz von BT ist sehr arbeitsintensiv, weil beide Wabenseiten besprüht werden müssen. Essigsäure wird verdampft und löst sich in den Honigresten der honigfeuchten Waben, die nach der letzten Ernte im Wabenlager aufbewahrt werden. Im Frühjahr müssen die Waben dann ausgelüftet werden, bevor sie wieder als Honigwaben verwendet werden können.

Bei Verwendung eines Absperrgitters bleiben die Honigwaben dagegen stets unbebrütet und können ohne Konservierungsaufwand in einem kühlen Raum bei einer Temperatur von ca. 14 °C unbegrenzt genutzt und aufbewahrt werden. Diese unbebrüteten Waben können lange Zeit als Honigwaben eingesetzt werden.

Die Vorteile des Absperrgitters treten bei der Honigernte noch einmal deutlicher zutage. Das gilt insbesondere dann, wenn das Absperrgitter in Kombination mit der Bienenflucht eingesetzt wird.

In vielen Imkereien ist es zur Honigernte üblich, die Bienen mittels eines Besens von den Waben abzukehren. Dazu müssen die Waben einzeln in die Hand genommen werden. Eine gut gefüllte Honigwabe kann bis zu zwei Kilogramm wiegen. Das ist bei jedem Volk pro Honigraum ein Gewicht von 18 Kilogramm. Um zwei Honigräume eines Volks abzukehren, brauche ich mindestens zehn Minuten. Sind die Honigwaben gut gefüllt, wie dies zum Beispiel im Jahr 2020 nach einer sechswöchigen ergiebigen Tannentracht der Fall war, so ist das harte und schwere Arbeit. Die Völker bleiben in dieser Zeit geöffnet. Dies kann je nach Tagestemperatur und Jahreszeit zu starken Wärmeverlusten im Brutnest führen. Die Bienen müssen dann nach Beendigung der Honigernte stark heizen. Das ist Stress, der dadurch verstärkt wird, dass die nach Honig duftenden Waben die Bienen anderer Völker anlocken und Räuberei ausgelöst werden kann. Das gilt ganz besonders für die letzte Honigernte im Juli oder August. Zu dieser Jahreszeit finden die Bienen in der Regel draußen nichts mehr und werden umso gieriger. Durch die Räuberei dauert die Honigernte bei den nachfolgenden Völkern nochmals länger, weil die vielen Bienen kaum von den Waben abzukehren sind. Die Aggressivität der Bienen steigt und es gibt viele Stiche. An den Fluglöchern kommt es zu Kämpfen zwischen Räuberbienen und den Wächterbienen. Viele tote Bienen sind die Folge. In allen Bienenvölkern am Stand herrscht höchste Alarmstufe! Ist ein Volk weisellos oder schwach, so kann es von den Räuberbienen

Was ist eine Bienenflucht und wie funktioniert diese?

Die Bienenflucht macht sich das Bestreben der Bienen zunutze, immer wieder in Kontakt mit der Königin oder deren Pheromonen zu kommen. Daher wollen sie dorthin, wo die Königin ist: in den Brutraum. Durch eine spezielle Öffnung in einem Schied können die Bienen dieses nur in der Richtung vom Honigraum in den Brutraum passieren, aber nicht mehr zurück in den Honigraum. Dieser ist nach ca. 24 Stunden bienenfrei.

Viele Öffnungen in der Bienenflucht ermöglichen die Zirkulation des Stockgeruchs.

Der Duftstrom lenkt den Weg der Bienen zur Königin in den Brutraum.

Beeblower im Einsatz - bienenschonend mit Auffangkasten.

ausgeraubt und eliminiert werden. Sowohl für den Imker als auch für die Bienen ist das alles sehr stressig und anstrengend.

Wird mit Absperrgitter und Bienenflucht gearbeitet, ist die Vorgehensweise vollkommen anders: Einen Tag vor der Ernte des Honigs werden die Bienenfluchten über das Absperrgitter zwischen Brut- und Honigraum eingelegt. Die Bienen verlassen bis zum nächsten Tag den Honigraum, sodass dieser meist komplett bienenleer ist. Ausführlicher schildere ich die Arbeitsweise mit Bienenflucht und Absperrgitter im Kapitel »Honig - ein Natur- und Kulturgut« (siehe Seite 210).

So wirkt die Bienenflucht

Bienen sind im Stock fortwährend in Bewegung. Im Honigraum sind sie weit entfernt von ihrer Königin. Nach meinem Verständnis braucht die Biene jedoch immer die Gewissheit, dass ihre Königin vorhanden ist. Es besteht eine permanente Verbindung mit der Regentin. Dies ist unter anderem die Aufgabe der Königinnenpheromone. Sie sind verantwortlich für den engen Zusammenhalt im Bienenvolk. Die Bienen suchen immer wieder den Kontakt mit ihrer Königin. Entweder nähern sie sich ihr, lecken sie ab und nehmen dabei die Pheromone auf. Oder der Kontakt findet indirekt statt, indem die Hofstaatbienen die Pheromone weitergeben oder die Bienen den Weg der Königin auf den Waben verfolgen und dabei die Pheromone aufnehmen. Die Bienen brauchen offensichtlich die Pheromone, um ihre Aufgaben und Arbeiten ordentlich erfüllen zu können. Somit verlassen die Bienen des Honigraums diesen, um sich ihre »Dosis« Königinnenpheromone abzuholen. Die Bienenflucht ist so raffiniert konstruiert, dass nur der Weg vom Honigraum in den Brutraum möglich ist. Es gibt rautenförmig angelegte oder sternförmig konstruierte Bienenfluchten. Ich halte die rautenförmige Variante für besser geeignet. Zudem ist die Flucht mit Löchern versehen, durch die der Stockgeruch zirkulieren kann. So kann die Biene die rautenförmig angelegten Gänge nicht identifizieren, es bleibt ihr nur der Weg vom Honigraum zurück in den Brutraum. Nach ca. 24 Stunden ist die Honigzarge komplett bienenfrei.

Die Honigzargen werden abgehoben und sofort bienendicht verstaut. Die Bienenflucht bleibt währenddessen auf dem Brutraum, bis alle Völker abgeräumt sind. Es gibt also, bis die Honigwaben im Auto verstaut sind, keine Räuberei. Alles geht sehr schnell und keine Waben stehen länger offen herum. Die unmittelbare Honigernte dauert nicht länger als drei bis fünf Minuten je Volk. Die Bienen merken gar nicht, dass der Imker tätig ist. Sind alle Völker am Stand fertig abgeräumt, kann der Imker zügig weiterarbeiten. Dann werden die Bienenfluchten entfernt. An der unteren Seite werden sich viele Bienen aufgekettet haben. Die Flucht wird nun fest über dem Brutraum aufgestoßen oder direkt darüber abgeklopft, damit keine Biene danebenfällt. Mit kräftigen Rauchstößen werden die Bienen nach unten in den Brutraum getrieben.

Nachteile der Bienenflucht

Beim Einsatz der Bienenflucht ist Geduld angesagt. Erst nach 24 Stunden sind die Honigräume wirklich bienenfrei. Habe ich es eilig und will schon nach kürzerer Zeit die Honigernte durchführen, muss ich damit rechnen, dass noch viele Bienen im Honigraum sind. Diese müssen dann doch noch abgekehrt werden oder von den Honigwaben herunter abgeblasen werden. Mit einem Beeblower arbeiten wir nur, wenn nach 24 Stunden immer noch Bienen im Honigraum verblieben sind, also die Flucht nicht gut funktioniert hat. Das kommt bei uns jedoch selten vor. Meist waren dann Drohnen in den Honigraum gelangt und die Bienen leisten diesen gerne Gesellschaft. Einer kleinen Königin kann es gelingen, durch die Stäbe des Absperrgitters in den Honigraum zu gelangen und dort Brut anzulegen. Dann wird die Bienenflucht ebenfalls nicht funktionieren. Manchmal gibt es auch keine Erklärung. Natürlich könnten wir die restlichen Bienen auch abkehren. Aber das dauert wieder und die Räubereigefahr liegt in der Luft. Wir setzen also in diesem Fall den Beeblower ein. Die Bienen werden aber nicht einfach in die Luft geblasen, sondern in einem Auffangkorb aufgefangen und dann in ihr Volk zurückgegeben. Bei allen Erntearbeiten gilt die Devise: Time is Honey - auch im übertragenen Sinne.

An der Bienenflucht ansitzende Bienen bei der Honigernte.

Wird die Arbeitszeit ehrlich kalkuliert, muss natürlich die doppelte Anfahrtszeit mit eingerechnet werden. Die Bienenflucht muss mindestens zehn Stunden vor der Honigernte eingelegt werden.

Tatsächlich geht das Einlegen selbst sehr schnell. Man kippt die Honigzargen einfach an und schiebt die Bienenflucht, unterstützt mit einigen Rauchstößen, damit keine Bienen gequetscht werden, dazwischen. Trotzdem sind die Vorteile der Bienenflucht unbestritten.

Das Ankippen der Honigzargen ist einfacher, wenn es sich um Flachzargen handelt.

Mit Rauchstößen werden die Bienen vertrieben. Das erleichtert die imkerliche Arbeit.

Entscheidend ist für mich die Frage: Wie lange sind die Völker während der Honigernte geöffnet? Mit Bienenflucht nur sehr kurz. Die Bienenfluchten bleiben noch auf den Völkern und kein offener Honig oder Bienenduft lockt Räuberbienen an. Wird dann nach dem Abräumen der Honigräume das Brutnest begutachtet und der Bienensitz korrigiert bzw. der Wintersitz hergerichtet, so geschieht dies sehr schnell.

Bienenflucht und Absperrgitter ergänzen sich gut, weil ich nur so sicher sein kann, dass im Honigraum weder Brut vorhanden ist noch sich die Königin dort aufhält. Die Honigernte mit Absperrgitter ist überhaupt nicht vergleichbar mit der Honigernte ohne Absperrgitter. Das sind unterschiedliche Imkerwelten.

Auch die Schwarmkontrolle und das zeitaufwendige Suchen der Königin gehen mit Absperrgitter wesentlich zügiger vonstatten. Es müssen dann nicht mehr zusätzlich die Brutwaben im Honigraum auf Schwarmzellen kontrolliert werden.

Wie geht es den Bienen mit dem Absperrgitter?

Zu Beginn meiner Imkertätigkeit war die absperrgitterfreie Völkerführung angesagt. Damals waren jedoch die Trachtverhältnisse besser, auch für Standimker. Ich war neugierig und testete den Einsatz von Absperrgittern. Allerdings benutzte ich billige Plastikabsperrgitter, die direkt auf den Rähmchenoberträgern auflagen. Das war sehr unbefriedigend und für mich ein wesentliches Argument gegen das Absperrgitter, denn die Bienen nahmen die Honigräume nur sehr zögerlich an. Diese waren dann auch nicht sehr üppig mit Bienen besetzt, vor allem im Vergleich zur Völkerführung ohne Absperrgitter. Dies war der Honigreifung sicher nicht zuträglich.

Mittlerweile nutzen wir Metallabsperrgitter in einem separaten Holzrahmen. Der Bee Space von sechs bis acht Millimetern nach oben und unten wird eingehalten. Dadurch steht den Bienen faktisch die gesamte Fläche als Durchgang zwischen Brut- und Honigraum zur Verfügung. Die Zirkulation der Stockluft wird nicht negativ beeinflusst. Der Wassergehalt des Honigs ist auch nach der Frühtracht gut, 2020 konnten wir Tannenhonig mit einem Wassergehalt von 13,5 Prozent ernten. Seit mehreren Jahren ernten wir trotz Absperrgitter Honige mit einem sehr niedrigen Wassergehalt. Daher bin ich der Meinung, dass die althergebrachte Ansicht, der Einsatz des Absperrgitters führe zu einer schlechteren Honigqualität, dringend neu überprüft werden müsste.

Das Argument, dass sich die Bienen im Honigraum, zu dem die Königin keinen Zugang hat, weisellos fühlen und Königinnen nachziehen, kann ich nicht mehr bestätigen.

Imkern ohne Absperrgitter – welche Probleme gibt es?

Brut im Honigraum: Ein Problem der Völkerführung ohne Absperrgitter war für mich das im Lauf der Jahre, insbesondere im Spätsommer immer massiver auftretende Problem von Brut im Honigraum. Im Frühjahr ist das keine große Sache, weil die Brutwaben mit dicken Honigkränzen im Volk verbleiben. Allenfalls das imkerliche Arbeiten wird erschwert, weil diese Waben den Einsatz der Bienenflucht verkomplizieren (siehe Seite 73). Man kann die Bienenflucht ja auch ohne Absperrgitter einsetzen. Wie das funktioniert, beschreibe ich auf Seite 210.

Probleme bereitet die Brut im Honigraum jedoch bei der Vorbereitung der Völker auf den Winter. Mit einem großen Wabenmaß wie Dadant oder Zadant ist ja eine Überwinterung im ungeteilten Brutraum erwünscht. In den Demeter-Richtlinien zur Bienenhaltung ist sie sogar vorgeschrieben.

In den ersten Jahren meiner Imkerlaufbahn erlebte ich noch schöne Sommertrachten aus *Phacelia*, dem Zwischenfruchtanbau mit dem Landsberger Gemenge oder von mit Storchschnabel übersäten Wiesen. Auch die Sonnenblumentracht war bis zum Jahr 1995 phänomenal, wenn denn die Bodenverhältnisse stimmten.

Verdeckelte Honigwaben – ein Indiz für reifen Honig.

Zuerst wird das Wachstuch vorsichtig entfernt, so bleiben die Bienen ruhig.

Räuberei bei der Honigernte. Das sind erschwerte Arbeitsbedingungen!

Doch mehr und mehr entpuppten sich der Juli und der August als Monate, in denen die Bienen Mangel leiden. Heute blüht es oftmals erst wieder im September oder bis in den Oktober/November hinein, wenn viele Felder vom Senf gelb leuchten. Dann aber ist es für das Ernten zu spät. Solange kann der Imker heute mit der Einfütterung und der Varroaregulierung nicht mehr warten.

Fehlt also die regulierende Honigkappe, wird im Spätsommer gerade auch im Honigraum noch fleißig gebrütet und der Imker steht vor der Frage: Wohin mit diesen Waben? Vor allem dann, wenn im Honigraum ein anderes Wabenmaß benutzt wird, wie in meiner Imkerei. Hier sind die Honigwaben ja im Flachzargenmaß.

Nun kann man diese Brutwaben sammeln und einzelnen Völkern am Stand aufsetzen, die dann mit geteiltem Raum in den Winter gehen. Allerdings erhöht das zusätzlich deren Varroabelastung, wenn die zugehängten Brutwaben schlüpfen, und wirkt wie eine massive Reinfektion. Gleiches gilt, wenn diese Waben an Jungvölker verteilt werden.

Wir suchten immer wieder nach einer guten (volksindividuellen) Lösung und setzten zum Beispiel die Zarge mit den Brutwaben beim gleichen Volk unter den Überwinterungsraum. Das war viel Arbeit. Nach dem Füttern, so unsere Überlegung, wäre dann die Brut ausgelaufen und die Waben bienenleer. Das war dann allerdings erst im Oktober der Fall und die aufgefütterten Völker waren wirklich sehr schwer. Oft saßen noch viele Bienen in der untergesetzten Zarge und mussten abgekehrt werden. Daher verschoben wir diese Arbeit oft auf das Frühjahr, um dann in einem Arbeitsgang die leeren Zargen gleich wieder als Honigräume aufsetzen zu können. Das ging jedoch voll in die Hose. Denn im Winter und im Frühjahr liefen die Sammelbienen über diese Waben, wenn sie hoch zur Brut wollten. Dadurch verschmutzten diese Waben stark. Das hätten wir uns niemals vorstellen können. Die Bienen weigerten sich dann, diese belaufenen Waben als Honigwaben zu akzeptieren und mieden die Honigräume. Wir mussten daher die Waben erneut gegen saubere Waben austauschen. Was für ein Aufwand! Wieder Neues dazugelernt! Man denkt ja immer, die Bienen sind sehr reinliche und saubere Wesen. Ich war echt überrascht, wie viel Dreck die Bienen mit ihren Füßchen in die Beute schleppten.

Zusammengefasst lässt sich sagen, dass wir für die Verwendung von Brutwaben im Honigraum keine wirklich gute Lösung finden konnten.

Kommen wir noch einmal zur Honigernte zurück. Mittlerweile bin ich der Meinung, dass die Honigernte mittels Abkehren der Bienen von den Waben mit einem Besen fast schon den Tatbestand von Tierquälerei erfüllt. Die Bienen werden, gerade wenn die Besen verklebt sind, verletzt und reagieren aggressiv. Zum anderen sind die Völker so lange geöffnet, dass die Temperatur im Stock massiv sinkt. Liegt die Brutnesttemperatur dann unter 35 °C, so begünstigt das die Varroavermehrung, weil die Jungbienen nicht nach 21 Tagen, sondern erst später schlüpfen. Wenn die Bienen nach der Abkühlung ihr Brutnest wieder aufheizen müssen, ist das zusätzlicher Stress.

Ein großes Problem sehe ich in der Räuberei. Die offenen Beuten und der Duft der Honigwaben locken die Bienen anderer Völker an. Ich hatte das ja schon kurz erwähnt. Eigentlich ist das Abkehren der Waben nicht einmal gute imkerliche Praxis, von der tierethischen Zumutung für die Völker gar nicht zu sprechen. Das kann nach meiner Ansicht eine Notlösung sein, aber doch nicht die Regel! Was da oft am Bienenstand abgeht, grenzt schon an imkerlichen Wahnsinn: Geschwollene Hände, das Auto voll mit aufgebrachten Bienen, Räuberei am Flugloch, nach jedem Besenstrich hängen wieder Hunderte von Bienen auf der Wabe. Es gibt viele Bienenstiche und massenweise tote Bienen. Letztlich kann die Räuberei zum Tod schwächerer oder weiselloser Völker führen. Tierethische Überlegungen sprechen in meinen Augen klar für das Absperrgitter.

In diesem Kontext möchte ich einen weiteren Vorteil des Absperrgitters für die Bienen unbedingt noch erwähnen. Ein kompaktes geschlossenes Brutnest auf fünf bis acht Waben finde ich überzeugend. Das ist elementar für die Gesundheit und das Wohlbefinden des Bienenvolks. Wir hatten früher gerade nach der Ernte des Frühlingshonigs Anfang Juni immer wieder Probleme mit einem Brutnest, das sich bis in den zweiten Honigraum hinein ausdehnte. Nach der Rapsblüte gibt es hier in unserer Gegend regelmäßig eine Trachtlücke, sodass das Brutnest nicht durch ausreichenden Nektarfluss begrenzt und reguliert wird. Auch in diesem Fall gibt es für die Bienen Probleme, den Wärmehaushalt im Brutbereich optimal einzustellen und zu halten.

Beim Einsatz des Absperrgitters stellen diese Trachtlücken kein Problem dar. Es sollen aber immer genügend Honigvorräte im Volk verbleiben. Die Brut befindet sich kompakt und geschlossen unterhalb des Absperrgitters. Wenn die sich dynamisch verändernde Honigkappe fehlt, dann muss eben das Absperrgitter diese Aufgabe übernehmen.

Es ist sinnvoll, das Absperrgitter während der ganzen Honigsaison im Volk zu belassen. Die Nachteile für die Bienen sind für mich nur schwer erkennbar, wenn sie überhaupt existieren. Ein mehrjähriger Vergleichsversuch von Völkern mit und ohne Absperrgitter kommt zu dem Ergebnis, dass es lediglich marginale Unterschiede in der Honigqualität gibt. Auch in der Entwicklung von Brut und Bienenpopulation konnten keine Unterschiede nachgewiesen werden. Wohl aber war der niedrigere Zeitaufwand beim Einsatz des Absperrgitters deutlich messbar.

Die Frage nach Verwendung des Absperrgitters macht deutlich, um was es in der naturgemäßen Imkerei ganz grundsätzlich geht: Es geht nicht (nur) darum, den Honigertrag zu steigern bzw.

einen hohen Honigertrag zu generieren – egal mit welchen Mitteln. Sondern auch das Wohlergehen der Bienen hat einen eigenen Stellenwert, der beachtet werden sollte. Somit ist naturgemäße Imkerei immer ein Zwiegespräch zwischen dem Imker und seinen Bienen. Das Gespräch dreht sich um die Fragen: Wie geht es euch? Und wie geht es mir mit euch? Zu jeder Frage gibt es verschiedene Antworten. Die Reflexion dessen, was ich tue, ist für mich ein wesentlicher Teil der Lösung. Alles ist im Fluss. Unter den gegenwärtigen Bedingungen bin ich ein großer Befürworter des Absperrgitters geworden. Das muss aber nicht für alle Ewigkeit so bleiben. Denn ich bin mir bewusst, dass es auch kritische Punkte gibt. Das Absperrgitter teilt das Volk in zwei Teile: einen mit Zugang und direktem Kontakt zur Königin und einen Teil, dem dies nur indirekt möglich ist. Interessant ist auch das Phänomen des virtuellen Brutraums. Über der Brut und über dem Absperrgitter lassen die Bienen einen kleinen Bereich der Wabe frei. Dieser wird potenziell für die Brut freigehalten und selten mit Honig gefüllt. Betrachtet man das Brutnest genauer, so ist der virtuelle Brutraum immer die Fortsetzung der Brutsphäre. Auch die Tatsache, dass künstliche Königinnenzucht über Absperrgitter im weiselrichtigen Volk möglich ist, soll nicht verschwiegen werden. Dieser Volksteil kann sich schon in gewisser Weise weisellos fühlen. So ganz eindeutig ist das aber nicht, denn wenn ich Brutwaben in den Honigraum umhänge, werden dort nur sehr selten Nachschaffungszellen angelegt. Es gibt in diesem Zusammenhang noch viele offene Fragen.

Zusammenfassende Überlegungen

Natürlich soll jeder Imker die Frage »Absperrgitter, ja oder nein?« für sich in Eigenverantwortung und unter Beobachtung des Verhaltens seiner Bienen klären.

Imkerei in der heutigen Zeit ist ja keine bloße Natur-, sondern immer auch Kulturtätigkeit. Diese geht einher mit Eingriffen des Menschen im Sinne seiner Interessen. Es wird also immer Probleme geben, für die eine Lösung gefunden werden muss. Naturgemäße Imkerei ist für mich stets ein Ringen um den richtigen Weg. Dabei ändern sich die Voraussetzungen ständig. Unter guten Trachtbedingungen, wenn der Honigfluss die Dynamik zwischen Brut und Honig eigenständig regelt, braucht man sicherlich nicht unbedingt ein Absperrgitter. Solange allerdings kurze Stoßtrachten bzw. Trachtlücken das Bienen- und Imkerjahr dominieren, sehe ich seinen Einsatz als sinnvoll an – einmal im Interesse des Imkers, des Weiteren im Interesse der Bienen, die wesentlich stressfreier, also mit deutlich weniger gravierenden Störungen betreut werden können.

Der Berufsimker

Für Berufsimker gibt es zum Absperrgitter keine Alternative. Die Zeitersparnis ist enorm. Gerade bei der Gewinnung von Sortenhonigen ist die Trennung der verschiedenen Trachten mit dem Absperrgitter leicht möglich. So setzt zum Beispiel die Wanderung in die Robinie den Imker unter hohe Anspannung, weil die beiden Trachten – Frühjahrstracht und Robinientracht – oft sehr kurz aufeinanderfolgen. Hier könnte man gar nicht darauf warten, bis die Brut im Honigraum geschlüpft ist.

Belässt man die Brutwaben mit den dicken Rapshonigkränzen während der Robinientracht im Volk und schleudert diese später mit, so reichen bereits minimale Mengen vom Blütenhonig, um den Robinienhonig sehr schnell kristallisieren zu lassen. Dann ist er unter dieser Sortenbezeichnung nahezu unverkäuflich. Auch die Parameter zur Kennzeichnung als Robinienhonig stimmen dann nicht mehr. Es ist ja gerade ein Markenzeichen und Qualitätsmerkmal, dass dieser Honig sehr lange flüssig bleibt. Die Lindentracht folgt ebenfalls unmittelbar auf die Robinienblüte. Das Zeitfenster für uns Imker ist klein.

An meinen Blütenhonigstandorten (Raps) auf der Schwäbischen Alb auf 700 Meter über dem Meeresspiegel ist das Zeitfenster sogar noch enger. Hier beginnt die Rapstracht spät. Wir lösen das Problem mittlerweile so, dass wir einen Teil des Blütenhonigs ernten, sofern er reif genug ist. Alternativ können die Honigzargen auf am Standort verbleibende Völker aufgesetzt werden. Den Völkern, die in die Robinientracht wandern, belassen wir einen Honigraum mit Resten von Rapshonig. Darüber kommen ein oder zwei Honigräume mit komplett leeren Waben. Diese werden von den Bienen mit reinem Robinienhonig gefüllt. Die Zargen werden dann getrennt geschleudert. In der unteren Zarge befindet sich ein Blütenmischhonig mit einem hohen Robinienanteil, der sich bei uns bestens verkauft. Dieser Honig ist hell, kandiert rasch und schmeckt vollmundig mild - was will man von einem guten Blütenhonig mehr?

Ohne Absperrgitter würden Brutwaben im Honigraum die ganze Sache deutlich erschweren bzw. die Gewinnung von Robinienhonig unmöglich machen.

Sortenhonige sind für eine Berufsimkerei essenziell. Einmal, weil das Angebot an verschiedenen Honigen attraktiver ist. Es macht schon einen Unterschied, ob eine Imkerei nur Blüten- und Waldhonig anbieten kann oder sieben, acht oder gar neun weitere interessante Sorten. Es wird in der Summe einfach mehr verkauft. Zudem sind Sortenhonige berechtigterweise auch teurer, weil es gewisse Sorten nicht überall gibt und Sortenhonig schwieriger zu gewinnen ist.

Der Freizeitimker

Auch der Freizeitimker wird froh sein, wenn die Honigernte schnell, zügig und entspannt über die Bühne geht. Er kann dann mehr Völker betreuen oder einem anderen Hobby nachgehen. Es ist tatsächlich so, dass zwischen der Arbeit mit oder ohne Absperrgitter Welten liegen. Ich müsste mich eigentlich bei den Teilnehmern meiner früheren Kurse entschuldigen, dass ich früher so vehement gegen das Absperrgitter argumentiert hatte.

Wie zu Anfang betont, sollte man aber nicht an der falschen Stelle sparen und sich mit billigen Absperrgittern zufriedengeben.

Der Hobbyimker

Beim Hobbyimker sieht das alles wieder ganz anders aus. In dessen kleiner Imkerei werden nur wenige Völker an einem Ort stehen. Da ist es dann in Bezug auf die Räuberei egal, wie lange man für die Honigernte braucht. Oft genug sind mir Imker begegnet, die pro Tag ein bis zwei Völker abgeerntet hatten. Das ist in Ordnung, trotzdem wünsche ich mir von dieser Seite Verständnis für die Lage eines Berufsimkers. Allerdings gilt auch beim Freizeitimker, dass beim Abkehren viele Bienen verletzt werden. Der Besen sollte daher häufig in Wasser gereinigt, danach aber gut abgeschüttelt werden, sonst ist das für den Wassergehalt des Honigs abträglich.

Letztlich gilt es gerade auch beim großen Bienenfreund, den Wärmehaushalt des Volks durch zügiges Arbeiten zu schonen. Weniger Störungen sind für das Bienenvolk immer besser. Völker, deren Brutnest kompakt gestaltet ist, können den Wärmehaushalt besser regulieren. Und wir wissen ja alle: Bienen, die bei höheren Temperaturen heranwachsen, sind klüger. Für die Varroavermehrung gilt ähnlich Positives.

Die Schwarmzeit

Die Schwarmzeit ist für das Bienenvolk, aber auch für die gesamte Bienenpopulation die wichtigste Zeit im Jahreslauf. Der Imker sollte jetzt mit der Kraft und Vitalität seiner Bienenvölker arbeiten, statt elementare Lebensäußerungen zu unterdrücken.

Ist die Schwarmzeit nur eine Frage der Betriebsweise?

Imkerei ist nicht nur irgendein Hobby, sondern eine Leidenschaft, die nach der Infektion mit dem »Bienenvirus« nur selten wieder erlischt. Diese Leidenschaft und Faszination sind in der Lebensweise der Bienen begründet. Selbst langgediente und erfahrene Imker staunen immer wieder über dieses Wunder der Natur. Man kann gar nichts anderes als Demut und Ehrfurcht zu empfinden. Auch das Produkt Honig, das die Bienen erzeugen, ist in der Natur einzigartig und extrem wertvoll. Das haben die Menschen in allen Kulturen so empfunden. Zugleich berühren die Bienen immer auch unsere Seele.

Der Mensch und die Bienen sind vor vielen Tausend Jahren eine Beziehung miteinander eingegangen. Eine Symbiose würde ich es nicht nennen, denn Honigbienen könnten unter »normalen« Umständen allein überleben. Vom Menschen kann man dies nicht sicher behaupten. Wir brauchen die Bestäubung durch die Bienen, und ein Leben ohne Honig wäre ein ärmeres Leben.

Der Schwarm - ein No-Go unter Imkern

In den sechs Jahren, die seit dem Schreiben meines Buches »Bienengemäße Imkerei« vergangen sind, hat sich die Imkerschaft als veränderungsbereit und dynamisch erwiesen. Leider betrifft dies nicht den Schwarmprozess der Bienen und unseren Umgang damit. In dem Buch hatte ich die Notwendigkeit eines Umdenkens in dieser Hinsicht angesprochen.

Als ich mich vor 40 Jahren für die Welt der Bienen und die Imkerei zu interessieren begann, betrat ich eine Welt, die ich als eng und dogmatisch erlebte. Es wurde zum Beispiel heftig über das richtige Rähmchenmaß gestritten. Ich konnte erleben, wie an dieser Frage Imkerfreundschaften zerbrachen! Einen Schwarm gab es damals in einer guten Imkerei natürlich auch nicht! Das war ein Tabu und kam nur bei einem schlechten Imker vor. Heute verlaufen Imkertreffen entspannter. Wir können uns die damalige Engstirnigkeit kaum noch vorstellen.

Trotz aller Offenheit und Veränderung hat sich aber letztlich am Umgang mit dem Schwarmtrieb der Bienen in der Imkerschaft nichts wesentlich verändert. Das halte ich für problematisch, denn wir wissen ja immer noch nicht, welche Faktoren insgesamt für die prekäre Lage der Bienen verantwortlich sind. Im Sinne einer soliden Ursachenforschung sollte alles überprüft und bewertet werden - auch unser Umgang mit dem Schwarmtrieb.

Trotz vieler interessanter Ansätze, wie Bienen gut gepflegt werden können, zum Beispiel mit weniger Stress, warmhaltigem Bienensitz etc., gibt es tatsächlich nur wenige Überlegungen zur Bedeutung des Schwarmprozesses und auch wenig praktische Erfahrungen, wie dieser produktiv in den Imkeralltag integriert werden könnte. Stattdessen hat sich die Ansicht durchgesetzt, dass der Schwarmprozess lästig ist und am besten vorbeugend vermieden werden sollte. Wenn dies nicht gelingt, so muss er vom Imker unterbunden werden.

Ein Naturschwarm hat sich in einem Baum um die Königin geschart – heutzutage ein seltenes Erlebnis.

Mit »Erfolg«, denn ich erlebe in den Regionen, in denen ich seit vielen Jahren imkere, tatsächlich beachtliche Veränderungen: Früher konnte ich in meinen Hornissenkästen regelmäßig Schwärme einfangen. Auch meine Schwarmlockbeuten waren recht begehrt. Über meinen Wohnort zogen jedes Jahr etliche Bienenschwärme hinweg, manche davon konnte ich einfangen. Das hat sich gravierend geändert. Heute sind Naturschwärme Mangelware, obwohl die Zahl der Imker deutlich zugenommen hat. Sicherlich hat das etwas damit zu tun, dass vorwiegend von schwarmträgen Königinnen nachgezüchtet wird. Es sagt aber auch viel über die allgemein herrschende Praxis am Bienenstand aus. Über die Vermehrung und Entstehung neuer Königinnen entscheidet und bestimmt allein der Imker. Der Drang der Bienen, sich über den Schwarm zu vermehren, ist nur noch ein Problem, das aus technischen Gründen – kein Honig, Schwächung der Völker durch Teilung – gelöst werden muss. Mehr nicht! Das ist in meinen Augen eine einseitige Haltung und ich frage mich: Wo bleiben da die Bienen?

Schwarmverhinderung als oberste Maxime der Imker

Der Schwerpunkt des imkerlichen Interesses liegt auf der Verhinderung des Schwärmens, auf der Unterdrückung dieses natürlichen Impulses der Bienen. Imkerei in der Schwarmzeit ist in diesem Kontext tatsächlich nur eine Frage der Betriebsweise. Den meisten Imkern geht es dabei darum, Schwarmstimmung gar nicht erst aufkommen zu lassen. Gelingt dies nicht, wird der Auszug des Schwarms durch mechanische Eingriffe verhindert. Da diese Methoden in der gängigen Imkerliteratur ausführlich beschrieben sind, will ich darauf nur kurz eingehen.

Schwarmprophylaxe durch Schröpfen

Diese ist ab Mitte April angesagt. Die Völker werden regelmäßig geschröpft, indem ein bis zwei verdeckelte Brutwaben mitsamt ansitzenden Bienen entnommen und durch Mittelwände ersetzt werden. Daraus werden dann Ableger gebildet, die mit einer Königin beweiselt werden. Dieses Schröpfen bewirkt eine Reduzierung der Brut- sowie der Bienenmenge. Raumnot als ein schwarmauslösender Faktor wird somit zeitweise vermieden. Das Bienenvolk nimmt wahr, dass die Schwelle zum Schwärmen noch nicht erreicht ist bzw. dass sich das Volk noch in der aufsteigenden Entwicklung befindet und seinen Entwicklungshöhepunkt noch nicht erreicht hat. Somit kann die Schwarmstimmung hinausgezögert werden. Setzt dann eine Waldtracht ein oder entnimmt der Imker rechtzeitig den eingetragenen Honig, kann es sein, dass durch diese »äußeren Faktoren« die Schwarmstimmung dauerhaft erlischt. Heute werden faktisch alle Jungvölker aus Einheiten gebildet, die selbst noch gar nicht zur Vermehrung bereit wären. Das nenne ich eine mechanische, rein technische Vorgehensweise. Zudem ist im Bienenvolk die Generationenhierarchie noch unverändert. Durch den Schwarmprozess ändert sich das. Ich werde im Kapitel »Zukunftsperspektiven« auf diesen Aspekt der vertikalen und horizontalen Transmission genauer eingehen.

Aktive Schwarmverhinderung

Reicht das Schröpfen nicht aus, muss der Imker zu wirkungsvolleren Maßnahmen greifen, zur aktiven Schwarmverhinderung. Am weitesten verbreitet ist das Ausbrechen der im Volk heranwachsenden Königinnenzellen. Diese Arbeit muss im Abstand von neun Tagen durchgeführt werden. So wird verhindert, dass Weiselzellen verdeckelt werden und der Schwarm dann auszieht. Der Imker muss diesen Eingriff alle neun Tage wiederholen, bis das Volk dann von sich aus den Schwarmgedanken aufgibt und keine neuen Königinnen mehr aufzieht.

Schwarmverhinderung durch Teilung des schwarmlustigen Volks

Beim sogenannten Zwischenablegerverfahren wird das Bienenvolk in zwei Einheiten geteilt: Die Zarge mit der alten Königin, aber ohne die Brutwaben, kommt als unterste Einheit auf das alte Bodenbrett. Die Honigräume werden wieder aufgesetzt. Die Zarge mit den Brutwaben wird samt den auf ihnen befindlichen Bienen mit einem neuen Boden und Deckel auf das Altvolk gestellt. Man kann sie auch einige wenige Meter vom Altvolk entfernt aufstellen. Die eingeflogenen Sammelbienen fliegen dem gewohnten Standort zu, weil ihnen auch der Geruch des Fluglochs vertraut ist. Die alte Königin baut ein neues Brutnest auf und das Volk »vergisst« über diese Anstrengung den Schwarmgedanken. Es gibt hier ja auch keine Schwarmzellen mehr. Aus der Einheit mit den Brutwaben fliegen die Altbienen zurück zu ihrem angestammten Volk. Durch diese Schwächung ändert sich die Konstitution und die Schwarmzellen werden von den Bienen bis auf eine oder zwei selbst eliminiert. Es kann aber auch sein, dass alle Zellen weiterhin gepflegt werden. Schlüpft dann die erste Königin, werden die Zellen mit den potenziellen Konkurrentinnen ausgebissen und es gibt keine Nachschwärme mehr. Der Zwischenableger wird später mit dem Restvolk rückvereinigt. Trotz eines radikalen temporären Eingriffs werden so die Volksstärke und die Trachtbereitschaft erhalten.

Eine andere Variante des Zwischenablegers funktioniert folgendermaßen: Auf das alte Bodenbrett am alten Standort wird eine Leerzarge gesetzt. Dahinein kommt eine Brutwabe mit offener Brut und Bienen. Achtung: Die Königin darf nicht dabei sein. Der übrige Raum wird mit Mittelwänden und/oder Leerwaben ausgefüllt. Obenauf kommt der Deckel. Auf den Deckel wird ein neues Bodenbrett bzw. ein spezieller Boden extra für die Zwischenablegerbildung mit einem integrierten Flugloch gestellt. Darauf wird der Brutraum platziert und über Absperrgitter dann die Honigräume.
Die Flugbienen dieses Volksteils fliegen zum gewohnten Flugloch, der Zwischenableger fliegt sich ab und wird dadurch massiv geschwächt. Die Schwarmzellen werden ausgebissen, weil die Bienenmasse zum Schwärmen fehlt. Werden die beiden Teile nach drei Wochen rückvereinigt, ist die Schwarmzeit vorüber.

Will man warten, bis im Zwischenableger die junge Königin in Eilage ist, kann man immer noch rückvereinigen und dabei die junge oder alte Königin entnehmen. Die Bienen könnten die Wahl auch selbst treffen. Eine der beiden, evtl. aus Sicht der

Bienen die bessere, wird auf alle Fälle überleben. Prinzipiell ist es »natürlicher«, den Bienen selbst die Wahl der neuen Königin zu überlassen. Was die »innere Qualität« einer Königin ausmacht, können wir oft gar nicht erkennen – die Bienen aber wohl. Wir sind auf offensichtliche Parameter, wie das Aussehen und die Größe des Brutnestes angewiesen. Junge Königinnen gelten als wertvoller als alte.

Bei einer weiteren Variante des Zwischenablegers wird dieser an einen anderen Standort verbracht und daraus ein Jungvolk für die nächste Saison aufgebaut. Seine Flugbienen fliegen dann dem Volksteil mit der alten Königin zu und verstärken diesen. Das ist nicht weiter schlimm. Das Jungvolk hat noch Zeit, um bis zur Einfütterung zu ausreichender Volksstärke heranzuwachsen.

Die Bildung eines Zwischenablegers ist in meinen Augen eine gute Maßnahme, weil sie mit der Schwarmlust statt gegen sie arbeitet. Im Prinzip ähnelt sie dem Flugling (siehe Seite 116). Das Volk ist in Schwarmstimmung und darauf reagiert der Imker produktiv. Wichtig ist aber nach meiner Ansicht, dass Schwarmzellen genutzt werden.

Die Volksteile sollten auch nicht rückvereinigt werden, sondern als eigenständige Einheiten behandelt und gepflegt werden.

Schwarmverhinderung durch Flügelstutzen

Viele Imker stutzen der Königin prophylaktisch die vordere Spitze, also ca. ein Drittel des Flügels. Die Königin wird so flugunfähig. Der Schwarm zieht zwar aus, die Königin fällt dann aber zu Boden. Der Schwarm, der sich am Baum als Schwarmtraube eingefunden hatte, fühlt sich schnell weisellos und die Bienen kehren notgedrungen zum alten Bienenstock zurück. Bei der alten Königin bleibt nur ein Häuflein Bienen, die nach und nach sterben.

Dies ist eine aus tierethischen Gesichtspunkten radikale Maßnahme, die in der Bio-Imkerei konsequenterweise verboten ist. Ich kann mich aber noch gut an eine Tagung zur Bio-Imkerei erinnern, wo ein namhafter Referent das Beschneiden des Flügels der Königin als ideale Maßnahme für die Bio-Imkerei empfahl. Er argumentierte, dass in diesem Fall die regelmäßigen Störungen zur Schwarmkontrolle nicht mehr durchgeführt werden müssten. Dies bedeute doch für die Bienen weniger Stress. Das wäre doch auch ein Impuls einer naturnahen Imkerei.

Dieses Beispiel illustriert gut, dass sich unsere Diskussionen auf einer sehr komplexen Ebene bewegen. Zudem spielen immer auch der Zeitgeist sowie die subjektive Sichtweise eine Rolle. Der Referent konnte damals nicht überzeugen, denn eine bewusste und aktive Verletzung des Tieres ist kaum tolerierbar. Das Beispiel verdeutlicht aber auch, auf welcher Ebene wir diskutieren: auf der Ebene des Imkers sowie der Einzelbiene. Natürlich ist das richtig und wichtig. Was aber ist mit dem Tier »Bienenvolk«?

Zu einer Beziehung, wie ich es am Anfang dieses Kapitels beschrieben habe, gehören immer zwei Parteien. Nach meinem Verständnis werden die Seite des Bienenvolks, seine Bedürfnisse und vor allem seine Lebensweise in der modernen Imkerei zu wenig geachtet und berücksichtigt. Die Vermehrung des Volks sowie die Erneuerung der Königin werden rein technisch gelöst. Was die besondere Vermehrung für die Bienen im Allgemeinen sowie für das einzelne Volk im Besonderen bedeutet, wird ausgeblendet bzw. spielt überhaupt keine Rolle.

Ist das in der Bio-Imkerei anders? Das sollte man zumindest erwarten. Denn den Grundprinzipien des ökologischen Landbaus gemäß, sollten die Maßnahmen des ökologischen Landwirts die Gesundheit der Nutztiere bewahren und stärken. Darüber hinaus soll mit lebendigen Ökosystemen gearbeitet werden, deren Funktionsweise nachgeahmt und gestärkt werden soll.

Tatsächlich steht in den Bienenhaltungs-Richtlinien verschiedener ökologischer Anbauverbände zum Thema »Zucht und Vermehrung« Folgendes: »Hierbei ist der Schwarmtrieb zu berücksichtigen.« Dies erweckt beim unkundigen Leser oder bei den Honigkunden den Eindruck, der ökologische Imker arbeite besonders bienengemäß. Tatsächlich ist das jedoch ein falscher Eindruck, denn gerade in der Zucht und Vermehrung sowie bei der Betriebsweise unterscheidet sich die ökologisch zertifizierte Imkerei kaum von der konventionellen Imkerei. Die Richtlinien entpuppen sich hier als bloße Phrase, denn natürlich muss jeder Imker den Schwarmtrieb berücksichtigen. Das gilt umso mehr, wenn er den Schwarm verhindern will.

Warum soll das Schwärmen verhindert werden?

Der Grundgedanke hinter der unbedingten Verhinderung des Schwarms ist der Wunsch des Imkers, den Vermehrungsprozess zu beherrschen und zu kontrollieren. Dieses Motiv prägt das menschliche Verhalten generell gegenüber Naturprozessen. Es wird ja schon in der Bibel propagiert: Macht euch die Erde untertan. Dahinter steckt jedoch oft Angst. Konkret zum Beispiel die Befürchtung, die Schwarmlust könnte an die nachfolgenden Generationen vererbt werden und der Imker müsste sich am Ende nur noch mit extrem schwarmlustigen Völkern, sogenannten Schwarmteufeln, herumschlagen.

Während des Schwarmprozesses teilt sich das Volk in mehrere Einheiten. Der moderne Imker will diese Teilung um jeden Preis verhindern, weil die kleineren Einheiten im Vergleich zum Gesamtvolk weniger Honig eintragen. Das Grundprinzip der Imkerei heute ist, das Volk als Ganzes zusammenzuhalten und somit die Bienen dazu zu bringen, den ganzen Sommer in großer Volksstärke zu arbeiten und viel Honig einzutragen. Dies gilt umso mehr in der heutigen Zeit mit den immer schwieriger werdenden Trachtverhältnissen.

Ich kann diese Gedankengänge gut nachvollziehen. Der Umgang mit dieser Thematik ist nicht einfach. Imkerei ist immer ein Kompromiss zwischen dem, was die Bienen wollen und brauchen, und dem, was der Imker will. Zu keinem anderen Zeitpunkt im Bienenjahr wird dies deutlicher als in der Schwarmzeit. Scheinbar stehen sich hier die unterschiedlichen Interessen unvereinbar gegenüber. Aber die gegenwärtige Situation der Imkerei und die Gesundheit unserer Bienen lässt uns gar keine andere Wahl, als zu fragen:

- Wird die Art und Weise, wie wir imkern, den Bienen gerecht?
- Hat die Missachtung der natürlichen Gegebenheiten einen Teil zur Schwächung der Bienen beigetragen?

Es ist eine vollkommen andere Herangehensweise, wenn ich versuche, die natürlichen Prozesse in meine Betriebsweise zu integrieren und mit statt gegen diese Prozesse zu arbeiten.

Nach meiner Ansicht arbeitet die moderne Imkerei gegen die Natur des Bienenvolks, wenn sie dessen natürliche Art und Weise der Vermehrung unterdrücken und verhindern will. Außerdem entstehen und entwickeln sich ganz andere Qualitäten, wenn ich den Weg der Natur mitgehe, ihn sogar nutze, anstatt auf künstliche, mechanisch-schematische Lösungen zu bauen. Eine solche Notlösung ist in meinen Augen zum Beispiel die Nachschaffung (siehe Seite 154). Wenn die Königinnenzucht komplett auf einer solchen Lösung basiert, sozusagen immer nur die zweitbeste Möglichkeit umgesetzt wird, so geht dies auf Dauer auf Kosten der Qualität. Darunter verstehe ich Aspekte der Vitalität, Resilienz und letztlich die ganz besondere Kraft, die uns verkörpert im Bienenvolk entgegentritt.

Ich bin fest davon überzeugt, dass wir Imker auf lange Sicht nach Wegen und Methoden suchen müssen, um einen für die Honigbienen und langfristig auch für die Imkerei guten Kompromiss zu finden, der sinnvoll ist und sich auch gut umsetzen lässt. Dann kann das Erfolgsmodell Honigbiene seine Stärken wieder voll ausspielen. Ganz nach dem Motto: Geht es den Bienen gut, geht es auch dem Imker gut.

Was ist tiergerecht?

Es zeigt sich immer mehr, dass auch Tiere fühlen, denken, Entscheidungen treffen etc. Das gilt selbst für die Insektenwelt. Die Zeiten, in denen im Bürgerlichen Gesetzbuch die Tiere als Sache behandelt wurden, sind vorbei. Und das ist auch gut so. Somit ist es tiergerecht, den eigenen Bienen entgegenzukommen und ihnen zu ermöglichen, ihre Bedürfnisse und ihre Lebensweise so auszuleben, wie es ihnen von ihrer Natur aus vorgegeben ist.

Warum schwärmen die Bienen?

Eine reichliche Honigernte ist ein wesentliches Ziel unserer imkerlichen Tätigkeit. Diesen Anspruch stelle ich auch an mich und meine Imkerei. Als Berufsimker lebt man mit seinen Bienen, aber man lebt auch vom Honig. Auch als Demeter-Imker sehe ich das als absolut legitim an.

Für die Bienen selbst ist ein großer Honigvorrat nicht so wichtig. 15 Kilogramm reichen dem Volk für eine gute Überwinterung. Viel wichtiger ist ihm ein permanenter Nektarfluss, das Trachtband von März bis Oktober. Dieser ist die Voraussetzung für alle Prozesse, die die einzelne Biene (Stoffwechsel) als auch das ganze Volk betreffen (Temperaturregelung etc.). Somit ist eine gute »Tracht« auch eine Voraussetzung für den erfolgreichen Verlauf des Schwarmprozesses. Hier liegt der Unterschied zwischen dem, was der Imker will und braucht, und dem, was das Bienenvolk braucht. Der Imker will viel Honig, das Bienenvolk will dauerhaft überleben, sich fortpflanzen und vermehren. Auch dazu braucht es Honig, aber nicht als Selbstzweck und in großer Menge, sondern als Voraussetzung aller Lebensprozesse. Das heißt, dass sich die Ansprüche der Bienen und Imker eigentlich nicht widersprechen. In einer guten naturgemäßen Praxis lässt sich beides miteinander vereinbaren.

Für das Bienenvolk ist der Schwarmprozess das zentrale Ereignis im Bienenjahr. Er fällt zusammen mit dem Höhepunkt der Volksentwicklung. Für den Fortbestand des einzelnen Volks ist er nicht direkt entscheidend. Er ist aber die Grundlage für die Erhaltung der Art und der evolutionären Anpassung der Honigbiene an die sich permanent verändernden Umstände. In diesem Prozess entstehen die jungen Königinnen. Es entstehen neue Volkseinheiten. Eine Vielzahl von jungen Königinnen mit neuen

Schwarmdiagramm								
0 Tage	14–21 Tage	21–31 Tage	30–40 Tage	37–47 Tage	44–54 Tage	50–60 Tage	60–70 Tage	65–75 Tage
Drohnenbrut	Spielnäpfchen	Bestiftete Spielnäpfchen	Weiselzelle verdeckelt **Vorschwarm**	Schlupf der ersten Königin **Nachschwarm**	Letzte Königin schlüpft im **Restvolk**	Erste Königin begattet	Königin im Restvolk begattet	Eiablage im Restvolk

Kombinationen ihrer Erbanlagen in einer Vielzahl neuer Volkseinheiten. Diese beiden Elemente bilden die Grundlage für eine harte natürliche Selektion und damit für eine erfolgreiche Anpassung an die sich ständig verändernden natürlichen Gegebenheiten. Das ist das Geheimnis, das sich hinter dem Erfolgsmodell Honigbiene verbirgt. Großzügige Vermehrung und großzügige natürliche Auslese.

Beginn des Schwarmprozesses

Somit ist es nicht verwunderlich, dass die Bienen einen immensen Aufwand betreiben und viel Energie in diesen Erneuerungsprozess stecken. Allein der zeitliche Aufwand ist hoch. Viele Imker interpretieren die ersten bestifteten Spielnäpfchen als den Beginn der Schwarmzeit. Meines Erachtens beginnt diese jedoch bereits mit dem Anlegen der ersten Drohnenbrut drei bis vier Wochen früher, Ende März/Anfang April. Schließlich müssen genügend Drohnen von vielen verschiedenen Völkern für die Begattung der neuen Königinnen vorhanden sein. Das Erscheinen des männlichen Elements signalisiert den Beginn der Zeitspanne für die Vermehrung und Fortpflanzung. Die Bienensaison dauert bei uns von März mit dem Beginn der Salweidenblüte bis Mitte/Ende Oktober, wenn die letzten Blumen verblühen - insgesamt fast acht Monate. Der Schwarmprozess dauert von der Anlage der ersten Drohnenbrut bis zum Beginn der Eilage der letzten Königin im Restvolk ca. 75–80 Tage später. Das ist ein Zeitraum von fast drei Monaten!

Das Schwarmdiagramm (siehe links) bildet eindrücklich ab, wie viel Zeit das Bienenvolk dem Schwarmprozess widmet.

Zeitpunkt des Schwärmens

Unter mitteleuropäischen Verhältnissen kommen dafür nur Mai und Juni in Frage. Einmal, weil dies die Zeit des großen Blühens ist und Nektar und Pollen im Überfluss vorhanden sind. Nach meiner Beobachtung ist Überfluss für die Bienen immer elementar. Die Honigbiene lebt aus der Fülle heraus. Das unterscheidet sie grundlegend von Hummeln und Wildbienen. Gerade Letztere sind ja oft auf einzelne Pflanzenarten spezialisiert. Ihr Einzugsgebiet ist klein und häufig genügen einige wenige Exemplare dieser Pflanze, um Fortpflanzung und Ernährung sicherzustellen. Ganz anders die Honigbienen. Ein Bienenvolk hat im Vergleich dazu ein riesiges Einzugsgebiet. Honigbienen sind auch Generalisten, das heißt, alle Nektar spendenden Pflanzen sind interessant. Dann gibt es noch den Honigtau von Bäumen - die Waldtracht. Hier geht es um Millionen von Nektarquellen! Die beflogene Fläche bemisst sich in Hunderten von Hektar. Nicht zufällig sind diese Monate des Überflusses die beste Zeit zum Schwärmen.

Wichtig ist auch der Zeitraum bis zum Winter, der den Bienen zur Verfügung steht. Der Frühling ist nicht zufällig die ideale Vermehrungszeit. Entstehen die neuen Volkseinheiten jetzt, so haben sie bis zum Beginn des Herbstes genügend Zeit, einen Wabenbau zu errichten, der groß genug ist, um darin ca. 15 Kilogramm an Wintervorräten unterzubringen, die ein Volk für die Überwinterung braucht. Es müssen auch für die Brutmenge genügend Wabenzellen vorhanden sein, damit ein Volk aufgebaut werden kann, das auch von der Volksstärke her die Wintermonate gut meistern kann.

Not- und Hungerschwärme

Sie sind das Gegenteil, das man als Imker auch erleben kann. Ich kann mich noch an meine Anfangsjahre erinnern, die erste massive Konfrontation mit der Varroamilbe. In einem Spätsommer fielen Schwärme. Die hingen aber nicht am Baum, sondern lagen am Boden. Wie sich dann zeigte, war übermäßiger Varroabefall der Auslöser gewesen. Überlebensfähig waren diese Schwärme nicht, aber eine interessante Reaktion des Volks, die mir später nie wieder begegnet ist.

Welche Faktoren lösen konkret den Schwarmtrieb aus?

Hier spielen verschiedene Ebenen zusammen. Einmal ist dies die notwendige Erneuerung, die sozusagen in dieser Jahreszeit eine allgemeine, latente Schwarmbereitschaft hervorbringt. Dies gilt für die gesamte Bienenpopulation einer Region. Darüber hinaus gibt es weitere Faktoren.

Beengtheit im Bienenvolk: Das einzelne Bienenvolk entscheidet, ob es schwärmen will oder nicht. Wild lebende Bienenvölker verfügten meist nur über einen beschränkten Raum in ihrer Baumhöhle. Wenn darin das Volk wuchs und der Raum zu eng wurde, kamen nahezu alle Völker in Schwarmstimmung. Prof. Seeley beschreibt dieses Phänomen in seinem Buch »Das Leben der wilden Bienen«. Jedes der von ihm beobachteten Völker brachte ein bis drei Schwärme im Jahr hervor. Unter den heutigen Bedingungen der Magazinimkerei mit den beliebig erweiterbaren Räumen ist Raumnot und Beengtheit im Bienenvolk sicherlich nicht mehr der entscheidende Faktor für das Schwärmen. Mit einem guten Raummanagement kann der Imker diesen Faktor stark beeinflussen. Das muss nicht unbedingt schlecht sein oder als unnatürlich gebrandmarkt werden. Wahrscheinlich würden sich auch wild lebende Völker, die in großvolumigen Behausungen leben, schwarmträger verhalten als in einer wesentlich kleineren Baumhöhle.

Trotzdem kann es auch im Magazin eng werden. Gerade im Frühjahr während der Rapsblüte kann es zu hohen Tageszunahmen an Nektar kommen. Wir selbst haben bei warmen, schwülen Witterungsverhältnissen schon Tageszunahmen im Raps von 10 Kilogramm je Volk erlebt. Das ist fast eine Flachzarge voll Nektar! Reagiert da der Imker zu langsam, kann der beengte Raum schnell zu einem schwarmauslösenden Faktor werden.

Schwindende Kraft der Königin: Die Bienen bemerken, dass die Kraft ihrer Königin nachlässt und dass es für das Volk sinnvoll wäre, diese rechtzeitig zu ersetzen. Ein Grund für die schwindende Kraft könnte sein, dass der Samenvorrat in der Spermathek zur Neige geht. Oder die Lebensspanne der Königin neigt sich natürlicherweise dem Ende zu. Sie muss ja hohe Leistungen erbringen, wenn sie in der Hochzeit der Volksentwicklung 2.000 Eier und mehr pro Tag legt. Ich würde diesen Alterungsprozess nicht allein auf die Eiablage beschränken.

Auch die Pheromonproduktion, die ja für den Zusammenhalt und das »Funktionieren« des Volks von großer Bedeutung ist, kostet Kraft und zehrt an der Substanz. Zumeist sieht der Imker der Königin ihr Alter nicht an, aber die Bienen bemerken das schon. Eigentlich ist das ein guter Instinkt. Völker mit jungen Königinnen schwärmen daher weniger als solche mit einer alten Königin. Das ist eine alte Imkererkenntnis.

Futtersaftstau: Auch ein Ungleichgewicht zwischen vielen Ammenbienen mit entwickelten Futtersaftdrüsen und relativ gesehen zu wenigen offenen Brutzellen kann schwarmtriebauslösend wirken. In der Imkersprache wird dies als Futtersaftstau bezeichnet. Wenn ich Schwarmkontrollen durchführe, achte ich immer auch auf das Mengenverhältnis von offener zu verdeckelter Brut. Sind sehr viele Bienen im Volk, dazu viele verdeckelte Brutwaben und nur wenig offene Brut, so werden die Ammenbienen ihren Futtersaft nicht los. Im Bienenvolk gibt es viele Schwellenwerte, die ein bestimmtes Verhalten auslösen. Selten kommen Völker in Schwarmlust, die viel offene Brut, aber nur wenig verdeckelte Brut aufweisen.

Wetter: Es wäre verwunderlich, wenn nicht auch das Wetter einen Einfluss auf das Schwarmgeschehen hätte. Der Nektarfluss ist für die Bienen immer ein bestimmender Faktor. Frühjahre mit lang anhaltenden Schönwetterperioden lassen Volksstärke und Brut langsam, aber stetig ohne Rückschläge wachsen. Folgt dann ein länger andauernder Schlechtwettereinbruch, so kann dies bei den Bienen eine Art Depression auslösen, die in den Schwarm mündet.

Sicherlich sind uns viele der Faktoren, die die Schwarmstimmung auslösen können, noch gar nicht bekannt. Sehr interessant finde ich zum Beispiel ein Phänomen, das aus der Löwenzahntracht bekannt ist. Diese löst in hohem Maße Schwarmstimmung aus, obwohl doch so zeitig im Frühjahr die Völker ihren Entwicklungshöhepunkt noch vor sich haben und Löwenzahnhonig nur mittels Einengen auf wenige Brutwaben und Absperrgitter geerntet werden kann. Es könnte sein, dass die Menge und die hohe Qualität des Löwenzahnpollens bei den Bienen die Lust zum Schwärmen auslösen.

Zusammenfassende Überlegungen

Es gibt nicht die eine Ursache, warum ein Volk in Schwarmstimmung gerät. Vielmehr ist ein ganzes Bündel komplexer Faktoren dafür verantwortlich. Das Bienenvolk befindet sich in einer intensiven Beziehung mit seiner Außenwelt. Aber auch das

Wenn der Schwarm hoch im Baum hängt, kommt der Schwarmfangbeutel zum Einsatz.

Drohnenbrütiges Volk - da hat die Begattung nicht geklappt.

dynamische volkseigene Innenleben spielt eine große Rolle. Allerdings ist es von Natur aus so, dass nie alle Völker eines Standes in Schwarmstimmung kommen. Die Völker wollen nicht gleichzeitig schwärmen. Und es wird auch immer ein Teil überhaupt nicht in Schwarmstimmung geraten. Prinzipiell ist die Zucht und Auslese auf Schwarmträgheit nicht zu verurteilen. Mir kommt es auf zwei Dinge an:

- Die Vermehrung aus Völkern, die sich im Vermehrungsprozess befinden.
- Die neuen Königinnen sollten von Beginn an als Königinnen aufgezogen werden.

Wenn von schwarmträgen Völkern nachgezüchtet wird, macht das generell für den Erhalt der Population und ihre Resilienz nicht viel aus. Wichtig ist es, die Balance zu halten. Letztlich vertraue ich hier auf die Bienen. Eine vom Menschen gewünschte Eliminierung des Schwarmtriebs wird es mit unserer Biene nicht geben!

Diese Vielzahl von Möglichkeiten ist für mich ein Ausdruck von Klugheit und reduziert das Risiko für das Überleben der Bienenpopulation. Wenn alle Völker gleichzeitig schwärmen würden und es würde eine länger andauernde Schlechtwetterperiode folgen, so wäre das Überleben aller neu entstandenen Einheiten gefährdet. Ein ähnliches Phänomen der Risikominimierung können wir in der Frühtracht erleben. Ein Teil der Völker bleibt in der Entwicklung zurück. Das bedeutet jedoch nicht, dass diese Völker nichts taugen. Oft genug überzeugen sie dann in der späteren Sommer- oder Waldtracht. Zum natürlichen Erscheinungsbild gehören aber immer auch Versager – diese sind eigentlich nicht überlebensfähig und würden der natürlichen Selektion nicht standhalten. Natürlicherweise gibt es also immer unterschiedlich entwickelte Völker am Bienenstand. Auch dies missfällt dem Imker, der am liebsten nur Völker mit einheitlichem Entwicklungsstand und ebensolcher Volksstärke hätte. Diese kann er dann schematisch und gleich behandeln.

Voraussetzung für das Schwärmen ist fast immer eine gute Volksentwicklung. Trotzdem kommen nicht alle starken Völker in Schwarmstimmung. Es gibt auch Völker, die schwächeln, sich nur zögerlich entwickeln, weil die Königin schon zu alt ist und nicht mehr genügend Eier legen kann. Diese werden normalerweise nicht in Schwarmstimmung kommen. Weitere Gründe können latent vorhandene Krankheitselemente sein, die zu Brutausfällen, also einem löcherigen Brutnest, führen, zum Beispiel Kalkbrut. Aber auch eine verkürzte Lebensdauer der einzelnen Bienen aus Gründen, die wir nicht kennen, kann die Ursache sein. In diesem Fall wird der schwarmauslösende Schwellenwert hinsichtlich der Volksstärke nicht erreicht. Bekommen schwächelnde Völker trotzdem Lust aufs Schwärmen, so sollte man von diesen keine Schwarmzellen verwenden.

Der Schwarmprozess

Von unserem menschlichen Standpunkt aus gesehen, wäre es viel unkomplizierter, wenn die Bienen einfach ihre Königin austauschen, wenn diese alt und schwach wird. Das können die Bienen ja auch, wie wir vom Phänomen der stillen Umweiselung (siehe Seite 151) her wissen. Es wird also schon seinen Grund haben, warum die Bienen den Weg über den Schwarmprozess wählen.

Was passiert beim Schwärmen im Bienenvolk?

Auf alle Fälle ist der vielgestaltige und sehr komplexe Vorgang des Schwärmens einer der Gründe, warum die Honigbiene uns Menschen so sehr fasziniert. Ich hatte ja schon beschrieben, dass der Schwarmprozess nicht auf den bloßen Schwarmakt beschränkt ist, sondern dass er das betreffende Bienenvolk eine längere Zeit in Atem hält. Ich denke, dieses Bild trifft es gut, denn das Ergebnis des Schwärmens ist offen und der Prozess selbst mit vielerlei Unsicherheiten behaftet. Die Bienen riskieren scheinbar viel, wenn sie sich über das Schwärmen vermehren. Wenn sie es dennoch tun, muss der Schwarmprozess trotz der Risiken Vorteile für sie bringen.

Sind die Beuten mit Bienen und Honig prall gefüllt, so kommt es darauf an, ob die bereits beschriebenen schwarmtriebauslösenden Faktoren eintreten. Gerade mit unseren modernen Beuten muss nicht jedes Volk in Schwarmstimmung kommen. Das ist auch gut so! Das wäre ja gar nicht bewältigbar. Was sollen wir mit diesen vielen Schwärmen anfangen, die heute darauf angewiesen sind, vom Imker mit Futter für den Winter versorgt zu werden? Sommer- oder Waldhonig gibt es in vielen Regionen nicht mehr.

Die Vorbereitungen zum Schwärmen

Das Bienenvolk bereitet sich gezielt auf das Schwärmen vor. Regen sich im Volk Schwarmgedanken, so werden die Bienen am unteren Rand der Waben oder an Unregelmäßigkeiten im Wabenbau, zum Beispiel an Durchgangslöchern von einer Wabenseite zur anderen, runde Näpfchen errichten. Diese werden Spielnäpfchen genannt, weil die Bienen noch mit Vermehrungsgedanken »spielen«. Legt die Königin dann Eier in diese Näpfchen,

Spielnäpfchen – erste Anzeichen der aufkommenden Schwarmstimmung.

Zapfenförmige Schwarmzellen. So ist die Schwarmstimmung auch für den Anfänger leicht erkennbar.

so wird aus dem Spiel Ernst. Die Ammenbienen beginnen, die Larven der neuen Königinnen mit reinem Gelee royale zu füttern. Gleichzeitig werden die Näpfchen zu den langen zapfenförmigen Königinnenzellen verlängert. Die darin heranwachsenden Maden werden intensiv gefüttert und am neunten Tag nach der Eiablage mit einem Deckel verschlossen. In der Regel werden vom Volk etwa 10 bis 15 Weiselzellen gepflegt.

In diesem Zusammenhang stellen sich zwei Fragen:

- Entscheidet die Königin, die Spielnäpfchen zu »bestiften«, oder ist das eine Entscheidung der Arbeitsbienen bzw. des Volkes? Ich bin der Meinung, dass die Bienen ihre Königin »zwingen«, Eier in den Spielnäpfchen zu platzieren.
- Eine weitere praktische Frage betrifft die Anzahl der Weiselzellen: Ist das Volk bei ein bis zwei Weiselzellen nun schwarmlustig oder will es nur umweiseln? Ja, es gibt Völker, die nur wenige Schwarmzellen ansetzen. Daher würde ich bei mehr als nur einer Schwarmzelle das ganze Volk auf Schwarmstimmung kontrollieren, evtl. wurde eine Zelle übersehen, und dann einige Tage später, bevor die Zellen verdeckelt sind, noch einmal nachschauen.

Der Vorschwarm

Erst wenn die erste Königinnenzelle verdeckelt ist, wird der Vorschwarm ausziehen. Das ist ein Naturgesetz! Dabei verlässt die alte Königin mit etwa zwei Drittel der Stockbienen den Bienenkasten. Der Vorschwarm hängt sich als Schwarmtraube an einem niedrigen Ast eines nahe gelegenen Baums auf. Manchmal verweilt die Traube dort nur kurz, denn die Spürbienen – eine kleine Gruppe alter, erfahrener Bienen – haben sich bereits in der Vorbereitungsphase des Schwarmauszugs auf die Suche nach einer geeigneten Behausung begeben. Sind sie fündig geworden, so werben sie mittels Tanzbewegungen auf der Oberfläche der Traube für die neue Behausung. Diese Tänze regen andere Spürbienen an, die neue potenzielle Behausung selbst zu inspizieren. Sind sie ebenfalls von deren Eignung überzeugt, werden auch sie dafür werben. Erst wenn sich alle Spürbienen auf eine neue Behausung geeinigt haben, erhebt sich der Schwarm in die Luft und fliegt zielstrebig zur ausgewählten Wohnung. Dort wartet viel Arbeit: Es müssen neue Waben gebaut werden, damit wieder Brut aufgezogen und Vorräte angelegt werden können. Zunächst reinigen die Bienen die ausgewählte neue Bienenwohnung. Die Bautätigkeit beginnt ebenfalls sofort. Es werden zunächst ca. 5.000 Arbeiterinnenzellen gebaut. Die Königin beginnt sobald als möglich mit der Eilablage. Sobald die ersten Jungbienen geschlüpft sind, wird die Bautätigkeit fortgesetzt.

Singervorschwarm: Es kann auch der Fall eintreten, dass der Vorschwarm aufgrund schlechten Wetters nicht ausziehen kann. Zieht sich diese Phase lange hin und stehen die in den Zellen ausgereiften und zum Schlupf bereiten Jungköniginnen unter Druck, so kann - inspiriert durch den Schwarmtrubel - eine Jungkönigin vorzeitig ihre Zelle verlassen und von den schwärmenden Bienen »mitgerissen« werden. Das nennt der Imker dann einen Singervorschwarm.

Restvolk und Nachschwarm

Im am alten Standort verbliebenen Restvolk gibt es Arbeiterinnen- und Drohnenbrut, einige Tausend Bienen und die verbliebenen Königinnenzellen, in denen die neuen Regentinnen dem Schlupf entgegenreifen. Acht Tage nach dem Auszug des Vorschwarms schlüpft die erste junge Königin. Normalerweise ist immer nur eine Königin in jedem Volk aktiv. Damit währenddessen keine andere Königin schlüpft, kommuniziert die erstgeborene Königin mit ihren Schwestern mittels des allen Imkern bekannten Tutens und Quakens. Das ist ein sehr eindrückliches Erlebnis und auch außerhalb des Stocks zu hören. In der Regel wird nun ein Nachschwarm ausziehen. Das ist ein kleinerer Schwarm mit einer unbegatteten Königin. Dieser hängt sich ebenfalls in der Nähe des Bienenstocks auf, allerdings in größerer Höhe, sodass er von uns leicht übersehen werden kann. Auch dieser bedarf wieder einer geschützten Behausung, in der dann die bereits erwähnten Prozesse zum Aufbau eines neuen Bienenvolks stattfinden können. Erst nachdem der Nachschwarm das Restvolk verlassen hat,

Vorbereitungen im Volk zum Schwärmen

Als Erste erscheinen die Drohnen, die männlichen Tiere. Sie sind nach 45 Tagen ausgereift.

Erst wenn die Weiselzelle verdeckelt ist, zieht der Vorschwarm aus.

Zapfenförmige Schwarmzellen kurz vor der Verdeckelung. In den nächsten Tagen ist es so weit - der Schwarm zieht aus.

schlüpfen wieder junge Königinnen. Die jungen Königinnen sind darauf bedacht, sich nicht zu begegnen. Kann aber ein Nachschwarm aufgrund ungünstigen Wetters nicht sofort ausziehen, so kann es vorkommen, dass weitere Königinnen schlüpfen und im Schwarm dann mehrere Königinnen mitfliegen. Das kann man an der Art, wie die Schwarmtraube am Baum oder Busch hängt, leicht erkennen - sie ist mehrzipfelig.

Frei in der Natur lebende Bienenvölker generieren ein bis zwei Nachschwärme. Dann endet der Schwarmprozess in der Regel. Die Angst der Imker, dass Völker sich beim Schwarmtrieb totschwärmen, also nur noch ein sehr kleines Restvolk mit einem Häuflein Bienen und einer Königin übrigbleibt, ist meines Erachtens unbegründet. Ja, es ist für mich sogar ein Zeichen mangelnder Vitalität bzw. mangelnder »Klugheit« des Bienenvolks - es wird dann zurecht von Mutter Natur ausselektioniert. Ich denke, es ist ein Ausdruck dieser »Klugheit« der Natur, dass hauptsächlich nur überlebensfähige Einheiten gebildet werden.

Behutsames Arbeiten

Ein interessantes Phänomen möchte ich den Lesern nicht vorenthalten. Öffnet der Imker ein Volk, wenn mehrere schlupfreife Königinnenzellen vorhanden sind, so kann es passieren, dass jetzt mehrere gleichaltrige Königinnen gleichzeitig ausschlüpfen. Das zeigt, welch starker Impuls bereits vom bloßen Öffnen der Beute ausgeht - und dass es besser ist, die Beute in dieser Phase nicht so oft zu öffnen.

Werden während der Schwarmlust 10 bis 20 Weiselzellen angelegt, so finden sich im Restvolk am Ende des Schwärmens noch immer zehn Königinnenzellen oder sogar mehr. Es darf jedoch nur eine übrigbleiben. Was passiert nun? Ich bin davon überzeugt, dass die Bienen ihre neue Regentin sorgsam auswählen. Nicht alle Königinnen werden überleben. Man erkennt diese Differenzierung auch daran, dass die Weiselzellen unterschiedlich gepflegt werden. Es finden sich unterschiedlich viele Wärme- bzw. Pflegebienen an den einzelnen Zellen. Schlüpft eine den Bienen genehme neue Regentin, so werden die verbliebenen Zellen ausgebissen und die darin befindlichen Larven getötet. Ob dies die Arbeitsbienen tun oder gar die neue Königin selbst, dazu gibt es unterschiedliche Meinungen. Ich habe noch nie beobachtet, dass die Königin selbst eine Kontrahentin tötet. Sie hat ja auch gar keinen Giftstachel. Begegnen sich junge Königinnen, so kämpfen sie miteinander. Allerdings konnte ich dabei nur beobachten, dass sie sich gegenseitig verletzten, sich die Beine abbissen oder ähnliche Verletzungen zufügten. Die verletzte Kontrahentin humpelte daraufhin davon, wie ich beobachten konnte. Wahrscheinlich bekommt sie dann von den Stockbienen den »Gnadenstich«.

Zehn bis zwölf Tage nach dem Schlupf, je nach Wetter, fliegt die junge Königin dann zum Begattungsflug aus. Diesen wiederholt sie mehrmals, bis ihre Samentasche oder Spermathek/Spermatheca, in der fünf bis sieben Millionen Samen fünf bis sieben Jahre haltbar sind, gefüllt ist. An einem Drohnensammelplatz wird sie von bis zu 30 verschiedenen Drohnen begattet. Deren Samen ist zu individuellen Spermapaketen des jeweiligen Drohns gepackt. Diese Pakete werden zur Befruchtung der Eier eingesetzt, bis das Paket aufgebraucht ist. Dann kommt das Sperma des nächsten Drohns an die Reihe. So werden jeweils

Gruppen von Halbschwestern geboren. Nach erfolgreicher Begattung entfernen die Wächterbienen das Begattungszeichen am Hinterleib der Königin, wenn diese zum Stock zurückkommt. Geht die letzte Königin in Eiablage, so ist der Schwarmprozess für dieses Volk an sein Ende gekommen. In der Imkersprache heißt das: Das Volk ist weise geworden.

Gedanken zum Schwarmprozess

Ich habe den Schwarmprozess genauer beschrieben, weil der Imker daraus ablesen kann, was das schwarmlustige Volk will und in welchem Stadium es sich gerade befindet. Daraus lassen sich dann die jeweiligen imkerlichen Maßnahmen ableiten.

Bevor sich der Imker für eine bestimmte Maßnahme entscheidet, muss er wissen, welche Ziele er damit erreichen möchte. Genauso wichtig erscheint es mir aber, ein Bewusstsein und ein Verständnis dafür zu entwickeln, was der Eingriff für das Tier bedeutet.

Die Honigbiene kann sich nur über den Schwarmprozess vermehren. An dieser Tatsache kommen wir auch aus biologischen und tierethischen Gesichtspunkten nicht vorbei. Der Schwarmakt kann als eine Art Geburt interpretiert werden. Im Inneren des Muttervolks bilden sich die Keime des neuen Lebens. Zunächst sind diese noch »ungestaltet«, obwohl die Traube, die am Ast hängt, bereits eine deutliche Gestalt angenommen hat. Allerdings kann auch dann der Prozess noch immer rückgängig gemacht werden. Geht nämlich die Königin verloren, so erinnern sich die Schwarmbienen wieder an ihre Herkunft und kehren zum Muttervolk zurück. Darüber hinaus muss sich aus diesen Keimen eine überlebensfähige Körperlichkeit entwickeln. Dies geschieht über den Wabenbau. Aber immer noch kann der Prozess des entstehenden neuen Lebens scheitern. Erst wenn die junge Königin begattet und in Eilage ist, wird der Lebensprozess substanziell und hat eine Zukunftsperspektive. Ein Tier in der einzig ihm möglichen Form der Fortpflanzung zu behindern, erscheint mir problematisch.

Im Uterus »Muttervolk« entsteht neues Leben organisch, aus eigenem Impuls des Bienenvolks heraus. Von außen betrachtet, ist dieser Prozess fast perfekt. Kein menschliches Gehirn könnte ihn sich besser ausdenken. Die neuen Königinnen werden vom ersten Moment an in ihren runden und später zapfenförmigen Weiselzellen – unterstützt durch das Gelee royale, eine wahrhaft königliche Ernährung – als zukünftige Regentinnen aufgezogen. Selbst ihre Entwicklungszeit unterscheidet sich mit einer Dauer von 17 Tagen von der Zeit, in der eine Biene vom Ei zu einer Arbeiterin heranwächst. Menschlich gedacht, könnte man vermuten, dass die Königin als besonders wichtiges, ja das zentrale Wesen im Bienenvolk länger, also nach menschlicher Ansicht »besser« aufgezogen wird. Aber alles in der Natur hat seinen Sinn, darum bin ich fest davon überzeugt, dass Schwarmköniginnen eine andere Qualität besitzen als Königinnen, die aus Nachschaffung aufgezogen worden sind. Form, Inhalt und die Dynamik eines Prozesses bilden stets eine Einheit.

Mittlerweile ist es akzeptiert, dass nicht die einzelne Biene das Tier ist, mit dem wir arbeiten, sondern das ganze Bienenvolk. Dessen harmonisches Funktionieren und perfekt anmutendes Ineinandergreifen der einzelnen Prozesse, gesteuert durch die Selbstorganisation des Volks, begeistert uns immer wieder aufs Neue. Zentral dafür ist der Zusammenhalt des Organismus Bienenvolk. Dieser wird auf der stofflichen Ebene durch die Zirkulation des Königinnenpheromons gesteuert. Damit aus diesem Organismus über die Schwarmvermehrung neue Einheiten entstehen können, muss der ursprüngliche starke innere Zusammenhalt des alten Bienenvolks zerfallen. Dies kann man während des Schwarmprozesses sowohl auf der Ebene der einzelnen Biene als auch des ganzen Volks beobachten.

Bei der Einzelbiene treten physiologische Veränderungen auf, zum Beispiel die Entwicklung der Wachsdrüsen, da ja der Schwarm komplett neuen Wabenbau errichten muss. Sicher gibt es weitere Veränderungen auf hormoneller Ebene.

Auf der Ebene des Volks kennen wir Imker den Begriff des »Schwarmdusels«, der sich darin ausdrücken soll, dass die alte Königin kurz vor dem Auszug des Schwarms keine Eier mehr legt und bei allen Bienen des Volks der Sammeleifer massiv nachlässt. Tatsächlich ist es so, dass die alte Königin an Gewicht und Größe verliert. Sie muss ja wieder flugfähig werden! Sie legt daher weniger Eier, weil die Eierstöcke kleiner werden. Ein deutliches Nachlassen des Sammeleifers kann ich allerdings nicht bestätigen. In der Regel bringen schwarmlustige Völker eine sehr gute Frühjahrs-Honigernte. Die geringere Honigernte bezieht sich nach meiner Ansicht lediglich auf die nachfolgende Zeit.

Auf der Ebene des ganzen Volks entsteht durch den Schwarmprozess eine ganz besondere Qualität. Selbst der kleinste Nachschwarm entwickelt eine gänzlich andere Dynamik, als es zum Beispiel ein Kunstschwarm mit einer zugesetzten Königin vermag. Ich erinnere mich noch gut, als wir im Jahre 2010 einen Mini-Nachschwarm entdeckten. Beinahe wäre ich daran vorbeigelaufen, weil er so klein und daher sehr schlecht zu sehen war. Seine Bienenmenge füllte gerade ein 500-Gramm-Honigglas (siehe Seite 149)! Bis September hatte dieses Schwärmchen vier bis fünf Naturwaben ausgebaut und konnte erfolgreich überwintert werden. Natürlich hatten wir es gefüttert.

Ziele des Schwarmprozesses

Neben dieser unterschiedlichen Qualität, die aus den im Bienenvolk ablaufenden Prozessen entsteht, werden über den Schwarmprozess zwei wichtige Ziele erreicht, die für das Leben der Honigbiene seit vielen Millionen Jahren ganz wesentlich sind.

- Einmal entsteht eine Vielzahl neuer Königinnen, die unendlich viele Erbkombinationen verkörpern. Nur die am besten angepassten Königinnen werden dem Selektionsdruck standhalten. Die Fantasie selbst des besten Züchters wird dies nicht erreichen.
- Zweitens entstehen viele neue Volkseinheiten, die ebenfalls einem enormen Selektionsdruck ausgesetzt sind. So wird ständig eine sehr schnelle Anpassung an die Umgebung ermöglicht. Ich erinnere mich noch gut an einen Vortrag von Dr. Hans Wille, damals Leiter der eidgenössischen Anstalt für Bienenforschung in Liebefeld, der von seinen Arbeiten im Sudan berichtete. Einer 100-prozentigen Vermehrung folgte eine Auslese in nahezu gleicher Höhe. Am Ende der Bienensaison lebten genauso viele Völker wie zu ihrem Beginn. Das ist der entscheidende Faktor für die Generierung von Vitalität.

Da Honigbienen ein evolutionäres Erfolgsmodell sind, ist es interessant, danach zu fragen, inwieweit die Vermehrung über den Schwarm mit all seinen Besonderheiten zu diesem Erfolg beigetragen hat. Heute ist die Frage interessant, inwieweit die faktisch schwarmlose Betriebsweise der modernen Imkerei und vor allem der Zucht dafür mitverant-

Der Hauptschwarm ist ausgezogen und hat sich in einem Baum versammelt.

Riesenschwarm aus Mini-Plus. Er war so schwer, dass sich die Zweige bis zum Boden durchbogen.

wortlich sein könnte, dass aus einem Erfolgsmodell eine in ihrem Überleben bedrohte Spezies geworden ist.

Wie könnte ein respektvoller, der Natur der Biene angemessener Umgang mit dem Schwarmprozess aussehen?

Letztlich findet sich der bienengemäße Imker in der gleichen Situation wieder wie jeder andere Imker. Er muss für sich eine Antwort auf die Frage finden: Wie gehe ich mit meinen Bienen im Allgemeinen und mit dem Schwarmtrieb im Besonderen um? Zuerst sollte Klarheit darüber bestehen, welche Ziele mit der Betreuung der Bienen und durch die imkerliche Arbeit erreicht werden sollen. Das ist die subjektive imkerliche Perspektive.

Anschließend stellt sich die Frage, wie diese Ziele erreicht werden sollen. Eine Antwort kann nur entwickelt werden, wenn man die Biologie der Biene und des Bienenvolks kennt. Wie bereits mehrfach erwähnt, ist Imkerei immer ein Kompromiss zwischen Natur und Kultur. Sind tierethische Erwägungen sowie Respekt vor der ureigenen Natur des Bienenvolks die Richtschnur für das imkerliche Handeln, so wird der Kompromiss anders ausfallen als in einer Imkerei, bei der nur der Honigertrag wichtig ist. Die aus diesen Überlegungen resultierende Betriebsweise muss jedoch immer gut umsetzbar und leicht zu praktizieren sein. In der Imkerpraxis sehe ich wenig Raum für Dogmatismus. Es kann so viel passieren, dass es sinnvoll ist, stets mehrere Lösungsmöglichkeiten zur Hand zu haben. Erfolg wird immer unterschiedlich definiert. Jedes Handeln basiert auf einer philosophischen Grundlage. Das gilt auch dann, wenn diese nicht bewusst und direkt ausgesprochen oder gedacht wird.

Das praktische Vorgehen in meiner Imkerei

Grundsätzlich gilt, dass die Schwarmzeit für einen naturgemäß orientierten Imker eine grundlegend andere Bedeutung hat als für einen konventionell agierenden Imker. Nicht die Angst vor zukünftigen Schwarmteufeln oder ein Honigverlust stehen im Vordergrund. Vielmehr wissen wir, dass die Völker jetzt ihre Zukunft gestalten. Dabei entstehen neue Königinnen und neue Völker. Die Bienen sollen diese Prozesse weitgehend so gestalten können, wie es ihrer Natur entspricht. Gleichzeitig gehen wir davon aus, dass dies das beste Ergebnis sowie die beste Qualität hervorbringen wird.

Ich versuche also, meine Bienen in diesem Prozess zu begleiten, indem ich ihre Natur respektiere und mit dieser arbeite. Eine Imkerei, die auf systematischer und permanenter Schwarmverhinderung basiert, arbeitet meines Erachtens gegen die Natur der Bienen. Ich bin davon überzeugt, dass dies auf Dauer nicht nachhaltig ist.

Es geht also darum, den Schwarmtrieb zu nutzen und produktiv damit umzugehen. Dies bedeutet, dass die Völker sich im Frühjahr ohne große Manipulationen entwickeln können. Erst wenn die Schwarmzeit beginnt, greife ich aktiv ein. Ein gutes Zargen-Management ist an die Volksstärke und die Trachtverhältnisse angepasst und nimmt schon einmal den ersten Druck heraus. Ein Großteil der Völker wird nicht in Schwarmstimmung geraten. Das ist die Honigfraktion, die die Imkerei wirtschaftlich absichert. Diese Völker werden regelmäßig kontrolliert und bei Bedarf erweitert.

Diejenigen Völker, die in Schwarmstimmung geraten, werden anders betreut. Ihre neuen Königinnen bilden die Basis für den erfolgreichen Fortbestand meiner Imkerei und für die Selektion.

Durchlenzung – Fortpflanzung der Bienen

Die Frühjahrsentwicklung mündet direkt in die Zeit der Vermehrung, Fortpflanzung und der ersten Honigernte. Zeitlich gesehen ist das eine zusammengehörende Einheit. Daher beginne ich mit der Beschreibung und Bewertung der imkerlichen Eingriffe mit der Salweidenblüte Ende März.

Auswinterung und Frühjahrsrevision

In meiner imkerlichen Heimat, der Schwäbischen Alb, blüht die Salweide meist um den 20. März herum. Auch wenn Winterlinge, Krokusse und Schneeglöckchen bereits vorher Pollen und Nektar spenden, ist die Blüte dieser Weidenart doch für Bienen und Imker ein zentraler Wendepunkt. Jetzt wird den Bienen von den männlichen Weidenblüten Pollen im Übermaß geschenkt. Meist ist zu dieser Jahreszeit auch das Wetter vielversprechend und diese Tracht kann gut genutzt werden. Das Resultat sind großflächige Pollenwaben und ein massiver Bruteinschlag. Nach meiner Erfahrung reichen dafür bereits drei bis vier Tage mit gutem Wetter aus. Der Pollenvorrat ermöglicht es den Bienenvölkern, auch eine länger anhaltende Schlechtwetterperiode zu überstehen, ohne die Brut einschränken zu müssen. Zudem ist Pollen von der Salweide eine Nahrung höchster Qualität.

Die Folge sind starke Völker zu Beginn der Rapsblüte, der hierzulande wichtigsten Frühtracht.

Wenig Manipulationen

Gerade im Frühjahr können die Bienen zeigen, welche Kraft in ihnen steckt. Sie sollten ihre Entwicklung autonom gestalten können. Bei mir werden keine Völker mit Brutwaben von anderen Völkern verstärkt. Diese Maßnahmen ergreifen viele Imker, um einen ausgeglichenen Völkerbestand betreuen zu können. Die späteren Arbeiten können dann an allen Völkern schematisch durchgeführt werden. Wir führen auch keine aktive Reizfütterung durch. In meiner Anfangszeit als Imker war das noch Standard. Es war damals üblich, den Bienenvölkern zur Salweidenblüte einen Futterteig, angereichert mit Pollen und einem Antibiotikum (Fumidil), zu verabreichen. Dadurch sollte das Brutgeschäft gesteigert und der Faulbrut vorgebeugt werden. Später wurde propagiert, die Zelldeckel bei verdeckelten Zellen der Futterwaben mit dem Stockmeißel leicht anzudrücken. Die Bienen würden das Futter dann umtragen und darauf mit verstärktem Bruteinschlag reagieren. Heute ist das nicht mehr aktuell. Eine gute Spätsommerpflege ersetzt die imkerlichen Pflegemaßnahmen während der Durchlenzung der Bienenvölker.

Blühende Weide - eine elementar wichtige Trachtpflanze für die Bienen im Frühjahr.

Im Lauf meiner imkerlichen Tätigkeit habe ich verschiedene Strategien verfolgt. Diese möchte ich nachfolgend, verbunden mit der Schilderung der jeweiligen Vor- und Nachteile, darlegen. Viele Wege führen nach Rom. Es gibt nicht die eine perfekte Betriebsweise.

Erste Nachschau zur Salweidenblüte

Diese dient der Futterkontrolle und der Prüfung der Weiselrichtigkeit. Es genügt nicht, den Pollenflug zu beobachten und aufgrund zurückfliegender Bienen mit dicken Pollenhöschen an den Beinen darauf zu schließen, dass das Volk in Ordnung ist und eine Königin besitzt. Auch drohnenbrütige Völker zeigen dieses Verhalten. Normalerweise muss für diese Inspektion keine Wabe gezogen werden. Es genügt ein kräftiger Rauchstoß und ein Blick von oben in die Wabengassen. Wenn sich die Bienen daraufhin zurückziehen, sehe ich alles, was ich wissen muss: Am wichtigsten sind die flachen Deckel von Arbeiterinnenbrut. Sehe ich jedoch die gewölbten Deckel von Drohnenzellen, so muss ich den Volkszustand kontrollieren. Befinden sich zudem schöne Futterkränze auf den mittleren Waben und volle Futterwaben im Randbereich, gibt es keinen Anlass zur Sorge. Das Futter reicht dann noch gut bis zur ersten Tracht. Es sollte immer bedacht werden, dass die Völker während der Wintermonate nur wenig Futter verbrauchen. Erst wenn größere Brutflächen gepflegt werden, steigt der Verbrauch rapide an. So sollte um diese Zeit ein Mindestvorrat von ca. zehn Kilogramm in jedem Volk vorhanden sein. Zwei bis drei verdeckelte Randwaben im Zadantmaß plus die Futterkränze auf den Brutwaben reichen aus. Ist der Futtervorrat zu gering, müssen Futterwaben aus dem Wabenvorrat oder von gut versorgten Völkern zugehängt werden. Diese platziert man am besten direkt neben der ersten Brutwabe.

Alle künstlichen Fütterungsmaßnahmen sind in dieser kühlen Jahreszeit problematisch. Die Bienen nehmen das Futter nicht gut ab. Bewährt hat sich analog zur Futterwabe eine Futtertasche mit Futterteig oder kristallisiertem Honig direkt neben der Brut. So haben die Bienen direkt Zugang zum Futter.

Gefallen hat mir auch eine andere Variante: Ich habe eine Leerzarge aufgesetzt, ein Blatt Zeitungspapier über den Bienensitz gelegt und einige Löcher hineingestoßen. Darauf kommen dann mehrere umgestülpte Gläser mit kandiertem Honig. Der Leerraum darüber wird mit Papier gut isoliert. Das ist zwar unzeitgemäß, aber wirksam. Der Honig läuft nicht aus und die Bienen nehmen ihn über die kleinen Löcher ab. Alles bleibt schön warm und die Futterabnahme funktioniert gut. Statt im Frühjahr zu knappe Futtervorräte mühselig ergänzen zu müssen, sollten die Völker jedoch besser großzügig eingefüttert werden. Hier nicht zu sparen, lohnt sich immer, da der Imker die Völker sich selbst überlassen kann.

Kann ich in der Draufsicht keine Brutzellen erkennen, so genügt es, eine mittlere Wabe leicht herauszuziehen, bis die erste verdeckelte Arbeiterinnenbrut zu sehen ist. Das ist zunächst ausreichend. Sind nur hohe Drohnenzellen zu sehen und ist das Volk laut und unruhig, so stimmt etwas nicht und es muss genauer nachgeschaut werden. Drohnen- oder buckelbrütige Völker müssen mit weiselrichtigen Völkern vereinigt werden. Ebenso können schwache Völker miteinander vereinigt werden (siehe oben).

Wie geht man beim Vereinigen vor?

Jedes Volk besitzt einen eigenen Stockgeruch. Dies führt dazu, dass Völker, die miteinander vereinigt werden, in eine Art Kriegszustand versetzt werden und sich die Bienen gegenseitig bekämpfen. Die Folge können viele tote Bienen sein. Besser ist es, die Begleiterscheinungen der unterschiedlichen Volksdüfte zu unterdrücken, indem man einen Tropfen Nelkenöl auf einen Rähmchenoberträger gibt. Der Duft dieses ätherischen Öls überlagert zunächst den Stockgeruch. Oder man legt ein Stück Papier zwischen die zu vereinigenden Einheiten. Die Völker sind zunächst getrennt. Die Bienen werden beginnen, das Papier anzunagen. Dadurch gleichen sich allmählich die Stockgerüche an. Die Reste des Papiers können bei der nächsten Nachschau entnommen werden.

Einwinterung

Nach einigen Jahren Imkerei im Zandermaß stand die Umstellung auf ein größeres Wabenmaß und Naturwabenbau auf der Tagesordnung. Da wir zu wenige Waben hatten, wurden die Völker auf sechs bis sieben Zadantwaben eingewintert. Sie wurden mit einer Futtertasche eingeengt. Bei dieser geringen Wabenzahl muss die Fütterung so gestaltet werden, dass einmal die Brut durch zu viele und große Futtergaben im Spätsommer nicht zu stark eingeschränkt wird. Die Folge wären schwache Völker. Zudem sollte auf den Waben immer ein Bereich von leeren Zellen verbleiben, auf denen die Bienen ihren Wintersitz einrichten. Da ich allerdings schon immer mit einem hohen Boden imkerte, war es nicht so schlimm, wenn Völker einmal zu gut eingefüttert waren. Die Bienen machen dies übrigens auch selbst, wenn sie andere Völker ausräubern. Die Räubervölker sind leicht an den im Verhältnis zur Einfütterung übergroßen Vorräten zu erkennen. Die Wintertraube bildete sich dann in den hohen Boden hängend. Mit der Zehrung wanderte sie dann auf den Waben nach oben.

Die eingeengten Völker entwickelten sich sehr gut und waren zur Frühtracht sehr stark. Vorteile des beschränkten Brutraums waren der kompakte Bienensitz und das geschlossene und sehr warmhaltige Brutnest. Wir wissen durch die Forschungen von Prof. Jürgen Tautz von 2006 (siehe Literatur Seite 333), dass in einem warmen Brutnest klügere Bienen entstehen. Manche Imker glauben auch, dass die Langlebigkeit der Bienen dadurch verbessert werden kann. Interessant erscheint mir die heute wieder von einigen Züchtern vertretene These, dass junge Königinnen auf einer eingeschränkten Wabenfläche ihre Eier sozusagen mit angezogener Handbremse legen. Wenn im Frühjahr dann der Platz vergrößert wird und Wetter und Polleneintrag stimmen, legen sie richtig los und holen schnell auf im Vergleich zu Bienenvölkern, die auf einer größeren Wabenzahl eingewintert wurden. Das kann ich durch meine eigenen Beobachtungen bestätigen.

Der Nachteil des damaligen Erweiterns mit Leerrähmchen und Anfangsstreifen (siehe Seite 192) war der höhere Anteil an Drohnenbrut. Lange Zeit gaben wir uns der Illusion hin, dass bis zur Kirschblüte Arbeiterinnenzellen gebaut werden, erst danach Drohnenzellen. Allerdings blieb das eine Illusion. In der Summe waren das zu viel Drohnenbrut und zu viele Drohnenwaben. Das Einengen im Spätsommer hat mir aber an und für sich gut gefallen.

Später winterten wir die Wirtschaftsvölker auf neun Zadantwaben ein. Das hat gut funktioniert und die Völker besetzten ohne Einengen oder weitere Manipulationen um den 20. April herum den kompletten Brutraum und pflegten sechs bis sieben große Brutwaben. Den Zeitpunkt der Gabe des ersten Honigraums bestimmten wir durch einen Blick in den hohen Unterboden. Hing um diese Zeit bereits eine Bienentraube an den unteren Leisten der Rähmchen oder wurde dort bereits wilder Wabenbau errichtet, so konnte der Honigraum problemlos aufgesetzt werden. Waren noch keine Bienen zu sehen, mussten wir noch einige Tage warten. Naturgemäße Imkerei bedeutet auch, die Völker so wenig wie möglich zu öffnen und Waben zu ziehen. Das heißt immer Stress für die Bienen. Der Blick in den hohen Unterboden ist hier sowohl für den Imker als auch für die Bienen eine Erleichterung. Die überwiegende Mehrzahl unserer Völker nahm problemlos, komplett ohne Hilfestellungen, den gesamten Brutraum in Besitz. Allerdings brauchten sie dazu etwas länger.

Arbeiten mit dem Schied

Mittlerweile haben wir unsere Betriebsweise wieder leicht modifiziert. Wir arbeiten heute wieder mit Schied (siehe Seite 61). Allerdings haben wir uns extraschmale Schiede gebaut (siehe Foto Seite 102). Die Futtertaschen erfüllten den Zweck zwar auch, waren aber zu breit und blockierten zu viel Raum. Zudem errichteten die Bienen darin schon Wabenbau, auch mit Brut. Es war aufwendig und lästig, diesen aus den Futtertaschen he-

Mit dem Schied arbeitet es sich für den Imker wesentlich einfacher. Das ist auch für die Bienen angenehmer.

rauszuschneiden und die Bienen daraus zu entfernen, wenn sie zur Vergrößerung des Raums aus den Völkern genommen werden mussten. Heute wintern wir die Völker auf acht Zadant- bzw. Dadantwaben ein. Den Abschluss bildet das Schied.

Ende Februar/Anfang März führen wir dann die erste Durchsicht durch. Diese besteht aus Futterkontrolle und Weiselrichtigkeit. Zusätzlich werden die Völker jetzt eingeengt. Der Raum wird begrenzt auf die Brutwaben plus eine Futterwabe. Die überschüssigen Futterwaben hängen wir vom Bienensitz getrennt hinter das Schied. Bei der nächsten Kontrolle, meist zur Salweidenblüte, dann zur Kirschblüte, kann der Brutbereich erweitert werden. Die Bienen signalisieren ihre Bereitschaft dazu, indem sie bereits hinter dem Schied sitzen. Je nach Wetterentwicklung kann es vorkommen, dass dort bereits Brut angelegt wurde. Dann wird die Wabe schnell ans Brutnest herangerückt. Ansonsten wird eine Futterwabe neben die Brut gehängt. Die Bienen nehmen diese schnell in Besitz und wandeln das Futter in Brut um. So kann der Brutbereich sukzessive erweitert werden. Die Bienen zeigen deutlich an, wie viele Waben sie als Brutwaben benötigen. Setzt dann die Tracht ein, auch wenn das Volk erst fünf oder sechs Waben besetzt, so kann über Absperrgitter ein Honigraum aufgesetzt werden.

Das Arbeiten mit dem Schied bringt etliche Vorteile mit sich:

- Das Brutnest ist kompakt und garantiert eine gute Warmhaltigkeit. Viele Imker glauben, dass dies zu einer beschleunigten Frühjahrsentwicklung führen könnte.
- Der Imker kann mittels Schied die Wabenzahl gut an die Volksstärke anpassen. Völker, die zur Auswinterung weniger Waben besetzen, werden eingeengt und auf drei oder vier Waben geführt. Meist tut ihnen das gut und sie entwickeln sich noch gut, manchmal allerdings erst nach der Frühtracht.
- Mit Schied kann ich bienenfreundlicher arbeiten. Nach dem Öffnen der Beute wird zunächst das Schied gezogen. Dann wird die erste Wabe leicht zur Seite gerückt und kann herausgezogen werden. So bleiben die Völker beim Bearbeiten ruhiger und es werden keine Bienen verletzt. Überzählige Futterwaben lassen wir bis zum Aufsetzen der Honigräume hinter dem Schied. Gerade im Frühjahr gibt es immer wieder Kälterückschläge. Da ist ein guter Vorrat nie verkehrt.

Was würde passieren, wenn ich die verdeckelten Futterwaben auch nach der Gabe des Honigraums im Volk belasse? Untersuchungen haben gezeigt, dass die Bienen zu dieser Jahreszeit prinzipiell die blühenden Pflanzen und deren Nektar bevorzugen. Die verdeckelten Futterwaben werden erst wieder interessant, wenn die Bienen einmal nicht ausfliegen können oder die Nektarquellen versiegen.

Ende April/Anfang bis Mitte Mai werden die ersten Honigräume aufgesetzt. Wir verwenden Flachzargen und erweitern ausschließlich mit ausgebauten Honigwaben. Sinnvoll ist die Verwendung eines Absperrgitters, weil gerade in dieser Zeit der Drang zur Ausdehnung des Brutnestes sehr groß ist. Sollte wetterbedingt eine kleine Trachtpause eintreten und sind noch nicht alle Honigwaben gefüllt, so würde die Königin auch diese in die Anlage eines Brutnestes einbeziehen, da sie der aufsteigenden Wärme folgt. Das erschwert später die Honigernte und bedeutet auch für die Stockbienen Mehrarbeit, weil das Brutnest nicht mehr kompakt angelegt ist. Es müssen größere Wabenbereiche geheizt werden.

Aus Alt wird Neu - Wandel und Moden in der Bienenhaltung

Modern ausgedrückt, nennt sich die gerade beschriebene Vorgehensweise »Imkern mit dem angepassten Brutraum«. Allerdings ist das keine neue Erfindung. Ich erinnere daran, dass ich dies selbst bereits früher praktizierte. Einer meiner damaligen Lehrmeister, ein Berufsimker aus dem Nördlinger Ries, führte seine Völker generell mit nur einem Brutraum im Zandermaß. Damals war gerade der zweiräumige Brutraum in Mode gekommen. Seine Argumente dagegen waren der gute Wärmehaushalt im engen Brutraum und die längere Lebensdauer der einzelnen Biene, da nicht unendlich viel Brut aufgezogen werden würde. Seine Honigernten waren immer beeindruckend.

Die Imkerei Mack in Illertissen – dort wurde die Illertissener Milbenplatte erfunden, Vorgänger der Schwammtuch-Behandlung mit Ameisensäure –, in der immerhin 1.000 Völker betreut wurden, überwinterte ihre Völker sogar auf nur fünf bis sechs Zanderwaben. Wir sehen also, Warmhaltigkeit, enger Bienensitz und kompaktes Brutnest waren schon immer wichtige Parameter einer guten imkerlichen Praxis.

Das heutige »Imkern mit dem angepassten Brutraum« unterscheidet sich jedoch durch eine Besonderheit von der früheren Praxis: Die Beschränkung auf die geringe Wabenzahl im Brutraum bleibt den ganzen Sommer über erhalten. Das Ziel ist ein größerer Honigertrag. Da die Bienen im Brutraum nur wenige Waben zur Verfügung haben, wird der gesamte Vorrat im Honigraum deponiert. Jedes Bienenvolk zieht vom Frühjahr bis zum Winter ca. 220.000 Brutzellen auf. Durch die Beschränkung der Wabenzahl wird diese Brutmenge reduziert und das Volk kann mehr Honig eintragen. Die Kraft des Volks wird umgeleitet von der Brutaufzucht zum Honigertrag. Das ist für den Imker gut. Ob das auch für die Bienen gilt, bezweifele ich. Da neben dem Schied keine überzähligen Waben hängen, können die Bienen nicht zeigen, ob ihnen der angebotene Brutbereich genügt oder nicht. Auf den Brutwaben sollen auch keine Honigkränze oder gar Pollenzellen angelegt werden. Allein aus Platzgründen wird die Königin diese Waben bis an den Rand bestiften. Problematisch finde ich, dass keine Vorräte im Brutbereich gelagert werden. Erntet der Imker radikal ab und folgt eine Schlechtwetterperiode, so droht die Gefahr, dass dieses Volk verhungert.

Josef Bretschko hat bereits 1985 beschrieben, dass ein Volk immer einen Mindestvorrat von fünf Kilogramm Futter haben sollte, sonst verfällt es in eine Depression. Ein Bienenvolk hat Kenntnis seiner Vorräte. Mir erschließt sich nicht, warum ein Bienenvolk keine Pollenvorräte auf den Brutwaben einlagern soll. Es ist doch leicht nachvollziehbar, dass die Ammenbienen, die Pollen zur Bereitung des Futters für die Arbeiterinnenlarven brauchen, kurze Wege zwischen den Vorräten und den Brutzellen bevorzugen. Ein weiteres Problem sehe ich in der Honigreifung. Wir wissen alle, dass der Honig direkt über dem Brutnest eingelagert wird. Besetzt ein Volk nur drei bis vier Brutwaben, so werden auch nur die Honigwaben darüber gefüllt. Die anderen Waben bleiben leer. Daher muss der Imker, der mit einem stark eingeschränkten Brutraum arbeitet, seinen Honigraum immer wieder drehen, damit die Bienen über den Brutwaben leere Zellen finden, in die sie ihr Sammelgut einlagern können. Diese Maßnahme zerstört den organisch zusammengehörenden Bereich Bienen, Brut und Honig und zwingt die Bienen, diesen immer wieder neu zu organisieren. Zudem befürchte ich, dass in dem Bereich, der von den Bienen ungenügend besetzt ist, die Honigreifung nicht gut funktioniert. Nicht umsonst erfreuen sich Honigtrockner heute einer großen Beliebtheit unter den Berufsimkern.

In der Beschränkung der Brutmenge zugunsten eines höheren Honigertrags sehe ich noch einen weiteren Nachteil. Sie nimmt dem Bienenvolk eine seiner wesentlichen Überlebensstrategien: die Bildung einer Reservearmee. In jedem Bienenvolk gibt es eine große Anzahl von untätigen Bienen. Diese sind nicht faul, sondern sozusagen die Absicherung des Volks für Notfälle oder das Einsetzen einer starken Tracht, die nur so erfolgreich genutzt werden kann. Diese Reservearmee ist auch nötig, falls das Volk geschwächt wird, zum Beispiel durch die teilweise Zerstörung des Nestes durch einen Nesträuber oder in der heutigen Zeit durch den Verlust der Flugbienen als Folge des Insektizideinsatzes. Ohne Reservearmee würde es mindestens drei Wochen dauern, bis die Zahl der Bienen langsam wieder ansteigt. Der Neuaufbau würde Monate dauern. Gleiches gilt für eine starke Waldtracht. Müsste das Bienenvolk durch eine Erhöhung der Brut auf das Trachtgeschehen reagieren, wäre die Tracht längst vorbei, bis das Volk die notwendige Trachtreife erreicht. Die Reduzierung der Reservearmee nimmt dem Bienenvolk eine wichtige Lebens- und Überlebensstrategie. Ich halte es für fahrlässig, hier im Interesse eines höheren Honigertrags zu manipulieren.

Imkerliche Illusionen

Das Imkern mit dem angepassten Brutraum wird heute von vielen Imkern als der Königsweg gesehen. Die Frage, die sich auch mir immer wieder stellt, ist: Stimmt das, was hier propagiert wird, und ist es notwendig? Wir lassen uns ja selbst von diesen Moden beeinflussen. So engen auch wir mittlerweile im Frühjahr ein und geben uns der Illusion hin, dass wir tatsächlich im Bienenvolk viel bewirken können. Sicher ist es sinnvoll, kleine Einheiten, die nur drei oder vier Waben besetzen, im Frühjahr einzuengen. Damit erleichtern wir diesen die Regulierung ihres Wärmehaushalts. Aber gilt dies auch für normal starke Völker? Nach meiner Beobachtung sind Völker, die nicht eingeengt wurden und bis zur Gabe des ersten Honigraums auf acht bzw. neun großen Waben sitzen, zu Beginn der ersten Tracht genauso stark wie die Völker, bei denen ich sukzessive die Wabenzahl an die von mir beobachtete Volksstärke angepasst habe. Gesunde, vitale Völker brauchen unsere Hilfe im Frühjahr eigentlich nicht. Ohne Zweifel kann ich aber durch das starke Einengen den Honigertrag steigern.

Die Schwarmstimmung erkennen

Jeder Standort hat seine Besonderheiten. Nach einigen Jahren Erfahrung als Imker bin ich mit den Entwicklungsrhythmen der Natur vertraut und kann den Zeitpunkt, ab dem meine Bienenvölker in Schwarmstimmung kommen könnten, am Zustand der Völker und der Phänologie der Pflanzenwelt ablesen. In der Regel besetzen dann die Bienenvölker alle Wabengassen mit einem dichten Bienenpelz und der erste Honigraum ist gut gefüllt. Spätestens Anfang Mai wechsele ich von meinen sporadischen Kontrollen zu den regelmäßigen Schwarmkontrollen. Die Völker werden nun alle neun Tage kontrolliert. Dieser Rhythmus ergibt sich, wie bereits erwähnt, aus der Verdeckelungszeit der Königinnenzellen. Mit etwas Erfahrung kann man am jeweiligen Zellstadium das Alter der heranwachsenden Königin und somit den Tag des Schwarmauszugs genau bestimmen.

Wie führe ich die Schwarmkontrollen durch?

Es ist nicht nötig, regelmäßig alle Waben des Volks zu inspizieren. Meist reicht es aus, ein bis zwei Brutwaben anzuschauen. Ich öffne das Volk und bekomme schon beim ersten Blick auf die Wabengassen einen guten Eindruck von der Volksstärke. Völker, die nicht von Bienen überquellen, könnte ich eigentlich sofort wieder schließen. Nur selten wird ein Volk, das keine angemessene Volksstärke erreicht hat, in Schwarmstimmung geraten. Diese ist notwendig, um überlebensfähige Schwärme zu generieren. Sollte doch einmal ein schwächeres Volk schwärmen wollen, so breche ich die Schwarmzellen aus. Völker, die aus einem meiner Ansicht nach bestehenden Ungleichgewicht heraus in Schwarmstimmung geraten, sollten sich nicht vermehren. Bei der stillen Umweiselung (siehe Seite 151), die auch im Frühjahr immer wieder vorkommt, sieht der Fall natürlich anders aus. Dieses Volk möchte dann lediglich eine Königin aus-

Die Beurteilung der Brutwaben ist wichtig für die Beurteilung des Volks

Das Geheimnis der Frühjahrsentwicklung: Wenige Bienen pflegen viele Larven.

Das Volk wächst schnell - diese Dynamik ist immer wieder ein Wunder.

Drohnenbrut. Die Begattung mit vielen Drohnen ist für die Vitalität der Königin wichtig.

Eine Handvoll schöner Schwarmzellen.

Die Königin schlüpft - ein erhabener Moment.

tauschen, die nicht mehr die erforderliche Qualität besitzt. Dies sehe ich eher als einen Beweis für die Intelligenz des Volks.

Als nächsten Schritt ziehe ich vorsichtig das Schied und rücke die mit Nektar gefüllte Randwabe zur Seite. Oft genug findet sich auch hier schon eine kleine Brutfläche. Ist an zweiter Stelle eine im Ausbau befindliche Naturbauwabe oder eine Drohnenwabe, so kann ich anhand des Wabenbaus dort bereits einen ersten Eindruck gewinnen, ob Schwarmstimmung vorhanden ist oder nicht. Mit ihrem Bauverhalten zeigen die Bienen, ob sich der Zusammenhalt im Bienenorganismus bereits aufzulösen beginnt. Eine schöne, gleichförmig runde Naturbauwabe informiert mich darüber, dass es mit den Schwarmgedanken noch nicht so weit ist. Ich interpretiere die runde Form als harmonisch, ähnlich wie bei der Schwarmtraube am Baum. Besitzt der neue Wabenbau jedoch mehrere »Zipfel«, so muss ich genauer hinschauen. Oft genug befinden sich bereits an der gerade im Bau befindlichen Wabe eine oder mehrere Weiselzellen.

Interessanterweise ist dies bei einem zweigeteilten Drohnenrähmchen nicht der Fall. Vermutlich liegt das daran, dass die Trennleiste, die ja das Ausschneiden der Drohnenbrut erleichtern soll, dies verhindert.

Ich kontrolliere meist nur zwei bis drei Brutwaben auf Weiselzellen. Je kürzer der Eingriff, desto besser für die Bienen. Besonders interessant ist für mich jetzt die offene Brut bzw. das Verhältnis von verdeckelter zu offener Brut. Große Brutflächen mit Eiern und Rundmaden (offene Brut) signalisieren mir, dass sich das Volk noch in der Aufwärtsentwicklung befindet und kein Schwarm als Kumulationspunkt angepeilt wird. Ist das Volk nicht in Schwarmstimmung, so wird die Beute wieder geschlossen. Je nach Bedarf kann gleich ein weiterer Honigraum aufgesetzt werden.

Früher hatten wir neue Honigräume zwischen den Brutraum und den bereits vorhandenen Honigraum geschoben. Wir gingen davon aus, dass dann der neue Honigraum besser und schneller von den Bienen angenommen werden würde. Heute setzen wir den neuen Honigraum einfach auf die bereits vorhandenen auf. Wir sehen keine Unterschiede in Erntemenge und Qualität des Honigs.

Finde ich im Rahmen der Schwarmkontrolle viel verdeckelte und nur wenig offene Brut, so werde ich alle Waben auf Schwarmzellen kontrollieren. Es kann gut sein, dass sich auf der äußersten Wabe Weiselzellen befinden. Nur im mittleren Bereich des Brutnestes zu kontrollieren, reicht nicht, denn nicht nur der Zustand der Waben, auch die Konstitution des ganzen Volks verrät mir viel über den aktuellen Zustand. Ich hatte auf Seite 95 geschrieben, dass sich im Schwarmprozess auch das Volk verändert. Es gehört für mich zum Lesen im Bienenvolk, anhand verschiedener Indikatoren diesen Zustand zu erkennen.

Finde ich im Bienenvolk Schwarmzellen, so kann ich an ihrem jeweiligen Zustand und Alter den Tag des Schwarmauszugs recht genau bestimmen und mein weiteres Vorgehen darauf ausrichten.

Erlebnis »Bienenvolk«

In der Realität ist es schwierig, das Bienenvolk als Ganzes wahrzunehmen. Die Flugbienen sind weit in der Umgebung verstreut und oft genug kaum auf den Blüten zu sehen. Blickt man ins Bienenvolk, so sieht der Imker die einzelnen Waben und viele ungeordnet herumkrabbelnde Bienen. Nur in der Gestalt des Schwarms ist das Bienenvolk als ein ganzes Wesen erlebbar. Daher berührt uns dieses Erlebnis ganz besonders intensiv.

Der Naturschwarm

Das Ideal einer naturgemäßen Imkerei ist sicherlich der Naturschwarm. Hier ist das Bienenvolk ganz bei sich – also ohne Einwirkung von außen. Für jeden Imker ist diese Art der Begegnung mit den Bienen etwas ganz Besonderes. Selbst nach vielen Jahren als Berufsimker begeistert mich dieses Schauspiel immer wieder. Die Kraft und Dynamik, mit der die Bienen wie eine kräftig sprudelnde Quelle aus dem Flugloch herausströmen, ist ein Erlebnis an sich und schon von Weitem zu hören. Noch spektakulärer ist die wilde Schwarmwolke von in der Luft herumschwirrenden Bienen, die sich dann zielstrebig in einer Schwarmtraube an einem Ast sammeln, der vorher von den Spürbienen markiert worden ist. Die konzentrierte Ruhe, die diese Schwarmtraube dort verströmt, fühlt sich wunderbar an. Demut und Staunen erfüllen uns, wenn wir dem Schwarm gegenüberstehen.

Haben die Spürbienen des Schwarms eine geeignete natürliche Behausung entdeckt, so wird sich die Schwarmtraube erneut mit großem Getöse in die Luft erheben und mit einer erstaunlichen Beschleunigung und Geschwindigkeit dieser neuen Nisthöhle entgegenfliegen. Probieren Sie einmal, hinterherzukommen!

Den Schwarm einfangen

Klug, wie die Bienen sind, werden sie nur an einem sonnigen, warmen Tag ausschwärmen. Ist der Himmel blau und nur von wenigen Wolken bedeckt, so wird der Schwarm zwischen 10 und 15 Uhr fallen. Stehen die Bienenvölker neben dem Wohnhaus, so reicht es aus, das Fenster offen zu halten. Allein am Geräuschpegel wird man den ausziehenden Schwarm bemerken und kann dann direkt beobachten, wie er sich an einem Baum oder einem Ast in der Nähe des Bienenstandes niederlässt. Gibt es eine Stelle im Garten, an der sich in der Vergangenheit immer wieder einmal Schwärme niedergelassen hatten, so reicht es aus, regelmäßig an dieser Stelle nachzuschauen. Ich vermute, dass die radiästhetischen Verhältnisse, also Wasseradern, Erdstrahlen etc., für die Attraktivität einer solchen Stelle verantwortlich sind.

Die eigentliche Aktion, den Bienenschwarm einzufangen, wird einem Anfänger erst einmal wie ein Abenteuer anmuten. Doch dem Profi macht das Spaß.

1. Schritt: Als beeindruckende Gestalt hängt die Traube im Baum. Je nachdem, wie der Schwarm hängt, schneidet man ihn zunächst einmal frei, damit der Fangkasten direkt darunter platziert werden kann. Störende Äste bzw. Zweige müssen unbedingt entfernt werden. Es ist wichtig, den Schwarmkasten so nah wie möglich unterhalb der Traube zu platzieren.

2. Schritt: Ist der Schwarm frei geschnitten, wird er leicht mit Wasser besprüht, damit nicht zu viele Bienen auffliegen. Das Ziel ist es, den Schwarm auf einen Schlag in den Fangkasten zu befördern. Meist genügt dazu ein kräftiger Ruck oder Schlag auf den Ast und die Bienen purzeln herunter. Es sollte vermieden werden, dass viele Bienen danebenfallen oder gar in der Luft herumschwirren. Dann ist die Gefahr groß, dass die Königin nicht gefangen werden konnte, sondern sich außerhalb des Schwarmkastens befindet. Sie wird sich dann wieder am Ast sammeln und alles beginnt von vorn. Nach dem Schütteln stellt man den Kasten vorsichtig am Boden ab und schließt den Deckel. Ich mache das immer! Es ist jetzt nicht so wichtig, wie weit die Schwarmkiste, in der sich hoffentlich ein Großteil der Bienen befindet, vom ursprünglichen Ast entfernt ist. Wurde die Königin gefangen, so sterzeln die Bienen in der Kiste und locken mit ihren Pheromonen die umherfliegenden Bienen zur Kiste, wo sie sich außen am Gitter niederlassen. Wartet man bis zum Abend, so haben sich alle zum Schwarm gehörigen Bienen dort versammelt. Je nach Erfolg meiner Aktion können das auch sehr viele Bienen sein. Wichtig ist nur, dass die Königin im Kasten ist. Nun werden die ansitzenden Bienen leicht angesprüht, damit sie ruhig bleiben und der Fangkasten kann mitgenommen werden.

Begeisterung für die Bienen wecken

Viele Menschen haben Vorurteile gegenüber der Honigbiene. Das Einfangen eines Schwarms ist eine gute Gelegenheit, Lobbyarbeit für die Bienen zu betreiben. Schwärme sind meist friedlich. Das ändert sich erst, wenn der Schwarm schon lange am Baum hängt und die Bienen hungrig sind. Der Grund kann darin liegen, dass das Wetter nach dem Schwarmauszug schlecht wurde und die Bienen nicht mehr weiterfliegen konnten. Oder es gab in der Umgebung einfach keine geeigneten Nistgelegenheiten mehr. Ich fange den Schwarm immer ohne Schutzkleidung, besprühe die Bienen leicht mit Wasser, dann geht alles easy. Und die Zuschauer sind beeindruckt.

3. Schritt: In vielen Imkerbüchern wird empfohlen, die am Boden stehende Kiste einen Spalt weit geöffnet zu lassen, damit die umherfliegenden Bienen dort einziehen können. Das erleichtert den Transport, weil sich alle Bienen innerhalb der Kiste aufhalten. Aber wehe, ich habe die Königin nicht erwischt! Dann werden durch diesen Spalt alle Bienen wieder ausziehen, und die Schwarmtraube hängt wieder am Baum. Darum verschließe ich die Kiste sofort: Was ich habe, das habe ich. Sollte die Königin nicht eingefangen worden sein, so hängt nur ein relativ kleiner Schwarm mit ihr am Ast, der auf alle Fälle leichter eingefangen werden kann. Dazu benutze ich eine weitere Fangkiste und schütte die Teile des Schwarms anschließend zusammen. So spare ich mir viel Arbeit und Zeit.

Ein beeindruckendes Erlebnis: Ein Schwarm zieht in eine leere Beute ein.

Unwägbarkeiten

Eine Leiter ist beim Schwarmfang oft nützlich. Allerdings würde ich davon abraten, unbedingt jeden Schwarm, hängt er auch noch so hoch, einfangen zu müssen. Ich kenne einfach zu viele Imker, die sich dabei schon einen Arm, das Bein oder sogar das Becken gebrochen haben. Manchmal ist es auch in Ordnung, einen Schwarm fliegen zu lassen. Das gilt besonders für Nachschwärme, die oft klein sind und gern sehr weit oben hängen. Das Abenteuer lockt und so billig bekommt man kein gutes Volk mehr, aber wenn man dann den ganzen Sommer aufgrund der Verletzung nicht mehr imkern kann, ist das auch keine Entschädigung.

Wird man zu einem Schwarm gerufen und stellt bei der Ortsbesichtigung fest, dass ein wichtiges Utensil fehlt, so ist es sinnvoll, den Schwarm richtig nass zu spritzen. Dann sind die Bienen mit Trocknen beschäftigt und fliegen nicht davon, bis ich wieder da bin - vorausgesetzt, das dauert nicht zu lange. Bin ich längere Zeit unterwegs, muss mein Mitarbeiter das Nassspritzen wiederholen.

Den Naturschwarm in eine neue Beute einlogieren

Einen Naturschwarm kann ich sofort am gleichen Standort in eine neue Beute einlogieren. Die Bienen haben ihre Herkunft vergessen und werden sich sogleich am neuen Platz einfliegen. Der Naturschwarm muss nicht wie ein Kunstschwarm erst einige Tage in einem dunklen Raum stehen, damit sich das Volk als Einheit bilden kann. Er ist sofort ein neues, eigenes Volk, weil alle natürlichen Prozesse durchlaufen wurden.

So gehe ich vor: Zunächst stelle ich alles bereit. Die neue Beute bleibt geöffnet, Rähmchen, Schied etc. werden daneben platziert. Auch das Flugloch ist offen. Nun stoße ich die Kiste mit dem eingefangenen Schwarm fest auf den Boden auf, sodass keine Biene mehr am Deckel hängt. Die am Boden der Kiste liegenden Bienen besprühe ich leicht mit Wasser, damit nur wenige Bienen auffliegen. Ich schütte den Schwarm in die neue Beute, hänge zügig, aber vorsichtig die neuen Rähmchen dazu, lege obenauf die Folie bzw. das Wachstuch und schließe die Beute.

Eine sehr schöne, aber langwierigere Methode ist das Einlaufenlassen des Schwarms. Dazu wird die neue Beute komplett fertig befüllt mit Rähmchen, Schied etc. Vor dem geöffneten Flugloch platziere ich ein großes Brett oder ein Tuch und schütte den kompletten Schwarm darauf aus. Er wird zunächst auseinanderlaufen, sich aber schnell auf die Öffnung des Fluglochs orientieren und ins Dunkle der Beute einziehen. Dabei verströmen die am Flugloch sterzelnden Bienen einen Duft, der an

Zitronenmelisse erinnert - den Stockduft. Dies ist ebenfalls ein beeindruckendes Erlebnis.

Wachstum des Bienenvolks

Da die Bienen dem Schwarmauszug und Neuanfang durch die ab Seite 86 beschriebenen physiologischen Veränderungen in ihrem Körper entgegenreifen konnten, werden sie in der neuen Beute sogleich mit dem Bau von Wabenflächen beginnen. Wie viele Zellen gebaut werden, hängt von der Größe des Schwarms ab. Verfügt das neue Volk dann über ca. 5.000 Arbeiterinnenzellen, legen die Schwarmbienen eine Baupause ein. Erst wenn die neu angelegte Brut 21 Tage später schlüpft, beginnt ein neuer Bauzyklus. So wächst der Naturschwarm im Rhythmus von schlüpfender Brut, Wachstum des Bienenvolks und seines Wabenkörpers, bis er die optimale Einwinterungsstärke erreicht hat. Heutzutage sollte der Imker diesen Wachstumsprozess mittels kleiner, aber regelmäßiger Futtergaben unterstützen. Nach der Schwarmzeit gibt es hierzulande oft ein »Sommerloch«, sprich eine Trachtpause. Bienen bauen nur, wenn der Futterstrom intakt ist. Hat man den Schwarm auf Mittelwänden eingeschlagen, so wird das leicht überdeckt, da die Waben in diesem Fall vorwiegend aus dem Wachs der Mittelwände entstehen. Erst mit echtem Naturbau sieht man die Abhängigkeiten zwischen Trachtsituation und Lebensprozessen im Bienenvolk in aller Deutlichkeit.

In meinen Augen ist es ein Ausdruck der Weisheit der Natur, dass mit dem Schwarmgeschehen für das Volk ein kompletter Neuanfang verbunden ist: Eine neue Behausung sowie gänzlich neuer Wabenbau aus frisch ausgeschwitztem Bienenwachs garantieren einen gesunden, sauberen und keimfreien Start des neuen Bienenlebens. Interessant ist jedoch, dass nach den Beobachtungen von Prof. Seeley an wilden Bienen (siehe Literatur Seite 333) nur rund 30 Prozent der Naturschwärme überleben. Das erste Jahr ist am schwierigsten, weil Wabenbau errichtet werden muss und zeitgleich der Wintervorrat und die passende Volksstärke generiert werden müssen. Dies ist ein deutliches Bild der Messlatte, die die Natur zur Selektion anlegt. Die Restvölker haben trotz Keimen etc. und wegen des ihnen verbliebenen alten Wabenwerks wesentlich bessere Überlebenschancen. Auch wir konnten dieses Phänomen bei unseren vorweggenommenen Schwärmen beobachten. Die Ausfallquote lag bei ca. 30 Prozent.

Es bleibt das emotionale Erlebnis, verbunden mit einer einmaligen Ästhetik: Das schneeweiße neue Wabenwerk, aber auch die Schwarmtraube selbst, das emsige Sammeln von Nektar als Fundus für das neue Leben des Schwarms oder der bereits beschriebene Schwarmauszug als solches lassen das Wunderwerk Bienenvolk in einem ganz neuen Licht erscheinen. Für mich gehört das zum »emotionalen« Ertrag der Imkertätigkeit. Gemeinsam mit dem materiellen Ertrag in Form einer Honigernte machen beide Elemente die besondere Faszination der Imkerei aus. So wird der Schwarm zu einem der letzten Abenteuer in unserer heutigen Zeit und ich bin fest davon überzeugt, dass es auch für einen Berufsimker lohnenswert ist, mindestens einen Schwarm im Jahr zu begleiten. Dieses Erleben fördert die Demut, die nach meiner Meinung heutzutage leider sehr vernachlässigt wird. Der Imker gewinnt dadurch eine andere Wahrnehmung vom Leben seiner Bienen und ihrer »Persönlichkeit«.

»Schwarm an Muttervolk«

»Ein Schwarm im Mai, ein Fuder Heu, ein Schwarm im Jun, ein fettes Huhn, ein Schwarm im Jul, ein Federspul.« Dieser alte Imkerspruch sagt sehr viel über die Trachtverhältnisse heute und früher aus. Noch vor 50 oder 60 Jahren konnte mit einem

Schwarm noch Honig geerntet werden. Heute habe ich mir die Hoffnung darauf fast schon abgeschminkt. Evtl. könnte man mit einem guten Schwarm noch eine späte Tannentracht erfolgreich nutzen, für eine Honigernte im Sommer reicht es nicht mehr. So zeigen uns die Bienen die gravierenden Veränderungen in der Agrarlandschaft, die sich in einer enorm kurzen Zeitspanne etabliert haben.

So schön und naturgemäß das Arbeiten mit Naturschwärmen ist, so zeigt es in der heutigen Zeit doch gravierende Nachteile – für den Hobbyimker, aber viel mehr für den Berufsimker. In der Frühtracht ist es noch so, dass die schwarmlustigen Völker in der Regel zu den besten Ertragsvölkern gehören. Teilen sie sich dann durch das Schwärmen, wird es schwierig. In der Folgezeit ist erst mal Schluss mit Honig. Fast immer muss der Imker unterstützend mit einer Fütterung eingreifen. So ganz naturgemäß ist das dann auch nicht mehr. Natürlich finden die Veränderungen in der Landschaft in einem veränderten Umgang mit den Bienen ihren Ausdruck. Ich kann gut nachvollziehen, dass viele Imker ihre Völker deshalb nicht schwärmen lassen. Auch mir sind diese Gedanken nicht fremd. Aber das kann doch keine Rechtfertigung dafür sein, den Bienen ihre natürliche Form der Fortpflanzung zu verweigern? Ich denke, wir sind es den Bienen schuldig, uns Gedanken zu machen, wie einerseits die Trachtsituation wieder verbessert werden kann und andererseits, wenn schon der Schwarm nicht praktikabel ist, trotzdem neue Königinnen auf natürliche Weise entstehen können. Der Mensch muss nicht alles bestimmen!

Die Methode »Schwarm an Muttervolk« ermöglicht es, die Trachtbereitschaft eines geschwärmten Volks zu erhalten. Dazu muss das Volk identifiziert werden, dem der Schwarm entstammt. Wurde der Schwarmauszug nicht direkt beobachtet, so werden dazu die Völker geöffnet. Ein Blick in die Wabengassen genügt oft, denn im geschwärmten Volk wird viel Honig, werden aber nur noch wenige Bienen vorhanden sein. Zur Sicherheit werden die Brutwaben auf Schwarmzellen kontrolliert. Nun wird das Restvolk einige Meter zur Seite gestellt und der Schwarm kommt mitsamt seiner neuen Behausung an den alten Standort. Die Flugbienen werden ihn verstärken, und so kann er fleißig weiter Honig eintragen. Das Restvolk muss man füttern und kontrollieren, ob nach drei Wochen die Königin begattet wurde.

Sollen aus dem Schwarm noch Nachschwärme zugelassen werden, so werden die Weiselzellen belassen und man wartet acht Tage später auf die Nachschwärme. Soll der Schwarmprozess beendet werden, so werden alle Weiselzellen bis auf zwei ausgebrochen. Warum belasse ich zwei Zellen? Besteht damit nicht die Gefahr, dass doch noch ein Nachschwarm abgeht? Die Erfahrung hat gezeigt, dass das normalerweise nicht passiert. Zudem senke ich das Risiko, falls mit der Königin etwas nicht stimmt. Die Bienen haben dann zumindest eine kleine Auswahl, welche Königin sie zu ihrer Regentin küren wollen.

Kultivierung des Schwarmprozesses

Schwärme sind heute bei der Mehrzahl der Imker unbeliebt. Ein Grund ist der Verlust an Honig. Außerdem haben sie Angst vor der Unkontrollierbarkeit des Schwarmtriebs. Alles Wilde fasziniert – aber bitte nicht bei mir. Ähnliches erleben wir mit der Diskussion über die Rückkehr des Wolfes in unsere Landschaft. Von Bären will ich gar nicht sprechen.

Diese Angst wird auch durch die Meinung verstärkt, dass alle Schwärme sofort nach der Verdeckelung der ersten Weiselzelle ausziehen und dem Imker nur ein kleines Zeitfenster zum Reagieren bleibt. Nach meiner Erfahrung ist dies aber nicht der Fall. Sogar bei schönem Schwarmwetter gibt es einen zeitlichen Spielraum. Der Neun-Tage-Rhythmus zur Kontrolle des Schwarmtriebs muss nicht punktgenau eingehalten werden. Oft genug findet man verdeckelte Weiselzellen und das Volk ist noch nicht geschwärmt. Natürlich ist es dann schwieriger, die Königin zu finden, weil diese ja schon so klein wie eine Arbeitsbiene geworden ist. Aber das alles ist beherrschbar. Wir haben selbst schon oft genug erlebt, dass aus Gründen, die wir nicht nachvollziehen konnten, ein Volk selbst mit bereits verdeckelten Weiselzellen seine Schwarmgedanken wieder aufgegeben hat. Diese Zellen wurden ausgebissen und das Volk lebte sein Leben weiter, als sei nie etwas anderes geplant gewesen.

Wenn wir die Bedeutung der Vermehrung über den Schwarm für die Bienen anerkennen, werden wir versuchen, Wege zu finden, um ihnen gerecht zu werden, ohne gleich in ein imkerliches Chaos zu stürzen. Schwarmteufel und kein Honig mehr – diese Gespenster werden immer wieder an die Wand gemalt. Neu in der Rechtfertigung ist, dass wir den Schwarmprozess unterbinden müssen, weil die Schwärme verhungern würden. Hier wird eine traurige Tatsache zur Rechtfertigungsideologie.

Ich bin davon überzeugt, dass es möglich ist, den Schwarmtrieb produktiv zu nutzen, auch wenn die Völker nicht unbedingt frei schwärmen: zur Entstehung von jungen Königinnen (naturgemäße Königinnenzucht) und von Jungvölkern, die in jeder Imkerei gebraucht werden und das Fundament für die Zukunft darstellen. Wie beim Naturwabenbau passiert der entscheidende Schritt im Kopf. Es gibt vielerlei Möglichkeiten, dies in der eigenen Imkerei umzusetzen.

Bienengemäße Alternativen zum Schwarmprozess

Die Schwarmvorwegnahme

Dies ist eine gut bewährte und leicht umsetzbare Möglichkeit, den Schwarmtrieb im Interesse des Imkers und im Sinne der Bienen zu kultivieren.

Der Grundgedanke ist folgender: Der Schwarmprozess ist für das Bienenvolk essenziell, die einzige ihm mögliche Form der Vermehrung. Er ist für die Neubildung der beteiligten Organismen von wesentlicher qualitativer Bedeutung. Dies alles findet seinen Ausdruck durch Veränderungsprozesse im Bienenvolk wie in der einzelnen Biene selbst. Daher ist es notwendig, die Bienen so lange wie möglich diesen Prozess erleben zu lassen. Nur dadurch kann die Qualität hervorgebracht werden, die sich in der natürlichen Selektion bewähren muss und langfristig Vitalität und Resilienz hervorbringt. Es ist also notwendig, die Bienen so lange wie möglich in dieser Entwicklung zu belassen und erst in dem Moment einzugreifen, in dem das Bienenvolk von sich aus schwärmen, also ausziehen würde. Jetzt kommt auch der Aspekt der Kontrollierbarkeit ins Spiel. Das imkerliche Handeln folgt dabei so weit wie möglich dem natürlichen Vorbild.

Ein vorweggenommener Schwarm ist ein Kunstschwarm aus einem schwarmlustigen Volk. Dies erscheint mir wichtig, weil es ein wesentlicher Unterschied zur herkömmlichen Vermehrung ist. Dies gilt für alle ihre Formen: Kunstschwarm, Schröpfen etc. Hier wird der Imker aktiv, ohne auf den Zustand des Volks Rücksicht zu nehmen. Brutwaben werden willkürlich entnommen, obwohl das Volk gar nicht zum Schwärmen bereit ist.

Ist die Schwarmstimmung jedoch bereits eingetreten, löst sich der Volkszusammenhang sowieso auf. Da hat eine Teilung eine ganz andere Qualität, weil das Bienenvolk von seiner inneren Verfasstheit, aber auch von der Physiologie der Einzelbiene her bereits darauf ausgerichtet ist. Darin sehe ich einen wesentlichen Unterschied zur herkömmlichen Kunstschwarm-Bildung, weil das betreffende Volk mit all seinen Prozessen und physiologischen Veränderungen in den Prozess der natürlichen Vermehrung eingetaucht ist. Auch wenn das Ergebnis der künstlichen Königinnenzucht oder der willkürlichen Vermehrung vergleichbar ist – junge Königinnen und neue Völker –, so ist doch der Weg dorthin ein gänzlich anderer. Einmal gehe ich als Imker mit der Natur, das andere Mal handele ich gegen die natürlichen Prozesse. Da Inhalt und Form im ganzheitlichen Denken immer eins sind, sind dies komplett unterschiedliche Prozesse.

Wie gehe ich vor? Bei der Schwarmvorwegnahme simuliere ich einen Vorschwarm. Das Volk ist bereit zur Vermehrung und kann diese auch ausleben, allerdings imkerlich gesteuert.

Wichtig ist es, einen guten Überblick darüber zu haben, wie es in den Völkern gerade aussieht. Ich muss den inneren Zustand meiner Völker gut kennen. Das ist ja nicht weiter schwer, denn in der aufsteigenden Jahreszeit geben die Bienen mir als Berufsimker meinen Arbeitsrhythmus vor. Aber auch der Freizeitimker wird jetzt seinen Rhythmus finden. Während der Rapsblüte, die normalerweise mit der Schwarmzeit zusammenfällt, steht die Mehrzahl unserer Völker in der näheren Umgebung der Imkerei. Die Wege sind also kurz. Bei meinen Schwarmkontrollen werden die schwarmlustigen Völker identifiziert und gekennzeichnet. Wichtig ist es nun, das Stadium des Schwarmprozesses zu erkennen. Konkret heißt das: Wann könnte der Schwarm ausziehen? Der Zustand wird mit Kreidemarkierungen festgehalten. Die Bezeichnung »Spielnäpfchen bestiftet« oder »Weiselzellen« bestimmt meine weitere Vorgehensweise. Ich bestimme also das ungefähre Alter der heranwachsenden Königin und somit den Tag des möglichen Schwarmauszugs. Steht dieser in einigen wenigen Tagen bevor, kann ich entscheiden, ob ich sofort mit der Schwarmvorwegnahme tätig werde oder den Bienen Zeit gebe, den Schwarmprozess noch einige Tage zu »genießen«. Darüber entscheiden die Länge des Anfahrtswegs und meine Arbeitsbelastung.

Nach meiner Erfahrung werden 10 bis 15 Prozent der Völker in Schwarmstimmung kommen. Höhere Werte sind die Ausnahme und sind dem jeweiligen Bienenjahr bzw. dem Wetter, Klima und den Trachtbedingungen geschuldet.

Die Völker, die keine Vermehrungsgedanken pflegen, werden je nach Honigvorrat und Volksstärke mit der Gabe einer weiteren Flachzarge erweitert. Die Raumgabe hat einen großen Einfluss auf das Aufkommen der Schwarmstimmung.

Werkzeug für die Schwarmvorwegnahme: Da wir uns mit der mitgeführten Ausrüstung auf Schwarmkontrollen und Vermehrung eingestellt haben, sind jetzt die notwendigen Utensilien für die Schwarmvorwegnahme immer im Auto dabei:

- Der Königinnen-Clip ist ein wichtiges Handwerkszeug. Nach der Identifizierung der Schwarmstimmung und dem Status des Volks geht es nun darum, die alte Königin zu finden. Die Suche nach ihr ist oft nicht ganz einfach. Häufig geraten die stärksten Völker in Schwarmstimmung. Diese quellen vor Bienen geradezu über. Oft genug tropft frisch eingetragener Nektar aus den Zellen, wenn die Waben bei der Inspektion gedreht werden. Zudem ist der Schwarmprozess schon weit vorangeschritten. Die Königin ist nun nicht mehr an ihrem deutlich größeren Körper bzw. ihrem langen Hinterleib zu erkennen und von Arbeitsbienen kaum zu unterscheiden. Wir beginnen die Suche immer im Brutraum. Das Absperrgitter ist nun eine große Hilfe, weil ich sicher sein kann, dass die Königin nur hier zu finden ist.

Bei der Völkerführung ohne Absperrgitter müssen gegebenenfalls auch die Honigräume durchsucht werden, da die Königin auch diese gern besucht. Wir benutzen bei der Suche nach der Königin keinen Rauch. Dieser erhöht deren Nervosität. Sie versteckt sich dann gern. Erschwerend kommt hinzu, dass meine Königinnen nicht gezeichnet sind.

So fällt die Schwarmkontrolle leichter: Die Honigräume werden auf Böcke gestellt.

Wie gehe ich konkret vor: Die Honigräume werden abgehoben und zur Seite gestellt. Ich stelle sie nicht auf den Boden, da die Honigwaben sonst mit dem Erdreich in Kontakt kommen könnten. Das Lupfen der Honigräume, die zwischen 15 bis 20 Kilogramm wiegen, ist schwere körperliche Arbeit. Diese summiert sich über den Tag. Das können im Fall einer guten Rapstracht drei, vier oder sogar fünf gut gefüllte Honigräume je Volk sein. Wir stellen die Honigräume der besseren Handhabbarkeit wegen auf Böcke.

Im Brutraum ziehen wir zunächst das Schied und arbeiten uns Wabenseite für Wabenseite vor. Jede Wabe wird beiseitegestellt. Dadurch soll verhindert werden, dass die Königin und die Bienen von einer bereits kontrollierten Wabe auf eine andere überwechseln. Erst wenn in der Beute genügend Platz ist, werden die Waben darin auf Abstand gehängt. Auch jetzt, kurz vor Auszug des Schwarms, gibt es noch Wabenflächen mit frisch bestifteten Zellen. Wenn man das Volk nicht zu sehr in Aufregung versetzt hat, hält sich die Königin gern darauf auf. Mit ein wenig Übung dauert es zumeist nicht so lange, bis die Königin gefunden ist. Nun wird sie vorsichtig mit dem Clip gefangen. Dieser wird zur Seite gelegt. Wichtig ist mir, dass er nicht in der prallen Sonne liegt. Das vertragen die Königinnen gar nicht. Ist es an diesem Tag kühl, so stecke ich den Clip in die Brusttasche meines Hemdes oder Imkeroveralls.

- Es geht weiter, indem der Trichter bündig auf den Schwarmkasten gesetzt wird. Bleibt ein Spalt, so werden die abgekehrten Bienen herausquellen und die Arbeit unnötig erschweren. Anschließend werden Bienen von drei bis vier großen Brutwaben in den Trichter abgeschüttelt. Schnell werden die noch auf den Waben verbliebenen Bienen mit dem Abkehrbesen hinterhergefegt. Es kann sinnvoll sein, die Bienen vor dem Abschütteln leicht mit Wasser zu besprühen, damit nicht

Kontrolle: Spielnäpfchen mit Ei – die Weiselzelle ist bestiftet.

zu viele auffliegen und der Kunstschwarm schnell groß genug wird. Nun stoßen wir den Trichter und Schwarmkasten fest auf dem Boden auf. Alle Bienen, die sich am Trichter aufgekettet haben, fallen herunter. Die Königin wird zugegeben, der Trichter wird entfernt, der Kasten verschlossen und in den Schatten gestellt.

Am Bienenstand werden dann die Schwarmkontrollen mit den restlichen Völkern fortgesetzt. An einem Arbeitstag kann man neben den üblichen Schwarmkontrollen leicht 20 Schwärme vorwegnehmen.

»Kellerhaft«: Am Ende des Tages kommen die Schwarmkisten für zwei bis drei Tage in einen dunklen, kühlen Raum. In der sogenannten »Kellerhaft« beruhigen sie sich und scharen sich um ihre Königin. Analog zur Schwarmtraube, die sich an einem Ast sammelt, bilden die Bienen nun eine Traube am Deckel der Schwarmkiste. Während dieser Ruhephase entwickelt sich der neue Zusammenhalt als Organismus.

Da der vorweggenommene Schwarm im Gegensatz zum Naturschwarm keine Futtervorräte mitnehmen konnte, muss er zwingend gefüttert werden. Dazu legen wir eine Portion Futterteig oder kandierten Honig auf das Gitter. War der »innere Schwarmprozess« des Volks schon weit fortgeschritten, so errichtet auch der vorweggenommene Schwarm bereits während der »Gefangenschaft« neuen Wabenbau und die Königin legt bereits während der Kellerhaft Eier in die neu angelegten Zellen. Für mich ist das ein schönes Bild: Das Volk reift dem Schwarm entgegen. Es ist bereit für einen Neuanfang. Da ich nicht sicher sein kann, dass die Bienen des Kunstschwarms ihre alte Behausung bereits vergessen haben, so wie das beim Naturschwarm der Fall wäre, gehe ich auf Nummer sicher und stelle ihn nicht sofort auf, sondern belasse ihn drei Tage im Keller. So kann sich in Ruhe eine neue Identität und Individualität herausbilden.

Resümee: Der vorweggenommene Schwarm kommt seinem natürlichen Vorbild sehr nahe. Das Volk darf den Schwarmprozess fast bis zum Ende durchleben. Das neue Leben beginnt von einem Nullpunkt aus. Der Imker kann diesen Prozess gut kontrollieren. Die Arbeit geht jedoch nicht schematisch, sondern individuell dem Zustand der Völker angepasst. Sie ist mit der entsprechenden Ausrüstung gut und schnell zu bewältigen. Die Restvölker verbleiben am Bienenstand und können sich voll und ganz dem Honig widmen. Acht Tage später, wenn die weiteren Arbeiten anstehen,

Ursprünglich waren es vier kleine Ableger mit einer Brutwabe. Nachdem die Königinnen in Eilage sind, werden zwei separiert, es verbleiben zunächst zwei Ableger.

wird man nicht mehr merken, dass in diesem Volk ein Schwarm vorweggenommen wurde. Es schlüpfen täglich Tausende von Jungbienen. Das Restvolk wird daher in der Frühtracht fleißig Honig eintragen.

Als Fragen bleiben: Mit welcher Menge an Bienen soll der vorweggenommene Schwarm gebildet werden? Ist von ihm noch einmal eine Honigernte zu erwarten? Wie stark soll das Restvolk geschwächt werden? Hier spielen natürlich immer die Erwartungen des Imkers an die Honigernte eine Rolle. Ich meine, das ist berechtigt, aber letztendlich sind diese Fragen schwer zu beantworten. Vor allem aufgrund der schwierigen Trachtverhältnisse während des Sommers erwarte ich von einem vorweggenommenen Schwarm keinen Honigertrag mehr, sondern ich bin froh, wenn er mit meiner Unterstützung in Form von Futterteig oder Flüssigfütterung sechs bis sieben schöne Naturbauwaben errichtet und mit einer angemessenen Volksstärke eingewintert werden kann.

Der Flugling

In den letzten Jahren arbeitete ich gern mit der Fluglingsmethode. Auch dabei bekommen die Bienen die Gelegenheit, den Schwarmprozess möglichst lange auszuleben. Alle Maßnahmen passieren allerdings am gleichen Bienenstand. Ich muss keine vorweggenommenen Schwärme mitnehmen, füttern und nach drei Tagen wieder an einem anderen Bienenstand einschlagen. So ist der Flugling auch in größeren Imkereien gut umsetzbar.

Es gibt bei dieser Methode zwei Varianten mit jeweils spezifischen Vor- und Nachteilen:

Variante 1: In einer Region mit sicherer Waldtracht Mitte/Ende Juni würde ich folgendermaßen vorgehen: Das schwarmlustige Volk wird zur Seite gestellt. Das Bodenbrett verbleibt am alten Platz. Das ist wichtig, weil das Flugloch geruchlich markiert ist und die heimkehrenden Flugbienen sofort einlaufen. Würde ich ein neues Bodenbrett verwenden mit einer anderen Duftmarkierung, so würde das die Flugbienen irritieren. Auf das alte Bodenbrett wird eine leere Zarge gestellt. Dem schwarmlustigen Volk entnimmt man nun eine Brutwabe mit Bienen sowie einer ansitzenden Weiselzelle. Achtung: Die alte Königin verbleibt im alten Volk. Diese Wabe hängt man in die vorbereitete Leerzarge und füllt den restlichen Raum mit Waben bzw. vier bis fünf Leerrähmchen für Naturwabenbau und einer Futterwabe. Den Abschluss bildet ein Schied.

Das Restvolk stellt man nun unmittelbar neben den Flugling auf ein neues Bodenbrett. Damit ist die Arbeit beendet. Das Restvolk fliegt sich ab und die Schwarmstimmung erlischt. Dem Flugling fliegen, daher auch sein Name, die auf diesen Ort eingeflogenen Flugbienen zu. So erstarkt er rasch und errichtet schnell neuen Wabenbau. Ist die junge Königin dann begattet, so erreicht der Flugling bis zur beginnenden Waldtracht oder einer späten Sommertracht, das könnte auch die Heidetracht sein, die Trachtreife. Soll nicht vermehrt werden, so kann der Flugling mit dem Restvolk, wie beim Zwischenableger, wieder rückvereinigt werden.

Der Vorteil dieser Vorgehensweise ist die einfache Handhabung. Es muss nur eine Wabe nach der Königin durchsucht werden. Der Nachteil ist die Ausrichtung auf eine später folgende Tracht. In der aktuellen Frühtracht wird nicht mehr viel Honig dazukommen.

Variante 2: Möchte ich mit dem schwarmlustigen Volk noch die Frühtracht nutzen und seine Trachtbereitschaft erhalten, so gehe ich zunächst in der gleichen Weise vor wie bei Variante 1. Das schwarmbereite Volk wird zur Seite gestellt. Sein Bodenbrett verbleibt am alten Platz und auch darauf wird eine Leerzarge platziert. In diese kommt nun eine Brutwabe mit der alten Königin, es darf aber keine Schwarmzelle darauf sein. Der Leerraum wird ebenfalls mit Waben oder Mittelwänden aufgefüllt bzw. es werden einige Leerrähmchen mit Anfangsstreifen gegeben. Über Absperrgitter werden alle Honigräume des Volks samt der darin befindlichen Bienen in der alten Reihenfolge wieder aufgesetzt. Wer ohne Absperrgitter imkert, kann die Honigräume auch ohne dieses einfach wieder aufsetzen. Da die Honigwaben gut gefüllt sind, wird die Königin im Honigraum keine Brut anlegen. Das Risiko dazu ist natürlich ohne Absperrgitter leicht erhöht, denn im Brutraum steht ja nur eine Wabe zur Verfügung. Der Rest sind leere Rähmchen, die erst noch ausgebaut werden müssen. Da gehen auch die Bienen gern den einfacheren Weg. Das weisellose Restvolk wird mit dem Flugloch nach hinten oben auf den Deckel des Fluglings gestellt. Man könnte es auch direkt daneben stellen, allerdings auch hier mit dem Flugloch zur anderen Seite. Es fliegt sich ab, pflegt aber weiterhin Weiselzellen. Nach acht Tagen wird es - je nach Volksstärke - in zwei bis drei Brutableger aufgeteilt. Diese werden am Abend an einen separaten Platz verbracht. Der Flugling erstarkt durch die zufliegenden Sammelbienen und errichtet ebenfalls zügig einen neuen Wabenbau. Da die Königin mit dem Aufbau eines neuen Brutnestes beschäftigt ist, erlischt auch hier der Schwarmtrieb.

Der Vorteil dieses Verfahrens ist die Erhaltung der Trachtbereitschaft in der Frühtracht. Danach wird nicht mehr viel gehen, weil ja eine ganze Generation Bienen fehlt. Nachteilig ist der erhöhte Arbeitsaufwand, bedingt durch das Suchen der Königin.

Resümee: Beim Flugling ist auf den Zeitpunkt seiner Bildung zu achten. Er sollte an einem warmen, sonnigen Tag bei gutem Flugbetrieb gebildet werden. Die beste Zeit ist vormittags zwischen 10 und 14 Uhr. Nur so ist gewährleistet, dass an diesem Tag genügend Flugbienen unterwegs sind, die ohne zu Zögern beim gewohnten Flugloch hineinfliegen. Nur so kann die gewünschte Volksstärke erreicht werden. Dies gilt für beide Varianten. Wird der Flugling am Nachmittag oder bei ungünstigen Wetterbedingungen gebildet, so fliegen ihm nicht genügend Bienen zu und er muss gegebenenfalls durch Zugabe von Bienen aus dem schwarmlustigen Volk verstärkt werden.

Das ist ein interessantes Phänomen: Man sollte ausgehend von dem, was über das Flugverhalten der Bienen bekannt ist, meinen, dass auch noch am nächsten Tag die Flugbienen zum gewohnten Platz zurückkehren. Das ist aber nicht der Fall. Vielmehr scheint es, als würden sich die Bienen am nächsten Tag neu einfliegen. Und den neuen Standort des Volks, auch wenn er nicht einmal einen Steinwurf vom alten Platz entfernt ist, als neue Heimat ansehen und akzeptieren.

Nachschwärme und das Restvolk

Aus einem auf Vermehrung eingestellten Volk können also mindestens drei neue Einheiten entstehen: der vorweggenommene Schwarm sowie ein bis zwei Ableger mit Schwarmzellen aus dem Restvolk. Ich habe versucht, darzustellen, welche Prozesse dabei natürlicherweise im Bienenvolk ablaufen. Gleichzeitig habe ich versucht, Möglichkeiten aufzuzeigen, wie der Imker gut damit umgehen kann. Naturgemäße Imkerei heißt für mich, der Natur nicht einfach ihren freien Lauf zu lassen, sondern eine Kultur zu betreiben, die sich am natürlichen Leben der Bienen orientiert, dabei aber versucht, dieses in bestimmte Bahnen zu lenken. Wie diese Bahnen aussehen könnten, das entscheidet und definiert jedoch der Imker selbst, und zwar abhängig von den jeweiligen Umweltbedingungen und der Situation seiner Imkerei. Ich halte nicht viel von einem engstirnigen und dogmatischen Vorgehen. Nachhaltig bedeutet ja nicht nur eine dauerhaft stabile und gesunde Konstitution der Bienenvölker, sondern auch, dass der Imker in seinem Handeln zufrieden und erfolgreich ist. Nur dann wird er den Weg des naturgemäßen Imkerns konsequent weitergehen und auch andere Imker dafür begeistern, sich mit dieser Thematik zu beschäftigen.

Bei meinem Umgang mit dem Schwarmprozess waren, so ist mir in der Rückschau klar geworden, Nachschwärme nie besonders interessant und relevant. Natürlich habe ich diese gern eingefangen. Aber in meiner imkerlichen Strategie haben sie keine große Rolle gespielt. Vielmehr konzentrierte ich mich zunächst darauf, den Vorschwarm zu managen, sei es durch den vorweggenommenen Schwarm oder einen Flugling. Acht Tage später stand dann die Beschäftigung mit dem Restvolk und die Ablegerbildung auf der Tagesordnung.

Nachschwärme

Mit dem Schlupf der ersten Jungköniginnen würden natürlicherweise die ersten Nachschwärme fallen. Jeder besteht aus mehreren 1.000 Bienen plus einer oder mehreren Jungköniginnen. Ihre natürliche Überlebenswahrscheinlichkeit, wenn sie auf sich allein gestellt sind, liegt jedoch unter den heutigen (schlechten) Umweltbedingungen faktisch bei null. Sie müssen intensiv betreut werden. Genügend Waben zu errichten, ist für diese kleinen Völkchen mit einem hohen Aufwand verbun-

Jedes Volk braucht eine Königin

Da die Jungköniginnen bereits in den Startlöchern sitzen, kann es passieren, dass beim Öffnen der Beute mehrere Königinnen gleichzeitig schlüpfen. Das macht jedoch nichts. Ich belasse sie auf der Wabe und nehme sie einfach in das zu bildende Jungvolk mit hinüber. Da ich die Königinnen gesehen habe und ihr Aussehen beurteilen konnte, könnte ich alle sich noch auf diesen Waben befindlichen Königinnenzellen vorsichtig ausschneiden und für die weitere Vermehrung einsetzen. Wichtig ist nur, dass in diesem Jungvolk sicher eine Königin oder eine Weiselzelle vorhanden ist.

den. Da auch die Königinnen noch begattet werden müssen und daher die ersten Nachkommen mit einer zeitlichen Verzögerung von 21 Tagen auf die Welt kommen, ist die Ausfallquote relativ hoch. In der freien Natur stellen Nachschwärme meines Erachtens den Pool für eine großzügige, aber harte Selektion dar. Sie unterliegen einem echten Härtetest. Viele der neu entstandenen genetischen Kombinationen werden geprüft und wieder verworfen.

Viele Faktoren sind heute dafür verantwortlich, dass in einer Imkerei, gerade mit Naturwabenbau, die Betreuung der Nachschwärme sehr aufwendig ist. Mir war das immer zu viel. Daher habe ich in meinem Betreuungskonzept die »Nachschwarmphase« faktisch übersprungen und mich lieber mit den Restvölkern beschäftigt. Es gibt allerdings einige wenige Demeter-Imkerkollegen, die intensiv mit Nachschwärmen arbeiten.

Vermehrung und Jungvolkbildung aus dem »abgeschwärmten« Restvolk

Acht Tage nach der Vorwegnahme des Schwarms sieht man den Restvölkern diesen Eingriff nicht mehr an. Vor allem dann nicht, wenn die vorweggenommenen Schwärme nicht allzu stark gebildet wurden. Aus den verdeckelten Brutwaben schlüpfen tagtäglich viele Jungbienen. Deren Sammelmotivation ist hoch, da immer weniger offene Brut gepflegt und versorgt werden muss. In der Regel sind diese Restvölker die Spitzenvölker aus der Frühtracht. In den Restvölkern sind viele gut ausgereifte Weiselzellen vorhanden. Hier liegt auch für uns das Potenzial zur Vermehrung und Jungvolkbildung. Wie dies konkret in der Praxis umgesetzt wird, hängt von der jeweiligen Situation der Imkerei ab. Es stellen sich folgende Fragen: Wie hoch ist die Verlustrate? Soll die Imkerei vergrößert werden?

Der Tod gehört zum Leben dazu. Im Lauf einer Bienensaison werden daher immer wieder Bienenvölker ausfallen. Die Gründe hierfür sind vielfältig: Krankheiten, Tod oder Nachlassen der Kraft der Königin, Drohnenbrütigkeit etc. Um den Bestand stabil zu halten, ist es notwendig, mindestens so viele Jungvölker zu bilden, wie aufgrund der Erfahrungen jedes Jahr auf der Strecke bleiben. Gerade im Spätsommer kann sich die Ausfallquote deutlich erhöhen. Es ist daher in jeder Imkerei sinnvoll, eine entsprechende Anzahl von neuen Völkern zu generieren.

Die Restvölker bieten sich hierfür geradezu an. Aufgrund ihrer Entwicklung, des Erscheinens neuer Königinnen, des Abgangs des Schwarms befinden sie sich in einem Auflösungsprozess. Es ist ein Leichtes, daran anknüpfend neue Volkseinheiten zu bilden. Das imkerliche Vorgehen ist dabei an die Naturvorgänge angepasst und kann mit dem natürlichen Potenzial arbeiten, das in dieser Jahreszeit komplett auf die Vermehrungs- und Fortpflanzungsvorgänge ausgerichtet ist. Imker und Bienenvolk bewegen sich in die gleiche Richtung.

Wie gehe ich vor? Am Bienenstand habe ich die Völker markiert, von denen ein vorweggenommener Schwarm stammt. Wenn ich in acht Tagen zur erneut anstehenden Schwarmkontrolle wiederkomme, werde ich auch diese markierten Völker noch einmal Wabe für Wabe durchsehen. Sie verfügen jetzt über eine große Menge Bienen, große Honigvorräte und haben genügend kräftige und schöne Königinnenzellen gepflegt, die fast alle verdeckelt sind. Die jungen Königinnen sind in wenigen Tagen bereit zum Schlüpfen. Je nach besetzter Wabenzahl und der Menge an Brutwaben kann ich aus einem Restvolk zwei bis drei Jungvölker bilden. Jedes dieser Völker besteht aus zwei Brutwaben samt den darauf befindlichen Bienen, einer Futter-

Ist die erste Brut verdeckelt, wird der Ableger rechts und links mit einem neuen Rähmchen erweitert.

bzw. Honigwabe sowie zwei bis drei gut ausgebildeten Königinnenzellen.

Vor dem Öffnen des aufzulösenden Restvolks habe ich das zur Jungvolkbildung notwendige Material bereitgestellt: für jeden Ableger einen Boden, eine Zarge, ein Schied, ein Leerrähmchen mit Anfangsstreifen, Wachstuch und Deckel. Möchte ich die Entwicklung des Jungvolks mit einer Futtertasche, die mit Zuckerteig gefüllt ist, unterstützen, so steht auch diese parat. Da ich keine alte Königin mehr suchen muss, nehme ich jeweils zwei schöne Brutwaben mitsamt den Bienen heraus und hänge sie in die bereitgestellte Zarge. Nun kontrolliere ich kurz die Zahl und den Zustand der sich darauf befindlichen Königinnenzellen. Ich belasse in der Regel zwei schöne Weiselzellen. Es macht nichts, wenn eine davon oder sogar beide noch nicht verdeckelt sind. Offene Königinnenzellen müssen allerdings vorsichtig behandelt werden, damit die Larve nicht den Kontakt zum Futtersaft verliert, abrutscht und verhungert.

Nach der Aufteilung der verfügbaren Waben belasse ich im am alten Standort verbleibenden Volk nur eine Brutwabe mit einigen Königinnenzellen. Das reicht vollkommen aus, denn es fliegen noch genügend Sammelbienen, die unterwegs waren, zurück, um diesen Ableger gut zu verstärken. Neben die Brutwabe kommt ein Leerrähmchen mit Anfangsstreifen, eine Futterwabe und ggf. eine gefüllte Futtertasche.

In manchen Jahren beginnt die Schwarmzeit bereits Mitte April. In solch frühen Jahren reicht es aus, die Jungvölker nur mit einer einzigen Brutwabe zu bilden. Mit guter imkerlicher Unterstützung (Fütterung) haben sie genügend Zeit, sich bis Ende September zu ausreichender Volksstärke zu entwickeln.

Die fertigen Jungvölker werden nach Beendigung der Arbeit an einen weiter entfernten Standort verbracht. In einer strukturreichen Landschaft reicht es aus, wenn dieser etwa einen Kilometer entfernt liegt. Es muss nicht der Flugradius von drei Kilometern eingehalten werden, damit die Flugbienen nicht zum alten Platz zurückfliegen. Ich bevorzuge es, besondere Standorte für meine Jungvölker zur Verfügung zu haben. Stehen an einem Standort ausschließlich Jungvölker, alle in einem ähnlichen Zustand, so minimiere ich dadurch die Gefahr von Räuberei und Reinfektion.

Habe ich dank der vorweggenommenen Schwärme sowie meiner Jungvölker genügend Reserven aufgebaut, ist es sinnvoll, den Schwarmprozess für meine Imkerei zu beenden. Ist die natürliche Schwarmzeit noch nicht zu Ende, so werden bei den noch folgenden Schwarmkontrollen der restlichen Trachtvölker alle Weiselzellen ausgebrochen und zerstört. Das ist wiederum ein Kompromiss und damit habe ich kein Problem, weil ja die neuen Königinnen aus Schwarmzellen stammen. Je nach Bedarf kann ich schöne Königinnenzellen herausschneiden und für meine Mini-Plus-Fraktion (siehe ab Seite 133) verwenden.

Es macht keinen Sinn, beliebig zu vermehren, nur weil die Bienen in Schwarmstimmung sind. Was soll ich mit einer Vielzahl von Bienenvölkern, die ich füttern, behandeln etc. muss. Die Völkerzahl bzw. die Jungvolkbildung sollte an die Struktur der Imkerei angepasst sein. Nicht zuletzt werden ja auch Völker für die Honigernte gebraucht. Die Faustregel sollte lauten: Ich komme den Bienen entgegen, meine Bedürfnisse und Notwendigkeiten sind aber genauso wichtig. Es kommt immer auf die Balance an.

Gibt es noch überzählige Restvölker, die ich nicht mehr aufteilen möchte, so werden diese Wabe für Wabe kontrolliert. Ich lasse dann in jedem Volk zwei schöne Königinnenzellen stehen. So habe ich die Gewähr, dass auf jeden Fall eine vollwertige Königin schlüpft. Auch wenn noch viele Bienen vorhanden sind, ist die Wahrscheinlichkeit eines nochmaligen Schwarms gering. Diese Restvölker ergeben dann einen starken Ableger.

Drei Wochen nach der Bildung des vorweggenommenen Schwarms ist alle Brut der alten Königin geschlüpft. Die jungen Königinnen sind zwar bereits ausgeschlüpft, brauchen aber in der Regel eine gewisse Zeit, bis sie in Eilage gehen können. Sie müssen noch »ausreifen« und auch die Begattungsflüge stehen noch aus. Nach meiner Erfahrung dauert das zwei bis maximal drei Wochen. In jedem Jungvolk gibt es also ein Zeitfenster, in dem sie brutfrei sind bzw. in dem die Brut der jungen Königin noch nicht verdeckelt ist. In der Regel öffnet sich dieses Zeitfenster zehn Tage nach Aufteilung der Restvölker und bleibt ca. acht Tage lang geöffnet. Es bietet sich an, in diesem Zeitraum eine Varroabehandlung durchzuführen. Ameisensäure ist nicht geeignet, da die Völker klein und anfällig sind. Die unbegattete Königin könnte Schaden nehmen. Gut geeignet ist das Einsprühen mit 3,5-prozentiger Oxalsäure ad us.vet. oder Milchsäure. Das habe ich lange Jahre praktiziert. Der Aufwand ist groß, aber es lohnt sich.

Separater Ablegerstand mit Viererböden.

PRAXIS

Der Viererboden – eine tolle Sache

Die Bildung der Jungvölker ist immer auf die nächste Bienensaison ausgerichtet. Nach Karl Pfefferle (siehe Literatur Seite 333) sind dies die Rennpferde für das nächste Bienenjahr. Trotzdem beschäftigt den Imker die Frage: Wie viele Bienen und Brutwaben, also letztendlich Völker investiere ich in dieses Projekt? Entweder gibt es einen Verlust an Honig oder es geht um die Frage, wie kann ich mit möglichst wenig Aufwand möglichst viele Jungvölker bilden.

Eine gute Möglichkeit, mit wenig »Aufwand« eine größere Anzahl Jungvölker zu bilden, bietet der sogenannte »Viererboden«. Das ist ein Magazin, in dem getrennt durch hermetisch abschließende Schiede vier separate Abteile geschaffen werden. Je Viererboden kann man, daher auch der Name, vier Ableger unterbringen: jeweils mit einer Brutwabe mit Weiselzelle, Bienen und einer Futterwabe.

Die kleinen Völkchen wärmen sich gegenseitig. Wichtig ist, dass jedes Volk ein separates Flugloch jeweils in einer anderen Himmelsrichtung besitzt, damit die Königinnen sich bei ihrer Rückkehr vom Begattungsflug nicht verfliegen. Die Trennschiede müssen absolut dicht schließen, ebenso der Deckel. Können die Bienen von einem Abteil zum nächsten überwechseln – und sei der Übergang auch noch so klein –, so wird eine dieser beiden Abteilungen keine Königin besitzen – sie wird getötet –, weil die Bienen sich mit der benachbarten Königin verwandt fühlen.

Der Begattungserfolg und die Entwicklung der Völkchen im Viererboden haben mir immer gut gefallen. Da die Wabenzahl mit zwei Waben jedoch beschränkt ist, verhonigen sie schnell. Kommt man zu spät zur Revision, so ist es aufwendig und oft genug recht klebrig, wenn die Waben gezogen werden und die Königin gesucht werden muss. Hierbei muss sehr sorgfältig vorgegangen werden, damit beim Ziehen der Waben nicht die Bienen oder gar die Königin verletzt werden. Es kann also sehr eng zugehen. Oft genug läuft die Königin nicht über die Waben, sondern man findet sie erst, wenn alle Waben gezogen sind, am Boden oder an den Seitenwänden. Dabei muss man aufpassen, dass sie nicht in ein Nachbarabteil überwechselt. Alles in allem ist das trotzdem eine sehr gute Variante, um mit wenig Aufwand und Materialeinsatz, aber guten Ergebnissen schöne Jungvölker zu generieren.

Sind alle Königinnen der Viererbodenabteile begattet und die Brutwaben verdeckelt, werden die Waben und Bienen von zwei Abteilen in separate Magazine umlogiert und dort erweitert. Die beiden verbliebenen Völkchen werden auf vier Waben erweitert. Es verbleiben also zunächst zwei Ableger auf vier Waben, getrennt durch nur noch ein Schied.

Zum Füttern muss man spezielle Futterzargen verwenden, die ebenfalls in vier verschiedene Futtertröge separiert sind.

Wie geht es mit den Jungvölkern weiter?

Etwa drei Wochen nach Jungvolkbildung sollten die Jungköniginnen ihre Hochzeitsflüge hinter sich gebracht haben und begattet worden sein.

Kontrolle der Jungvölker

Für den Imker steht nun die Kontrolle des Begattungserfolgs bzw. der Weiselrichtigkeit auf der Tagesordnung. Dazu genügt es, die beiden ehemaligen Brutwaben zu begutachten. Sind darauf frisch bestiftete Zellen zu finden, so ist alles in Ordnung und es ist nicht notwendig, die Königin selbst zu suchen. Die junge Regentin wird ihr Brutnest immer in der Mitte der Wabe anlegen. In konzentrischen Kreisen wächst es dann über die gesamte Wabenfläche hinweg.

»Königin mit Defekt«: Wichtig ist, darauf zu achten, dass jede Zelle nur mit einem Ei belegt ist und die Zellen gleichmäßig flächig nebeneinander bestiftet sind. Es muss sich das Bild eines gleichmäßigen, geschlossenen Brutnestes ergeben (siehe Foto Seite 172). Manchmal ist das Brutnest schön und gleichmäßig, aber in einigen wenigen Zellen sind mehrere Eier zu finden. Im ersten Moment wird sich der Imker damit trösten, dass die Königin »Anfangsschwierigkeiten« bei der Eiablage hatte und ihr »Handwerk« erst erlernen muss. Leider hat die Erfahrung gezeigt, dass solche »Kinderkrankheiten« ein Hinweis darauf sind, dass mit der Königin etwas nicht stimmt. Aller Hoffnung zum Trotz wird das zumeist keine gute Regentin mehr werden. Jede gute Königin beherrscht die Eiablage von Anfang an perfekt. Es ist sinnvoll, Königinnen mit einem Defekt, auch wenn sie äußerlich perfekt aussehen, auszutauschen und dem Volk eine bereits begattete Königin zuzusetzen. Später im Jahr wird das Volk umweiseln wollen oder gar weisellos werden.

Erfolglose Begattung: Niemals wird es eine hundertprozentige Begattung aller Königinnen geben.

- Natürlich spielt das Wetter eine Rolle. Fallen die Begattungsflüge in eine länger andauernde Schlechtwetterperiode, so wird der Begattungserfolg deutlich niedriger ausfallen als bei schönem Wetter. Ich bin zufrieden, wenn 85 Prozent meiner Königinnen ordentlich begattet werden konnten und sich durch eine nachhaltige, lang andauernde Fruchtbarkeit auszeichnen.
- Es gibt auch Jahre, in denen die Jungköniginnen gut loslegen, aber im Spätsommer schwächeln. Auch hierfür kann das Wetter verantwortlich sein. Vielleicht gab es nicht genügend schöne Tage und die Königinnen wurden nicht von der notwendigen Anzahl von 30 Drohnen begattet. Da die Zeit drängte, begannen sie vorzeitig mit der Eiablage. Auch eine Königin kann nicht ewig warten.

Die Mini-Plus-Fraktion – ein wichtiges Element zur Selektion. Hier kann die Königin zeigen, was sie »drauf« hat.

- Ein Naturgesetz lautet: Die junge Königin wird erst dann mit dem Eierlegen beginnen, wenn die letzte Brut der alten Königin ausgelaufen ist. Hier spielt wieder der »berühmte« Neuanfang eine Rolle. Das gilt auch für die Drohnenbrut. Oft genug wird aber auch die Geduld des Imkers strapaziert, weil selbst nach vier Wochen noch keine Eier zu finden sind. Das ist gerade für Anfänger eine schwierige Situation. Wie soll er beurteilen, ob das Volk schon weisellos ist oder ob seine Königin einfach länger für die Begattung braucht?
Ist die Unsicherheit oder die Ungeduld in diesem Fall zu groß, so hilft nur eine **Weiselprobe**. Dazu hängt man eine Brutwabe mit Eiern, Maden und Larven, also mit offener Brut, in das betreffende Jungvolk. Nach drei Tagen kann man dann nachprüfen, ob aus der offenen Brut Nachschaffungszellen entstanden sind. Dann ist das Volk definitiv weisellos. Die Brutwabe kann belassen werden. Das Volk zieht sich selbst eine neue Königin nach. Allerdings empfiehlt es sich in diesem Fall, nur ein bis zwei schöne Nachschaffungszellen stehen zu lassen. Am besten nimmt man die Zellen mit den jüngsten Maden. So besteht die Gewähr, dass die neue Königin nicht aus älteren Maden nachgezüchtet worden ist. Natürlich kann man die Brutwabe auch wieder entnehmen und anschließend eine begattete Königin zusetzen.
Ergibt die Weiselprobe keinen Hinweis auf Weisellosigkeit, so sollte man noch einige Tage warten. Mit ein wenig Erfahrung kann man auch die beiden zentralen Waben kontrollieren. Entdeckt man dort, wenn man die Waben leicht schräg hält, einen runden Bereich mit sauber geputzten, glänzenden Zellen, der sich deutlich von den anderen Wabenbereichen abhebt, so ist es wahrscheinlich, dass die Königin bald mit der Eiablage beginnen wird. Die Bienen haben die Zellen dafür bereits geputzt und vorbereitet. Oft genug bildet sich um diesen Bereich der vorbereiteten Zellen ein Kranz von Bienen.
- Findet man auf den Brutwaben Zellen mit vielen Eiern, von denen einige auch am Zellrand haften, so ist die Begattung fehlgeschlagen und das Volk drohnenbrütig. Der Grund kann nun sein, dass die Königin nicht begattet wurde, aber trotzdem Eier legt, die jedoch unbefruchtet sind. Daraus werden nur Drohnen entstehen und das Volk ist dem Untergang geweiht. Diese Königin muss unbedingt gesucht und entfernt werden. Am sichersten ist es nun, eine verdeckelte Weiselzelle zuzugeben. Die Drohnenzellen werden ausgebrochen.
- Eine weitere Möglichkeit ist, dass die Königin einige Zellen mit Arbeiterinnenbrut belegt und innerhalb dieser Brutflächen einige Drohnenzellen erscheinen. Bei jungen Königinnen ist auch das ein Zeichen von fehlerhafter Begattung, denn normalerweise legt sie mit gleichmäßigen, schönen großen Flächen Arbeiterinnenbrut los. Es ist sinnvoll, auch diese Königin auszutauschen – das wird nichts mehr.

Afterweiseln: Es kann der Fall eintreten, dass die Königin nicht von ihrem Begattungsflug zurückgekehrt ist. Trotzdem sind Eier vorhanden. Kann keine Königin gefunden werden, so gibt es im Volk sogenannte Afterweiseln. Das sind Arbeitsbienen, die ihre Eierstöcke entwickelt haben und unbefruchtete Eier legen. In einem intakten Volk unterdrücken normalerweise die zirkulierenden Pheromone der Königin die Ausbildung der Eierstöcke bei den Arbeitsbienen. Da die hemmende Wirkung dieser Pheromone fehlt, legen Arbeitsbienen – unbefruchtete – Eier.

Es macht keinen Sinn, die betreffende Afterweisel zu suchen und zu entfernen, weil man eine begattete Königin zusetzen möchte. Am Aussehen kann man diese Afterweiseln nicht erkennen. Kurioserweise fühlen sich die Bienen auch der Afterweisel zugehörig und würden eine neu zugesetzte Königin abstechen. Es kann auch sein, dass die offene Brut dafür verantwortlich ist, weil die Bienen denken, sie könnten von ihren eigenen Nachkommen noch eine Königin nachziehen. Das glaube ich nicht, allerdings weiß die Wissenschaft über dieses Phänomen noch recht wenig.

Jedenfalls kann das betreffende Volk nicht saniert werden und muss aufgelöst werden. Dazu trägt man die Beute mitsamt Bienen und Brut ca. 50 Meter vom Bienenstand weg. Dann werden alle Waben und die darauf sitzenden Bienen abgekehrt. Ebenso die auf den Beutenwänden verbliebenen Bienen. Die meisten Bienen werden zu ihrem ursprünglichen Standort zurückfliegen. Die Bienen, deren Eierstöcke entwickelt sind, sind schwer und dadurch flugunfähig. Sie fallen auf den Boden und können nicht zurückfliegen. Umgeben von einer Handvoll Bienen, werden sie sterben. Die zurückfliegenden Bienen werden sich in den benachbarten Jungvölkern einbetteln.

Altersschwache Königin: Ähnliches passiert übrigens oft genug am Ende der Lebensspanne einer Königin. Im Mai und Juni hat sie noch schöne Brutflächen angelegt. Plötzlich erscheinen jedoch mitten in der Arbeiterinnenbrut Inseln von Drohnenzellen - das Brutnest wird lückig. Das ist ein Anzeichen dafür, dass die Kraft der alten Königin nachlässt. Entweder ist der Spermavorrat erschöpft oder die Eier können nicht mehr richtig befruchtet werden. Auf jeden Fall neigt sich das Leben der Königin dem Ende zu. Rechtzeitig vor dem Winter sollte für Ersatz gesorgt werden. Evtl. haben die Bienen dies schon selbst bemerkt und kümmern sich um Ersatz in Form der stillen Umweiselung (siehe Seite 151).

Zwei Ableger vereinigen

Jungvölker ohne Königin können problemlos mit weiselrichtigen Ablegern vereinigt werden. Ich gebe dazu auf einen Rähmchenoberträger einen Tropfen Nelkenöl. Dessen Geruch überdeckt den individuellen Stockgeruch und die Vereinigung funktioniert problemlos. Sind die Jungvölker noch stark genug, so kann auch eine Reservekönigin oder eine Weiselzelle, besser zwei Weiselzellen, zugegeben werden. Ist es noch früh im Jahr, kann man sogar eine noch nicht verdeckelte Königinnenzelle verwenden. In die Mitte einer ausgebauten Wabe wird mit dem Finger eine Mulde in die Zellen gedrückt. In dieser wird die Königinnenzelle befestigt. Zu beachten ist, die Zelle so anzubringen, dass ihre untere Spitze frei bleibt. Nur so kann die Königin gut aus ihrer Wiege herausgelangen.

Entwicklung und Wachstum der Jungvölker

Drei Wochen nach der Kontrolle, ob die Jungvölker über eine intakte Königin verfügen, wird der erste Erweiterungsschritt notwendig. Es werden dabei zwei weitere Leerrähmchen neben die beiden Brutwaben gehängt. Wer nicht mit Naturwaben arbeiten will, gibt stattdessen Mittelwände. Damit geht generell alles schneller, es ist dann aber nicht der dem Volk eigene Wabenbau. Gleichzeitig wird der Futterstand kontrolliert und bei Bedarf die Futtertasche erneut befüllt. Es kann bis zu vier Wochen dauern, bis die Futtertasche geleert ist. So erhalten wir einen permanenten Futterstrom aufrecht. Der Zuckerteig darf nicht hart sein, sodass die Bienen ihn gut abnehmen können. Da er nicht duftet, kann diese Art der Fütterung auch keine Räuberei auslösen. Die kleinen Bienenkolonien haben noch keinen Wachdienst am Flugloch und können sich daher nicht gut verteidigen.

Ich möchte noch einmal betonen: Man kann sich heute nicht mehr darauf verlassen, dass die Bienen genügend Futter in der Landschaft finden. Eine künstliche Fütterung ist daher fast immer die Voraussetzung, dass die Ableger neuen Wabenbau errichten und sich gut entwickeln. Mit Mittelwänden geht das leichter als mit Naturwabenbau, aber ohne Futter wird im Jungvolk nicht viel passieren. Das ist eine traurige Tatsache. Ich kann mich an Jahre wie 2020 erinnern, in denen ich die Jungvölker nicht füttern musste. Das gibt es schon auch noch. Aber das sind heute Ausnahmejahre.

Die Jungvölker entwickeln sich entsprechend dem dreiwöchigen (21 Tage) Brutrhythmus. Sind die Brutwaben verdeckelt oder ist die Brut bereits wieder geschlüpft, so werden erneut zwei Leerrähmchen direkt neben die Brut gehängt. Niemals hänge ich neue Waben oder Leerrähmchen zwischen die Brut. Zerstört man die kugelige Form des Brutnestes, so werden die Bienen danach streben, wieder ein geschlossenes Brutnest zu errichten. Das kostet sie aber viel (unnötigen) Stress und Arbeit. Die Volksentwicklung wird durch das Zwischenhängen nicht beschleunigt. Eher ist das Gegenteil der Fall. Die Aufrechterhaltung des Futterstroms ist gerade im Fall von Naturwabenbau elementar.

Junge Königinnen legen im Gegensatz zu älteren Stockmüttern noch lange in den Herbst hinein. Die Entwicklung der Jungvölker ist daher erst Ende September, oft erst Mitte Oktober abgeschlossen. Bis dahin sollten die Jungvölker ausreichend Wabenbau errichtet und eine Volksstärke von mindestens 5.000 Bienen erreicht haben.

Resümee aus Sicht der bienengemäßen Imkerei

Obwohl gerade in der Schwarmzeit Imker und Bienen scheinbar gegensätzliche Interessen verfolgen, so ist es doch möglich, in der eigenen Imkerei eine Strategie umzusetzen, die beiden Seiten gerecht wird. Notwendig ist dazu Verständnis, welche Bedeutung der Schwarmprozess für die Bienen hat, und die Bereitschaft, diesem für das Volk elementaren Lebensprozess entgegenzukommen. Respekt und Demut gegenüber der Natur sollten uns veranlassen, unsere Betriebsweisen im Sinne der Bienen zu modifizieren.

Naturverständnis funktioniert nur ganzheitlich. Form, Prozess und Inhalt bilden ein Ganzes. Alles in der Natur hat seinen Sinn. Das gilt auch für die den Bienen eigene Art der Vermehrung. Wenn die Königin Eier legt, so sorgt sie damit für Nachwuchs. Das ist die Ebene des einzelnen Volks. Wenn das Volk sich vermehren will und sich dazu teilt, so ist dies die Ebene der Art. Um deren Erhaltung geht es letztlich.

Wesentlich erscheint mir, nicht gegen die Natur der Bienen zu arbeiten. Es ist nachhaltig, mit der Natur der Bienen zu arbeiten. Dazu muss beachtet und auch verstanden werden, wie sich dieser Prozess gestaltet. Der evolutionäre Erfolg der Art Honigbiene basiert auf dem Zusammenhalt und dem perfekten Funktionieren des Organismus Bienenvolk. Zur Vermehrung lockert sich dieser Zusammenhalt und löst sich auf. In diesem Prozess bilden sich neue Einheiten, die dann ebenfalls wieder wie ein geschlossener Organismus funktionieren. Das Neue entsteht auf organische Weise aus dem Alten. Ziel und Prozess bilden ein Ganzes. Ähnliches geschieht in der Kultivierung des Schwarmprozesses, indem ich den Bienen die Möglichkeit gebe, so lang wie möglich in diesem Prozess zu leben.

Die zweite Maxime ist, den natürlichen Prozessen, die zu der Entstehung neuer Königinnen und neuer Völker führen, zu folgen und diese nachzuahmen. Das funktioniert gut, indem ich kurz bevor der Schwarm ausziehen würde und ziemlich sicher für meine Imkerei verloren wäre, eingreife und ihn vorwegnehme. Aus den Restvölkern, die sich dabei in einem amorphen Zustand der Auflösung befinden, kann ich in Einklang mit dem natürlichen Geschehen neue Völker bilden. Ich greife dabei auf das gleiche natürliche Potenzial zurück wie das Bienenvolk selbst.

Schwarmprozess und Berufs-/Nebenerwerbsimkerei

Natürlich ist die Umsetzung dieser bienengemäßen Form der Vermehrung in einer großen Imkerei nicht ganz einfach. Es kann dann nicht mehr schematisch und ohne Beachtung des jeweiligen Zustands der Völker gearbeitet werden. Diese müssen individuell betreut und gepflegt werden. Es kann sein, dass zum Beispiel an einem Stand nur einige wenige Völker in Schwarmstimmung sind. Der Betreuungsaufwand ist größer. Zudem ist der Imker auf die natürliche Zeit der Vermehrung angewiesen. Das setzt ein Umdenken voraus und ist nicht mehr ganz so imkergemäß wie die übliche konventionelle Imkerei, in der beliebig und zu jeder Jahreszeit neue Völker und Königinnen produziert werden können. Aber es ist machbar und auch gut umsetzbar. Wie wir beim Wabenbau und ab Seite 151 bei der Königinnenzucht sehen werden, liegt die entscheidende Voraussetzung beim Imker selbst und bei seiner Bereitschaft, den Bienen in ihren Bedürfnissen entgegenzukommen.

Letzten Endes wird es gegen Mitte der Frühtracht darauf hinauslaufen, dass die Wirtschaftsvölker in eine Honigfraktion, die das weitere Jahr über in verschiedenen Trachten arbeitet, und eine Vermehrungsfraktion aufgeteilt werden. Letztere ist auf die Zukunft, die nächste Bienensaison ausgerichtet. Sie fällt für die weitere Honigproduktion im aktuellen Jahr aus.

Ich sehe natürlich die Problemzonen und erlebe diese auch in meiner eigenen Imkerei immer wieder als Herausforderung. Gerade in einer Wanderimkerei, wo die Bienenstände so konzipiert sind, dass alle Völker gleichzeitig an- und wieder abgewandert werden, ist das lästig. Es sind dann nicht mehr alle Völker am Stand weiterhin einsatzbereit. Durch die imkerlichen Maßnahmen ist ein Teil der Völker in die Vermehrungsfraktion übergewechselt. Diese nehme ich natürlich nicht mit, wenn die Völker für die nächste Tracht verladen werden. Sie bleiben am alten Stand zurück. Das ist kein Problem, solange die Stände in der Nähe der Imkerei sind. Ist dies nicht der Fall, so müsste extra noch einmal hingefahren werden, entweder zur Betreuung oder zur Abholung. Wahrscheinlich ist es besser, die Entscheidung, welches Volk zur Vermehrungsfraktion gehört und welches weiter für den Honigertrag der Imkerei eingesetzt werden soll, tatsächlich relativ früh zu Beginn der Frühtracht – hier die Rapsblüte – zu fällen. Diese Frühtracht wird ja auch wegen des erhöhten Betreuungsaufwandes während der Schwarmzeit zumeist in der Nähe der Imkerei genutzt werden. Dieser Betreuungsaufwand müsste auch geleistet werden, wenn nur Schwarmkontrollen und Schwarmverhinderung betrieben werden. Zur Wanderung in die nachfolgenden Trachten ist die Vermehrungsphase dann bereits abgeschlossen. Natürlich macht es ebenfalls nicht viel Sinn, mit einem geschwärmten Volk zum Beispiel in die Robinientracht zu wandern. Wenn sich in dieser Tracht schon der Einsatz von Mittelwänden statt ausgebauter Waben im Honigraum auf den Honigertrag auswirkt, so wird sich dies bei einem Volk, das geschwärmt hat, noch deutlicher auswirken. Solche Völker müssen dann eben zu Hause bleiben. Das ist natürlich als Honigverlust zu verbuchen. Leider ist es mittlerweile so, dass eine Berufsimkerei aufgrund der Verschlechterung der regionalen Trachtbedingungen nur noch als Wanderimkerei erfolgreich zu betreiben ist.

Die Tatsache, dass dann eben anders geimkert wird, ändert nichts daran, dass wir zukünftig an einer Kultivierung des Schwarmtriebs nicht vorbeikommen werden. Zu wichtig erscheint er mir für das Bienenvolk und für die Erhaltung der Art. Mir geht es nicht darum, zu missionieren. Mein Anliegen ist es, zu zeigen, dass eine gesunde und erfolgreiche Imkerei - auch mit vielen Bienenvölkern - auf einem naturgemäßen Niveau möglich ist.

Ein schönes Beispiel für eine gelungene Umsetzung eines naturgemäßen Ansatzes in einer Berufsimkerei konnte ich während eines Besuches in einer Imkerei in Südtirol erleben. Der Imker wählte alljährlich aus seinen ca. 200 Völkern die 20 besten aus und nutzte diese zur Vermehrung. Er entnahm die Königinnen und ließ die ausgewählten Völker nachschaffen. Dann teilte er diese Restvölker in Ableger auf. So konnte er jedes Jahr ca. 100 Ableger mit selektionierten Königinnen bilden. Natürlich ging dies auf Kosten des Honigertrags während der nachfolgenden Sommertrachten. Aber laut Auskunft des Imkers gleicht die langfristige Verbesserung der Vitalität und auch der Honigleistung diesen Verlust gut aus. Natürlich wird der Einwand kommen, dass in dieser Imkerei doch auch der Schwarmtrieb nicht genutzt wird, sondern Nachschaffung betrieben wird. Ich sehe dies trotzdem als einen guten Schritt hin zu einer naturgemäßen Imkerei, denn mit der Aufteilung in Vermehrungs- und Honigvölker ist eine wichtige Voraussetzung bereits erfüllt. Es ist dann nicht mehr weit, den nächsten Schritt auf diesem Weg zu gehen und die besten Völker in Schwarmstimmung zu bringen, indem sie zum Beispiel eng gehalten werden, und dann die Schwarmzellen zu verwerten.

Schwarmprozess und Freizeitimkerei

Für den Freizeitimker ist all das eigentlich keine Frage. Er wandert nicht, der Honigertrag muss nicht maximiert werden. So gibt es viele Möglichkeiten, den Bienen entgegenzukommen. Jedes Volk wird sowieso individuell gepflegt und betreut. Ein einfaches Modell für eine sehr naturgemäße Imkerei sieht so aus: Ein Imker betreut zum Beispiel zehn Völker. Es genügt, wenn er jedes Jahr eine gewisse Zahl von Ablegern macht, um seine Verluste auszugleichen. Wenn eines seiner guten Völker in Schwarmstimmung kommt, so nimmt er von diesem einen Schwarm vorweg und teilt das Restvolk acht Tage später in vier bis fünf Ableger auf. Dann ist er mit seiner Vermehrung fertig! Das ist eine Jungvolkquote von 50 Prozent! Er muss vor dem Schwarmtrieb also keine Angst haben. Bei seinen anderen neun Völkern kann er guten Gewissens die Weiselzellen brechen. Diese 90 Prozent der Völker verbleiben für die Honigproduktion! Er hat naturgemäß gehandelt, denn seine Vermehrung und Fortpflanzung basieren auf rein natürlichen Prozessen. Er bekommt von seinen Bienen nur die beste Qualität. Da er aufgrund der großzügigen Vermehrung gut selektionieren kann, wird der Honigertrag in seiner Imkerei zwangsläufig steigen. Dies kann er gar nicht vermeiden, denn das liegt in der Natur der Bienen.

Sollen die Bienen schwärmen dürfen, so würde ich empfehlen, dies nur am Bienenstand zu Hause zu praktizieren. Nur dann hat es der Imker unter Kontrolle und kann den Schwarm einfangen und ihn in eine neue Wohnung einlogieren.

PRAXIS

Die Befreiung der Bienen?

In der Imkerschaft erlebe ich zurzeit eine Spaltung in zwei Extreme, wie sie unterschiedlicher kaum sein könnten. Die Mehrzahl der Imker will eine schwarmträge Biene bzw. betreibt intensive Schwarmverhinderung. Eine kleine Minderheit, die sich der besonders naturgemäßen Bienenhaltung verschrieben hat, will die Bienen frei schwärmen lassen. Wie immer, so meine Meinung, liegt die Wahrheit in der Mitte. Wobei - von Wahrheit möchte ich nicht sprechen, denn es gibt nicht die eine imkerliche Wahrheit.

Aber gerade zur letztgenannten Gruppe der »Bienenbefreier« möchte ich doch etwas anfügen. Mit meinen mehr als 100 Hornissenkästen, die alle in der näheren Umgebung meiner Bienenstände hängen, verfüge ich über genügend eigene Erfahrungen mit Schwärmen, die dort einziehen. Leider ist es so, dass nur wenige Schwärme dort einziehen und noch weniger überleben können. Tatsächlich ist das in über 25 Jahren keinem einzigen gelungen. Es ist schon eine traurige Tatsache, dass in unserer Landschaft Bienenvölker selbstständig nicht mehr überleben können. Ich kenne auch nur einen einzigen Standort mitten in meiner Heimatstadt, wo ich über einen längeren Zeitraum auch im zeitigen Frühjahr ein wild lebendes Bienenvolk beobachten konnte. Wie ich in den Büchern von Prof. Seeley lesen konnte, ist dies in vielen Regionen Amerikas noch anders. Selbst in Belgrad soll es Hunderte wild lebender Bienenvölker geben.

Ich denke, prinzipiell sind wilde Populationen von Honigbienen, die aus eigener Kraft leben und überleben, eine wichtige genetische Ressource. Es macht jedoch wenig Sinn, Lockbeuten aufzuhängen oder Schwärme auszuwildern und diese dann mittels Fütterung und evtl. sogar mittels einer Varroabehandlung am Leben zu erhalten. Wo ist da die Selektion? Da sind die Völker in Bienenkästen unter der direkten Obhut des Imkers besser aufgehoben.

Allerdings sollte das gefährdete Überleben von Schwärmen in der freien Wildbahn nicht als Argument für die Schwarmverhinderung um jeden Preis benutzt werden. Das ist nichts anderes, als das freie Schwärmen als wichtigstes Kriterium für eine naturgemäße Imkerei darzustellen. In diesen Dogmen spiegeln sich die beiden Extreme wider. Und letztlich bleibt dabei die Biene auf der Strecke.

Zu guter Letzt möchte ich den Lesern noch ein schönes Beispiel für eine naturgemäße Betriebsweise vorstellen:

Was können wir von Ägypten lernen?

In ägyptischen Tempeln kann man Zeichnungen von imkerlichen Tätigkeiten wie der Honigernte, Kontrolle der Völker mit Rauch, die Aufbewahrung des Honigs in Tongefäßen etc. bestaunen, die älter als 3.500 Jahre sind. Wahrscheinlich ist die Kulturbeziehung zwischen Mensch und Bienen noch älter, denn sowohl die Gerätschaften als auch die imkerlichen Techniken, die dort dargestellt sind, machen einen ziemlich ausgereiften Eindruck. Das lässt auf langjährige Erfahrungen und Kenntnisse schließen.

Die Nutzung der Bienen war in Ägypten immer extensiv. Es gab nur wenige Eingriffe ins natürliche Leben der Bienen. Um noch einmal bei der modernen Terminologie zu bleiben: Diese Art des Imkerns war äußerst nachhaltig und hat die Lebensweise und die Vitalität der Bienen nicht negativ beeinträchtigt, sonst hätte sie nicht so lange Bestand haben können. Auch heute noch wird sie von den (wenigen) verbliebenen Lamarckii-Imkern in dieser Art und Weise betrieben.

Impressionen aus der traditionellen Imkerei in Ägypten.

Die Imker im alten Ägypten beherrschten zum Beispiel bereits die Ablegerbildung, obwohl die Waben als Stabilbau fest mit den Wänden der Behausungen verbunden waren. Dabei nutzten sie die biologischen Besonderheiten der im Niltal lebenden Biene *Apis mellifera lamarckii.* Sind diese Völker in Schwarmstimmung, so pflegen sie oft 60 bis 100 Königinnenzellen.

Die Röhren aus Nilschlamm waren in sogenannten Bienenmauern aufeinandergeschichtet. Meist lebten dort mehrere Hundert Völker an einem Standort. Die Beuten waren mit Deckeln aus Mist und Nilschlamm verschlossen. Sie einzeln zu öffnen, wäre sehr aufwendig gewesen. Da die Waben fest mit den Wänden verbunden waren, konnten auch keine Kontrollen einzelner Waben zum Stand der Schwarmstimmung durchgeführt werden, wie es heute bei uns Usus ist. Unter diesen Voraussetzungen hatten die alten ägyptischen Imker eine Betriebsweise entwickelt, die sehr klug ausgedacht und zugleich sehr bienengemäß war. Diese Methode erscheint einem Außenstehenden eigentlich unglaublich. Aber in ihrer Einfachheit war sie phänomenal. Da die ägyptischen Imker nicht in das Innere der Bienenwohnung hineinschauen konnten, sprachen sie einfach mit ihren Bienen!

Wie funktioniert das? Die Beuten wurden, wie gesagt, nicht geöffnet. Der Imker stellte sich vor jede Beute und rief jedem Volk eine bestimmte Lautfolge zu: da, da, da. War das betreffende Volk schwarmlustig und waren bereits junge Königinnen geschlüpft, so antworteten diese dem Imker ebenfalls mit da, da, da - nur in einer etwas höheren Tonlage. Das klingt sehr schräg!

Es gibt dazu eine beeindruckende Dokumentation der Universität Bremen (Quelle siehe

Seite 333), in der das Procedere sehr anschaulich gezeigt wird. Das als schwarmlustig bestimmte Volk wurde dann markiert. War das Volk nicht in Schwarmstimmung, antwortete es auf den Ruf des Imkers nicht. Diese Völker wurden in Ruhe gelassen und nicht geöffnet.

Der Imker machte sich bei dieser Vorgehensweise die Besonderheit von *Apis mellifera lamarckii* zunutze, nicht sofort zu schwärmen, wenn die ersten Königinnenzellen verdeckelt sind oder gar die ersten Jungköniginnen geschlüpft sind. Der Schwarm fällt erst später.

War ein Volk als schwarmlustig identifiziert, so wurde es zur Vermehrung bzw. Ablegerbildung herangezogen. Wie funktionierte dies? Die markierten schwarmbereiten Völker wurden geöffnet. Der Imker schnitt eine Brutwabe heraus und entnahm diese samt den ansitzenden Bienen. Wenn Weiselzellen auf der Wabe vorhanden waren, umso besser. Diese Wabe wurde dann mithilfe eines kleinen Astes in der neuen Beute fixiert. Danach holte der Imker noch einen Schöpflöffel Bienen aus dem Volk und schüttete diese zu der Brutwabe in der neuen Röhrenbeute. Da normalerweise sehr viele Königinnen im Volk waren, war die Wahrscheinlichkeit, dass eine junge Königin dabei war, sehr groß. Fertig war der neue Ableger. Dieser wurde übrigens direkt danach am gleichen Standort in die Bienenmauer integriert. Das ist bei *Apis mellifera lamarckii* kein Problem, weil die Bienen sehr »stockfest« (ortsfest) sind und sich sofort auf die neue Wohnung einfliegen.

Ich habe dieses Beispiel nicht deswegen beschrieben, weil ich meine Leser auffordern möchte, zukünftig mit ihren Bienen in ähnlicher Weise zu kommunizieren. Das wäre esoterischer Unsinn. Nein, es geht mir darum, zu zeigen, dass es möglich ist, auch unter widrigen Gegebenheiten - hier zum Beispiel der Stabilbau - erfolgreich eine naturgemäße Bienenkultur zu etablieren. Diese basiert auf einer intimen Kenntnis und einem tiefen Verständnis der Bienenvölker. Die Bereitschaft, sich auf die Natur der Biene einzulassen, gehört unabdingbar dazu. Diese alte Art des Imkerns ist heute in Ägypten nahezu ausgestorben. Sie wurde mehr als 3.500 Jahre praktiziert. Heute wird in Ägypten »modern« geimkert. Allerdings ist dort nun, nach nur 50 Jahren, das Überleben der Bienen bedroht und natürlich damit auch die Basis jeglichen Imkerns. Die Bienen sind durch Krankheiten und hohe Verlustraten gefährdet. Der Honig entsteht durch Zufütterung von Zucker.

Der »berühmte« Schöpflöffel. Damit holen ägyptische Imker Bienen aus den Tonröhren.

Das Mini-Plus-System

Das Mini-Plus-System ist auch in einer naturgemäßen Imkerei eine sehr sinnvolle Einrichtung.

Die naturgemäße Nutzung des Königinnen-Überschusses

Von einem schwarmlustigen Volk werden immer mehr Königinnen aufgezogen, als dann tatsächlich benötigt werden. Dies können je Volk bis zu 20 Schwarmzellen sein. Vermehrungswillige Bienenvölker produzieren also eine Reserve von vollwertigen Jungköniginnen. Nicht alle davon werden einmal die Regentschaft über ein neues Volk übernehmen. Diese Großzügigkeit ist ein wichtiger Teil der natürlichen Selektion, denn die Bienen wählen sich die jeweils besten Königinnen aus. Auch im Nachschwarm fliegen immer mehrere unbegattete Königinnen mit, von denen nur eine übrig bleibt - eben nach Ansicht des Volks die beste. Gleiches gilt für das am Standort verbleibende Restvolk.

In der Schwarmzeit entsteht also ein Überschuss, während in der übrigen Bienensaison keine neuen Königinnen mehr geboren werden. Ausnahmen bilden die stille Umweiselung und die Nachschaffung. Dazu mehr ab Seite 151.

Das Mini-Plus-System - ein guter Ort für die Reserveköniginnen

In einer naturgemäßen Imkerei gilt es - so zumindest meine Erfahrung -, diesen Überschuss an Königinnen sinnvoll zu nutzen. Es sollten Reserven angelegt werden für »Not«-Zeiten, in denen aus verschiedensten Gründen ein Bedarf an begatteten Königinnen besteht:

- Verlust von Wirtschaftsköniginnen bei der Anwendung von Ameisensäure im Juli oder August.
- Nachlassende Lebenskraft der Königin im Spätsommer, wenn das Volk nicht von selbst in der Lage ist, eine neue Königin aufzuziehen. Es ist ganz normal, dass nach einem anstrengenden Sommer bei Völkern mit einer älteren Regentin deren Lebenskraft nachlässt. Dies zeigt sich darin, dass das Brutnest löchrig wird, die Volksstärke abnimmt, sodass das Volk für die Überwinterung zu schwach wird. Ohne die Erneuerung der altersschwachen Königin würde das Volk im Winter eingehen.
- Fehlerhaftes Arbeiten des Imkers. Bei Anfängern kommt es häufiger vor, dass eine Königin gequetscht und getötet wird. Auch hier empfiehlt sich die extensive Imkerei mit wenig Störungen und weniger Risiko für die Königin.

Gerade während der Einfütterung deutet sich schon an, welche Völker den Winter überleben könnten und welche nicht. Auf alle Fälle wäre es sehr schade, wenn ich als Imker jetzt Völker auflösen müsste, weil ich keine Königinnen vorrätig habe. Gerade in der Anfangszeit meiner Imkerei erlebte ich eine entsprechende Knappheit selbst oft genug - und ich kann mich an viele Anrufe von Imkerkollegen erinnern, die mit der Frage endeten: »Hast du noch eine Königin übrig?«

Eine Imkerei, egal wie groß, kann nur dann erfolgreich aufgebaut und geführt werden, wenn aus dem Überfluss heraus gearbeitet wird. Knappheit ist nie eine gute Basis, sei es bei der Völkerzahl, der Volksstärke, den Königinnen oder der Honigernte.

Daher plädiere ich dafür, die Zeit des Überflusses in der Natur zu nutzen, um die eigene Imkerei auf eine stabile Grundlage zu stellen. Das Mini-Plus-System eignet sich hervorragend für die Bildung entsprechender Reserven.

Was ist das Mini-Plus-System?

Es ist ein Magazinsystem im Mini-Format (siehe Fotos Seite 137). Es gibt einen separaten Boden, am besten mit einem Gitterboden für die Belüftung und zur Varroakontrolle. Dazu gibt es einen isolierten Deckel (ganz wichtig) und mehrere kleine Magazineinheiten mit jeweils fünf kleinen Waben, die bei Bedarf aufgesetzt werden können, um die kleinen Völker zu erweitern. Die Maße der kleinen Magazineinheiten und der Rähmchen sollten standardisiert sein, damit die Einzelteile beliebig austauschbar sind. Das erspart viel Arbeit und Ärger, wie wir dann bei der Überwinterung der Mini-Plus-Völkchen sehen werden. Die Einheiten sind bei mir 16,5 Zentimeter hoch, die Länge misst 27,8 Zentimeter und die Breite 25 Zentimeter.

Mini-Plus-Rähmchen mit Naturwabenbau.

Begattungskästchen vs. Mini-Plus-System

Das Mini-Plus-System ist ein eigenständiges System zur »Verwertung«, Begattung und Prüfung von jungen Königinnen. An sich ist das nichts Neues. In der Imkerei gibt es schon sehr lange sogenannte Begattungskästchen, die gern von Königinnenzüchtern genutzt wurden. Werfen wir einen kurzen Blick auf diese Systeme, ihre Vor- und Nachteile, um dann die besonders gute Eignung der Mini-Plus-Systeme daraus ableiten zu können.

Als ich vor mehr als 40 Jahren mit der Imkerei begann, waren überall sogenannte Ein-Waben-Begattungskästchen im Einsatz. Diese wurden paarweise in einem kleinen Häuschen untergebracht. Heute sind solche Kästchen noch auf vielen Belegstellen im Einsatz. Sie hatten auf beiden Seiten Glasscheiben, durch die man die Wabe begutachten konnte, um den Begattungserfolg zu kontrollieren. Auch auf das Vorhandensein von Drohnen kann man die Völkchen so besser kontrollieren. Belegstellen haben den Sinn, kontrollierte Begattungen zu gewährleisten, weil jeweils bestimmte Drohnenherkünfte die gewünschte Befruchtung der Königin garantieren sollen. Fremde Drohnen sind unerwünscht, weil sie die Ergebnisse verfälschen könnten. Imker, die ihre Königinnen auf geschützte Belegstellen verbringen, dürfen keine eigenen Drohnen mitbringen. Daher die Notwendigkeit einer Kontrolle.

Auch ich habe früher solche Begattungskästchen benutzt. Allerdings waren für mich die Nachteile schnell ersichtlich: Es gab nur eine einzige Wabe, also keine Wabengassen. Dadurch wurde die Wärmeregulation für das Völkchen sehr erschwert. Die

Begattungsvölkchen waren durch diese unnatürliche Haltungsbedingung gestresst, geschwächt und anfällig. Nachdem etliche meiner Völkchen durch Ameisen vernichtet worden waren, wechselte ich zu einem anderen System über, den Kirchhainer Begattungskästchen. In diesen konnten die Völkchen auf mehreren kleinen Waben leben, was die Wärmeregulation vereinfachte. Aus Gründen der Warmhaltigkeit bestanden diese aus Styropor, was ich in meiner ökologischen Imkerei allerdings nicht verwenden wollte. Der größte Nachteil war jedoch, dass zum Ende der Bienensaison die kleinen Völkchen aufgelöst werden mussten, da sie nicht überwinterungsfähig waren. Somit mussten dann im nächsten Frühjahr erneut Begattungsvölker gebildet werden. Mir wurde dafür der Aufwand zu hoch.

Das Kirchhainer® Begattungskästchen wurde zur künstlichen Besamung der Königinnen entwickelt.

Im Mini-Plus-System sind diese Nachteile aufgehoben. Es ist ein neben dem normalen Imkereibetrieb existierendes eigenständiges, sich selbst tragendes und immer wieder regenerierendes System. Dem Imker verschafft es große Erleichterung – gerade wenn er in der Schwarmzeit viele Jungköniginnen und Weiselzellen hat, die er jetzt verwerten möchte, weil dazu in der übrigen Jahreszeit keine Möglichkeit mehr besteht.

Ich freue mich jedes Jahr über meine Mini-Plus-Völkchen und bin der Meinung, dass sie auch für eine naturgemäß betriebene Imkerei eine sehr gute Ergänzung darstellen. Gerade im Spätsommer, wenn Bedarf an Reserveköniginnen besteht, bin ich immer wieder froh, dass ich mich für die Einführung des Mini-Plus-Systems in meiner Imkerei entschieden habe. Auch wenn von mancher Seite, auch von angeblich besonders bienenfreundlich agierenden Imkern dieses System als »Lego-Baukastensystem« kritisiert wird, denke ich doch, dass es eigentlich eine unabdingbare Voraussetzung für eine vitale und gut funktionierende Imkerei darstellt.

Aufbau eines Mini-Plus-Systems

Der Start eines gut funktionierenden Mini-Plus-Systems ist nicht ganz einfach. Daher möchte ich das Prozedere ausführlich darstellen. Auch wir selbst mussten Lehrgeld bezahlen, das ich meinen Lesern ersparen möchte. Imkerei ist anspruchsvoll, sowohl vom Wissen als auch von den eigenen Fähigkeiten und Kenntnissen her. Das gilt umso mehr für eine naturgemäße Imkerei. Es gilt, Fehler zu vermeiden, die zu weisellosen, zu schwachen oder gar sterbenden Völkern führen. Das ist nämlich nicht sehr naturgemäß.

Starten wir mit der Bildung der Mini-Plus-Völkchen. Zunächst müssen alle Einheiten, die wir mit Bienen und einer Königin besetzen wollen, bereitgestellt werden. Gleiches gilt für das benötigte Werkzeug.

Vor dem Befüllen der Mini-Plus-Kästchen werden die Bienen leicht mit Wasser benetzt. So bleiben sie ruhig.

Die Bienenkönigin, kenntlich an der Größe des Hinterleibs, ist das Herz des Volks.

Das Befüllen mit Bienen und das Zusetzen der Königinnen muss zügig und schnell erledigt werden, damit nicht zu viele Bienen auffliegen bzw. aus den Kästchen herausquellen und dann beim Schließen des Deckels bzw. beim Einhängen der Rähmchen gequetscht werden.

Woher kommen die Königinnen?

Die für die Mini-Plus-Systeme benötigten Königinnen werden aus schwarmlustigen Völkern »geerntet«. Findet man bei der Schwarmkontrolle gute Völker mit bereits verdeckelten, schön strukturierten Königinnenzellen, so schneidet man diese vorsichtig aus. Für den Transport verwahrt man diese sorgfältig in einem kleinen Kästchen, das mit Watte oder weichem Papier ausgepolstert ist. Da wir nicht wissen, wie alt die Königinnenzellen sind, müssen wir sehr vorsichtig sein. Weiselzellen sind nicht sehr empfindlich, wenn die Königin kurz vor dem Schlupf steht. Sind die Königinnenlarven jedoch jünger, so besteht die Gefahr, dass sie bei Erschütterungen vom Futtersaft abrutschen und verhungern. Wichtig ist auch, dass die Königinnenzellen weder verkühlen noch direkt in der Sonne liegen, zum Beispiel in einem offenen Behälter hinter der Windschutzscheibe. Wir benutzen heute für den Transport unserer Königinnenzellen spezielle Behälter, die über die Autobatterie beheizt werden. Es funktioniert aber auch gut im Auto, wenn die Königinnenzellen gut eingepackt sind.

Zu Hause geben wir die Schwarmzellen dann mit dem Schlupfkäfig in den Brutschrank. Ich bevorzuge heute den Nicot-Schlupfkäfig. Jede Zelle bekommt zwei bis drei Begleitbienen. Man kann sich aber auch zum Beispiel mit einfachen Lockenwicklern behelfen. Nach dem Schlupf putzen und füttern die Begleitbienen ihre Königin. Eine Königin allein im Schlupfkäfig bietet ein trauriges Bild. Völker, denen eine Königin zugesetzt wurde, die unter schlechten Aufzuchtbedingungen leiden musste, weiseln später oft selbst um. Wichtig ist auch das Füttern. Ein wenig fest kandierter Honig wird außen am unteren Bereich des Schlupfkäfigs verteilt. Bitte keinen flüssigen Honig verwenden! Dabei verkleben im 35 °C warmen Brutschrank die

Königin und die Pflegebienen, sodass diese schwarz und feucht aussehen – so entstehen keine guten Regentinnen.

Die Aufzucht bestimmt über die Qualität der Königin. Das weiß jeder Königinnenzüchter. Dies gilt aber auch für den naturgemäßen Imker. Ideal wäre es natürlich, die Königinnenzellen bis kurz vor dem Schlupf frei im Volk zu belassen. Da ich aber ihr Alter lediglich ungefähr bestimmen kann, besteht ein hohes Risiko, dass eine Königin früher schlüpft als von mir erwartet. Diese beißt dann alle anderen Königinnenzellen aus. Heute sehe ich im Brutschrank einen guten Kompromiss.

Wir hatten aber nicht immer einen Brutschrank. Es gibt noch weitere Möglichkeiten, Schwarmzellen gut und sicher bis zum Schlüpfen der Königin aufzubewahren. Das kann im schwarmlustigen Volk selbst erledigt werden, aus dem man die Weiselzellen ausgewählt hat. Die Zellen werden ausgeschnitten, gekäfigt und ohne Begleitbienen zwischen zwei Brutwaben vorsichtig eingeklemmt. Man kann dazu auch ein spezielles Rähmchen, einen sogenannten Hürdenrahmen, verwenden. Dort werden sie schön warmgehalten. Weil die Bienen des Volks die frisch geschlüpfte eigene Königin füttern, müssen keine Begleitbienen zugegeben werden.

Das ist übrigens eine ganz hervorragende Gelegenheit, die Qualität der Königinnen vorab zu beurteilen. Die Bienen wissen selbst, welche Königin gut ist und welche nicht. Die guten Königinnen werden bevorzugt gefüttert und mit den Fühlern »betrillert«. Das sieht man leicht an der Anzahl von Bienen, die am Schlupfkäfig aktiv sind. Es wird Königinnen geben, die von Bienen regelrecht belagert werden, und wieder andere, die wenig Interesse erregen. Ich halte das für sehr aussagekräftig.

Die Mini-Plus-Kästchen werden vorbereitet.

Auch an die Fütterung denken. Hier wird Zuckerteig im Boden bereitgelegt.

Die Bienen werden auf die Einheiten verteilt.

Das geht auch in einem nicht schwarmlustigen Volk: Werden Weiselzellen aus mehreren Völkern gesammelt, so kann man diese auch nach Hause mitnehmen und dort in einem Bienenvolk in der geschilderten Art und Weise (geschützt durch einen Schlupfkäfig) zwischen Brutwaben aufbewahren. Da dieses Volk ja weiselrichtig ist, sind die Bienen von den Zellen und den daraus schlüpfenden Königinnen nicht begeistert. Ungeschützte Zellen würden sie daher aufbeißen und die Königinnen töten. Ein weiterer Nachteil dieser Methode ist, dass man jeden Tag nachschauen muss, ob die Königinnen bereits geschlüpft sind. Wir haben ja Königinnenzellen unterschiedlichsten Alters geerntet. Das ist ein großer Unterschied zur »normalen« Königinnenzucht mittels Umlarven. Dazu müssen wir eben die »Pflegevölker« immer wieder öffen. Das bedeutet Stress für die Bienen und den Imker.

Nun könnte man denken, dass es doch viel einfacher wäre, die verdeckelten Weiselzellen sogleich für die Bildung der Mini-Plus-Völkchen zu nutzen. Davon möchte ich abraten, da die neugebildeten Mini-Plus-Schwärmchen noch keine ausgebauten Waben besitzen. Sie haben somit Probleme damit, die Temperatur so zu regulieren, dass die Königinnen in ihren Zellen nicht verkühlen. Wir haben das ausprobiert, aber ohne großen Erfolg. Die Völkchen waren später zumeist weisellos. Ohne die Königinnen separat schlüpfen zu lassen und sie erst dann in einen Mini-Kunstschwarm einzuweiseln, wird es nicht gehen.

Woher kommen die Bienen für die Begattungseinheiten?

Dazu kehrt man mittels eines Trichters und eines Schwarmkastens (Foto siehe rechts) Bienen von beliebigen Brutwaben ab. Natürlich ist darauf zu achten, dass keine Königin dabei ist.

Warum kann man nicht einfach Bienen aus dem Honigraum dazunehmen? Das wäre doch viel einfacher. Dort halten sich vorwiegend junge Bienen auf. Mir ist aber wichtig, dass die Begattungseinheiten mit einem guten Gemisch von Jung- und Altbienen, Ammen- und Baubienen befüllt werden, um gute Bedingungen für das Heranwachsen der neuen Königin, aber auch für die Entwicklung der Einheiten zu schaffen. Die Aufzuchtbedingungen entscheiden letztlich über die Qualität und Vitalität der neuen Königin. Es wäre doch schade, wenn wir gut gepflegte Schwarmzellen von guten Völkern für die Vermehrung nutzen, diese natürliche Qualität aber durch schlecht befüllte Begattungsvölkchen wieder zunichte machen würden. Nach dem Abkehren sollte mindestens eine Stunde gewartet werden, damit sich die Bienen weisellos fühlen und dies durch Brausen kundtun. Erst dann können die Mini-Plus-Kästchen befüllt werden.

Die Bienen werden mittels Trichter und Schwarmkasten abgekehrt. So kommt man zu einem Kunstschwarm.

Befüllen der Mini-Plus-Einheiten

Vor dem Befüllen der neuen Einheiten werden die geschlüpften Königinnen mit ihrem Schlupfkäfig bereitgelegt.

Auf den Boden des Mini-Plus-Systems lege ich ca. 500 Gramm Zuckerteig. Dieser soll schön geschmeidig sein, aber nicht zu feucht, sonst verkleben die Bienen. Durch den Gitterboden muss die Belüftung während der »Kellerhaft« gewährleistet sein. Ich lege daher den Teig auf ein Stück Papier, das so groß ist wie der Teig, aber den Boden nicht ganz verschließt. So können nach der Aufstellung keine Räuberbienen aus anderen Völkern von unten durch den Gitterboden an den Teig kommen und Räuberei auslösen. Die kleinen Einheiten sind noch kein »richtiges« Volk und können sich daher nicht gut verteidigen.

Anschließend wird der Schwarmkasten mit den abgekehrten Bienen kurz und fest auf den Boden gestoßen. Die Bienen, die sich am Deckel aufgekettet hatten, fallen herunter. Sie werden mit einer Sprühflasche nur leicht mit Wasser benetzt. So werden sie »ruhig gestellt« und fliegen nicht mehr auf. Sie dürfen aber nicht so nass werden, dass ihre Körper dunkel und nass glänzen.

Nun werden mit einem Schöpflöffel die Bienen in das Mini-Plus-System »geschöpft«. In der Regel nehme ich pro Mini-Plus-Einheit fünf bis sechs Schöpflöffel. Das sind etwa 500 Gramm Bienen. Ich plädiere dafür, hier nicht an Bienen zu sparen, denn die Menge der Bienen entscheidet über die Qualität der Königin. Der Aufbau der neuen Völkchen geht dann schnell und problemlos, wenn reichlich Bienen vorhanden sind.

Dann deponieren wir den geöffneten Schlupfkäfig mit der Königin auf den Bienen. Die Königin wird sofort herauskommen, aber da sich die Bienen jetzt weisellos fühlen, werden sie die neue Königin schnell akzeptieren. Die Begleitbienen, die ebenfalls im Schlupfkäfig waren, vermischen sich mit den anderen Bienen.

Schnell werden anschließend die Rähmchen eingehängt, das Wachstuch aufgelegt und der Deckel verschlossen. Danach kommen die Völkchen für zwei bis drei Tage in einen dunklen und kühlen Raum, die sogenannte »Kellerhaft«. Nun beruhigen sich Bienen und neue Königin. Sie wachsen zu einem neuen Volk zusammen.

Da immer einige Bienen auffliegen werden, lasse ich am Ende dieser Arbeiten ein Mini-Plus-Kästchen mit offenem Flugloch stehen. Diesem fliegen die umherschwirrenden Bienen zu. Am Abend kommt auch dieses in Kellerhaft.

Wir benutzen für die Mini-Plus-Systeme keine Mittelwände, sondern lassen die Wäbchen als Naturwaben errichten. Dazu wird in die Nut im Oberträger eine »Feder« - zum Beispiel ein längliches Stück Sperrholz - eingesetzt und dieses mit Bienenwachs bestrichen.

Begattungsflug

Während des Aufenthalts in dem kühlen und dunklen Raum kann ich, ohne direkt nachschauen zu müssen, überprüfen, ob die Königinnen angenommen wurden. Ich schalte dazu am nächsten Tag kurz das Licht an, die Völkchen brausen auf, beruhigen sich aber sehr schnell wieder, wenn das Licht wieder gelöscht wird. Nur die Völkchen, die ihre Königin nicht akzeptiert haben, brausen laut weiter und zeigen mir dadurch ihre Weisellosigkeit an. Sie werden markiert. Ich lasse sie aber erst mal bei den anderen stehen. Nach ca. drei Tagen (es kann auch gut ein Tag mehr sein) werden die neugebil-

Der Standort meiner Mini-Plus-Einheiten. Eine gut strukturierte Aufstellung vermindert den Verflug.

deten Mini-Plus-Einheiten am Begattungsplatz aufgestellt. Ob früh, mittags oder abends spielt keine Rolle. Wichtig ist allerdings, auf eine »strukturierte« Aufstellung zu achten. Die Fluglöcher sollen in unterschiedliche Himmelsrichtungen weisen, um den Verflug zu mindern und so den Begattungserfolg zu verbessern. Bei einer Reihenaufstellung könnte es passieren, dass sich die vom Begattungsflug zurückkehrenden Königinnen verfliegen. Sie müssen leicht in ihre angestammte Behausung zurückfinden können.

Nach drei Wochen erfolgt die erste Kontrolle, um zu sehen, welche Königinnen bereits begattet sind. Man kann das auch am Polleneintrag erkennen. In der Regel kann – je nach Wetter und Aufstellung – von einem Begattungserfolg von ca. 80 bis 90 Prozent ausgegangen werden. Ist jedoch wie im Sommer 2021 das Wetter durchgehend kühl und nass, herrschen also schlechte Ausflugbedingungen, dann muss der Imker mit einem schlechten Ergebnis rechnen. Auch wenn nach der Schlechtwetterperiode wieder schönes Wetter herrschen würde, ist es nicht sehr wahrscheinlich, dass Königinnen, die länger als drei Wochen nicht zum Begattungsflug ausfliegen konnten, noch gut und ausreichend befruchtet werden. Sicherheitshalber kann man noch einige Tage warten, spätestens nach einer weiteren Woche hätte ich keine große Hoffnung mehr.

Natürlich kann man dann die weisellosen Völkchen mit einer weiteren schlupfreifen Schwarmzelle bestücken. Hat man diese jedoch nicht zur Hand, so ist es besser, die Einheiten aufzulösen. Dabei setzen wir entweder die weisellose Mini-Plus-Einheit dem benachbarten Volk unter oder wir kehren die Bienen vor dem Flugloch ab. Sie betteln sich dann bei der nebenstehenden Beute ein.

Es kommt vor, dass die kleinen Völkchen schon buckel- oder drohnenbrütig sind. Das bedeutet, dass die Königin oder eine eierlegende Arbeiterin (Afterweisel) unbefruchtete Eier legen. Dann bringt es nichts, diese Einheiten retten zu wollen, indem man noch einmal eine Königin oder eine Weiselzelle zusetzt. Eine einzige eierlegende Arbeiterin im Volk reicht aus, damit die zugegebene Weiselzelle ausgebissen oder eine zugesetzte Königin abgestochen wird.

Am besten kehrt der Imker diese drohnenbrütigen Völkchen ab. Dazu entfernt man sich etwa 50 Meter vom Bienenstand und schüttelt die Bienen dort von den Waben. Die Mehrzahl der Bienen wird zum angestammten Platz zurückfliegen und sich in andere Völker einbetteln und diese verstärken. Die eierlegende Arbeitsbiene oder die drohnenbrütige Königin sind wegen der entwickelten Eierstöcke zu schwer, um zurückzufliegen. Sie werden mit einigen Bienen im Gras sitzen bleiben und dort sterben.

Wie geht es mit den Mini-Plus-Völkchen weiter?

Nach der Kontrolle des Begattungserfolgs lassen wir alle weiselrichtigen Einheiten erst einmal in Ruhe. Sie wachsen und gedeihen von selbst. Die Königinnen legen ein Brutnest an, während die Bienen die Waben ausbauen. Voraussetzung dafür, dass der Wabenbau gut ausgeführt wird, ist natürlich die Futterversorgung. Da wir nicht immer davon ausgehen können, dass in der Umgebung des Begattungsstands ausreichend Nektar fließt, ist es sinnvoll, die neugebildeten kleinen Einheiten regelmäßig zu füttern. Zudem sind die Völker recht klein und es werden nicht ausreichend Flugbienen für eine eigenständige Versorgung vorhanden sein. Zum Füttern setzen wir zusätzlich eine leere Zarge auf. Das Wachstuch wird ein wenig zurückgeschlagen, damit die Bienen vom Brutraum in die Futterzarge hochsteigen können. In die Zarge stellen wir ein oder zwei Honiggläser. Diese sind mit einer dicken Zuckerlösung - Zucker : Wasser im Verhältnis 3 : 2 oder 1 : 1 - gefüllt. Etwas Stroh dient als Schwimmer (Foto siehe rechts).

Nun sind die kleinen Völker gut versorgt und wir müssen in den nächsten drei bis vier Wochen keine Nachschau mehr durchführen. Alle 14 Tage sollte erneut gefüttert werden. Der Futterstrom ist entscheidend.

In den kleinen Reservevölkchen schlüpfen nach drei Wochen die ersten Bienen. Die Waben sind ausgebaut und die Zarge ist gut besetzt. Die Volksentwicklung und das Brutnest sagen viel über die Qualität der jeweiligen Königin aus. Diese sind, wie von uns als naturnahe Imker gewünscht, aus Schwarmzellen entstanden.

Wenn es in der Natur nicht genügend Nahrung gibt: Mini-Plus-Zarge zum Füttern mit Stroh als Schwimmer.

Generell sollte schon vor Beginn der Bienensaison geklärt sein, was den Sommer über passieren soll:

1. Sollen schlechte Königinnen ausgetauscht werden, um über einen Selektionsschritt die Vitalität und Gesundheit der eigenen Bienen zu verbessern?
2. Soll die Imkerei vergrößert und vermehrt werden?
3. Oder soll nur der Bestand erhalten werden?

Alle Varianten brauchen besondere Maßnahmen und Vorgehensweisen:

Variante 1 und 2: Sollen schon Mitte/Ende der Rapsblüte Jungvölker gebildet werden, so wäre es sinnvoll, Völker, die sich während der Frühtracht nicht gut entwickelt haben oder zum Beispiel unter Kalkbrut leiden, aufzulösen und aufzuteilen. Dazu wird die alte Königin entfernt. Nach neun

Königin unter Futterteigverschluss.

Offene Brut einer Mini-Plus-Brutwabe.

Verdeckelte Brut einer Mini-Plus-Brutwabe.

Tagen, wenn die gesamte Brut verdeckelt ist, wird das Volk aufgeteilt: Jeweils zwei Brutwaben mit Bienen plus eine Futterwabe bilden eine neue Einheit. Sicherheitshalber sollte eine gut mit Zuckerteig gefüllte Futtertasche dazugegeben werden. Die Nachschaffungszellen werden während des Umhängens ausgebrochen, die neue Königin unter Futterteigverschluss zugesetzt. Die neuen Einheiten werden an einen neuen Standort verstellt, um eine Schwächung durch das Zurückfliegen der Flugbienen in den Ausgangsstock zu verhindern.

Variante 3: Soll nicht vermehrt werden, sondern sollen nur die Ausfälle oder schwache und unbefriedigende Völker vor der Einwinterung umgeweiselt werden, so laufen die Mini-Plus-Völkchen den ganzen Sommer über autonom weiter. Sie werden bei Bedarf mit einer weiteren Zarge erweitert. In dieser neuen Zarge befinden sich drei Leerrähmchen. Zwei Brutwaben aus der ersten Zarge werden nach oben gehängt. An deren Stelle geben wir in den unteren Brutraum ebenfalls zwei leere Rähmchen zum Bau einer Naturbauwabe hinzu. Bei entsprechender Tracht oder Futterversorgung sind diese im Nu ausgebaut. Bei Bedarf kann später noch einmal eine weitere Aufsatzzarge gegeben werden. Die Umweiselung erfolgt dann im August oder September.

Noch mehr Königinnen?

Wir befinden uns noch mitten im Sommer. Daher können wir das Potenzial der Mini-Plus-Systeme zur Aufzucht von weiteren Königinnen nutzen. Nach der Entnahme der Königin können wir das Völkchen noch einmal beweiseln. Eventuell gibt es zu dieser Zeit, Mitte Juli, noch einige Nachzügler mit Schwarmstimmung und verdeckelten Weiselzellen. Diese können wir sofort nach Entnahme der Königin mitten auf einer Brutwabe des Mini-Plus-Systems platzieren.

Königinnenzucht aus dem Eistreifen

Gibt es keine natürlichen Schwarmzellen mehr, so können wir uns mit einer anderen sehr naturnahen und von mir sehr geschätzten Methode, der Zucht aus einem Eistreifen, behelfen. Der Basiszüchter Wolfgang Golz hat diese Methode entwickelt. Als Spendervolk wähle ich ein besonders gutes Volk, das sich über einen längeren Zeitraum in meiner Imkerei bewährt hat. Wolfgang Golz nannte diese Völker die »Goldkörner« einer Imkerei.

Bei der Eistreifen-Methode müssen wir nach der Entnahme der Königin aus der Mini-Plus-Einheit neun Tage warten. Dann ist die gesamte Brut verdeckelt.

Ist es so weit, kontrolliere ich das Brutnest des zur »Zucht« ausgewählten Volks (Zuchtvolk). Ich bin auf der Suche nach einer schönen Brutwabe mit ausgedehnten Flächen frisch gelegter Eier. Bin ich fündig geworden, schneide ich ein entsprechendes Stück aus der Wabe heraus. Wichtig ist, dass ich dazu ein scharfes Cuttermesser verwende, dessen Klinge ich zusätzlich mit einem Lötbrenner erhitze. So werden die Zellen an den Schnittstellen nicht zu stark beschädigt. Dieses Wabenstück wickle ich zum Transport zu meinem Stand in ein feuchtes Tuch. Dort schneide ich aus dem Wabenstück fünf bis sechs Zellen lange, ca. zwei Zellen breite Streifen aus – gerade so viele, wie ich Völkchen beweiseln will. Auf dem Eistreifen (siehe Foto Seite 144 links) wird jedes zweite Ei mittels Streichholz zerstört, damit später nicht zu viele Königinnenzellen zusammengebaut werden. Wer dies aus tierethischen Gesichtspunkten nicht tun will, kann es auch lassen. Es könnten dann mehrere Königinnenzellen zusammengebaut werden. Da der Eistreifen aber komplett im Volk belassen wird, ist das nicht so entscheidend. Es werden mit dieser Methode immer nur wenige Königinnen aufgezo-

Ein Wabenstück mit frisch gelegten Eiern wird ausgeschnitten.

Das Eistreifenstück wird vorbereitet.

Auf die Königin kommt es an. Sie braucht optimale Bedingungen zum Reifen und Heranwachsen. Die Natur bietet hierzu die optimale Lösung.

gen. So ist gewährleistet, dass jede Zelle optimal gepflegt wird und die Qualität der Königinnen nicht leidet. Das ist bei der konventionellen Königinnenzucht anders, da dabei ein Pflegevolk möglichst viele Königinnen aufziehen soll. Bei den Eistreifen kann ich die Zellen zusätzlich noch einkürzen. Ich bilde mir ein, dass dann die Bienen schneller mit der weiteren Pflege und Fütterung der zukünftigen Königin beginnen. Wichtig hierbei: Auch beim Einkürzen ist wieder die Schärfe der Klinge entscheidend. Die Schnittkanten sollten schön glatt sein. Fransige Zellränder erschweren den Bienen den Zugang zum Ei.

Waben, die schon ein- bis zweimal bebrütet waren, sind zur Gewinnung der Eistreifen gut geeignet. Sehr dunkle, alte Waben oder ganz frische, zum ersten Mal bebrütete Waben lassen sich schlecht schneiden.

Nun öffne ich das weisellose Mini-Plus-Völkchen und schneide in die Mitte einer verdeckelten Brutwabe ein Dreieck entsprechend der Größe des Eistreifens heraus. In dieses Dreieck platziere ich den Eistreifen, wobei die Zellöffnungen nach unten zeigen sollen. Dann wird das Mini-Plus-Völkchen wieder verschlossen. Nach einigen Tagen öffne ich das Völkchen und ziehe vorsichtig die Wabe mit dem Eistreifen heraus. Ich möchte kontrollieren, ob er angenommen wurde. In diesem Fall wurde die Zelle weitergebaut. Die Larve wird gut versorgt. Nach vier Wochen sollte dann die Königin in Eilage sein. Danach gilt es nur noch, auf die Futterversorgung zu achten und bis zum Einsatz der neuen Königinnen die Völkchen je nach Bedarf noch mit ein bis zwei Leerzargen zu erweitern.

Eine Behandlung der Begattungsvölkchen zur Reduktion der Varroamilben ist jetzt noch nicht nötig. Durch die Brutpausen wurde die Vermehrung der Milben eingebremst. Wer jedoch auf Nummer sicher gehen möchte, kann bei den Mini-Plus-Völkchen in den ersten acht bis zehn Tagen nach ihrer Bildung die Bienen mit 5,7-prozentiger Oxalsäure

Der Eistreifen wird fertig gemacht.

Alles wird in Ruhe vorbereitet. Die Zellen können eingekürzt werden.

Auf der Brutwabe wird ein trapezförmiges Stück ausgeschnitten.

besprühen. Achtung: Diese Maßnahme ist nur sinnvoll, bevor die Brut verdeckelt ist.

Erfolgreiche Überwinterung der Mini-Plus-Einheiten

Nach dem Ende der Bienensaison, Anfang August, zieht der Bienenzüchter Bilanz. Er hat nun einen guten Überblick darüber, in welchen Völkern die Lebenskraft der Königinnen nachgelassen hat und die Königin ausgetauscht werden muss. Es ist zudem zu erwarten, dass bei der Varroaregulierung mit Ameisensäure einige Völker ihre Königinnen verloren haben. Zudem weiß er, welche Völker aus welchen Gründen auch immer umgeweiselt werden sollten. Jetzt besteht also Bedarf an den im Sommer herangezogenen Reserveköniginnen.

Zusätzlich sollte der Imker überlegen, wie viele Mini-Plus-Völkchen er überwintern will. Diese dienen als Basis für die neue Mini-Plus-Saison. Ein Mini-Plus-Volk ist zumindest in meiner Mittelgebirgsregion aus eigener Kraft nur schwer über den Winter zu bringen. Das gilt selbst dann, wenn es im Sommer zwei, drei oder sogar vier Mini-Zargen besetzt – vorausgesetzt, die Mini-Plus-Systeme sind aus Holz gebaut.

Es gibt auch Mini-Plus-Beuten aus Styropor, die eine ganz andere Warmhaltigkeit garantieren. Darin können die Bienen besser überwintern. Aber dazu fehlt mir die Erfahrung, da ich in meiner Imkerei nur mit Materialien aus nachwachsenden Rohstoffen arbeite.

Es wird daher für die erfolgreiche Überwinterung notwendig sein, drei bis vier Völkchen zu einer einzigen Überwinterungseinheit zusammenzulegen. Das Prinzip ist Folgendes: Man belässt ein Mini-Plus-Volk mit Königin an seinem Platz und gibt diesem die Bienen sowie die Brutwaben der anderen Völkchen dazu.

Das klingt einfach und ist es auch. Trotzdem mussten wir Lehrgeld bezahlen.

Der Eistreifen wird im ausgeschnittenen Stück platziert.

Die Königin ist geschlüpft.

In unserer Mini-Plus-Anfangszeit hatten wir Mini-Plus-Türme gebaut. Dazu setzten wir die Zargen der zu vereinigenden Völker einfach aufeinander. Diese wurden dann aufgefüttert. Das sah zunächst vielversprechend aus. Die Futterabnahme war gut, der Überwinterungserfolg jedoch enttäuschend. Die Verlustquote war hoch, die durch den Winter gekommenen Völker waren oft schwach. Ich kann hier nur meine Erfahrungen mit den rauen Klimaverhältnissen Süddeutschlands wiedergeben.

Warum hatte das nicht geklappt? Wer sich mit der Biologie der Überwinterung der Bienen und der dazu notwendigen Wintertraube beschäftigt, wird das schnell verstehen. Für eine gute und energiesparende Überwinterung braucht es neben einer Mindestmenge von ca. 5.000 Bienen auch eine Wintertraube, die eine Kerntemperatur von ca. 18 °C im brutfreien Zustand und 35 °C, wenn Brut gepflegt wird, halten kann. Denn ab der Wintersonnenwende, wenn die Tageslänge zunimmt, wird bereits die erste Brut aufgezogen.

Eine Wintertraube besteht aus einem Kern, in dem die Bienen locker verteilt sind, und einer isolierenden Außenschicht, bestehend aus dicht gepackten Bienen. Diese Isolierschale kann bis zu sieben Zentimeter dick sein. Das Geheimnis der Überwinterung der Bienen liegt neben ihrer Fähigkeit zur aktiven Wärmeerzeugung aus den Futtervorräten auch im Aufbau und der Zusammensetzung der Wintertraube. Ein optimales Verhältnis zwischen Volumen und Oberfläche der Kugel verhindert den Wärmeabfluss. Dazu muss jedoch die Wintertraube groß genug sein. Das ist in den Mini-Plus-Beuten nicht möglich. Die Völker bilden dort nur eine lockere Wintertraube mit ungenügend dicker Isolierschicht. Daher müssen die Völker zu viel Wärme produzieren. Die Bienen sind dann frühzeitig abgearbeitet. Ein Turm aus Mini-Plus-Zargen ist einfach zu schmal. Er ermöglicht zwar die Bildung einer Wintertraube in Form eines länglichen Schlauchs, aber nicht wie vom Bienenvolk benötigt in Form einer ausreichend großen Kugel mit dem nötigen Durchmesser.

Ein Mini-Plus-Überwinterungsvolk

Jedes Völkchen erhält vier Waben mit ansitzenden Bienen plus eine Leerwabe.

Ein neues Mini-Plus-Volk ist fertig.

Notgedrungen verabschiedeten wir uns von der Idee, Mini-Plus-Völkchen in ihren ursprünglichen Beuten zu überwintern. Stattdessen wählten wir spezielle Überwinterungseinheiten in Form einer Trogbeute, die jeweils zwölf Mini-Plus-Wäbchen fassen - sogenannte Mini-Plus-Stangen. Dies macht natürlich Arbeit, weil die Völker umgehängt werden müssen. Aber der Aufwand lohnt sich!

Aus drei bis vier »Sommervölkern« wird ein Überwinterungsvolk mit 24 und mehr Waben gebildet. Ein Völkchen durfte seine Königin behalten. Die Königinnen der anderen wurden zur Umweiselung bzw. Bildung neuer Völker verwendet. Die Bildung dieser Überwinterungs-Mini-Plus sollte bis Ende August durchgeführt werden. So bleibt noch genügend Zeit zur Auffütterung und für weiteres Wachstum bzw. Zunahme der Volksstärke.

Ende September sind diese Einheiten dann fertig auf den Winter vorbereitet. Da die Völker dank der großen Bienenmasse noch einmal stark in Brut gehen, generieren wir so schöne Überwinterungsvölker, die einem normalen (einräumigen) Wirtschaftsvolk in nichts nachstehen.

Diese Völker werden dann auf ihrem Überwinterungsplatz als Block zusammengestellt. So können sie sich gegenseitig bei der Warmhaltung unterstützen. Der Futtertrog kann darauf bleiben. Er wird dann Anfang März, wenn der Bruteinschlag deutlich zugenommen hat, zwecks noch besserer Warmhaltigkeit (Kopfwärme) mit Sägespänen gefüllt.

Varroaregulation in der Mini-Plus-Beute

Es ist sinnvoll, die Mini-Plus-Einheiten vor dem Vereinigen mit Oxalsäure zu behandeln. Geeignet ist hierfür die herkömmliche Methode des Träufelns oder Besprühens mit Oxalsäure (siehe Seite 276/277). Bei den kleinen Einheiten würde ich 15 Milliliter der zuckerhaltigen 3,5-prozentigen Oxalsäurelösung ad us.vet. empfehlen.

Ein Mini-Plus-Völkchen im Block auf seinem Überwinterungsplatz.

Sägemehl im Futtertrog, das nutzt der Warmhaltigkeit des Wintersitzes.

Gut geeignet wäre meines Erachtens auch die Oxalsäure-Verdampfung, die mittlerweile zur Varroaregulierung zugelassen ist.

Von der Anwendung von Ameisensäure rate ich ab, da Ameisensäuredämpfe für die Bienen in diesen kleinen Einheiten nur schwer zu verkraften sind. Ist das Wetter geeignet, so können Überwinterungseinheiten Ende September noch einmal mit der Schwammtuch-Methode (siehe Seite 271) behandelt werden.

Der Zyklus beginnt erneut

Wenn die Überwinterung gut verläuft, können aus den überwinterten Völkern erneut die benötigten Begattungseinheiten erstellt werden. Aus einem Volk mit 24 oder 36 gut besetzten Waben werden dann fünf bis sieben neue Völker gebildet: Vier Brutwaben mitsamt der ansitzenden Bienen, dazu ein Leerrähmchen reichen pro Volk aus. Allerdings müssen die aufgeteilten Völkchen an einen neuen Standort verbracht werden. Oft genug gibt es zu Beginn der Rapsblüte in den Völkchen schon Schwarmstimmung. Dann bekommen die Mini-Plus-Völkchen beim Aufteilen gleich eine Schwarmzelle und der alljährliche Vermehrungszyklus beginnt wieder von vorn.

Resümee

Ist das geschilderte System interessant für …

… Bienenfreunde und Bienenhalter? Eine gute Frage. Ihr Bestreben ist ja nicht die Honigernte. Sie wollen nur Bienen halten und pflegen, so wenig wie möglich störend eingreifen und die Bienen naturgemäß leben lassen.

Trotzdem würde ich dafür plädieren, irgendeine Form von »Reserve« zu bilden. Imkerei ist gerade in der heutigen Zeit schwierig geworden. Einfach nur so vor sich hin zu imkern, geht eigentlich nicht mehr. Wenn nichts gemacht wird, geht es mit

Selektion auf Vitalität: Die Königin kann was! Schöne Brutwabe.

Im Herbst geht man den umgekehrten Weg: Die Mini-Plus-Völkchen werden nach Entnahme der Königin zu einer größeren Einheit vereinigt.

der Imkerei schnell bergab. Die Völker werden schwach und anfällig oder sterben gar. Ursache ist einmal die Varroamilbe und zum anderen das immer knapper werdende Nahrungsangebot. Aber Bienenvölker fahrlässig sterben zu lassen, ist weder tierethisch verantwortbar noch bienenfreundlich.

... den Nebenerwerbsimker? Für ihn ist ein gut organisiertes und gepflegtes Mini-Plus-System unabdingbar. Natürlich ist mir klar, dass der Imker hier mechanisch vorgeht. Aber die Vorteile dieses sich selbst tragenden und sich selbst generierenden Systems sind einfach überzeugend. Kleine Beuten sind nicht sehr naturgemäß. Aber durch Naturwabenbau, die Nutzung von Schwarmzellen, die Einfütterung mit viel Honig können wir der Natur der Biene weit entgegenkommen. Ich bin über meine Mini-Plus-Völker jedes Jahr sehr glücklich, weil sie mir die Möglichkeit geben, Mangel- und Notsituationen auszugleichen. Ich kann großzügig selektionieren. Das ist für mich eine elementare Voraussetzung für eine befriedigende und erfolgreiche Imkerei. Aus Mangel entsteht selten etwas Gutes - in der Natur sowieso nicht. Die Honigbiene ist ein Tier, das aus dem Überfluss heraus lebt.

... den Berufsimker? Diesen erzähle ich hier nichts Neues. Es wäre allerdings eine Überlegung wert, ob es nicht sinnvoller wäre, statt eines eigenständigen Mini-Plus-Systems mit Dadant-Vierer-Einheiten im Dadant-Halbrähmchenmaß zu arbeiten, wie sie von Bruder Adam (siehe Seite 177) eingesetzt wurden. Das hat den Vorteil, dass einmal die Königinnen auf den größeren Wabenflächen besser beurteilt werden können und zudem die Wabengröße an den Erwerbsbetrieb angepasst ist und problemlos integriert werden kann. Das macht das Arbeiten einfacher.

Das Mini-Plus-System ist ein Magazin in Klein. Wabe mit zurückgebauter Schwarmzelle.

Ein Mini-Nachschwarm - die Bienen passten in ein Honigglas.

Ich plädiere dafür, sich auch als Erwerbsimker von Königinnenzüchtern unabhängig zu machen, die eigenen »Goldkörner« zu suchen und zu pflegen. Diese gibt es in jeder Imkerei. So entwickelt man einen Ökotypus, der an die eigene Imkerei, die Betriebsweise und die jeweilige Landschaft angepasst ist. Es gilt, großzügig zu vermehren und aus dem Überschuss dann ebenso großzügig auszulesen.

Neue Königinnen

Die Königin ist bildlich gesprochen das Herz des Bienenvolks. So wie dieses gleichmäßig schlägt, wandert die Bienenkönigin über die Waben und legt Ei für Ei. Es gibt im Bienenvolk drei Wege, auf denen neue Königinnen entstehen können. So ist gewährleistet, dass das Herz nicht aufhört zu schlagen.

Drei Wege zu neuen Königinnen

In einem Bienenvolk lebt immer nur eine Königin. Aber es gibt von Natur aus drei Möglichkeiten, wie auf natürlichem Wege neue Königinnen entstehen können.

Die erste Möglichkeit habe ich im Kapitel über die Schwarmzeit ausführlich beschrieben. Dabei entstehen neue Bienenköniginnen und zugleich neue Bienenvölker. Ferner habe ich die Möglichkeiten erörtert, wie der naturgemäße Imker diese natürlichen Impulse produktiv nutzen und kultivieren kann. Die Schwarmzeit ist normalerweise die einzige Zeit im Bienenjahr, in der Bienenköniginnen von den Völkern selbst systematisch und in großer Zahl aufgezogen werden. Im Naturgeschehen, aber auch für den Imker ist dieser Zeitraum die Hochsaison für die Aufzucht der neuen »Regentinnen«.

Stille Umweiselung

Die zweite Möglichkeit stellt die stille Umweiselung dar. Dabei entstehen Königinnen von herausragender Qualität, allerdings nur in geringer Zahl. Zudem ist dieser Prozess beschränkt auf den Spätsommer oder seltener auf das zeitige Frühjahr. Beim Schwarmakt begegnen wir der enormen Kraft und Vitalität, die in einem Bienenvolk steckt. Die stille Umweiselung verläuft viel ruhiger, gibt uns aber einen intimen Einblick in die »innere Welt« eines Bienenvolks. Beides beeindruckt und berührt mich tief.

Wie geht die stille Umweiselung vor sich?

Bei einer stillen Umweiselung bemerken die Bienen eines Volks selbst, dass die Lebenskraft oder die Gesundheit ihrer Königin allmählich nachlässt. Zumeist sieht man das als Imker der Königin nicht an, die Bienen jedoch registrieren ihre Schwächung sogleich.

- Im Spätsommer nehmen die Stockbienen wahr, dass die Lebenskraft ihrer Regentin nicht mehr

Warum braucht es neue Königinnen?

Natürlicherweise hat die Königin eine Lebenserwartung von vier bis fünf Jahren. Tatsächlich gibt es aber viele Möglichkeiten, dass eine Königin vorher stirbt. Nicht immer ist dafür der Imker verantwortlich, der bei seinen Kontrollen versehentlich eine Königin quetscht oder auf andere Art und Weise umbringen kann. Das ist ja eher ein Problem für den Anfänger oder die Folge einer ungeeigneten, zu engen Beute.

Aber auch in der modernen Imkerei wird eine Königin selten so alt. Es ist heute üblich und wird auch in vielen Imker-Kursen propagiert, dass ein Imker nur dann erfolgreich arbeiten kann, wenn er seine Königinnen jedes Jahr erneuert. In der Konsequenz bedeutet das, dass eine Königin nach ihrem zweiten Lebensjahr vom Imker getötet und ersetzt wird. Man nimmt an, dass junge Königinnen stärkere Völker aufbauen und der Honigertrag gesteigert werden kann. Des Weiteren sollen junge Königinnen seltener in Schwarmstimmung geraten als alte Königinnen.

für die Überwinterung reichen wird und das Volk während des Winters weisellos werden könnte. Dies würde den sicheren Tod des Bienenvolks bedeuten.
- Im Frühjahr bemerken die Bienen, dass ihre Königin aufgrund ihrer inneren Konstitution nicht mehr in der Lage sein wird, ein gutes Volk aufzubauen, das sich dann in der Schwarmzeit aus eigener Kraft vermehren kann.

Was tun die Bienen in einem solchen Fall? Sie errichten mitten auf einer Brutwabe ein oder eher selten zwei Weiselnäpfchen. Dann bringen sie ihre aktuelle Regentin dazu, ein Ei in diese potenziellen Königinnenzellen zu legen.

Das Volk will still umweiseln. Das ist in meinen Augen auch wieder ein ganz wichtiger Punkt, der unsere Anschauung vom Bienenvolk prägen sollte. Es ist das Volk, das die Entscheidung trifft, eine neue Königin aufzuziehen. Welche Mechanismen dazu führen und welche inneren Prozesse dabei ablaufen, ist noch völlig unbekannt.

Für mich ist die stille Umweiselung ein eindrückliches Bild von der Weisheit der Natur. Ganz konkret werden hier die Klugheit und die Umsicht eines Bienenvolks als autonomes Wesen sichtbar.

Bereits die Wahl des Zeitpunkts zeugt von der Umsicht der Bienen. Der Spätsommer ist für eine eigenständige Umweiselung gut geeignet. Einmal gibt es noch Drohnen. Zum anderen ist der notwendige Wintervorrat bereits gesammelt und auch die Winterbienen sind schon geboren. So können sich die Bienen auf die Pflege der zukünftigen Regentinnen konzentrieren. Diese werden besonders gut gepflegt, was man an der Oberflächenstruktur dieser Weiselzellen erkennen kann. Die Häufigkeit der Besuche von Ammenbienen spiegelt sich in der kräftigen Struktur der Zellwände wider. Die Maden schwimmen in einem großzügigen Vorrat von Gelee royale. Mit einer jungen Königin steigen die Überlebenschancen des Volks deutlich.

Aber auch im zeitigen Frühjahr macht die Umweiselung Sinn. Ist die Königin schwach geworden, so wird das Volk nicht in Schwarmstimmung kommen und verpasst diese eine Chance zur Verjüngung.

Auch die Wahl des Orts, an dem die (stille) Umweiselungszelle errichtet wird, ist ein Ausdruck von Klugheit. Mitten im Brutnest herrschen optimale Temperaturen. Schwarmzellen werden oft am unteren Rand der Brutwaben errichtet. Dort aber könnte es im Spätsommer bei oftmals kühlen Nächten zu kalt werden und die Larve verkühlt. Zumal die Bienenmasse im Spätsommer auch schon deutlich abgenommen hat.

Vollends deutlich wird die Intelligenz der Bienen im Prozess der stillen Umweiselung selbst. Die Bienen springen dabei sozusagen über ihren eigenen Schatten. Wie gesagt, lebt immer nur eine Königin in einem Volk. Das ist ein Naturgesetz! Jetzt erleben wir den Fall, dass zwei Königinnen friedlich nebeneinander in einem Volk vorhanden sind. Die alte Königin bleibt so lange im Volk und erledigt alle ihre Aufgaben, bis die junge Königin erfolgreich vom Begattungsflug zurückgekehrt ist. Unmittelbar danach beginnt diese damit, ihr eigenes Brutnest anzulegen. Hat sich die alte Königin dann vergewissert, dass die Zukunft ihres Volks gesichert ist, kann sie die Verantwortung dafür an ihre Nachfolgerin abgeben. Sie zieht sich in eine Ecke der Bienenwohnung zurück und stirbt.

In meinen Augen ist das eine wunderbare und sehr weise Regelung der Natur.

Wie erkennt der Imker die stille Umweiselung?

Im Spätsommer werden die Völker nicht mehr so oft kontrolliert wie in der Schwarmzeit. Normalerweise wird der Imker mit der Honigernte den Wintersitz richten, alte Waben entnehmen und das Brutnest begutachten. Erst nach der Winterfütterung bzw. der Varroabehandlung wird er noch einmal einen Blick ins Volk werfen. Das wird aber oft nur bei auffälligen Völkern notwendig sein: Wenn etwa trotz Fütterung nur wenig Futterwaben oder Futterkränze zu sehen sind, die Volksstärke stark abgenommen hat, viele Drohnen zu sehen sind oder das Volk braust und heult.

Intakte, ruhige Völker brauchen eigentlich nicht mehr inspiziert zu werden. Hier genügen Stichproben oder eine Blitzrevision.

Wird nun ein Volk doch genauer kontrolliert, kann Folgendes passieren: Ich betrachte eine Brutwabe und freue mich, dass ich die Königin sehe. Dann drehe ich die Wabe und stelle erstaunt fest: Hallo, da ist die Königin ja wieder. Ich denke mir, die ist aber flink auf die andere Wabenseite gewechselt. Drehe ich die Wabe wieder um, so werde ich jedoch eines Besseren belehrt. Es befinden sich tatsächlich zwei Königinnen friedlich nebeneinander mit jeweils eigenem Brutnest in einem Volk, nicht selten auf der gleichen Wabe. Welch ein erhabener Moment!

Oft genug aber bemerke ich als Imker die stille Umweiselung nicht. Ich wundere mich dann nur über das schöne, geschlossene Brutnest, obwohl meines Wissens doch eine ältere Königin im Volk sein müsste. Schaue ich dann genauer nach, so finden sich oft noch geschlüpfte Weiselzellen oder es sind noch Reste von diesen erkennbar. Nach dem Schlupf der Königin tragen die Bienen die Zellen ab, meist aber nicht komplett. Mitten im Brutnest würden sie stören.

Königinnen aus der »stillen Umweiselung« sind meist besonders gute und wertvolle Stockmütter. Leider wird diese Art der Entstehung neuer Königinnen meiner Beobachtung nach nicht vererbt. Man kann also nicht davon ausgehen, dass die betreffenden Völker immer wieder still umweiseln.

Stille Umweiselung vs. Schwarmprozess

Von unserem menschlichen Standpunkt aus betrachtet wäre das doch die optimale Lösung, wenn sich über die Evolution hinweg die stille Umweiselung als der einfachste Weg zur Erneuerung einer Königin erwiesen hätte. Dann hätte sich diese Eigenschaft weitervererbt und irgendwann würden alle Völker still umweiseln. Das Risiko ist ja niedriger als über den Schwarmprozess. Der Aufwand, den die Bienen für die Vermehrung betreiben müssten, wäre ebenfalls deutlich geringer.

Allerdings denken die Bienen anders als wir. Sie haben sich statt für die stille Umweiselung als Regelfall für den Schwarmprozess als die zentrale natürliche Fortpflanzung und Vermehrung entschieden. Versuchen wir, uns in ein Bienenvolk hineinzuversetzen, so können wir die Gründe dafür recht schnell nachvollziehen. Zunächst sehe ich hygienische Gründe, denn irgendwann sitzt das Volk auf dunklen Waben, von denen ein hoher Infektionsdruck ausgehen könnte. Chemische Rückstände gibt es ja erst seit der Entstehung der modernen Landwirtschaft. Für das Bienenvolk war die Gesundheit entscheidend: Schwärme beginnen mit neuem sauberem Wabenbau.

Ich glaube aber nicht, dass dieses Argument evolutionär ausschlaggebend war. Die Restvölker auf dem alten Wabenbau haben eine höhere Überlebenswahrscheinlichkeit als ein Schwarm. Außerdem könnten die Bienen die alten Waben abtragen und erneuern – die Fähigkeit dazu besitzen sie offensichtlich.

Nein, ich denke, relevant für die evolutionäre Entscheidung pro Schwarmvermehrung war die Vielzahl der neu entstehenden Erbkombinationen und die schnelle Prüfung auf ihre jeweilige Überlebenswahrscheinlichkeit. Vermehrung und die darauf folgende harte Selektion wiederholen sich auf hohem Niveau jedes Jahr aufs Neue und ermöglichen der Honigbiene eine schnelle und wirkungsvolle Anpassung an sich permanent verändernde Umstände, sprich Bienenjahre. Wir wissen ja selbst, dass jedes Bienenjahr anders ist. Das erleben auch die Bienen so. Dies bedeutet, dass die Honigbienen für sich nicht den Weg gewählt haben, den wir als moderne Imker bevorzugen würden – nämlich den einfachen Austausch der Königinnen –, sondern den Schwarmprozess.

Ich freue mich über jede Königin aus stiller Umweiselung und heiße diese in meiner Imkerei willkommen. Selten wurde ich dabei von ihr enttäuscht.

Die Nachschaffungszucht

Die dritte Möglichkeit, wie eine neue Königin entstehen kann, ist die Nachschaffung. Sie basiert auf der auf den ersten Blick verblüffenden Tatsache, dass aus ein und demselben Ei entweder eine Bienenkönigin oder eine Arbeiterin entstehen kann: In einer sechseckigen Zelle wächst daraus eine Arbeiterin, in einer runden, senkrecht nach unten hängenden Zelle eine Königin heran. Daneben ist auch die Ernährung der Larven ein entscheidender Faktor. Arbeiterinnenmaden werden mit einem Brei aus Pollen, Honig und ein wenig Gelee royale gefüttert. Zukünftige Königinnen werden von Anfang an bis zur Verdeckelung ihrer Weiselzelle mit einem Futter versorgt, das einen sehr hohen Anteil an Gelee royale, dem Saft aus den Futtersaftdrüsen der Ammenbienen, aufweist. Königinnen entwickeln sich in 16 Tagen, Arbeitsbienen benötigen eine Entwicklungszeit von 21 Tagen. Wir sehen also, dass ähnlich wie bei der Vermehrung über den Schwarm der Entstehungsprozess und das Umfeld die entscheidenden Faktoren sind. Aus dem gleichen »Ausgangsmaterial« entstehen – je nach Prozess – unterschiedliche Ergebnisse.

Wie entstand die Nachschaffung?

Gemäß ihrer Funktion im Bienenvolk dient die Nachschaffung als Notfallplan. Ohne Königin wäre das Bienenvolk dem Untergang geweiht. Der Begattungsflug ist für eine zukünftige Bienenkönigin hochriskant. In Ägypten mussten wir die Erfahrung machen, dass der Bienenfresser *(Merops apiaster)*, eine Vogelart, zu bestimmten Zeiten dafür verantwortlich war, dass viele Bienenköniginnen von ihrem Begattungsflug nicht zum Stock zurückkehrten. Ist jedoch eine Königin erfolgreich vom Begattungsflug zurückgekehrt, bleibt sie bis zum möglichen Auszug des Vorschwarms im nächsten Jahr beständig im Inneren der Beute. Das Risiko ihres vorzeitigen Todes ist somit sehr gering. Heute geht vom Imker, gerade einem Anfänger, die größte Gefahr für die Königin aus.

In früheren Zeiten war das sowohl für wild lebende Bienenvölker als auch für die von Imkern betreuten Bienenvölker anders. Honig bzw. die eiweißreiche Bienenbrut sind nicht nur bei Menschen sehr beliebt, sondern auch in der Tierwelt. Besonders Bären plünderten häufig Bienenvölker und zerstörten diese dabei vollständig oder teilweise. Heute schützen Imker ihre Völker mittels Elektrozäunen. In Slowenien, das ja die größte Bärenpopulation in Europa aufweist, existiert diese Gefahr für Imker und Bienen.

Wir erlebten einmal einen ähnlich gelagerten Fall. Allerdings war das Bienenvolk nicht von einem Bären zerstört worden, sondern von Waldarbeitern, denen bei einer Fällaktion im zeitigen Frühling ein Baum auf eines unserer Bienenvölker fiel. Dadurch wurden sowohl die Beute als auch das Volk fast komplett zerstört. Unter all den Trümmern war ein kleines Stückchen Wabe mit offener Brut und eine Handvoll Bienen übriggeblieben. Bei unserer ersten Nachschau zur Salweidenblüte fanden wir die kläglichen Überreste. Wir logierten diese in eine neue Beute ein und hängten eine schöne Futterwabe dazu. Wir waren gespannt, was passieren würde. Tatsächlich zog sich das Mini-Völkchen eine Königin aus der verbliebenen offenen Brut und entwickelte sich bis zum Spätsommer zu einem überwinterungsfähigen Bienenvolk. Diese Leistung beeindruckte mich schwer und zeigte einmal mehr, über welche Kraft ein Bienenvolk normalerweise verfügt.

Das Volk ist weisellos: Nachschaffungszellen auf der Brutwabe.

Geht also eine intakte Königin plötzlich verloren, so hat das Bienenvolk mit der Möglichkeit zur Nachschaffung aus der verbliebenen offenen Brut eine letzte Überlebenschance. Das ist eine kluge Notlösung, um das Überleben des Bienenvolks zu sichern.

Es stellt sich natürlich die gleiche Frage wie bei der stillen Umweiselung: Warum wählten die Bienen nicht diese einfache, risikoarme und schlüssige Strategie zur Entstehung neuer Königinnen? Ich habe versucht, darauf eine Antwort zu formulieren. Im Schwarmprozess entstehen neue Königinnen und neue unbelastete Einheiten. Der vom Wabenwerk ausgehende Infektionsdruck wird minimiert. Und im Wechselspiel zwischen Selektion und Anpassung überlebt die vitalste und optimal an die Umgebung angepasste genetische Ausstattung. Es geht also nicht so sehr um den Erhalt des einzelnen Volks, sondern um die Erhaltung der Art. Das ist die entscheidende Ebene.

Eine Notlösung als Grundlage der imkerlichen Zukunft?

Die Nachschaffungszucht ist in der Welt der Bienen nur eine Notlösung. In der Welt der modernen Imker ist sie zur Basis der Königinnenzucht geworden – neben der Erfindung der Mittelwand und des beweglichen Rähmchens.

Natürlich kann ich die Begeisterung vieler Imker und Königinnenzüchter dafür nachvollziehen. Die Zuchttechnik wurde revolutioniert. Der Imker war nun nicht mehr darauf angewiesen, zu einer bestimmten Zeit des Jahres Schwärme einzufangen. Es galt ja bereits als Fortschritt, wenn er mit den Schwarmzellen arbeiten konnte, zu denen er mit dem mobilen Wabenbau Zugang hatte. Die Entdeckung der Nachschaffungszucht schuf dann ganz andere Möglichkeiten. Nun konnten während des ganzen Jahres Königinnen von ausgesuchten Völkern nachgezüchtet werden. Damit gelangte die Honigbiene vollends in die Hand des Menschen. Gleichzeitig ist der Imker nicht mehr auf die Teilung der Völker angewiesen. Es können beliebig Ableger mit Zuchtköniginnen gebildet werden. Die Trachtbereitschaft der Wirtschaftsvölker bleibt erhalten, da die Königinnenzucht in separaten Zucht- und Pflegevölkern durchgeführt wird. Das machte die künstliche Königinnenzucht auf Basis der Nachschaffung noch einmal attraktiver.

Die heute gängigste Variante der künstlichen Königinnenzucht ist die Zucht im weisellosen Volk (siehe Info). Nur ein Volk ohne Königin wird aus seinem Überlebensinstinkt heraus die vom Züchter angebotene offene Arbeiterinnenbrut zu Königinnen umstimmen. Die Entweiselung des Volks ist der Schlüsselreiz für sämtliche sozialen und physiologischen Veränderungen. Das komplette Volk fällt in den Überlebensmodus.

Künstliche Königinnenzucht – wie geht das?

Zur Vorbereitung eines Pflegevolks entnimmt der Imker diesem seine Königin. Nach etwa einer Stunde fühlt sich das Volk weisellos und ist bereit, neue Königinnen aufzuziehen. Allerdings muss der Züchter noch einmal neun Tage warten. Dann ist die gesamte Brut der alten Königin verdeckelt. Das weisellose Volk versucht natürlich, selbst eine Königin nachzuschaffen. Diese Zellen zerstört der Königinnenzüchter, weil er nur Königinnen aus seinem ausgewählten Zuchtmaterial aufziehen lassen will.

Aus dem für die Vermehrung ausgewählten Volk wird nun eine Brutwabe mit offener Brut entnommen. Die jüngsten Maden werden mittels eines Umlarvlöffels in künstliche Weiselnäpfchen umgebettet. Der fertig belarvte Zuchtrahmen wird in das Pflegevolk gehängt. Da dieses nur noch über verdeckelte Brut verfügt, ist es gezwungen, aus der angebotenen offenen Brut Königinnen aufzuziehen. Kurz vor dem Schlupf werden die Zellen in einem speziellen Schlupfkäfig platziert, damit nach dem Schlupf der ersten Königin nicht alle anderen Königinnenzellen ausgebissen werden. Alternativ können die schlupfreifen Weiselzellen in Brutableger oder spezielle Begattungseinheiten gegeben werden und schlüpfen dort inmitten der Bienen ihres zukünftigen Volks.

Vorteile der künstlichen Königinnenzucht

Ich hatte bereits erwähnt, dass ich die Begeisterung der Imker über diesen enormen Fortschritt in der Zuchttechnik gut nachvollziehen kann. In meiner Anfangszeit als Imker habe ich selbst leidenschaftlich umgelarvt und war ein begeisterter Königinnenzüchter. Die Vorteile hatten mich überzeugt:

- Jederzeit im Bienenjahr können beliebig viele Königinnen gezüchtet werden.
- Die Herkunft der Königinnen kann entsprechend der imkerlichen Wünsche und Zielsetzungen beliebig beeinflusst werden.
- Die Trachtbereitschaft der Wirtschaftsvölker bleibt erhalten, weil die Zucht in eine separate Schiene eingebettet ist.
- Ableger können willkürlich entsprechend den Vorstellungen des Imkers gebildet und zusammengestellt werden.

Letztlich war dies der entscheidende Schritt zur totalen Kontrolle des Imkers über die Bienen. Und natürlich kann man oberflächlich betrachtet nichts gegen die künstliche Königinnenzucht einwenden. Auf den ersten Blick funktioniert das alles sehr gut. Die gezüchteten Königinnen bauen große und ertragsstarke Bienenvölker auf, die dem Imker viel Freude bereiten. Die Zucht auf Sanftmut hat die Imkertätigkeit vereinfacht und entspannter gemacht.

Trotzdem blieb mir immer ein schaler Beigeschmack und vor vielen Jahren kehrte ich der künstlichen Königinnenzucht den Rücken zu und suchte nach naturgemäßeren Wegen für meine Imkerei.

Was waren meine Beweggründe? Stark beeinflusst hatten mich die »Arbeiter-Vorträge« zu den Bienen von Rudolf Steiner, dem Begründer der Anthroposophie und der biologisch-dynamischen Landwirtschaft (Demeter). Steiner hielt diese Vorträge 1923 vor den Arbeitern am Bau des Goetheanums in Dornach in der Schweiz. Unter den Arbeitern waren damals auch Imker, die darauf brannten, Steiners Ansichten über die Bienenhaltung kennenzulernen. In Bezug auf die künstliche Königinnenzucht sagte Rudolf Steiner damals Folgendes: »Man wird heute noch allgemein die künstliche Bienenzucht ... natürlich in gewisser Weise nur loben können. Aber wie die Sachen in 50 oder 80 Jahren sind, das muss abgewartet werden, denn da werden einfach gewisse Kräfte, die bisher im Bienenschwarm organisch wirkten ..., mechanisch gemacht. Es ist nicht mehr jede innige Verwandtschaft herzustellen zwischen den gekauften Bienenköniginnen und den Arbeitsbienen, die sich herstellt, wenn die Bienenkönigin von der Natur selbst da ist. Aber in der allerersten Zeit macht sich so etwas noch nicht geltend.«

Diese Aussage von Rudolf Steiner gab mir damals sehr zu denken. Auffallend fand ich – bei einem globalen Blick auf die Imkerei –, dass es den Bienen in Regionen wie in Afrika oder Südamerika gut geht. Dort hat die moderne Landwirtschaft die Naturumgebung noch nicht weitgehend zerstört. Die Bienen können nahezu gemäß ihrer Natur leben. Die Imkerei steckt in jenen Regionen in einer Krise, in denen intensive Landwirtschaft vorherrscht, wo aber auch die künstliche Vermehrung und künstliche Königinnenzucht die Basis des imkerlichen Handelns geworden sind.

Besonders gefallen hatte mir an den Äußerungen Steiners, dass er undogmatisch an die künstliche Bienenzucht heranging. Obwohl er selbst kein Imker war, erkannte er sofort, dass die neuen Methoden für die Imker eine große Arbeitserleichterung darstellten. Gleichzeitig vertrat er aber den Standpunkt, das eigene Tun kritisch zu reflektieren und nicht nur das Ziel, sondern auch den jeweils speziellen Weg dorthin nicht aus den Augen zu verlieren. Er plädierte für eine ganzheitliche Sichtweise: Der Prozess, der zu einem Ergebnis führt, ist genauso wichtig wie das Ergebnis selbst. So hat im Bienenvolk alles seine Bedeutung und nichts ist zufällig. Ich hatte ja bereits die Gründe dafür angesprochen, die die Bienen veranlasst haben könnten, die stille Umweiselung und die Nachschaffung als Sonderfälle zur Verfügung zu halten, die Vermehrung über den Schwarmprozess aber als Regelfall beizubehalten.

Bezüglich der Bienenköniginnen führen die Maßnahmen der künstlichen Königinnenzucht zu funktionsfähigen Bienenköniginnen. Vergleichende Untersuchungen von Karl Weiß über die Königinnenzucht (siehe Literatur Seite 333) haben gezeigt, dass es zwischen Nachschaffungsköniginnen und Königinnen, die direkt aus dem Ei aufgezogen wurden, keine Unterschiede in den körperlichen Merkmalen gibt, wie Gewicht, Größe, runde Kopf-

Die Ammenbienen füttern die Bienenlarven mit Säften aus speziellen Futterdrüsen.

form, fehlende Pollensammeleinrichtung, verminderte Widerhakenzahl am Stachel und der Zahl der Eischläuche.

Aus einem Ei kann sowohl eine Arbeiterin als auch eine Königin entstehen, sie haben also eine identische genetische Ausstattung. Durch die unterschiedliche Ernährung wird die jeweilige Entwicklung gesteuert. Neuere Untersuchungen von Wojciechowski et al. (siehe Literatur Seite 333) haben gezeigt, dass die Ernährung die entsprechenden Veränderungen auf der epigenetischen Ebene auslöst. Das bedeutet, dass der Ernährung der jeweiligen Maden eine ganz besondere Bedeutung zukommt.

Sehr interessant fand ich die Beobachtung der oben genannten Wissenschaftler, dass 96 Stunden nach dem Schlupf aus dem Ei die Königin weitgehend determiniert ist. Die Entwicklung der Arbeiterin ist aber gerade im neurogenetischen Bereich noch nicht abgeschlossen. Die Forscher führen das darauf zurück, dass die Arbeiterinnen in ihrem Erwachsenenleben eine größere Verhaltensvielfalt brauchen und dazu ein komplexeres Nervensystem als die Königin. Diese Erkenntnis unterscheidet sich total von der früheren Auffassung, wonach die Königin das Vollweibchen darstellt, die Arbeiterin hingegen ein Mängelwesen ist.

Allerdings werden alle Maden in den ersten Tagen des Madenstadiums ausschließlich mit Gelee royale ernährt. Erst ab dem 3. Tag füttern die Ammenbienen die Maden, die später Arbeiterinnen werden, mit einer Art Brei, bestehend aus Pollen, Nektar und ein wenig Gelee royale. Die zukünftigen Königinnen bekommen weiterhin ausschließlich Gelee royale. Nach der gängigen Meinung sind Maden daher bis zum dritten Tag umstimmbar. Königinnen aus Maden, die beim Umlarven nur einen Tag alt waren, sollen also vollkommen identisch mit Königinnen sein, die direkt aus dem Ei stammen. Ich habe allerdings den Eindruck, dass diese Diskussion recht undifferenziert geführt wird. Es gibt nicht den Futtersaft. Gelee royale wird in zwei verschiedenen Drüsen der Ammenbiene erzeugt, in der Mandibeldrüse und der Hypopharynxdrüse. In welchem Verhältnis mischen die Bienen dann je nach Bedarf - Arbeiterinnen- oder Königinnenmade - die Säfte aus den unterschiedlichen Drüsen? Werden die Larven jeweils von Ammenbienen unterschiedlichen Alters gefüttert? Auch die Menge des verabreichten Futters ist wichtig. Viele Inhaltsstoffe von Gelee royale sind bereits identifiziert, bei Weitem aber nicht alle. Ich sehe noch zu viele offene Fragen. Meines Erachtens kann die Frage, ob Königinnen aus jungen Maden identisch sind mit Königinnen, die direkt aus dem Ei stammen oder gar direkt als Schwarmköniginnen aufgezogen wurden, nicht seriös mit ja beantwortet werden.

Als große Frage bleibt auch: Geht es allein um körperliche, äußere Parameter oder meinte Rudolf

Steiner Unterschiede in den jeweiligen »inneren Qualitäten« der Königinnen? Nachdenklich machte mich in diesem Zusammenhang die Tatsache, dass nach 100 Jahren moderner Königinnenzucht das 40 Millionen Jahre alte evolutionäre Erfolgsmodell »Honigbiene« an den Rand seiner Existenz gebracht wurde.

Wie steht die naturgemäße Imkerei zur Königinnenzucht?

Aus Sicht der naturgemäßen Imkerei muss die künstliche Königinnenzucht kritisch hinterfragt werden. Es geht ja darum, in der eigenen imkerlichen Tätigkeit den Weg zu bevorzugen, den das Bienenvolk natürlicherweise selbst für die Vermehrung und Fortpflanzung wählt. Aus tierethischer Sicht ist es verwerflich, das Tier im Ausleben seiner Natur massiv zu behindern.

Es macht natürlich einen großen Unterschied, ob sich das Bienenvolk wie beim natürlichen Schwarmvorgang selbst dazu entscheidet, wann und wie es sich vermehren möchte. Oder ob ich wie bei der gängigen Völkervermehrung, die ich als willkürlich bezeichnen möchte, Brutwaben und Bienen aus Völkern entnehme, obwohl diese als geschlossener Organismus gar nicht bereit zur Teilung sind. Zudem erzeugt der Imker durch die Entweiselung künstlich eine Notsituation und zwingt die Bienen, die angebotenen Maden als Königinnen aufzuziehen - oder eben zu sterben. Für das Bienenvolk ist das eine existenzielle Frage.

Ich sehe auch weitere konkrete Anhaltspunkte, die dafür sprechen, die Königinnen natürlich aufzuziehen:

- Nach dem Schlupf der Schwarmkönigin verbleibt ein großer Rest Gelee royale in der Zelle. Das interpretiere ich so, dass die natürlich entstandene Königin sehr gut versorgt wird, im Überfluss aufgezogen wurde und daher nicht alle Reserven aufgebraucht hat. In der künstlichen Königinnenzucht verbleibt nach dem Schlupf der Königin meist kein Rest von überschüssigem Gelee royale. Dies weist nicht direkt auf einen Mangel, wohl aber eine andere Qualität hin.
- Schwarmzellen zeichnen sich durch eine »gehämmerte« Oberflächenstruktur aus. Sie sind zudem meist groß und kräftig gestaltet. Die Zellwände sind dick. Zellen aus der künstlichen Königinnenzucht weisen dagegen meist dünne Zellwände und eine im Vergleich dazu glattere Oberfläche auf. Ist die kräftige Oberflächenstruktur ein Ausdruck intensiverer Pflege? Werden natürlich aufgezogene Königinnen besser gepflegt und versorgt als künstlich gezüchtete Königinnen? Es ist bekannt, dass Königinnenzellen

Schöne Schwarmzellen lassen qualitativ hochwertige Königinnen erwarten.

mehr als zehnmal häufiger besucht werden als Arbeiterinnenzellen. Nach Jung-Hofmann wird eine Königinnenmade in der fünftägigen Entwicklungszeit bis zur Verdeckelung ihrer Zelle ca. 1.500-mal von Ammenbienen gefüttert. Der Zeitaufwand hierfür beträgt 17 Stunden. Eine Arbeiterinnenlarve wird etwa 140-mal gefüttert. Das dauert insgesamt ca. zwei Stunden. Kontroll- und Inspektionsbesuche sind hier noch gar nicht dazugerechnet (siehe Literatur Seite 333).

Lebensprozesse im Bienenvolk sind dezentral gesteuerte, sich selbst organisierende Prozesse. Das führt aber nicht zu Chaos, sondern alles greift perfekt ineinander. Ich bin davon überzeugt, dass dies nur deswegen so gut funktioniert, weil das Bienenvolk wie ein einziger Körper arbeitet. Für das reibungslose Funktionieren des Bienenvolks als Organismus ist die enge Verbindung der Arbeitsbienen untereinander und mit ihrer Bienenkönigin, also eine Art inneres Band, verantwortlich. Der von der Königin ausgehende Pheromonstrom ist nur ein chemisch messbarer Indikator für diese innere Qualität. Der Hofstaat, den die Bienen um ihre Königin herum bilden, ist ebenfalls ein besonderer Ausdruck dieser inneren Verbindung. Eigentlich sollte er in jedem Volk zu sehen sein. Die Realität ist aber, dass Hofstaatbildung bei Völkern mit künstlich aufgezogenen Königinnen eher selten beobachtet werden kann.

Sehr interessant fand ich auch die Beobachtung, dass Bienenvölker mit alljährlich eingeweiselten Zuchtköniginnen beim Verlust ihrer Königin auffallend schnell drohnenbrütig wurden. Jedenfalls deutlich schneller, als dies bei meinen Völkern auftrat, die mit Schwarmköniginnen gebildet worden waren. Eine Erklärung dafür könnte sein, dass der Pheromonstrom der Hochleistungsköniginnen nicht stark genug ist, um die Ausbildung der Eierstöcke der Arbeitsbienen komplett zu unterdrücken. Fehlte dann plötzlich die Königin, entwickelten sich in diesen Völkern Afterweiseln in kürzerer Zeit als in naturgemäß geführten Völkern.

Ich bin kein Gegner der künstlichen Königinnenzucht. Diese hat ihre Berechtigung für Züchter, die unter kontrollierten Bedingungen Königinnen aufziehen möchten. Ich sehe es jedoch als Problem an, wenn eine Notlösung in der Natur zur ausschließlichen Basis für die Entstehung neuer Königinnen gemacht wird. Notlösungen werden niemals Ergebnisse höchster Qualität hervorbringen. Mittels der künstlichen Königinnenzucht versucht der Imker, die natureigenen Kräfte, die im Bienenvolk organisch wirken, künstlich nachzuahmen und umzusetzen. Er kopiert aber nicht den Schwarmprozess, sondern nur den Prozess der Nachschaffung, eben die Notlösung. Der imkerliche Fokus liegt nur auf dem Ergebnis. Der Weg, den die Bienen gehen, um ihre Ergebnisse zu erzielen, spielt keine Rolle mehr.

Aufzucht einer Königin aus dem Ei

Auch die Zucht aus dem Ei mittels des von mir beschriebenen Eistreifens (siehe Seite 143) ist ein künstlicher Eingriff. Aufgrund der geringen Anzahl von angebotenen Maden zur Aufzucht ist die Versorgung und Pflege der einzelnen Maden jedoch besser. Besonders wichtig erscheint mir, dass eine potenziell mögliche Determinierung zur Arbeitsbiene verhindert wird, indem die Bienen sofort das angebotene Ei in königliche Obhut nehmen. Das verspricht eine höhere und »natürlichere« Qualität der Königinnen.

Fazit ist, dass bei der Nachschaffung aus einer zur Arbeiterin bestimmten Made eine Königin gemacht wird – auch wenn die Made nur sehr kurz als zukünftige Arbeitsbiene ernährt wurde und ihr Werdegang nur kurz in der sechseckigen Zelle stattfand. Wenn das alles unbedeutend wäre, so bräuchte es die stille Umweiselung nicht, denn dann würden, wenn die alte Königin schwächelt, einige wenige Arbeiterinnenlarven umgestimmt. Die Existenz der stillen Umweiselung ist für mich aber ein Beweis dafür, dass für die Bienen Weg und Ziel, Prozess und Ergebnis zusammengehören.

Dies sollte unserem Denken und Handeln ein Leitbild sein. Natürlich sehe ich auch bei vielen Züchtern eigenständiges Denken und kritisches Hinterfragen der eigenen Tätigkeit. So wird mittlerweile darauf geachtet, nur allerjüngste Maden umzularven, um die Einflüsse, die zur Arbeitsbiene determinieren, zu minimieren. Auch gehören die großen Zuchtserien der Vergangenheit an. Ich kann mich noch gut erinnern, und das kann man auch in alten Imkerbüchern nachlesen, dass es der Stolz eines jeden Züchters war, möglichst große Zuchtserien erfolgreich anzusetzen. Heute geht es nicht mehr um 60 bis 100 Zellen pro Pflegevolk – 20 angezogene Weiselzellen gelten schon als qualitativ gutes Ergebnis. Weil auch bei Züchtern ein Bewusstsein darüber existiert, dass die Pflege, also der Weg zum Ziel für den Erfolg wesentlich ist. Auch in einem sehr starken Pflegevolk werden wenige Zellen besser versorgt als eine große Zahl. Wir alle wissen, dass die Bienen gezielt Maden aussuchen, aus denen sie Königinnen machen wollen. Diese werden dann besonders gut gepflegt.

Der Hofstaat – ein schönes Abbild der Verbundenheit zwischen den Bienen und ihrer Königin.

Resümee

Letztlich geht es immer um den Erfolg. Dieser kann unterschiedlich definiert werden. Für die einen ist eine Imkerei nur dann erfolgreich, wenn ein Maximum an Honig produziert wird. Für andere wiederum ist es schon ein Erfolg, wenn Bienenvölker ohne massive Unterstützung und Eingriffe mehrere Jahre hinweg überleben. Heute herrscht die Meinung vor, dass Erfolg nur mittels künstlicher Königinnenzucht möglich sei. Es ist mir ein Anliegen zu zeigen, dass die Bedeutung der einzelnen Prozesse für das Bienenvolk in einer naturgemäßen Imkerei nicht vernachlässigt werden darf. Zum anderen möchte ich betonen, dass es ohne Weiteres möglich ist, starke, ertragreiche, vitale Bienenvölker auch ohne künstliche Königinnenzucht, rein auf der Basis von Schwarmzellen, zu generieren und zu pflegen. Das habe ich in den Vergleichen von Hochleistungsköniginnen mit meinen eigenen Königinnen oft genug erlebt. Wir alle kochen nur mit Wasser! »Mein« Weg ist nicht ganz so bequem und einfach. Er setzt ein anderes Prozedere voraus. Vor allem aber eine andere Sichtweise.

Selektion

Königinnenzucht besteht aus den Elementen Zuchttechnik und Zuchtauslese. Letztere sollte nicht den professionellen Königinnenzüchtern überlassen werden. Jeder Imker kann seinen eigenen vitalen Ökotypus erzeugen.

Naturgemäße Imkerei und Auslese: Ist das ein Widerspruch?

Auf den ersten Blick scheint dies tatsächlich ein Widerspruch zu sein. Der naturgemäße Imker möchte seine Bienen halten oder pflegen nach dem Vorbild Natur. Das Füttern und die Behandlung gegen die Varroamilbe werden als notwendiges Übel angesehen. Der Anspruch ist hoch: Die Bienen sollen die Freiheit haben, ihr eigenes natürliches Leben auszuleben. Der bienengemäße Imker vertraut auf das natürliche Potenzial seiner Bienenvölker. Sein Motto: Die Bienen können es am besten.

Tatsächlich ist dies teilweise eine Täuschung. Leider funktioniert das nur bei optimalen natürlichen Voraussetzungen. Diese sind aber bei uns nicht mehr gegeben. Wenn nun der Imker die Bienen sich selbst überlässt, wird die Imkerei bzw. der Zustand der Völker immer schlechter. Am Ende gibt es in dieser Imkerei keine Bienen mehr. Das gilt auch, wenn die Bienen nur gehalten, aber trotzdem gefüttert und behandelt werden. Woran liegt das?

Ich habe ja bereits mehrfach erwähnt, dass ein wesentlicher Grund für den evolutionären Erfolg der Honigbienen die harte, aber perfekt funktionierende natürliche Auslese ist. In der heutigen Imkereikultur ist diese jedoch weitgehend außer Kraft gesetzt. Dank der Zuckerfütterung bzw. der Bekämpfung von Bienenkrankheiten kann fast jedes Volk irgendwie am Leben erhalten werden. Die Betonung liegt auf »irgendwie«. Natürlich versucht die Natur, durch die Hintertür wieder Geltung zu erlangen. Das sind dann die Verluste. Aber auf Dauer kann das nicht gut gehen. Das Niveau der Vitalität wird sinken!

Selektion als kulturelle Maßnahme

Imkerei heute ist Kulturtätigkeit. Ich bin daher der Ansicht, dass wir Verantwortung übernehmen sollten: für das einzelne Bienenvolk und letztlich für die Erhaltung der Art. Dies bedeutet, dass wir selbst Selektion betreiben müssen, damit das Niveau der Vitalität nicht weiter sinkt.

Diese Aussage steht im Widerspruch zu den Behauptungen vieler Züchter, dass wir heute dank der züchterischen Anstrengungen mit einer viel »besseren« Biene imkern können als noch vor einigen Jahrzehnten. Ich möchte viele dieser Erfolge nicht infrage stellen. Ein schönes Beispiel ist die Auslese auf Sanftmut. Wir können heute mit einer Biene imkern, die meist fest auf den Waben sitzt und beim Öffnen der Beute nicht sofort attackiert. Auch die guten Leistungen unserer Bienenvölker sollen nicht unerwähnt bleiben. Ob diese Steigerung der Erträge aber tatsächlich ein Erfolg der Zuchtarbeit ist, sollten wir kritisch, aber unvoreingenommen hinterfragen. Meiner Meinung nach sind sie es nicht. Vielmehr spielen die veränderten Betriebsweisen eine wichtige Rolle. Denn heute gibt es keine Schwarmbildung mehr mit Teilung des Volks in Vorschwarm, Nachschwarm und Restvolk. Vielmehr ist der Imker bestrebt, das Bienenvolk als Ganzes zu erhalten. Dadurch wird seine Leistungsbereitschaft maximiert, die Honigerträge bleiben in einem Volk konzentriert. Zudem wird heute die komplette Honigernte entnommen und durch Zucker ersetzt. Es ist auch danach zu fragen, auf welche Weise entsprechend große Honigernten zustande kommen. Eine Berufsimkerei kann heute nur überleben, wenn als Durchschnittsertrag mindestens 60 Kilogramm pro Volk erreicht werden. In vielen Regionen Deutschlands ist eine solch große Honigernte ohne Wanderungen nicht realisierbar. Wandert der Imker in den Raps, danach in die Robinie und dann in die Linde, so ist ein Durchschnittsertrag in dieser Höhe problemlos möglich. Für eine Standimkerei sind das, bis auf wenige Ausnahmen, utopische Zahlen.

Ich plädiere also dafür, die moderne Bienenzucht nicht abzulehnen, aber kritisch zu hinterfragen.

Es ist meine Überzeugung, dass Honigbienen über ein hohes Maß an Vitalität verfügen. Sonst hätten sie es nicht geschafft, seit vielen Millionen Jahren in fast allen Klimabereichen der Erde erfolgreich zu leben. Wir müssen mit unserer Art zu imkern heute mehr denn je an diese beeindruckende Vitalität anknüpfen, wenn wir eine gute Zukunft für die Bienen und die Imkerei gestalten wollen. Ich kann hier keine Patentlösung anbieten. Ich möchte den Leser aber an meinen Überlegungen, Beobachtungen und Erfahrungen teilhaben lassen und versuchen, daraus Handreichungen für eine erfolgreiche naturgemäße Bienenzucht herauszudestillieren.

Selektion durch den Imker

Ein wichtiges Werkzeug bei dieser Arbeit ist die Selektion. Zucht besteht ja aus den Komponenten Zuchttechnik und Zuchtauslese. Wie ich im Kapitel zur Vermehrung beschrieben habe, halte ich die Bienen für die besseren Züchter. Deshalb halte ich mich aus der künstlichen Aufzucht von Königinnen (Zuchttechnik) so weit wie möglich heraus. Die Zuchtauslese, das ist meine Aufgabe. Jeder Imker kann das in seiner Imkerei umsetzen und erstaunlich schnell schöne Resultate erzielen.

Deshalb plädiere ich dafür, die fehlende natürliche Selektion durch eine imkerliche Selektion als kulturelle Maßnahme zu ersetzen. Die Grundlage sollte ein ganzheitlicher Blick auf die Bienen sein. Als Maßstab sollte das natürliche Leben der Bienen herangezogen werden. So können Einseitigkeiten wie in der auf Leistung ausgerichteten modernen Zucht vermieden werden.

Wie soll diese Selektion aussehen?

Damit diese Arbeit gelingt, muss man sich auf die Bienen einlassen. Der Imker muss seine Bienen kennen und die Völker gut beobachten. Über die Kunst des Beobachtens und Beurteilens der eigenen Bienenvölker habe ich bereits gesprochen. Das ist eine Sache der Erfahrung und bedarf geduldigen Übens. Außerdem ist es wichtig, eine eigene Vorstellung dafür zu entwickeln, was Vitalität für mich und meine Imkerei bedeuten könnte.

Extreme Selektion

Ein radikaler Umgang mit dieser Problematik ist die sehr extensive Imkerei: Ich überlasse die Bienen sich selbst und bin damit zufrieden, wenn ab und zu ein wenig Honig für mich abfällt. Ich bin sicher, dass dieser Weg für den Imker, aber auch für die Bienen ein sehr harter Weg sein wird. Es werden nur sehr wenige Völker übrigbleiben. Allerdings zeichnen sich diese dann durch ein hohes evolutionäres Potenzial aus.

Was versteht man unter Vitalität?

Imker benutzen den Begriff Vitalität oft als Synonym für Honigleistung. In der Natur hängen diese beiden Aspekte zwar zusammen. Allerdings beinhaltet Vitalität noch viel mehr als nur die Honigleistung, sie ist Ausdruck der Lebensfähigkeit eines Bienenvolks (lat. vitalitas = Lebenskraft).

In Wikipedia heißt es: Die Vitalität eines Organismus wird dadurch bestimmt, wie gut dieser es schafft, sich an seine Umgebung anzupassen. Vitalität ist die Fähigkeit, unter vorgefundenen Umweltbedingungen zu gedeihen und zu überleben.

Auf die Bienen bezogen bedeutet für mich Vitalität ...

- ... die Fähigkeit eines Bienenvolks, in einer bestimmten Umgebung aus eigener Kraft einen längeren Zeitraum zu überleben. Dies zeigt sich einmal in der Fähigkeit eines Bienenvolks, über mehrere Generationen hinweg aus eigener Kraft einen Organismus aufzubauen und diesen aufrechtzuerhalten. Zudem tragen die Bienen Sorge dafür, dass sich dieser Organismus immer wieder erneuert und rechtzeitig verjüngt, bevor die Kraft der Königin nachlässt und dies nicht mehr möglich wäre.
- ... die Fähigkeit eines Bienenvolks, einen ungleichgewichtigen Zustand aus eigener Kraft in einen gleichgewichtigen Zustand zurückzuverwandeln.

Mir gefällt diese Definition von Vitalität, die ich gemeinsam mit Michael Weiler bereits vor 22 Jahren formuliert hatte, sehr gut. Sie bezieht sich auf den Aspekt der Erhaltung der Substanz eines Bienenvolks sowie seine Fähigkeit zur Regeneration. Der andere Aspekt bezieht sich auf die Selbstheilungskräfte eines Bienenvolks.

Die Idylle trügt. Die Imkerei ist zwar schwere körperliche Arbeit, aber trotzdem schön und erfüllend.

Im Licht dieser Definition wird schnell deutlich, wie es um die Imkerei heute bestellt ist: Ohne Unterstützung des Imkers bzw. ohne Einsatz von Medikamenten würde ein Großteil der Völker nicht überleben.

Natürlich kommt jetzt der Einwand: Die Varroamilbe ist ein Sonderfall, eine Extremsituation. Das hat doch mit Vitalität nichts zu tun!

Ist das wirklich so? Vor 25 Jahren überlebten die Bienenvölker einen Befall mit bis zu 10.000 Varroamilben je Volk. Heute liegt die Schadensschwelle bei einem Befall von ca. 1.000 Milben je Volk. Diese Entwicklung zeigt mir, dass das mit dem Sonderfall Varroa so nicht stimmt. Vergleichen wir die Situation in der Imkerei mit anderen

Krankheiten oder Epidemien, so wäre zu erwarten gewesen, dass der Entwicklungsverlauf in etwa gleich geblieben wäre. Ja sogar, dass sich in 30 Jahren Konfrontation mit Varroa die Situation durch Anpassungsprozesse entspannt hätte. Das ist bei Epidemien oft der Fall. Aktuell konnten wir das in der Corona-Pandemie erleben. Im Zusammenspiel von Imkerei und Varroa ist jedoch das Gegenteil der Fall. Die Situation hat sich verschärft. Somit ist die Frage legitim: Ist die Milbe vitaler geworden oder sind die Bienen schwächer geworden? Ich denke mittlerweile, beides trifft zu.

Selektion in die falsche Richtung?

Wie kann es sein, dass bei den Milben eine Selektion hin zu einer größeren Aggressivität stattgefunden haben könnte? Ich denke, das hat weniger mit einer Resistenz gegen organische Säuren zu tun als vielmehr mit unserer Art zu imkern. Wir selbst haben »gefährlichere« Milben selektioniert. Eigentlich ist der Mechanismus, der dazu führt, ganz einfach: In der freien Natur leben Bienenvölker weit voneinander entfernt. Zwischen den Nestern wild lebender Schwärme liegen oft Entfernungen von einem Kilometer und mehr. Es gibt weder Räuberei noch Verflug. Wenn eine Milbe so aggressiv ist, dass sie ihr Wirtsvolk tötet, dann stirbt sie mit diesem Volk. Ihre aggressiven Eigenschaften werden nicht weiter vererbt. Es überleben nur die Milbenpopulationen, die ihren Wirt nicht umbringen. Damit wird der Weg der gegenseitigen Anpassung beschritten.

Wir Imker leben in einer ganz anderen Situation: Die Bienendichte ist hoch, oft stehen viele Völker an einem Stand. Allein durch Verflug gibt es eine hohe Infektionsrate. In Regionen mit hoher Bienendichte kann der Milbenbefall pro Bienenvolk viermal höher sein als in Gebieten mit geringer Bienendichte. Bringt bei der derzeitigen Form der Aufstellung unserer Bienenvölker eine Milbenpopulation ihr Wirtsvolk um, dann wird dieses Volk ausgeräubert. Die aggressiven Milben gelangen mit den Räuberbienen in deren intakte Bienenvölker und können dort ihr Werk fortsetzen. Sie nehmen weiterhin am Selektionsprozess teil.

Wie generiere ich Vitalität?

Vitalität ist unterteilt in die erhaltende sowie die regenerierende und neubildende Kraft. Erhaltung, Neubildung, Regeneration – das hat viel mit der Ernährung und Lebensweise zu tun. Vitalität braucht Quellen, aus denen sie sich speist, denn jedes Leben kostet und verbraucht Kraft und Energie. Diese muss immer wieder erneuert werden. Somit hat die Ernährung einen großen Einfluss auf die Vitalität. Honigbienen sind heute schlecht und einseitig ernährt. Sie müssen sich mit vielen chemischen Rückständen in ihrer Ernährung auseinandersetzen. Natürlich schwächt dies die Kraft zum Leben.

Eine weitere Voraussetzung für die Entfaltung und Beurteilung von Vitalität ist meiner Ansicht nach eine naturgemäße Bienenhaltung. Warum? Tatsächlich wissen wir ja nicht viel darüber, wie sich unsere Art des Umgangs mit den Bienen auf das Tier Bienenvolk auswirkt. Wir sehen nur, dass das irgendwie funktioniert: Die Völker entwickeln sich, sie tragen Honig ein. Daraus ziehen wir den Schluss, dass die Maßnahmen unserer imkerlichen Tätigkeit keinen negativen Einfluss auf das Bienenvolk haben. Das ging lange gut, doch jetzt sind die Bienen krank. Das muss ich doch hinterfragen!

Ich gehe von folgenden Zusammenhängen aus: Die Kraft eines Lebewesens verbraucht sich stetig und jedes Lebewesen hat nur ein bestimmtes Reservoir an Kräften zur Verfügung. Durch gute Ernährung wird dieses Reservoir ständig wieder aufgefüllt und erneuert. Wird jedoch diese Kraft schneller verbraucht als ergänzt, funktioniert die Regeneration nicht richtig. Das Lebewesen wird krank und kann sogar sterben. Bei Menschen sind uns diese Erkenntnisse geläufig. Doch warum soll es bei den Tieren anders sein? Kann ein Wesen nicht seiner Natur gemäß leben, so wird es krank oder lebt zumindest unter hohem Stress. Es versucht ständig, wieder seiner Natur und seiner Biologie gemäß leben zu können. Das Tier ist bestrebt, die Störung auszugleichen oder zumindest zu reparieren. Dieser Versuch kostet Kraft.

In der Imkerei von heute können oder dürfen die Bienen nicht mehr so leben, wie sie es von ihrer Natur her gewohnt sind. Klar, sie fliegen aus, besuchen Blüten und sammeln Nektar und Honigtau. Sie leben in einer Art Höhle, sie bauen auch Waben - doch da hört es mit dem bieneneigenen naturgemäßen Leben schon auf: Die Waben bestehen aus vorgefertigten Wachsplatten. Königinnen werden künstlich gezüchtet, basierend auf einer Notlösung, der Nachschaffung. Das Futter besteht aus Zucker und ständig werden aggressive Säuren ins Volk eingebracht. Das alles kostet die Bienen Kraft und Energie. Der Stress schwächt sie. Eigentlich ist dies eine klassische Burn-out-Situation. Die Kräfte fehlen dann woanders, zum Beispiel bei der Abwehr von Krankheiten. Ich behaupte daher: Je artgerechter eine Bienenhaltung ist, desto mehr können die Bienen ihre Vitalität ausleben.

Auslese gemäß der Natur - zwei Wege

Selektion nach dem Vorbild der Natur ist ...

- ... **positive Auslese:** Konkret bedeutet dies, dass wir mit vitalen Völkern arbeiten, diese fördern und von diesen vermehren.
- ... **negative Auslese:** Sie führt dazu, dass schwache und anfällige Völker nicht zur Vermehrung herangezogen und letztlich aus der Imkerei ausgeschieden werden.

Die imkerliche Kunst besteht darin, der natürlichen Selektion zuvorzukommen, indem gute vermehrungswürdige Völker identifiziert und anfällige, nicht überlebensfähige Völker frühzeitig erkannt und ausgeschieden werden. Ein Problem dabei ist, dass durch Medikamente und Fütterung geschwächte Völker nicht erkannt werden und dadurch die Schwächungen überdeckt werden. Aus diesem Grund werden die negativen Konsequenzen lange Zeit hinausgezögert.

Das Ausscheiden anfälliger Völker verbessert die Situation für alle Völker an diesem Stand. Der Infektionsdruck oder die Räubereigefahr werden reduziert. Das Erbgut dieser Völker wird aus dem Erbstrom ausgeschieden. Dies erhöht die Stabilität der Honigbienenpopulation insgesamt. Ich erzeuge Beständigkeit und es treten stetige, aber langsame Verbesserungen auf. Wichtig ist mir, dass dies aus eigener Kraft, aus dem Inneren des Volks heraus geschieht. Alles Fremde, Manipulative verfälscht das Ergebnis und ist dann nicht mehr zuzuordnen.

Wie kann ich diese theoretischen Überlegungen in meiner imkerlichen Praxis anwenden?

Ich brauche als Basis dazu eine Vorstellung, was Vitalität für mich konkret bedeutet. Wie stelle ich mir ein gesundes, vitales Bienenvolk vor? Dieses Ideal versuche ich dann, in die Praxis umzusetzen.

Prinzipiell kann ich umso besser selektionieren, je mehr Völker ich betreue, denn dann stehen mehr Vergleichsvölker zur Verfügung. Die Völker sollten

Das Aussehen des Brutnestes ist das klarste Kriterium, um die Qualität einer Königin zu beurteilen.

am gleichen Standort stehen, in den gleichen Beuten untergebracht sein und auf die gleiche Art und Weise betreut werden.

Aber auch ein Imker mit nur wenigen Völkern kann Auslese betreiben. Selbst ein Imker, der nur zwei Bienenvölker betreut. Dazu kann er im Verlauf des Sommers, egal auf welche Art und Weise, seine Völkerzahl verdoppeln. Im Herbst vor der Einwinterung wird dann wieder reduziert. Der Fortschritt dauert dann etwas länger.

Wir arbeiten dabei auf zwei Ebenen: Einmal verbessere ich meine eigenen Bienenvölker; zum anderen trage ich meinen Teil dazu bei, das allgemeine Niveau der Population zu erhöhen. Aber ich erinnere noch einmal daran, dass die Natur selbst extrem hart selektioniert. Wir sollten uns an ihrem Beispiel orientieren. Das Prinzip ist immer gleich: Zunächst großzügig vermehren und dann wieder stark reduzieren.

Schritt 1: Vermehrung am eigenen Stand

Die Vitalität verbessert sich, wenn ich über einen längeren Zeitraum aus meinem eigenen Bestand heraus vermehre und auslese. Dadurch bekomme ich in meinem Bestand eine gewisse Stabilität – und ich finde, Vertrauen in die eigene Biene gehört auch dazu. Nicht nur Züchter haben gute Völker, sondern an vielen Bienenständen leben unentdeckte »Goldkörner«, die es wert sind, sich vermehren zu dürfen.

Nur wenn ich meine Völker kenne, kann ich sie vergleichen und sehen, was in ihnen steckt. Ich halte es in diesem Zusammenhang für wichtig, die Königin nicht jedes zweite Jahr auszutauschen. Sie sollte über einen längeren Zeitraum in ihrem Volk verbleiben. So kann sie sich unter unterschiedlichen Tracht- und Wetterbedingungen bewähren. Bedeutsam ist doch nicht nur ihre Leistung in einer einzelnen Tracht, sondern auch ihre Jahres- bzw. Lebensleistung. Leider erreichen heute nur sehr wenige Königinnen ihr natürliches Alter von vier bis fünf Jahren. Gerade in der Berufsimkerei ist es gängige Praxis, die Wirtschaftsköniginnen nach einem Jahr auszutauschen (siehe Seite 151). Nach meiner Erfahrung leisten auch zwei- bis dreijährige Königinnen gute Arbeit. Ob ältere Königinnen tatsächlich öfter schwärmen wollen, sei einmal dahingestellt. Werden die Königinnen regelmäßig nach kurzer Zeit ausgetauscht, wird der Imker niemals erfahren, was seine Bienenvölker wirklich können. Er verspielt eine gute Möglichkeit, selbst seriös zu selektieren und bringt sich in Abhängigkeit von externen Königinnenzüchtern.

Wer längere Zeit am eigenen Stand von ausgewählten Völkern vermehrt, erzeugt einen »Ökotypus«. Das ist eine Biene, die an die Umgebung, die Landschaft, die dort herrschenden Trachtverhältnisse und das Klima angepasst ist. Sie zeichnet sich durch ein eigenständiges Profil aus. Wenn ich von meinen besten Völkern vermehre, so imkere ich sicherlich nicht mit reinrassigen Bienenvölkern. Sondern ich generiere eine Biene, die zu mir und meiner Landschaft passt - eine Landbiene.

Diese Art der Vermehrung nennt sich **Basiszucht** (nach Wolfgang Golz). Sie basiert darauf, dass es die Königinnen sind, die die Eigenschaften des Muttervolks weitergeben. Der Erbstrom der Mutter (mütterliche Dominanz) sorgt für die Stabilität und Beständigkeit im Bienenvolk.

Bis zu 30 Drohnen begatten die Königin. Dadurch entstehen Variabilität und vielfältige neue Erbanlagen. Ich denke, dass heute die Bedeutung der Drohnen für die von mir angesprochene Vitalität unterschätzt wird. Die Drohnen sammeln sich hoch oben in der Luft an Drohnensammelplätzen. Die Königinnen fliegen weite Strecken, um sich dort zu paaren. Unter den Drohnen herrscht ein großer Konkurrenzkampf. Nur die stärksten kommen zum Zug. Mit Naturwabenbau, der einen höheren Anteil von Drohnenzellen aufweist, sorge ich bei Standbegattung für eine hohe Dichte an Drohnen aus meinen eigenen Völkern. Das systematische Ausschneiden der Drohnenbrut zum Zweck der Varroabekämpfung scheint mir daher für die Zucht und Begattung guter Königinnen kontraproduktiv. Es gibt dann für eine gute Auslese zu wenig Drohnen und auch schwächere kommen zum Zug.

Natürlich hat es seine Berechtigung, wenn Züchter in ihre Zuchtlinien immer wieder neue Herkünfte einkreuzen. Die Natur macht es im Grenzgebiet zwischen verschiedenen Bienenrassen nicht anders. Zumal wir es in den meisten Gebieten Mitteleuropas mittlerweile mit einem überall vorhandenen Rassengemisch zu tun haben. Das mag man gut oder schlecht finden, aber es ist Tatsache.

In diesem Zusammenhang halte ich es für übertrieben, dogmatisch den Typus einer reinrassigen Carnica-Biene *(Apis mellifera carnica)* zur idealen Biene zu erklären. Das ist in unserem Rassengemisch überhaupt nicht mehr möglich. Daher finde ich es für den einzelnen Imker viel einfacher, zu versuchen, aus dem eigenen Bienenbestand heraus Verbesserungen zu erzielen. So gewinnt er Autonomie.

Durch die Einkreuzungen und Importe sind Bienen nicht mehr an die lokalen Umweltbedingungen angepasst. Zudem überdeckt der Heterosis-Effekt (siehe Seite 170), ob und wie stabil die Basis unserer Bienen wirklich ist.

Ich bin davon überzeugt, dass es sinnvoll ist, nicht ständig fremdes Bienenmaterial zu importieren. Stattdessen ist es nachhaltiger, mit dem Vorhandenen zu arbeiten und eine stabile Landrasse zu etablieren. Daran kann sich jeder Imker, und sei seine Imkerei noch so klein, beteiligen. Diese Arbeit verbessert die Gesundheit und Vitalität am Bienenstand direkt und die Erhaltung der Honigbiene als Art im Allgemeinen.

Ein weiterer wichtiger Faktor für die Beurteilung von Vitalität ist in meinen Augen die autonome Entwicklung der Völker. Diese müssen die Möglichkeit haben, sich aus eigener Kraft zu entwickeln, um zeigen zu können, was in ihnen steckt. Alle unterstützenden Maßnahmen, wie Verstärken, Reizfütterung oder Ausgleichen, sollten minimiert werden.

PRAXIS

Heterosis-Effekt in der Imkerei

Die gängige Praxis heute ist, dass viele Imker ihre Königinnen von einigen wenigen Züchtern kaufen. Die moderne Hochleistungsimkerei basiert vor allem auf der Kreuzungszucht. Dies bedeutet, dass verschiedene Bienenherkünfte miteinander gekreuzt werden - es entsteht eine Hybridbiene. Hier folgt die Imkerei der Pflanzenzucht in der konventionellen Landwirtschaft. Ein Vorteil dieser Kreuzungen ist nicht nur die Kombination verschiedener Eigenschaften, sondern auch der sogenannte Heterosis-Effekt. Dies ist eine durch die Kreuzung der verschiedenen Abstammungen verursachte Leistungssteigerung in der ersten Folgegeneration, auch F_1-Generation genannt. Das sind die Wirtschaftsköniginnen, die die Imkerschaft gern kauft. Allerdings ist es problematisch, von diesen Königinnen nachzuzüchten bzw. zu vermehren. Gemäß den Mendel'schen Gesetzen gibt es in den folgenden Generationen keine einheitlichen Nachkommen mehr, sondern Aufspaltungen in vielfältige Varietäten mit unterschiedlichen Eigenschaften. Daher sind diese Imker gezwungen, sich immer wieder Wirtschaftsköniginnen der F_1-Generation zu kaufen. Sie sind abhängig von Königinnenzüchtern geworden. Insgesamt ist durch eine starke Monopolisierung des Marktes für Königinnen die genetische Variabilität stark zurückgegangen.

Heute befinden wir uns sozusagen in einer permanenten Heterosis-Phase, einer künstlich verursachten Leistungssteigerung. Dies verfälscht jedoch unsere eigene Wahrnehmung von den Bienen. Wir wissen nicht, was tatsächlich in unseren Bienen steckt. Sind sie wirklich vital oder überdeckt das Künstliche, Menschengemachte die realen Verhältnisse? Wir stecken laut Wolfgang Golz in einer Heterosis-Falle.

Eine Falle als Folge des Heterosis-Effekts

Hierzu konnte ich während meiner Arbeit in Ägypten interessante Beobachtungen machen. Dort arbeiteten wir daran, die einheimische Honigbiene *Apis mellifera lamarckii* vor dem Aussterben zu retten. Gab es in Ägypten in den 1950er-Jahren noch etwa eine Million Völker von *Apis mellifera lamarckii*, so ist ihre Zahl

Ich setze auf die »Goldkörner« in meinen eigenen Bienenvölkern, um der Heterosis-Falle zu entgehen.

Ein großer Schwarm mit vitalen Lamarckii-Bienen in einem Baum.

heute auf ca. 1.000 Völker (davon mehr als 700 unter unserer Obhut) gesunken. Ein Grund für diesen Rückgang war die Einfuhr vor allem europäischer Bienenrassen aus kommerziellen Gründen. In den ersten Jahrzehnten ging dies noch gut. Die Imker konnten schöne Honigernten einfahren. Nach der Entdeckung der Varroamilbe in Ägypten durften jedoch keine Königinnen anderer Herkünfte mehr importiert werden. Der durch die Kreuzungen verursachte Heterosis-Effekt ließ langsam nach. Erschwerend kam dazu, dass die ägyptischen Imker kaum ein Bewusstsein von Selektion hatten. Die Konsequenz war ein massiver Niedergang der Imkerei. Mir war eine ähnliche Situation noch nie begegnet. Bei unseren Exkursionen fanden wir extrem schwache Völker vor: zwei bis drei Waben mit Bienen, ein kleines, löcheriges Brutnest. In vielen Völkern fanden sich nahezu alle bekannten Krankheiten. Faulbrut war überall vorhanden und wurde mit Antibiotika bekämpft. Die Königinnen waren ebenfalls schwach, schlecht begattet und bereits nach einem halben Jahr am Ende ihrer Kräfte. Drohnen gab es in diesen Völkern nur wenige. Mittlerweile haben die Imker dort gelernt, dass Selektion eine wichtige Kulturmaßnahme ist und die Bienen an Klima und Vegetation angepasst sein sollten. Die Situation hat sich etwas entspannt.

F_1-Generation

Bei der Kreuzung verschiedener Linien oder Rassen tritt in der ersten Nachfolgegeneration, der sogenannten Filialgeneration, F_1-Generation oder Tochtergeneration (von latein. filia = Tochter) eine Leistungssteigerung ein. Die Angehörigen der F_1-Generation sind bezogen auf ein Merkmal genetisch uniform. Kreuzt man die F_1-Generation miteinander, sind ihre Nachkommen genetisch nicht mehr uniform und verlieren an Fitness bzw. Vitalität.Aus diesem Grund ist es aus züchterischen Gesichtspunkten nicht sinnvoll, von dieser F_1-Generation nachzuzüchten.

Schritt 2: Erneute Anpassung der Völkerzahl durch negative Selektion

Die Zeit der Einwinterung/Einfütterung bietet sich für die Reduktion der Völkerzahl und das Auflösen ungenügender Völker an. Es gehört zur Kunst des Imkerns, die Völker zu erkennen, die im Winter sowieso eingehen würden.

Auflösen bedeutet, dass diese Völker aus dem Bestand herausgenommen werden. Sind sie schwach oder gefallen sie anderweitig nicht, haben aber noch schöne Brutwaben, so werden sie mit einem anderen Volk vereinigt.

Ist der Wabenbau jedoch alt, ist das Brutnest löcherig und mangelhaft, so werden die Waben eingeschmolzen und die Bienen vor der Flugfront abgekehrt. Sie betteln sich dann mit der sogenannten Demutshaltung bei anderen Völkern ein und werden, vor allem wenn sie ein wenig Honig mitbringen, von den Wächterbienen am Flugloch eingelassen.

Bilderbuch-Brutwabe: Bienen und Brut im Übermaß, das Brutnest ist eine geschlossene Einheit.

16 Punkte, die ich als Selektionskriterien für interessant halte

Selektion beinhaltet, dass der Imker nicht auf eine bestimmte Völkerzahl fixiert sein sollte. Imkerei ist, wie das natürliche Geschehen, ein dynamischer Prozess.

Der Tod gehört zum Leben dazu. Dies anzuerkennen, hat viel mit Demut zu tun. Alles was aufgrund von Schwächung, Krankheiten, schlechter Entwicklung im Jahreslauf aus eigener Kraft nicht überleben würde, wird aufgelöst. Dazu zwei Beispiele:

- Alle Imker kennen das Phänomen, dass ein Volk schlecht aus dem Winter kommt. Der Grund dafür ist nicht immer bekannt oder sofort ersichtlich. So wartet man erst mal ab und beobachtet die Entwicklung. Und siehe da, im August steht das Volk wieder gut da: viele Bienen, viel Brut. Honig hat dieses Volk zwar keinen gebracht, aber es wäre doch schade, dieses Volk jetzt aufzulösen, denkt sich der Imker. So wird das Volk eingefüttert, behandelt und wieder in den Winter genommen. Manchmal ist dieser Weg erfolgreich, das Volk weiselt still um und die neue Königin bringt neues Leben hinein. Oft genug aber bietet sich im Frühjahr das gleiche Bild wie im Jahr zuvor: schwache Auswinterung ... Das Spiel beginnt von vorn. Spätestens jetzt sollte der Imker seine harte Selektionsentscheidung fällen.
- Entsprechend gibt es Völker, die alles in Brut umsetzen. Ich nenne diese Völker notorische Brüter. Sie ziehen das Jahr über große Mengen an Brut auf. Der Honigraum aber bleibt leer. Offensichtlich ist die Lebenserwartung der Einzelbiene ge-

ring. Ein solches Volk würde auf sich allein gestellt, schnell verhungern.

Aber Achtung: Vorschnelle Urteile führen manchmal zu einer Fehleinschätzung. Dazu wieder ein Beispiel: Wir halfen einmal einem anderen Imker aus und betreuten 50 seiner Trogbeutenvölker. Das Flugloch war nicht vorn an der Stirnseite angebracht, sondern in der Mitte der Seitenwand. Diese Völker brüteten sehr viel und hatten wenig Honigvorräte. Waren das die von der Genetik her beschriebenen Brütervölker? Nein, das ergab sich aber erst durch genaue Beobachtung und Kenntnis der Bienen. Die starke Brutanlage und der minimale Honigertrag lagen an der Betriebsweise und der Beuten- bzw. Fluglochkonstruktion. Was wurde da falsch gemacht? Honig wird immer fluglochfern eingelagert. Das macht Sinn, da die Vorräte so durch die Brut vor Räubern geschützt sind. In unserem Fall wurde der Wintersitz der Völker immer in der Mitte der Beute eingerichtet, begrenzt durch zwei Schiede an der Seite. Daneben blieb die Beute in beide Richtungen leer. Das Flugloch war in der Mitte der Seitenwand angebracht. Erweitert wurde im Frühjahr, indem auf jeder Seite des Brutnestes ein leeres Naturbaurähmchen gegeben wurde. Waren die Waben ausgebaut, so wurde wieder beidseitig erweitert, bis die Beute voll war. Das Problem war, dass durch das mittige Flugloch an der Längsseite und den Wintersitz direkt hinter dem Flugloch die Bienen nicht entscheiden konnten, wo fluglochnah und -fern ist. Deshalb dehnten sie das Brutnest beidseitig aus. Als wir den Wintersitz der Völker nicht mehr mittig, sondern seitlich an der Stirnseite einrichteten und die Völker im nächsten Frühjahr nur noch in eine Richtung erweiterten, fiel es den Bienen nicht schwer, eine Brut- und eine Honigsektion zu etablieren. Da, wo der Wintersitz war, wurde die erste Brut angelegt, dieser Bereich blieb der Brutnestbereich. Daran anschließend kamen die Honigwaben. Und das waren nicht wenige: Durch eine Änderung der Betriebsweise wurde die Balance zwischen Brut und Honig wiederhergestellt.

Mir sind die Bienenvölker am liebsten, die aus wenig viel machen. Das Prinzip »aus wenig viel zu machen« scheint mir ein wesentliches Kennzeichen von Vitalität zu sein. Früher bezeichnete man die Völker oft als Hünglertypen, die wenig Winterfutter verbrauchten und kleine Brutnester pflegten. Die Honigernte war entsprechend gering. Ich weiß nicht, ob dieser Typ Bienen unter den heutigen Trachtbedingungen gut zurechtkommen würde. Länger andauernde Blüten- oder Waldtrachten werden ja immer seltener. Das Trachtgeschehen hält meist nur kurz an. Da heißt es auch für die Bienen, auf Zack zu sein.

Doch es geht um das Prinzip. Wie immer kommt es im Verhältnis Bienen, Brut und Honigertrag auf die Balance an. Um das zu beurteilen, braucht es ein wenig Erfahrung. Zudem ist es von Stand zu Stand unterschiedlich.

Die Honigleistung ist ein Ergebnis verschiedener Faktoren. In der heutigen Zucht sehe ich eine Fixierung auf maximale Honigleistung je Tracht. Das kann zu Einseitigkeiten in der Beurteilung führen. Prinzipiell ist der Honigertrag auch für mich ein wichtiges Selektionskriterium. Ein gutes Volk sollte es schaffen, aus eigener Kraft mindestens so viel Honig zu sammeln, dass es damit gut über den Winter kommt. Das ist aber keine absolute Größe, sondern variiert von Jahr zu Jahr, von Region zu Region.

Die Standbegattung ist ein gutes Instrument für einen guten Selektionserfolg. Sie ist einfach umzusetzen. Man lässt die Königinnen einfach am eigenen Bienenstand begatten. Die Stabilität kommt aus der Linie meiner eigenen Königinnen. Drohnen bringen ein belebendes Element. Mit Naturwabenbau ist eine hohe Dichte mit meinen eigenen Drohnen leicht möglich. So gibt es genügend Drohnen für eine ausreichende Begattung mit bis zu 30 Drohnen je Königin. Die Konkurrenz unter den Drohnen ist hoch und nur die stärksten können den Königinnen am Drohnensammelplatz hoch hinauf zur Sonne folgen.

Eine gute Überwinterung mit wenig Futterverbrauch und nachfolgend eine gute Frühjahrsentwicklung sind wesentliche Beurteilungskriterien. Das stimmt zwar, aber ich muss etwas relativieren. Die Völker mit einem frühen, starken Bruteinschlag sind nicht immer die besten bzw. vitalsten Völker.

Das klassische Bild einer stillen Umweiselung: eine einzige sehr gut gepflegte Weiselzelle.

Oft sind auch »Spätzünder«, also Völker, die erst später mit einer verstärkten Brutpflege beginnen, gut geeignete Kandidaten für die weitere Vermehrung. Ihr Verhalten zeugt jedenfalls von Klugheit. Sie minimieren das Risiko von Kälterückschlägen, die vor allem im zeitigen Frühjahr auftreten können.

Generell möchte ich davor warnen, sich in der Beurteilung zu sehr auf den Ertrag einer einzigen Tracht zu fokussieren. Ich kenne Völker, die die Frühtracht zur Entwicklung brauchten, sich dafür in der Sommertracht oder im Wald ganz hervorragend bewährten.

Die Bauleistung ist ein Ausdruck von Vitalität. Das kann aber nur mit Naturwabenbau gut beobachtet werden. Wer damit Erfahrung hat, wird Waben aus Mittelwänden nicht mehr als echte Bauleistung einstufen. Hier wird nur Vorhandenes ins Räumliche umgestaltet. Wir lassen zum Beispiel unsere Jungvölker jedes Jahr drei, vier oder fünf Naturwaben bauen.

»Jeder Räuberei geht eine Eselei des Imkers voraus.« Diesen Spruch kennt jeder Imker. Ein Fehler des Imkers muss aber nicht immer der Auslöser für Räuberei sein. Gerade während der Zeit der Einfütterung – es herrscht in der Umgebung meist wenig Tracht – sind vermehrt suchende Bienen unterwegs. Sie spüren schnell schwächelnde oder weisellose Völker auf. Diese werden dann ausgeräubert. Jede Räuberei hat ihren Grund. Wir lassen diese Völker dann ausräubern. Nach meiner Erfahrung bringen alle Maßnahmen wie Einengen des Fluglochs etc. wenig. Manche Völker können sich einfach nicht gut wehren!

Wir wiegen alle Völker nach Beendigung der Auffütterung mit einer Zugwaage. Dabei finden wir immer wieder Völker, die deutlich leichter sind, obwohl alle Völker gleich gefüttert wurden. Die Völker sehen gut aus, es fehlt ihnen scheinbar nichts. Und doch haben andere Völker bemerkt, dass etwas nicht stimmt, und haben sich dort an deren Futtervorräten bedient. Diese Völker sind dann meist deutlich schwerer als die anderen. Werden Völker still beräubert, so reichen die Futtervorräte meistens nicht mehr aus für eine gute Überwinterung, die Völker würden spätestens im Frühjahr verhungern.

Ich bin ein großer Freund der Fluglochbeobachtung. Für Anfänger ist es jedoch schwierig, aus den Beobachtungen die richtigen Schlussfolgerungen zu ziehen. Dazu braucht es einige Erfahrung, um die Phänomene richtig interpretieren zu können. Im Spätsommer ist es trotzdem sinnvoll, den Verkehr am Flugloch genau zu beobachten. Um diese Jahreszeit gibt es sehr oft viele Wespen und Hornissen. Die Hornissen kreisen vor dem Flugloch und versuchen, Bienen abzufangen. Deren Brustmuskulatur ist für die Hornissen ein Leckerbissen. Wespen hingegen sind frech und bedienen sich gern an den Honigvorräten. Gehen am Flugloch Wespen aus und ein, so ist das meist ein Zeichen dafür, dass die Wächterbienen des Volks ihren Dienst nicht mehr richtig versehen. Dann stimmt mit dem Volk etwas nicht und es muss unbedingt kontrolliert werden.

Aussehen und Größe der Königin sind mir sehr wichtig. Königinnen müssen groß, dick und fett sein. Die Proportionen zwischen Kopf, Brust und Hinterleib müssen stimmen. Die Färbung des einzelnen Tieres ist mir egal.

Auf die Beurteilung des Aussehens der Königinnenzellen lege ich großes Augenmerk. Die Größe, Form und vor allem die Oberflächenstruktur sind Hinweise auf die Pflege und die Versorgung der entstehenden Königinnen. Die Bienen wählen ja die zukünftige Königin bereits in der Zelle aus und pflegen diese dann besonders gut.

Die Hofstaatbildung zeugt von einer intensiven Verbindung der Arbeitsbienen mit ihrer Königin. Das ist kein direktes Selektionskriterium. Aber es macht Freude, das mehr und mehr beobachten zu können.

Je mehr Völker still umweiseln, desto besser. Das ist ein organischer und kluger Prozess. Solche Völker sind oft die Spitzenreiter am Stand. Die Bienen erkennen rechtzeitig, dass die Kraft der Königin allmählich nachlässt. Sie sorgen selbst rechtzeitig für guten Ersatz.

Die Phase der Einfütterung ist für mich eine relevante Zeit für die Selektion. Jetzt kann man gut erkennen, welche Völker bereits geschwächt sind und voraussichtlich den Winter nicht überleben werden. Die Futterabnahme ist dafür ein gutes Beurteilungskriterium.

Was bedeutet eine schlechte Futterabnahme? Eine Futtergabe besteht bei uns meistens aus sechs bis acht Liter Futter. Braucht ein Volk mehrere Tage oder sogar noch länger, um diese Futtermenge abzunehmen, dann ist das Volk oft angeschlagen, obwohl rein äußerlich nichts zu erkennen ist. In diesem Fall sollte der Volkszustand kontrolliert werden. Meist kann man nichts mehr unternehmen, um die Futterabnahme zu verbessern. Macht das Volk noch einen guten Eindruck, so gibt es die Möglichkeit, es nicht mehr zu füttern, es aber Anfang Oktober mit einem schwächeren Jungvolk zu vereinigen. Diese Vereinigungsaktion könnte aber auch gleich nach dem Erkennen der schlechten Futterabnahme durchgeführt werden.

Aber auch hier wieder Achtung: Bei der ersten Futtergabe kann es tatsächlich manchmal etwas länger dauern. Manche Völker brauchen einfach etwas länger, bis sie bemerken: Oh, in der Beute gibt es jetzt Futter. Denn das ist ja eigentlich ein unnatürlicher Vorgang.

Ich achte im Zusammenhang mit der Fütterung auch darauf, ob tote Bienen im Futtergeschirr zu finden sind. Gute und intakte Völker halten die Futterschale sehr sauber und es finden sich darin keine oder nur sehr wenige ertrunkene Bienen.

Die Vermehrung der Varroamilbe in einem Bienenvolk ist ein sinnvoller Indikator, ob ich von diesem Volk vermehren kann oder nicht. Sinnvoll ist eine Varroadiagnose im Frühjahr, um den Anfangsbefall mit Varroamilben festzustellen, sozusagen die Startpopulation. Die Varroadiagnose im Sommer gibt dann einen Hinweis darauf, wie sich die Milbe in diesem Volk vermehren konnte. Natürlich ist es dazu wichtig, die Genese dieses Bienenvolks zu kennen, denn zum Beispiel führt ein Schwarmakt sicherlich zu einer deutlich niedrigeren Milbenzahl, als dies in einem nicht geschwärmten Bienenvolk der Fall wäre.

Lohnt sich die Selektionsarbeit?

Diese Frage kann ich mit einem bedingungslosen Ja beantworten. Selektion ist für den Imker eine seiner besten Investitionen. Einmal bekommt er die Möglichkeit, seine eigene Philosophie und seine Vorstellung von einer vitalen Biene umzusetzen. Zum anderen wird er unabhängig von imkerlichen Modeerscheinungen und auch von Züchtern. Mir ist diese Autonomie sehr wichtig. Zudem ist die eigene Selektion auch billiger, denn ich muss keine Königin zukaufen. Wenn man dann Jahr für Jahr den »Zuchtfortschritt« selbst erlebt, macht dies die Pflege der Bienen noch einmal schöner.

Ich selbst bin mit »meiner Biene« mittlerweile sehr zufrieden. Sie ist sanftmütig, fleißig und weitgehend erbfest. Dies meine ich mit dem Begriff stabil. Ich kann immer wieder bedenkenlos von meinen guten Völkern vermehren. Interessehalber hatte ich immer wieder von bekannten Züchtern Hochleistungsköniginnen gekauft, um diese mit meinen Bienen zu vergleichen. Dabei konnte ich feststellen, dass meine guten Völker ohne Weiteres mit diesen Zuchtköniginnen mithalten konnten - und das alles ohne großen züchterischen Aufwand wie Einkreuzungen fremder Rassen, Belegstellen oder gar künstliche Besamung. Natürlich ist mein Völkerbestand nicht so ausgeglichen wie eine klassische F_1-Generation (siehe Seite 171).

Jeder natürlich generierte Völkerbestand setzt sich aus einem Anteil schlechterer Völker, einer kleinen Spitzengruppe von außerordentlich guten Völkern und einem großen stabilen Mittelfeld zusammen. Dieses Mittelfeld garantiert die Stabilität der Imkerei und ihre Wirtschaftlichkeit. Dies gilt für jede Imkerei und so ist das Leben. Das ist bei einem Züchter auch nicht anders.

Zukünftige Selektion?

Wie schon mehrfach erwähnt, werden die Trachtbedingungen in vielen Regionen immer schwieriger bzw. schlechter. Ohne permanente Wanderungen funktioniert dort Berufsimkerei nicht mehr. Dies kann dazu führen, dass die Struktur der eigenen Imkerei verändert werden muss. Bis vor Kurzem wanderte ich mit einem Teil meiner Völker in spezielle Trachten wie die Tanne im Schwarzwald, die Edelkastanie in der Pfalz oder in die Robinientracht. Die andere Hälfte meiner Völker war auf dauerhafte Standplätze verteilt. Leider hat sich die Trachtsituation an vielen Außenständen so stark verschlechtert, dass ich dort oft nicht mehr imkern kann.

Diese Dauerstandorte waren jedoch für meine Selektionsarbeit sehr wertvoll. Dort können die Völker über einen längeren Zeitraum unter unterschiedlichen Trachtbedingungen zeigen, was in ihnen steckt. So kamen ihre Eigenschaften deutlich zum Vorschein und konnten sehr gut bewertet und beurteilt werden. Wird jedoch mit allen Völker gewandert, ist es aufgrund der zahlreichen, ständig wechselnden Einflüsse viel schwieriger, die Völker gut zu beurteilen und die Goldkörner herauszufinden.

Selektion für Berufs- und Nebenerwerbsimker

Ich empfinde es als vermessen, einem Imker, der von seiner Imkerei lebt, zu erzählen, wie er züchten und auslesen soll. Wie der einzelne Imker dies umsetzt, ist immer seine eigene Entscheidung. Der ökonomische Erfolg, der letztlich ein Ergebnis einer guten Imkereistruktur und schöner, fleißiger Völker ist, gibt ihm dann recht.

Was ist die Buckfast-Biene?

Die Buckfast-Biene wurde von dem Mönch Bruder Adam (= Karl Kehrle) in Südengland gezüchtet. In der Frühzeit des letzten Jahrhunderts wütete dort die Tracheenmilbe und raffte viele Bienenvölker dahin. Bruder Adam erkannte, dass einzelne Völker der heimischen dunklen Biene mit dieser Erkrankung gut zurechtkamen und kreuzte diese mit Bienen von *Apis mellifera ligustica* (Italienische Biene). Später erfolgten weitere Einkreuzungen und eine ständige Auslese anhand bestimmter Eigenschaften (dynamische Bienenzucht nach Armbruster).

Ich möchte jedoch einige grundlegende Dinge ansprechen, die mir wichtig erscheinen.

Ich habe ja bereits mehrfach davon berichtet, wie es um die Imkerei und die Imkerschaft vor 30, 40 Jahren bestellt war. Als ich mit der Imkerei begann, herrschte ein Glaubenskrieg zwischen Carnica- und Buckfast-Imkern. Erstere propagierten, mit der hier heimischen Biene zu imkern. Diese hielten sie für reinrassig und sorgten sich, dass das in Zukunft nicht mehr möglich sein könnte, weil die »bösen« Buckfast-Imker mit ihren Rassekreuzungen dieses verhindern würden.

Ich hatte mich damals auf die Seite der Reinzüchter gestellt. Aber ehrlicherweise muss ich zugeben, dass ich die grundlegende Problematik nicht verstanden hatte. Ich dachte, dass es sinnvoll wäre, eine an die Region angepasste Biene zu halten. Angeblich wäre das bei der Carnica-Biene der Fall. Umso besser, wenn es noch die reine, ursprüngliche Rasse wäre.

Tatsächlich waren die Verhältnisse aber anders: In Deutschland, wahrscheinlich sogar in vielen Regionen Mitteleuropas, gab und gibt es kaum noch reinrassige Bienen. Zumeist dominiert ein Rassengemisch aus Carnica-Bienen, Italiener-Bienen, Kaukasischen Bienen und der früher hier heimischen Dunklen Biene und weiteren Einkreuzungen.

Während die Buckfast-Imker eine intensive Selektion anhand klar definierter Eigenschaften betrieben, waren die Carnica-Reinzüchter auf das angeblich rassetypische Aussehen (Phänotyp) ihrer Bienen fixiert. Tatsächlich spielt aber das Aussehen nur eine nachgeordnete Rolle. Die Selektion anhand der Eigenschaften ist sinnvoller – und letztlich erfolgreicher. Buckfast-Imker waren für mich also die Vorreiter einer aktiveren und wir-

Selektion auf Honigleistung - ein Holzweg!

Bauchschmerzen in Bezug auf die Vitalität bereitet mir auch die Einseitigkeit von Zucht und Auslese hinsichtlich des Kriteriums Honigleistung. Hier sehe ich eine Verengung der Perspektiven. Die Monopolisierung der Zucht durch einige wenige renommierte Züchter führt zu einer genetischen Verarmung der Bienenpopulationen. Das nimmt der Selektion ihre erneuernde Kraft. Eine Lösung sehe ich nur in einem basisdemokratischen Zuchtprozess, in dem jeder, dem dies möglich ist, sein eigener Züchter wird. So entwickelt sich aus einem »Flickenteppich« vitaler Bienenstände eine flächendeckende vitale Population, die sich gegenseitig bereichert. Wir sollten die Fehler der Zucht in der konventionellen Tierhaltung nicht wiederholen.

kungsvolleren Selektion. Ihre Kriterien dazu legten keinen großen Wert auf das Aussehen, dafür umso mehr auf die der Biene innewohnenden Eigenschaften. Heute ist der Glaubenskrieg weitgehend beendet, die Buckfast-Biene mittlerweile weit verbreitet.

Ich finde in der momentanen Diskussion der Imker problematisch, dass alles als selbstverständlich hingenommen und bedenkenlos umgesetzt wird. Mir fehlt hierbei die Fähigkeit zur Reflexion und ein Bewusstsein dafür, dass Einkreuzungen natürlich Folgen für alle Bienenpopulationen haben. Vor allem das Problem der ungenügenden Anpassung an die tatsächlich herrschenden Verhältnisse wird nicht hinterfragt. Gleiches gilt für den Heterosis-Effekt (siehe Seite 170). Was macht das auf Dauer mit den Bienen? Wie steht es um die tatsächliche Vitalität?

Eigentlich erleben wir heute genau das Gegenteil des damaligen Glaubenskrieges: Alles ist möglich und wird, ohne es zu hinterfragen, in der Imkerei um- und eingesetzt.

Was mir nicht gefällt, ist der alljährliche Austausch der Königinnen. Nicht nur, weil ich das Töten der noch guten Königinnen als unethisch empfinde. Sondern auch, weil das vielfach nicht mehr über die Bildung und den Aufbau neuer Völker geschieht, sondern weil nur die Königin ausgetauscht wird. Das dynamische natürliche Geschehen in einem Volk wird ersetzt durch ein Perpetuum mobile von Bienenvölkern, die permanent weiter existieren, indem immer wieder eine neue Königin als Ersatzteil für die willkürlich getötete Wirtschaftskönigin eingeweiselt wird. Diese Königinnen werden in Mini-Plus-Einheiten aufgezogen, die es neben der Sektion der Wirtschaftsvölker gibt. Imkerei wird so zu einer Honigmaschine, die ihre Seele verliert.

Selektion für Freizeitimker

Ich muss mich leider wiederholen, weil ich es für relevant erachte: Selektion ist auch für einen Imker mit einer kleineren Völkerzahl sinnvoll und wichtig. Jeder kann und soll selektionieren. Dank der Zuckerfütterung und der Krankheitsbekämpfung ist die natürliche Selektion weitgehend außer Kraft gesetzt worden. Es braucht einen Ersatz! Tatsächlich wissen wir nicht, ob unsere Bienen noch vital genug sind, um aus eigener Kraft überleben zu können. Daher sind wir sozusagen verpflichtet, die natürliche Selektion, soweit es uns als Menschen möglich ist, zu ersetzen. Das ist sehr schwierig, weil es einen ganzheitlichen, umfassenden Blick

Hier herrscht emsiges Treiben: Nur mit starken, vitalen Bienenvölkern ist es möglich, Selektion zu betreiben.

braucht. Trotzdem müssen wir es versuchen. Diese Arbeit lohnt sich für jeden Imker. Sie lohnt sich, weil die Gesundheit und der Ertrag der eigenen Bienenvölker verbessert werden. Sie lohnt sich auch im übergeordneten Sinn für die Erhaltung der Art, weil das, was unserer Ansicht nach nicht überlebensfähig ist, aus der Vermehrung und aus dem Erbstrom herausgenommen wird.

Die Basiszucht ist dazu das Mittel der Wahl: Auslese, Selektion und Züchtung werden in einem Vorgang - direkt an der imkerlichen Basis - am eigenen Bienenstand umgesetzt. So schafft sich jeder Imker eine »Landbiene«, die an das Klima und die Landschaft der Region angepasst ist - einen sogenannten Ökotypus. Die Basiszucht ist eine züchterische Arbeit für jedermann, ohne den immensen Aufwand einer Zucht unter kontrollierten Bedingungen. Die mütterliche Dominanz durch die Nachzucht aus den eigenen Königinnen generiert Stabilität und Nachhaltigkeit in der Population. Die Bienenvölker sind gesund, zuverlässig und ertragreich. So macht die eigene Imkertätigkeit noch mehr Freude.

In einer Standimkerei wird das besonders deutlich. Stehen die Bienen über viele Jahre hinweg an bestimmten Standorten, so sieht der Imker schnell, welche Völker mittelmäßig oder gar schlecht sind. Es ergibt sich, dass bei einer konsequenten und regelmäßigen Selektionsarbeit viele Beuten über lange Zeit hinweg mit Bienen besetzt sind. Das ist ein schöner Ausdruck von Beständigkeit - Nachhaltigkeit eben.

Wachs und Wabenbau

Die Waben sind der Kosmos, auf dem sich das Leben des Bienenvolks abspielt. Sie sind mehr als nur ein Aufbewahrungsort für den Honig und die Brut. Für das Bienenvolk sind sie essenziell. Diese Bedeutung muss sich im Umgang des Imkers mit dem Wabenbau widerspiegeln.

Naturwabenbau - wesentliches Element der bienengemäßen Imkerei

Nach meiner Ansicht hat die naturgemäße Imkerei zwei große Ziele. Einmal geht es um die Stabilisierung bzw. die Verbesserung der Bienengesundheit oder - ganz groß gedacht - um die Steigerung der Vitalität. Zum anderen möchte der Imker, dass es »seinen« Bienen gut geht. Die Bienen sollen sich unter seiner Obhut wohlfühlen! Ich bin davon überzeugt, dass der Wabenbau dabei ein wichtiges Element darstellt.

Mittelwand vs. Naturwabenbau in der modernen Imkerei

Die Imkerei, wie wir sie kennen, gibt es erst seit etwa 170 Jahren. Voraussetzung für ihre Entstehung waren die Erfindung des beweglichen Rähmchens und nachfolgend die Erfindung der Mittelwand (siehe Seite 183). Diese neuen Elemente haben die Imkerei stark verändert. Dadurch hat sich auch das Verhältnis zwischen Mensch und Biene verschoben: Früher überließen die Imker den Bienen selbst die Regelung ihrer Lebensprozesse. Sie nutzten nur den Honig und das Wachs. Heute greift der Imker massiv ins Leben seiner Bienenvölker ein, manipuliert viele Vorgänge und lässt dem natürlichen Leben der Bienen nur noch wenig Raum.

Natürlich haben diese Veränderungen, wie wir schon im Kapitel zur Beutenfrage gesehen haben, viele Vorteile und auch Erleichterungen für den Imker mit sich gebracht. Auf der anderen Seite erleben wir derzeit allerdings eine Imkerei im Krisenmodus.

Auch wenn die Honigbiene für uns ein Nutztier ist, so ist sie doch kein vollständig domestiziertes Tier wie das Schwein oder die Kuh. Das Bienenvolk sucht sich seine Nahrung in der freien Natur selbst und auch die Begattung der Königinnen findet unkontrolliert an den Drohnensammelplätzen statt. Das sind nur zwei Beispiele für viele Elemente, die wir Imker nicht wirklich kontrollieren können. Wenn die Bienen in vielen von uns nicht kontrollierbaren Bereichen auch heute noch ihr Leben selbst regeln, muss ein Mindestmaß an Autonomie und an Möglichkeit zur eigenständigen Gestaltung

Begriffsbestimmung

Eine **Mittelwand** ist eine gewalzte oder gegossene Platte aus Bienenwachs, in die eine Struktur von Sechsecken eingeprägt ist. Die Größe der sechseckigen Zellen entspricht der einer Arbeiterinnenzelle. Mit der Mittelwand gibt der Imker den Bienen die Struktur des Wabenbaus vor. Das Material derselben besteht aus recyceltem Bienenwachs.

Naturwabenbau ist hingegen ein Wabenbau, den die Bienen auf der Basis von körpereigenem Wachs selbst errichten. Er wird vom Bienenvolk entsprechend seiner Bedürfnisse gestaltet. Im Naturwabenbau sehe ich ein wesentliches Element einer ökologischen Imkerei.

der Lebensprozesse gegeben sein. Offensichtlich ist dies heute in vielen Punkten nicht mehr der Fall. Wir brauchen ein Umdenken und eine andere, extensivere Art des Imkerns, die dem natürlichen Leben der Bienen wieder mehr Raum lässt. Damit meine ich jedoch kein Zurück in die Vergangenheit! Diese Aussage mag so manchen Leser überraschen. Arbeitet doch die ökologisch-zertifizierte Imkerei nach Bioland-, Naturland- oder EU-Richtlinien mit Mittelwänden. Was ist dann daran ökologisch? Bei genauerer Betrachtung unterscheidet sich die herkömmliche ökologische Imkerei in Bezug auf die Betriebsweisen und den Umgang mit den Bienen nur wenig von der konventionellen Imkerei. Der Unterschied liegt lediglich in der Fokussierung der ökologischen Imkerei auf die Erzeugung rückstandsfreier Bienenprodukte, insbesondere von qualitativ hochwertigem und reinem Bienenwachs.

Ökologische Imkerei

Eine wesentliche Voraussetzung für die Zertifizierung als ökologischer Imker ist die Rückstandsfreiheit des eigenen Bienenwachses. Vor 20 Jahren war das Bienenwachs stark mit Rückständen vor allem aus der Bekämpfung der Varroamilbe belastet. Die eingesetzten Medikamente wie Perizin, Folbex VA neu etc. waren zunächst im Kampf gegen die Varroamilbe sehr erfolgreich. Sie beruhten auf einer systemischen Wirkungsweise: Zunächst nehmen die Bienen den Wirkstoff auf, sie sterben aber nicht daran. Saugt dann die Varroamilbe am Fettkörper der Biene, so nimmt sie damit auch den Wirkstoff auf. Das endet für die Milbe tödlich.

Diese Art der Milbenbekämpfung war jedoch mit zwei Problemen verbunden: Einmal können sich Milbenstämme entwickeln, die gegen diese Medikamente resistent sind. Dieser Fall trat dann auch ein, sodass viele der ursprünglich gegen die Varroamilben eingesetzten Medikamente heute nicht mehr im Verkehr sind. Weitaus brisanter war die Entstehung von Rückständen im Bienenwachs. Die genannten Medikamente waren fettlöslich und lagerten sich im Bienenwachs und Propolis ein. Durch die alljährlich wiederholten Anwendungen sowie das Recycling der alten Waben zur Gewinnung von Mittelwänden reicherten sich die Rückstände nach und nach im Wachs an. Ab einer Belastung des Bienenwachses von 0,5 Milligramm je Kilogramm Wachs führte dies zu Rückständen im Honig. Heute ist dies zumindest in Deutschland kein wirkliches Problem mehr. Dies ist ein Erfolg der ökologischen Bienenhaltung. Wachs aus ökologischer Imkerei ist in der Regel komplett rückstandsfrei. Ein weiterer Grund ist, dass auch die Mehrzahl der nicht ökologisch-zertifizierten Imker in Deutschland heute vorwiegend organische Säuren oder biotechnische Methoden zur Reduktion der Varroamilben einsetzt. Diese Fokussierung allein auf die Frage nach möglichen Rückständen führt zu einer einseitigen und eindimensionalen Anschauung von Wachs und Wabenbau.

Der ökologische Landbau als solcher hat den Anspruch, rückstandsfreie Produkte zu erzeugen. Wesentlich für sein Selbstverständnis ist aber die Intention, durch die Art und Weise des ökologischen Wirtschaftens die Gesundheit des Bodens, der Pflanzen, der Tiere, des Menschen und des Planeten insgesamt zu stärken und zu bewahren. Dabei baut der ökologische Landbau auf lebendigen Ökosystemen auf, arbeitet mit diesen und ahmt diese nach (IFOAM-Grundprinzipien). Von diesem Anspruch sehe ich in der modernen Bio-Imkerei nur wenig umgesetzt. Es bedarf daher meiner Ansicht nach zukünftig einer Weiterentwicklung der ökologischen Imkerei in Richtung naturgemäßer Bienenhaltung. Dazu gehört auch der Umgang mit dem Wabenbau.

Ist Honig wichtiger als das Wachs?

Der Schwerpunkt des imkerlichen Interesses liegt auf dem Honig. Wachs hat für die Imker keine besondere Bedeutung. Ein schönes Beispiel für diese Einstellung ist der Wachsskandal, der vor einigen Jahren für Aufregung sorgte. Dieser Skandal betraf Mittelwände, die mit einem hohen Anteil von Stearin und Paraffin gestreckt waren. Die Bienen bauten diese Waben »normal« aus, die Königin bestiftete die Zellen und die Brutzellen wurden verdeckelt. Aber aus diesen Waben schlüpfte keine Biene. Zunächst vermuteten die Imker als Ursache Insektizide, die die Bienen in den Zellen absterben ließen. Tatsache war jedoch, dass die jungen Bienen gesund und voll entwickelt waren, allerdings konnten sie die Zelldeckel nicht öffnen. Durch die künstlichen Zusätze wurde das Wachs zu hart. Paraffin steht zudem im Verdacht, die Bienenlarven zu schädigen.

Die Profitinteressen von Mittelwandherstellern, aber auch die Interessen der Imker an billigem Wachs gingen hier Hand in Hand - aber zulasten der Honigbienen! Es ist kurios, dass zwar die Erstellung von Bienenwachskerzen gesetzlich geregelt ist (Gütesiegel), während die Herstellung von Mittelwänden jedem selbst überlassen bleibt. Mittlerweile gibt es Nachweisverfahren für diese Wachsverfälschungen und der Markt ist dabei, sich selbst zu regulieren.

Imkern mit der Mittelwand

Um das Jahr 1800 fand in der Imkerei eine Revolution statt. François Huber erfand das bewegliche Rähmchen. 1857 entwickelte Johannes Mehring die Mittelwand, die sich perfekt mit Ersterem ergänzte. 1865 baute dann Major Franz von Hruschka die erste Honigschleuder. Damit veränderte sich die Welt der Imker und infolgedessen auch die Welt der Bienen.

Heute können sich viele Imker eine Imkerei ohne Mittelwände nicht vorstellen. Zwar sind sich alle Imker einig, dass die Wabe bzw. der ganze Wabenbau eine geniale Leistung der Biene darstellt. Im Imkeralltag ist die Wabe hingegen nicht mehr als ein Aufbewahrungsgefäß für Brut und Honig. Basierend auf diesem Nutzen sind die Wabe bzw. das Rähmchen und die Mittelwand eine Art imkerliche Hilfsmittel geworden. Sie gehören wie die Beute zum Handwerkszeug des Imkers. Was die Waben bzw. die Mittelwand für die Bienen selbst bedeuten, wird nicht hinterfragt oder reflektiert.

Ich habe selbst lange Jahre mit Mittelwänden gearbeitet und kann diese Haltung gut nachvollziehen. Die Bienen bauen aus Mittelwänden problemlos neue Waben. Dabei erweitern sie die vorgeprägte Struktur der Wachsplatte ins Räumliche hinein. Sie benutzen dazu vorwiegend das Wachs der Mittelwandplatte. Der Durchmesser der Wabenzellen liegt bei ca. 5,3 Millimetern.

Welche Vorteile haben die Mittelwände für den Imker?

- Er bekommt gleichmäßigen und genormten Wabenbau.
- Die Wabe besteht nur aus Arbeiterinnenzellen.
- Daraus folgt die Unterdrückung der Drohnenbrut.
- Der Einsatz von Mittelwänden führt zum schnelleren Entstehen der Waben, was zu einer deutlichen Steigerung des Honigertrags führt.
- Im Stabilbau wurden die Waben bei der Honigernte zerstört. Beim Einsatz einer Honigschleuder und mobilem Wabenbau bleiben die Waben erhalten und können wiederverwendet werden.

Diese Faktoren haben den Erfolg der Mittelwand begründet. Ohne Zweifel sind das gravierende imkerliche Fortschritte. Der Einsatz von Mittelwänden wird daher in Imkerkreisen kaum noch hinterfragt. Überlegungen zur Qualität von Wachs, zur natürlichen Entstehung der Waben oder der Bedeutung des Wabenbaus für die Bienen sind aus dem imkerlichen Bewusstsein weitgehend verschwunden. Imkerei heute ist bei aller Liebe der Imker zu ihren Bienen sehr technisch orientiert. Der Fokus liegt auf der Betriebsweise. Dabei geht es vor allem um die Frage, was der Imker tun kann, um die Bienen dazu zu bringen, seine Wünsche und Ziele, also vor allem eine große Honigernte, zu erfüllen. Somit ist die Imkerei ein Spiegel unseres Naturverständnisses und unseres Umgangs mit der Natur. Mehr und mehr nehmen wir jedoch die Konsequenzen dieses Verhaltens wahr: Klimawandel und Artensterben, Rückgang der Biodiversität und Schwächung der Ökosysteme. In der Imkerei sehen wir die Anfälligkeit der Bienen und das Schwinden der Resilienz.

Honigbienen leben seit vielen Millionen Jahren weitgehend unverändert auf dieser Erde und zwar in nahezu allen Klimabereichen. Allein dies zeigt ihre enorme Fähigkeit, sich an unterschiedliche Verhältnisse anzupassen und auf Veränderungen zu reagieren. Modern ausgedrückt: Bienen zeichnen sich durch eine hohe Resilienz aus. Nach Wikipedia bedeutet Resilienz

- die Fähigkeit, auf Probleme und Veränderungen mit einer Anpassung des Verhaltens zu reagieren.
- die Fähigkeit, negativen Einflussfaktoren standzuhalten, ohne gesundheitliche Störungen zu entwickeln.

Die Bedeutung von Wachs und Wabenbau für das Bienenvolk

Natürlicherweise kennt die Honigbiene keine Mittelwand. Sie kennt nur die von jedem Volk selbst erbauten Waben und den Wabenbau in seiner Gesamtheit. Dieser ist mehr als nur ein Ort zur Aufbewahrung der Vorräte und zur Aufzucht der Bienenbrut. Er ist ein zentrales Element ihrer Existenz und Lebensweise. Die Bienen schaffen sich mit dem Wabenbau sozusagen ihren eigenen Kosmos. Er ist der Körper, auf dem sich das Leben eines Bienenvolks abspielt. Eine Biene verbringt ca. 90 Prozent ihrer Lebenszeit auf den Waben!

Den Rohstoff, aus dem dieser Kosmos besteht, produzieren die Honigbienen selbst in ihrem eigenen Körper. Sie erschaffen sich mit ihrem Wachs-Wabenbau ihr eigenes inneres Ökosystem. Von diesem ausgehend haben sie sich das äußere Ökosystem, die Welt der Blütenpflanzen und Bäume, erobert. Beides bedingt einander – in der evolutionären Entwicklung der Honigbiene als Art, aber auch auf der Ebene des einzelnen Bienenvolks.

Die Materialfrage: Wachs als Baumaterial

Ohne Honigbienen gäbe es auf dieser Welt kein Bienenwachs. Es ist ihr absolutes Alleinstellungsmerkmal. Wespen und Hornissen, die ja ebenfalls staatenbildende Insekten sind, verwenden zum Bau ihrer ebenso ebenmäßigen und bewundernswerten Waben den Rohstoff Holz. Wespen suchen zum Bau ihrer Waben Holz, das noch grau ist und gerade in den Zustand der Verwitterung übergeht. Hornissen bevorzugen bereits leicht morsches Holz, das schon bröselig wird. Daher haben ihre Waben auch diese typisch rotbraune Farbgebung. Zunächst nagen diese Faltenwespen das Holz von Zaunpfählen oder vermodernden Baumstämmen ab, reichern es mit ihrem Speichel an und machen daraus eine Art Papier. Aus diesem Material bauen sie dann ihre Waben. Tatsächlich sind Wespen und Hornissen die Erfinder des Papiers. Der Mensch hat sich das nur abgeschaut (Bionik).

Allerdings sammeln weder Wespen noch Hornissen Vorräte. Das ist auch gar nicht notwendig, weil ihre Völker nur über den Sommer leben und im Herbst absterben. Nachdem im August/September die jungen Königinnen geschlüpft sind, werden diese oft noch im Nest von den eigenen Drohnen begattet. Danach verlassen sie das Volk, um unter Baumrinden, Steinen etc. als einzelnes Tier zu überwintern. Das ursprüngliche Volk stirbt spätestens im Oktober innerhalb weniger Tage ab. Im Frühjahr beginnt der Zyklus erneut. Allerdings erledigt die Königin, bis dann ihre ersten Töchter schlüpfen, alle anfallenden Arbeiten selbst: Nestbau, Nahrungssuche bis hin zur Aufzucht der ersten Brut. Das ist sehr anstrengend und gefährlich. Viele Königinnen bleiben dabei auf der Strecke.

Wespen und Hornissen haben keinen eigenen aktiven Wärmehaushalt. Sie nutzen passiv die Sonnenwärme und die Wärme ihres eigenen Stoffwechsels. Im Unterschied dazu überwintern Honigbienen als ganzes Volk und besitzen die Fähigkeit zur aktiven Wärmeregulation. Dies ist ihnen nur möglich, weil sie auf einem dauerhaften, perfekt an ihre eigene Biologie angepassten Wabenbau leben.

Die Honigbiene hat sich durch ihren Wabenkörper weitgehend unabhängig vom Wetter und von den Jahreszeiten gemacht. Das ist eine Art Emanzipation vom Naturgeschehen. Nur deshalb kann die Honigbiene ganzjährig in nahezu allen Klimabereichen dieser Erde überleben. Evolutionär ist sie weiter entwickelt als andere staatenbildende Insekten wie Hornissen und Wespen. Der Wabenbau ist dafür die wesentliche Grundlage. Er ist existenziell und damit auch identitätsstiftend für die Honigbiene. Bienen und Waben sind evolutionär miteinander verbunden. Ohne Wabenbau gäbe es die Honigbiene, wie wir sie kennen, nicht. Waben und ihre Eigenschaften sind wie die Bienen selbst gleichwertiger Bestandteil des Superorganismus Bienenvolk. Beide Elemente zusammen bilden das große Ganze.

Im Naturwabenbau sehe ich daher ein wesentliches Element einer ökologischen Imkerei, die diesem Anspruch wirklich genügt. Nur ein natürlich entstandener Wabenbau garantiert höchste Wachsqualität, die den Ansprüchen des Bienenvolks, aber auch der Honigqualität gerecht wird. Im Gegensatz zu einer Mittelwand, die rein mechanisch das Wachstum des Volks und seiner Waben imitiert, entspricht der Naturwabenbau dem Wesen und – wie der Name schon sagt – auch der Natur des Bienenvolks.

Natürlicher Wabenbau im Bienenvolk

Beobachten wir noch einmal, wie in einem Schwarm der Wabenbau entsteht und wächst. Der Schwarmprozess ist ein mehrdimensionaler Prozess, der sich über einen längeren Zeitraum erstreckt und der auf mehreren Ebenen gleichzeitig abläuft. Schon während im schwarmlustigen Bienenvolk die Königinnenzellen und das gesamte Volk dem Moment des Schwärmens entgegenreifen, suchen die Spürbienen, eine kleine Truppe sehr erfahrener Sammelbienen, in der Umgebung nach einer geeigneten Behausung. Finden sie eine solche, wird sehr sorgfältig geprüft, ob sie auch für ein gutes Leben des neuen Bienenvolks geeignet ist. Standort, Höhe und Größe des Einfluglochs sowie der Rauminhalt sind hier die relevanten Parameter. Interessanterweise überprüfen die Spürbienen nicht die Ernährungsqualität der Umgebung der evtl. infrage kommenden zukünftigen Behausung. Das ist doch auch existenziell. Das liegt sicherlich daran, dass ein Bienenvolk ein sehr großes Einzugsgebiet befliegen kann. Ein weiterer

Grund könnte sein, dass die Honigbiene evolutionär daran gewöhnt ist, jederzeit ein ausreichendes Blütenspektrum als Nahrungsgrundlage vorzufinden. Hat sich das Bienenvolk auf eine neue Behausung geeinigt, so wird es dort einziehen und sich einrichten, indem es sofort mit dem Wabenbau beginnt. Dieses Einrichten bedeutet aber weit mehr als nur neue Möbel (bzw. Mittelwände) hineinzustellen. Das Bienenvolk füllt seine Wohnung mit Leben - im wahrsten Sinn des Wortes: Es schafft sich hier den Körper, auf dem sein Leben stattfinden wird, aus eigener Kraft, eigenem Impuls und aus der eigenen Körperlichkeit - nämlich den Wachsdrüsen - heraus.

Es ist bemerkenswert, wie viel Zeit, Kraft und Energie die Bienen - beginnend bei null, nämlich der leeren Behausung - in die Erstellung ihres Wabenbaus investieren. Das Ziel ist der Bau eines Wabenwerks, das es dem Volk ermöglicht, eine Volksstärke zu generieren, die das Überleben gewährleistet. Das erste Jahr ist in der freien Natur sicherlich das schwierigste Jahr. Untersuchungen haben gezeigt, dass dies nur 30 Prozent der natürlichen Schwärme gelingt. In den darauffolgenden Jahren wird es aufgrund des fertigen Wabenbaus dann leichter. Im Durchschnitt lebt ein Schwarm fünf Jahre.

Das Bild der Waben als dem eigentlichen Körper des Bienenvolks, des Bien, finde ich sehr aussagekräftig für mein eigenes Verständnis des Bienenvolks. Dieser Gesamtkörper hat ja eine vollkommen andere Qualität und Bedeutung als der Körper einer einzelnen Biene. Mit dem Wabenwerk schafft sich das Bienenvolk seinen eigenen Mikrokosmos. Der körpereigene Stoff, das Bienenwachs, ist dabei perfekt an die biologischen Eigenschaften der Honigbiene angepasst. In diesem Körper kann das Bienenvolk seine Vorräte einlagern. Gleichzeitig finden auf diesem Körper die notwendigen Stoffwechselprozesse des Volks wie Aufzucht der Brut, Erzeugung und Regulation der erforderlichen Körperwärme etc. statt.

Der Wabenbau wächst bzw. entwickelt sich gemeinsam mit dem Volk, so wie unser Körper mit dem Alter wächst. Irgendwann ist das Volk dann ausgewachsen und die Nisthöhle komplett mit Wabenbau ausgefüllt.

Zum Bau der Naturwaben bilden die Bienen eine Bautraube. Sie verharren dabei in von außen betrachtet völliger Ruhe. Die jungen Bienen schwitzen das Wachs aus ihren Wachsdrüsen, die sich paarweise an der Unterseite des Hinterleibs befinden. Dann nehmen sie die Wachsplättchen, kneten sie mit ihren Mundwerkzeugen (Mandibeln) und reichern sie dabei mit körpereigenen Stoffen an. Von Biene zu Biene wird das Wachs in der Bautraube nach oben gereicht und dann an einer Stelle, wo sich schon Wachs befindet, angeheftet. Die ersten Wabenelemente sind in einer Art ungeordnetem Wabenbau gestaltet. Diesen Bereich nennt man Haftzellen. Nach und nach geht die Wabe dann in die geordnete Struktur der sechseckigen Wabenzellen über. Der Übergangsbereich ist besonders empfindlich: Während der Inspektion des Wabenzustands können die Waben beim Drehen abreißen oder abknicken. Hierbei muss der Imker besonders sorgfältig agieren.

Wabenbau mit Mittelwand: Hier gibt es keine Bautraube. Die Bienen sitzen rechts und links der Mittelwand. Sie nehmen Wachs von der vorgeprägten Platte und erweitern diese ins Räumliche. Der Prozess der Wabenentstehung ist dabei qualitativ etwas anderes als beim Naturwabenbau. Er erinnert mich an die Bauweise von Wespen und Hornissen, die bereits Vorhandenes in der Natur nutzen. Im

Viele Bienen verketten sich zu einer Bautraube. Der Naturwabenbau ist immer ein Gemeinschaftswerk.

Naturwabenbau entsteht etwas gänzlich Neues (in einem echten und originären Wachstumsprozess), das es ohne Honigbienen nicht geben würde.

Die Funktionen des Wabenbaus für das Volk

- Der Wabenbau ist, wie bereits beschrieben, der Körper, auf dem das Leben des Volks stattfindet. Verglichen mit uns Menschen entspricht er unserem menschlichen Körper. Rudolf Steiner beschreibt das in seinen Vorträgen über die Bienen sehr bewegend, indem er die Waben mit den menschlichen Knochen vergleicht, die Bienen mit den Blut- und anderen Zellen, die für die Stoffwechselprozesse und damit für das Leben selbst stehen.
- Der Wabenbau aus Bienenwachs ist die Voraussetzung für das dauerhafte Leben und Überleben des Bienenvolks. Er ist Sinnbild der besonderen Evolution der Honigbiene, wodurch sie weitgehend unabhängig vom Naturgeschehen (Wetterunbilden, Wechsel der Jahreszeiten etc.) wurde. Die Produktion von Wachs in den Wachsdrüsen gewährleistet, dass die Bienen diesen Rohstoff des Wabenbaus selbstständig gestalten können. Auch dies ist ein Akt der Emanzipation von den äußeren Umständen.
- Die Honigvorräte für die Überwinterung werden in den Waben gespeichert.
- Der Wabenbau ist Voraussetzung für die aktive Thermoregulation des Bienenvolks. Die Waben dienen der Isolation und der Speicherung von Wärme. Über die Wabengassen können die Bienen die Luftzirkulation im Nest aktiv beeinflussen.
- Er ist Teil des volkseigenen Immunsystems. Alle Zellen sind mit Propolis überzogen. Diese Schicht dient dem Schutz der in den Zellen heranwachsenden Bienenlarven, aber auch dem Schutz der Vorräte vor Keimen und Bakterien.
- Die Bienen kommunizieren mit und auf ihren Waben. Diese sind sozusagen auch ein Sinnesorgan des Volks. Ganz besonders beeindruckend finde ich das Gitternetz von Wülsten aus Wachs und Propolis, das die Bienen auf die Zellränder legen und je nach Bedarf verändern können. Während ihrer Bienentänze bringen die tanzenden Bienen dieses Gitter zum Schwingen. Zusammen mit den Lauten, die die einzelne Biene ausstößt, sowie den Düften sind diese Schwingungen Teil der Kommunikation im Bienenvolk. Die tanzenden Bienen kommunizieren mit all diesen Äußerungen mit den anderen Stockbienen und erzählen von den Quellen, die sie besucht und gefunden haben. Klingen die Tänze und die sie begleitenden Schwingungen attraktiv und interessant, so werden sie von anderen Bienen nachgeahmt. Im Bienenvolk ist es dunkel. Die Bienen müssen also

über Laute und andere Reize miteinander kommunizieren. Die Weisheit der Natur zeigt sich auch darin, dass die Laute, die Bienen beim Tanzen von sich geben, und die Schwingungen des Gitternetzes im selben Frequenzbereich liegen. Der Rohstoff Wachs ist perfekt an die Biologie der Biene angepasst.

- Der Wabenbau ist das Gedächtnis des Bienenvolks. Mithilfe von Düften markieren die Bienen einzelne Bereiche und deren Bestimmung. So wird zum Beispiel der Tanzboden, auf dem die werbenden Tänze der Sammelbienen stattfinden, jeden Tag neu markiert. Jedes Volk hat seinen eigenen individuellen Nestduft. Dieser Stockgeruch wird entscheidend vom Duft des volkseigenen Bienenwachses geprägt. Auch das Wachs, das die Kutikula (Oberfläche der Bienen) überzieht, duftet entsprechend. So erkennen die Wächterbienen am Flugloch die volkseigenen Bienen. Interessant ist auch, dass sich die verschiedenen, aufgrund des gemeinsamen Vaters enger miteinander verwandten Bienengruppen in einem Volk an ihrem spezifischen Geruch erkennen können.

Über den volkseigenen Geruch erschafft sich jedes Bienenvolk seine eigene Individualität und Identität. Weil er den Werdegang des Volks widerspiegelt, schreibt jedes Volk bildlich gesprochen mit dem Wachs und den Waben seine eigene Biografie. Das ist etwas ganz anderes, als wenn Wachs von vielen verschiedenen Völkern zusammengemischt und zu Mittelwänden verarbeitet wird. Diese Waben beinhalten den Stockduft vieler verschiedener Völker. Zudem wird dieses Mittelwandwachs aus seuchenhygienischen Gründen sehr stark erhitzt. Dadurch kann es degenerieren.

Gegen Mittelwände kann man zunächst nichts sagen: Die Imkerei funktioniert gut. Es gibt Honig. Vieles ist von der imkerlichen Warte aus gesehen einfacher zu handhaben. Schwärme beziehen ja auch gerne Behausungen, in denen sie schon Wachs und evtl. sogar Waben vorfinden. Ich denke allerdings, dass die Bienen dies nicht aus Bequemlichkeit tun, weil sie ohne viel Aufwand betreiben zu müssen einfach einziehen können. Das ist zu menschlich gedacht. Bienen ticken anders. Vielmehr vermittelt die Information, dass hier Waben sind, also schon einmal ein Bienenvolk hier gelebt hat, den Spürbienen, dass dies ein geeigneter Platz zum Überleben sein könnte.

Wir müssen natürlich aufpassen, dass wir das, was wir bei den Bienen sehen und erleben, nicht zu sehr von der menschlichen Warte aus beurteilen und interpretieren.

Warum Naturwabenbau?

Tatsächlich wissen wir gar nicht, wie es sich auf das Bienenvolk auswirkt, wenn wir mit Mittelwänden arbeiten. Allein aus tierethischen Gesichtspunkten wäre es in meinen Augen richtig und wichtig, den Bienen mehr Möglichkeiten zum Naturwabenbau zu geben. Ein sehr interessanter Ansatz von der Philosophin Martha Nussbaum geht davon aus, dass es bereits falsch ist, ein Tier, also ein fühlendes Wesen, im Streben nach seinen Zielen zu behindern (siehe Literatur Seite 333).

Das Phänomen »sechseckige Zellen«

Bisher ging die Wissenschaft davon aus, dass die Exaktheit des Wabenbaus vor allem durch die physikalischen Eigenschaften von Bienenwachs bestimmt wird. Die Bienen sind nur rudimentär über die Wärmezufuhr beteiligt. Sie bauen zunächst runde Zellen, wobei ihr Körper als Schablone eingesetzt wird. Durch die Erhöhung der Bienenstocktemperatur von 37 °C auf 40 °C (Sprungtemperatur) wird das Wachs zunehmend flüssiger.

Die Zellwände kommen ins Fließen und bekommen aufgrund der Oberflächenspannung diese kristalline, gleichmäßig sechseckige Struktur. Was wir Imker als Wunder des Bienenstocks erleben, wäre somit nichts anderes als ein banaler, rein physikalischer Prozess. Die besonderen Eigenschaften des Bienenwachses selbst bewirken unter dem Einfluss einer bestimmten Temperatur die Entstehung des perfekten Gebildes einer Bienenwabe. Dieses Phänomen wird auch Seifenblasenanalogon genannt.

Typischer Wabenanfang. Es geht in kleinen Schritten voran, eng korreliert mit der Entwicklung des Volks.

Von der Imkerschaft wenig beachtet, wurde aber in einer Forschungsarbeit von Bauer und Bienefeld aus dem Jahr 2017 nachgewiesen, dass das Wachs im Bienenstock gar nicht so weit erwärmt wird, um ins Fließen zu kommen und zu sechseckigen Zellstrukturen zu kristallisieren. Genauso wenig kann die elegante Erklärung mittels des Flüssigkeitsgleichgewichts die Frage beantworten, warum die Zellen leicht zum Zellboden geneigt sind. Wie soll diese Information im Wachs enthalten sein? Sinn der Neigung ist ja, dass kein Honig aus der horizontal ausgerichteten Zelle bzw. der Wabe herauslaufen kann. Ferner erklärt das Modell nicht, wie die größeren Drohnenwaben entstehen. Werden da Drohnen als Schablone eingesetzt oder kennen die Bienen die exakte Größe ihrer Brüder?

Auch bestimmte Erscheinungen am Bauverhalten weisen darauf hin, dass der Wabenbau eher durch aktive Gestaltung der Bienen zustande kommen könnte als »nur« durch physikalische Eigenschaften, die dem Wachs innewohnen.

Ich beschäftige mich gern mit Hornissen und erlebe da ebenfalls einen fast perfekten Wabenbau. Das Material ist hier aber eine Art Papier. Wie bekommen die Hornissen das hin? Hier kann aufgrund des verwendeten Materials das Seifenblasenanalogon nicht wirken. Die Zellen der Hornissen scheinen auf den ersten Blick nicht so perfekt gestaltet, wie das die Bienen bewerkstelligen können. Allerdings bin ich der Meinung, dass der Eindruck, die Zellen wären weniger perfekt sechseckig, sondern eher rund, dadurch zustande kommt, dass die Hornissen nur auf einer horizontalen Ebene Zellstrukturen errichten, während bei den Honigbienen der Zellboden zugleich die Basis der gegenüberliegenden Zelle darstellt.

Was stimmt nun? Hat vielleicht sogar Rudolf Steiner recht, der den Bienen Formkräfte zuschreibt, aufgrund derer sie über die Fähigkeit verfügen, sechseckige Zellen und perfekte Wabengebilde zu errichten? Zu denken geben könnte die Tatsache, dass Rudolf Steiner für den bereits erwähnten Vergleich des Bienenvolks/Bienenschwarms mit dem menschlichen Kopf mittlerweile durch wissenschaftliche Erkenntnisse bestätigt wurde. Steiner tätigte diese Aussage durch Intuition und Inspiration. In den menschlichen Kopf konnte er noch nicht hineinschauen.

Das können aber mittlerweile die Neurowissenschaftler. Dabei kamen erstaunliche Erkenntnisse zutage, die Prof. Seeley (siehe S. 231 ff.) in seinem spannenden Buch »Bienendemokratie« am Beispiel der Entscheidung des Bienenschwarms für eine neue Behausung beschreibt. Es zeigte sich nämlich, dass die Entscheidungen in unserem menschlichen Gehirn auf die gleiche Weise zustande kommen wie in einem Bienenschwarm. Die einzelnen Bienen verhalten sich dabei wie Neuronen im Gehirn. Diese Erkenntnis hat keine konkreten Auswirkungen auf die Betriebsweise. Sie kann aber unsere Achtung und unseren Respekt vor den Leistungen und Eigenschaften der Bienenvölker – und dadurch indirekt den eigenen Umgang mit den Bienen – beeinflussen. Müssen sich die Bienen allem unterordnen, was der Imker vorgibt? Oder hat das Bienenvolk nicht vielmehr das Recht, seine eigenen Fähigkeiten und Besonderheiten ausleben zu dürfen? Letztlich steht doch hinter allem konkreten Handeln eine (tier-)ethische Anschauung.

Wenn wir den Wabenbau in seiner Gesamtheit anschauen, so sehen wir sehr viele aktive Gestaltungselemente, die das Bienenvolk in den Bau der Waben einbringt:

- Die Waben werden lotrecht, orientiert am Erdmagnetfeld, gebaut. Verantwortlich dafür ist die Reizung der Sinneshaarpolster an den Gelenken durch die Schwerkraft.
- Die leichte Neigung zum Zellboden hin ist eine »Entscheidung«, die die Biene im Lauf ihrer Evolution gefällt hat.
- Die Breite einer Wabengasse von acht bis zehn Millimetern ist so gestaltet, dass zwei Bienen bequem aneinander vorbeikommen. Sie ist ein Resultat der Interaktion der einzelnen Individuen im Bienenvolk.
- Die Parallelität der Waben sowie die Form der Wabengasse spielen eine wichtige Rolle für die Luftzirkulation im Bienenvolk.

Aus all dem folgt für mich: Ich sehe viele Elemente, die das Bienenvolk aktiv in die Entstehung des Wabenbaus und der Zellstruktur einbringt. Das geht weit über die physikalischen Eigenschaften von Wachs hinaus. Diese Elemente beziehen sich auf das Überleben des ganzen Volkes. Betrachtet man dazu den hohen Arbeits- und Energieaufwand, den ein Bienenvolk in den Bau seiner Waben investiert, so wird die elementare Bedeutung des Wabenbaus für die Bienen noch deutlicher. Für das Bienenvolk hat er einen gänzlich anderen Stellenwert als für den Imker. All dies spricht nach meiner Ansicht stark dafür, der natürlichen Entstehung von Waben im Bienenvolk ein höheres Gewicht beizumessen.

Wie entsteht »schöner« Naturwabenbau?

Er zeichnet sich durch eine gleichmäßig gebaute Wabe und einen hohen Anteil von Arbeiterinnenzellen aus. Wie jeder Imker weiß, sind diese entscheidend für die Volksstärke, den Honigertrag, aber auch für die Volksgesundheit. Die entscheidende Frage ist: Wie bekomme ich das hin? Gelingt das schnell und einfach? Oder ist die Umstellung und das Arbeiten mit Naturbauwaben kompliziert und wenig erfolgreich?

Was ist wichtig, um mit Naturwabenbau gut zu imkern?

Mobilbau: Wie schon im Kapitel zur Beutenfrage beschrieben, plädiere ich für einen beweglichen Wabenbau (Mobilbau).

Stabilisierung der Waben mit Draht: Die Waben sollten fest in den Rähmchen eingebaut sein. Es ist sehr ärgerlich, wenn die Waben an sehr heißen Tagen beim Wandern oder beim Füttern abreißen und herunterbrechen. Das kann das Volk die Existenz kosten. Auch beim Schleudern ist eine Stabilisierung der Waben, selbst der Flachzargenwaben im Honigraum, sinnvoll. Selbst große Brutraumwaben müssen ab und zu geschleudert werden (können). Normalerweise schleudern wir die Zadantwaben im Brutraum nicht, sondern versuchen, den Bienen möglichst viel Honig als Winterfutter zu belassen. Doch es kann der Fall auftreten, dass auch ich aus dem Brutraum Waben entnehmen muss. Ich erinnere mich an den Sommer 2020 mit einer hervorragenden Tannentracht hier im schwäbischen Wald. Die Völker hatten im August in ihrem Brutraum vier bis fünf komplett verdeckelte Waben mit Tannenhonig als Vorrat eingelagert. Diese Waben zu belassen, hätte für die Überwinterung ein großes Risiko dargestellt. Der Mineralstoffgehalt des Weißtannenhonigs ist hoch. Daher füllt sich während der Überwinterung die Kotblase schnell, wenn ein größerer Teil des Winterfutters aus diesem dunklen Honig besteht. Passt dann das Wetter nicht und können die Bienen keinen Reinigungsflug unternehmen, koten sie im Stock und es kann zu Krankheitserscheinungen wie zum Beispiel Ruhr kommen. Daher entnahmen wir zwei bis drei Zadantwaben und schleuderten diese aus. Der Wintervorrat wurde anschließend mit einem Zucker-Blütenhonig-Gemisch ergänzt.

Des Weiteren erinnere ich mich an ein Jahr mit einer späten, extremen Melezitosetracht. Zu dieser späten Jahreszeit hatten wir keine Stockwaage mehr aufgestellt. Wir bemerkten die Melezitosetracht erst, als bereits wenige Tage nach der ersten Futtergabe die Völker innerhalb weniger Tage komplett aufgefüttert waren. Melezitosehonig kristallisiert schnell in den Waben. Sitzt die Wintertraube dann auf dem kandierten Futter, brauchen die Bienen Wasser, um es zu lösen und als Nahrung aufnehmen zu können. Da im Winter in der Regel kein Flugwetter herrscht, kann es sein, dass die Völker dann auf den vollen Futterwaben verhungern. Zudem ist der Mineralstoffgehalt dieses Honigs oft hoch, sodass die Bienen ebenfalls im Stock abkoten. Wir entnahmen daher damals jedem Volk einige Waben mit Melezitosehonig und fütterten mit Zuckerwasser fertig auf. Imkerkollegen, die dies nicht getan hatten, mussten große Verluste verzeichnen. Anschließend hatten wir einen großen Vorrat an Futterwaben. Diese bekamen die Jungvölker und im folgenden Herbst auch die Wirtschaftsvölker zur Ergänzung des Winterfutters.

Edelstahl zur Stabilisierung: Edelstahl bevorzuge ich, weil er bei der Anwendung der Ameisensäure im Bienenvolk nicht rostet (oxidiert). Natürlich kennen die Bienen Edelstahl nicht. Es ist einer der Grundsätze der naturgemäßen Imkerei, möglichst wenig Fremdes an die Bienen heranzubringen. Aus diesem Grund verwendeten viele Imker in der Anfangszeit der ökologischen Imkerei Holzstäbchen, sehr dünne Bambusrohre oder Peddigrohr zur Stabilisierung ihrer Waben. Die Bienen mochten dieses Material aber gar nicht und zeigten diese Abneigung, indem sie keine schönen Waben in die Rähmchen hineinbauten. Vielmehr blieb die Wabe ein Fragment aus zwei nebeneinander bestehenden Wabenstücken.

Bei Edelstahl habe ich nicht den Eindruck, dass er die Bienen stört. Sie bauen den Draht fast immer harmonisch in die Wabe ein. Wäre dies nicht der Fall, müsste man sich natürlich Gedanken über das verwendete Material machen. Ein Grundelement der naturgemäßen Imkerei ist die genaue Beob-

Mehrere Bautrauben beginnen mit Wabenbau. Nach und nach wachsen sie zu einer großen Wabe zusammen.

Zwei quer gespannte Drähte stabilisieren die Naturwaben. Die Bienen stören sich nicht daran.

Naturwabenbau mit Anfangsstreifen. Er dient der Orientierung, wo die Bienen den Bau beginnen sollen.

achtung der Bienen. Wie verhalten sie sich? Wie reagieren sie? Ich stelle meinen Bienen eine Art Frage und kann sehr oft mittels genauer Beobachtung eine Antwort erkennen.

Trotzdem versuche ich die Verwendung des Drahtes zu minimieren. Früher drahteten wir die Rähmchen viermal senkrecht. Heute spannen wir den Draht zweimal quer. Somit ist nur der obere Teil der Wabe gedrahtet. Wichtig ist dabei, den obersten Draht in dem Bereich zu führen, in dem die Bienen den Wabenansatz bauen. Dort gehen die ungeordneten Anfänge in den geordneten Arbeiterinnenbau über. Dies ist in der Regel der Bereich, in dem die Wabe am leichtesten abreißen kann. Zunächst hatte ich bei dieser Querdrahtung der Brutwaben die Bedenken, dass die Bienen dem Draht ausweichen und die Wabe schräg daran vorbei bauen. Dies war jedoch nicht der Fall.

Anfangsstreifen als Bauhilfe: Geordneter Wabenbau bedeutet, dass ich die Waben jederzeit leicht und ohne die Bienen zu verletzen herausziehen kann. Dazu braucht die Biene eine Orientierung: Sie muss wissen, wohin sie die Waben bauen soll bzw. wo sie mit dem Bau der Wabe beginnen soll. Die Biene ist es gewohnt, dort zu bauen, wo schon Wachs vorhanden ist. Darum sind Bauhilfen am Rähmchenoberträger sehr zu empfehlen. Für das Anbringen dieser »Anfangsstreifen« gibt es verschiedene Varianten:

- Ich kann aus Mittelwänden ausgeschnittene Wachsdreiecke verwenden, die so breit sind, dass sie von zwei Drähten gehalten werden. Zusätzlich zum Einlöten muss man diese Anfangsstreifen mit flüssigem Wachs am Oberträger fixieren. Bei Verwendung solcher Anfangsstreifen kann der Imker sehr schön verfolgen, wie die Naturbauwaben organisch in konzentrischen Kreisen wachsen. Der Nachteil zeigt sich jedoch beim Einschmelzen der Waben. Jetzt werden auch die Anfangsstreifen geschmolzen und müssen bei Wiederverwendung der Rähmchen erneut vorbereitet werden.

- Diese Arbeit kann man sich sparen, wenn man in die Rähmchenoberträger eine Nut fräst und ein schmales Sperrholzbrettchen hineinsteckt. Nachdem dieses mit Wachs bestrichen wurde, ist es in der Nut fixiert. Nun wissen die Bienen, dass der Imker hier eine neue Wabe gebaut haben möchte. Als wir mit dieser Methode begannen, waren wir zunächst irritiert, weil die Baubienen an mehreren Stellen gleichzeitig mit dem Wabenbau begannen. Gerade im Vergleich zu den Dreiecken sah dies anfangs so aus, als würde daraus keine gleichmäßig gebaute, schöne Wabe entstehen. Die Bienen belehrten uns aber eines Besseren. Trotz mehrerer Bautrauben, die mit dem Wabenbau an mehreren Stellen beginnen, wachsen diese zu einer schönen, organischen Wabe zusammen. Die Übergänge sind bei der fertigen Wabe dann nicht mehr wahrnehmbar. Dies bestärkte mich in meiner Ansicht, dass der Wabenbau für das Bienenvolk eine Phase intensivster Kommunikation und Kooperation sein muss.

Ausrichten mit der Wasserwaage: Beim Bauen ihrer Waben orientieren sich die Bienen am Erdmagnetfeld. Sie bauen die Waben immer lotrecht. Möchte man zum Beispiel nach dem Einschlagen eines Schwarms von diesem komplett neuen Wabenbau errichten lassen, so muss die Beute mit der Wasserwaage ausgerichtet werden. Ansonsten besteht die Gefahr von Wirrbau. Dies bedeutet, dass die Waben wild gebaut werden und man oft keine Waben mehr ziehen kann. Unfreiwillig wurde dann Stabilbau produziert. Für die Bienen ist das nicht wichtig. Für uns Imker dafür umso mehr.

Wabenbaubeginn an mehreren Stellen gleichzeitig – sogenannter Wirrbau: Hier geht nichts mehr.

Die Wasserwaage hilft dabei, einen lotrechten, gerade nach unten ausgerichteten Wabenbau zu bekommen.

Die Bienen »bestrafen« den Imker mit Stabilbau, wenn er keine Rähmchen gibt. Dann wartet viel Arbeit auf ihn.

Eine ausgebaute Wabe als Leitwabe: Mit ihrer Hilfe kann man auf Nummer sicher gehen, um »schönen« Wabenbau zu erhalten. Die Leitwabe hängt man an den Rand und füllt die restliche Beute mit Leerrähmchen - versehen mit Anfangsstreifen - aus. Die Bienen werden sich dann mit ihrem Wabenbau an dieser Leitwabe orientieren. Wer Wert darauf legt, dass jedes Volk ausschließlich seinen originären, eigenen Wabenbau besitzt, kann diese Leitwabe später wieder entfernen.

Futtertasche

Wenn die Futtertasche zum Bienensitz hin offen ist, wird oft bereits die erste kleine Wabe in der Futtertasche errichtet. Sie fungiert dann als eine Art Leitwabe. Das ist kein Problem. Sollte es aber später einmal notwendig sein, die Königin zu suchen und versteckt sich diese auf der Wabe in der Futtertasche, so macht das keinen Spaß. Befindet sich in der Futtertasche zunächst eine Wabe mit Brut, so kann die Tasche später umgedreht werden und die Brut läuft aus.

Um diese Schwierigkeit zu vermeiden, setzen wir mittlerweile die Futtertasche nicht mehr mit der Öffnung zur Bautraube hin ein.

Wichtig ist es, bei Naturwabenbau einige Tage nach dem Einschlagen des Schwarms den Baufortschritt zu kontrollieren. Gibt es Unregelmäßigkeiten wie Wirrbau, so kann der Wabenbau repariert werden. Meist sind das nur kleine Korrekturen. Es kann aber auch (selten) vorkommen, dass ich einen Großteil der frisch gebauten Waben entfernen muss. Die Bienen bauen dann erneut.

Wenn die Bienen Waben bauen sollen, so brauchen sie dazu Energie. Ein Naturschwarm bringt in den Honigblasen seiner Schwarmbienen nur einen Vorrat für wenige Tage mit. Spätestens nach drei bis vier Tagen müssen die Bienen Nektar eintragen, um das neue Wachs ausschwitzen zu können. Da man nicht davon ausgehen kann, dass sie zu dieser Jahreszeit in der Landschaft genügend Nahrungsquellen vorfinden, sollte der Imker sicherheitshalber mit Futterteig oder Flüssigfutter den Bau neuer Waben unterstützen.

Wie gelingt Naturwabenbau in der Praxis?

Nachdem wir uns mit den technischen Voraussetzungen für das Gelingen des Naturwabenbaus beschäftig haben, wenden wir uns der Frage zu: Wie komme ich konkret zu natürlichem Wabenbau? Dazu ist es wichtig, zu wissen, ob man mit neuen Völkern komplett neu beginnen möchte? Oder sollen die bereits vorhandenen Bienenvölker auf Naturwabenbau umgestellt werden?

Naturwabenbau beim Schwärmen

Am einfachsten geht Naturwabenbau während der Schwarmzeit. Jetzt sind alle Voraussetzungen natürlicherweise vorhanden. Man lässt die Völker schwärmen, fängt die Schwärme ein und schlägt diese sogleich auf Leerrähmchen mit Anfangsstreifen ein. Die Bienen des Schwarms sind bereits physiologisch umgestimmt und in Baulaune.

Das Einschlagen kann am gleichen Standort geschehen. Die Schwarmbienen vergessen ihre Herkunft. Findet dieser Vorgang noch während der Rapsblüte statt, so geht danach eigentlich alles wie von selbst, da die Völker reichlich versorgt sind. Es muss lediglich darauf geachtet werden, dass die neuen Völker lotrecht mit der Wasserwaage aufgestellt werden. Oft genug sind dann sieben, acht oder gar neun Waben innerhalb einer Woche ausgebaut. Natürlich muss der Schwarm groß genug sein. Bei einem Vorschwarm ist das aber fast immer der Fall. Sind die Waben ausgebaut, setzt man ein Schied neben die Randwabe und kann sogar noch einen Honigraum mit oder ohne Absperrgitter aufsetzen. Ich bin immer wieder beeindruckt, welchen Sammeleifer und welche Kraft bzw. Dynamik Naturschwärme entwickeln können. Bei künstlich zusammengestellten Einheiten erlebt man dergleichen nie.

Wer will, kann dem am alten Standort verbleibenden Restvolk die Waben gegen leere Rähmchen austauschen, nachdem die alte Brut geschlüpft ist, die neue Königin aber noch nicht in Eilage ist. Eine Leitwabe am Rand oder gar in der Mitte ist dann hilfreich. Wir machen das allerdings nicht. In der Natur lebt das Restvolk auch auf seinen »alten« Waben weiter.

Naturwabenbau mit einem Flugling

Auch diese Methode gelingt sehr gut. Ich würde in diesem Fall als mittlere Wabe eine Brutwabe mit verdeckelter Brut einsetzen und den Flugling (siehe Seite 116) mit der alten Königin bilden. Die verdeckelte Brutwabe verhindert zum einen, dass die Bienen wieder ausziehen. Zum anderen dient sie als Leitwabe für den folgenden Naturwabenbau. Da die Königin rasch wieder legen will, werden die Bienen auch den dazu notwendigen Wabenbau zügig errichten.

Wie viele Rähmchen benötigt der Schwarm? Diese Frage bewegt uns Imker immer wieder. In meiner Imkerei sind wir mittlerweile dazu übergegangen, die komplette Beute mit Leerrähmchen zu füllen. Es wird dem Schwarm selbst überlassen, wo und auf welchen Rähmchen er seine Waben errichten möchte. Nach einer Woche, wenn sowieso eine Kontrolle ansteht, werden die nicht besetzten Rähmchen entfernt und der Raum mit einer Futtertasche oder einem Schied eingeengt. Dies ist in meinen Augen die sicherste Variante. Werden nur vier bis fünf Rähmchen gegeben und der Rest der Beute bleibt frei, besteht die Gefahr, dass der Schwarm im Leerraum neben den Rähmchen baut. Wir hatten sogar schon mehrmals den Fall, dass der Schwarm im aufgesetzten Futtertrog baute anstatt auf den dafür vorgesehenen Rähmchen. Offenbar waren die Wachsreste am Deckel interessanter.

Naturwabenbau über vorweggenommene Schwärme

Hierbei muss der Imker darauf achten, dass die Bienenmischung stimmt. Baubienen sind zehn bis zwölf Tage alte Bienen, deren Wachsdrüsen sehr gut entwickelt sind. Auch ältere Bienen können ihre Wachsdrüsen schnell reaktivieren. Sehr junge Bienen bauen jedoch nicht gut. Ich möchte dazu nur ein Beispiel eines Imkerkollegen erzählen, der sich darüber beklagte, dass bei ihm der Naturwabenbau über vorweggenommene Schwärme nicht funktionierte. Bei einem Besuch demonstrierte er mir seine Methode. Diese sah folgendermaßen aus: Er kehrte die Bienen für den vorweggenommenen Schwarm von den Brutwaben in einen oben offenen, großen Honigeimer (Hobbock) hinein. Das Problem war, dass die alten Bienen aus dem Hobbock abflogen. Nur Jungbienen, die noch nicht richtig flugfähig waren bzw. eingeflogen waren, blieben darin sitzen. Bei so gebildeten

Schöner Naturwabenbau mit hohem Anteil von Arbeiterinnenzellen kann gut über Ableger generiert werden.

Schwärmen stimmte dann das Bienengemisch hinsichtlich des Alters nicht und der Wabenbau klappte nicht.

Naturwabenbau mit Ablegern

Sehr bewährt hat sich dafür folgende Methode: Die Restvölker werden aufgeteilt. Aus einem Restvolk bildet man mehrere Ableger mit jeweils ein bis zwei Brutwaben samt den darauf befindlichen Bienen und einer oder zwei Weiselzellen. Dazu kommt eine Futterwabe plus eine Futtertasche, gefüllt mit Zuckerteig. Diese Ableger werden separat aufgestellt. Wenn die Brut der neuen Königin verdeckelt ist, werden die Ableger mit zwei Leerrähmchen mit Anfangsstreifen rechts und links der Brutwaben erweitert. Dazu wird noch einmal das Futter ergänzt. Diese Ableger können bis zum Ende der Saison vier bis fünf Naturwaben ausbauen. Jungvölker, die das nicht schaffen, werden vor der Einwinterung aufgelöst. Das Bauverhalten und vor allem die Bauleistung als Selektionsparameter ist in meinen Augen eine sinnvolle Maßnahme zur Auslese.

Lassen sich ganze Völker auf Naturwabenbau umstellen?

Natürlich ist das möglich. Allerdings ist es nicht ganz so einfach wie bei einem Schwarm oder Jungvolk. Ganz besonders ist dabei auf die Jahreszeit zu achten. Es muss noch genügend Zeit bis zur Einwinterung bleiben. Nach meiner Erfahrung funktioniert diese Art der Umstellung nur während einer üppigen Tracht gut. Die Rapsblüte ist dafür ein guter Zeitpunkt. Es braucht einen massiven Nektareintrag als »Druckmittel« für die Entstehung neuer Waben.

Wie geht man dabei vor?

Es wird eine Zarge mit dem gewünschten Wabenmaß untergesetzt. Da hinein kommt eine Brutwabe mitsamt Bienen und Königin. Der restliche Raum wird mit drei bis vier Leerrähmchen beidseitig der Brutwabe gefüllt und mittels Schied eingeengt. Dann kommt darauf unabdingbar ein Absperrgitter, darüber der alte Brutraum und die Honigräume. Es wird kein weiterer Honigraum gegeben. Sind die Honigwaben voll, so verhonigt das alte Brutnest und die Bienen sind gezwungen, in der neuen Brutzarge Naturbauwaben zu errichten. Sind die Waben ausgebaut, kann im Brutraum wieder erweitert werden.

Diese Umstellung wird den Honigertrag reduzieren. Doch man kann nicht alles zugleich haben.

Folgendes sollte man auf keinen Fall machen: Während meiner Anfangszeit als Demeter-Imker war Naturwabenbau innerhalb der Umstellungszeit von drei Jahren ein großes Thema. Bei mir ging es zusätzlich darum, meine Zanderwaben auf das größere Zadantmaß umzustellen. Ich stellte mir das zunächst recht einfach vor: Statt im Frühjahr mit Mittelwänden zu erweitern, würden einfach Leerrähmchen mit Anfangsstreifen genügen. Damals engten wir unsere Völker vor der Einfütterung im August auf fünf bis sechs Waben ein. Ein Motiv hierfür war einmal die finanzielle Ersparnis, weil weniger eingefüttert werden musste. Zum anderen hatte ich die Vorstellung, dass die Völker dann im Winter enger, sprich wärmer in der Wintertraube sitzen würden. Durch das Einengen gab es im neuen Jahr genügend Platz für neue Waben. Erweitert wurde im Frühjahr zur Obstblüte dann mit den neuen Rähmchen. Der Ausbau der Waben klappte gut, leider wurden meistens Drohnenwaben errichtet. Das war einige Jahre lang in Ordnung, es musste ja neuer Wabenbau her. Irgendwann wurde es uns jedoch zu viel. 30 bis 40 Prozent der Waben waren zu Drohnenwaben geworden. Erstaunlicherweise war der Honigertrag noch in Ordnung. Aber irgendwann gingen mir die vielen Drohnen auf die Nerven. Das war insbesondere zur Honigernte der Fall.

So langsam dämmerte uns folgende Erkenntnis: Im Frühjahr lebt das Volk in der aufsteigenden Entwicklung in Richtung Schwarmzeit. Das ist die Zeit zur Vermehrung und für neue Königinnen. Zu deren Begattung braucht es viele Drohnen. Darum ist es für das Bienenvolk absolut sinnvoll, zu dieser Zeit vorwiegend Drohnenbau zu errichten, um genügend Drohnen aufzuziehen. Jede freie Ecke, die ich mit der Erweiterung großzügig als Leerraum zur Verfügung stellte, wurde dafür genutzt. Für schönen Naturwabenbau mit einem hohen Anteil an Arbeiterinnenzellen ist das Frühjahr daher eher eine ungünstige Jahreszeit. Mittlerweile engen wir beim Herrichten des Wintervolks im Spätsommer

Kalkbrut, eine Pilzkrankheit, die die Bienenlarven befällt! Hier hilft nur die Umweiselung.

nicht mehr ein. Zur Einfütterung besetzen die Bienen alle acht bis neun Waben, so bleibt genügend Platz für das Winterfutter und ein großes Brutnest. So kann ein starkes Wintervolk entstehen. Allerdings entnehmen wir vor dem Einfüttern ein bis zwei dunkle Waben ohne Brut und ersetzen diese durch Leerrähmchen. Während der Einfütterung werden diese dann ausgebaut, zum großen Teil mit Arbeiterinnenzellen. Dadurch konnten wir den Drohnenbrutanteil wieder auf das natürliche Maß von 15 Prozent reduzieren. Allerdings bauen die Bienen erst dann, wenn die übrigen Waben mit Brut und Futter ausreichend gefüllt sind und wieder neuer Raumbedarf besteht.

Naturwabenbau und Drohnen

Auf einer Naturbauwabe gibt es immer wieder Bereiche mit Drohnenzellen. Dies bedeutet, dass in einem Volk mit Naturwabenbau natürlicherweise mehr Drohnen aufgezogen werden als in einem Volk, das nur auf Mittelwänden sitzt. Potenziell besteht damit auch die Gefahr einer erhöhten Varroabelastung. Die Bienen investieren viel Kraft und Energie in die Vermehrung. Elementar gehören dazu die Drohnen. Natürlicherweise sind 12 bis 17 Prozent des gesamten Wabenbaus Drohnenzellen. Eine Königin wird von bis zu 30 Drohnen begattet. Wer einmal das Privileg hatte, an einem Drohnensammelplatz die Begattung der Königin zu beobachten, war von diesem Schauspiel sicherlich sehr beeindruckt. Ich hatte dieses Vergnügen während meiner Praktikantenzeit an der Bayerischen Landesanstalt für Bienenkunde in Erlangen. Ich durfte deren ehemaligen Leiter, Dr. Karl Böttcher, bei seiner Suche nach den dortigen Drohnensammelplätzen begleiten. Zu Untersuchungszwecken ließ er Königinnen, befestigt an Luftballons, aufsteigen. Waren wir fündig geworden, fand ich es sehr beeindruckend, wie viele Drohnen an diesen Sammelplätzen hinter der jeweiligen Königin her waren. Es waren ganze Wolken von Drohnen. Hunderte, die die Königin verfolgten, sich gegenseitig wegschubsten und drängelten - Männer eben -, um die Königin begatten zu dürfen. Damals bekam ich eine Vorstellung davon, was der Konkurrenzkampf für die Selektion bedeuten könnte. In diesem Kontext sehe ich es daher als problematisch an, wenn Drohnenbrut ausgeschnitten wird und aufgrund der Verwendung von Mittelwänden nur noch wenige Drohnen pro Volk aufgezogen werden. Dann fehlt es an genetischer Vielfalt, und auch schwache Drohnen, die ihr Erbgut sonst nicht weitergeben könnten, kommen zum Zug. 200 bis 300 Drohnen pro Volk seien ausreichend, wird oft behauptet. Das sind meines Erachtens einfach nicht genug zum Erhalt der genetischen Resilienz, geschweige denn für einen evolutionären Fortschritt.

Theoretisch gesehen, ist die Überlegung zum Zusammenhang von Drohnenbrut und Varroa sicher richtig. Varroamilben bevorzugen zur Vermehrung die Drohnenbrut, weil die Entwicklungszeit der Drohnenlarven 24 Tage beträgt statt 21 Tage bei Arbeiterinnen. Damit kann die Milbe mehr vollständig ausgereifte Muttermilben generieren (siehe Seite 245). Es gibt Untersuchungen, die einen Zusammenhang zwischen der gepflegten Drohnenbrut und dem Befall mit Varroen nachweisen konnten. Ich sehe bei Naturwabenbauvölkern und Mittelwandvölkern diesbezüglich keinen großen Unterschied. Im Zweifelsfall würde ich statt die Drohnenbrut auszuschneiden im Sommer mehr kontrollieren und dann entsprechend der Schadschwelle behandeln.

Im Naturwabenbau ist das Ausschneiden der Drohnenbrut sehr schwierig, denn es gibt nicht die eine Drohnenwabe. Vielmehr sind Ecken bzw. kleine Flächen mit Drohnenbrut über alle Waben hinweg verteilt. Würde ich diese ausschneiden, so bliebe nur noch ein stark fragmentierter Wabenbau übrig. Das ist nicht sehr schön anzuschauen. Natürlich könnte ich nur einzelne Stücke mit Drohnenbrut ausschneiden. Es ist aber fraglich, ob dies sinnvoll und zielführend ist, denn Varroamilben sind nicht gleichmäßig über die Brutfläche hinweg verteilt. Vermutlich ist das auch für die Bienen problematisch, denn sie brauchen einen runden Wabenkörper. Auf das Bienenvolk wartet in einem solchen Fall viel Reparaturarbeit - also auch Stress.

Stress gibt es aber auch für Völker auf Mittelwänden, wenn deren Drohnenbrut ausgeschnitten wird. Das ist für das Bienenvolk wie ein Schock. Werden wieder Drohnenrähmchen eingehängt, so werden die Bienen um diese Jahreszeit wiederum Drohnenbau errichten. Das Ausschneiden der

Drohnenbrut läuft aber nicht so chaotisch ab wie im Fall des Naturwabenbaus.

Als naturgemäßer Naturwaben-Imker bekommt man wirklich einen schönen Einblick in das natürliche Leben eines Bienenvolks. Drohnen in ausreichender Anzahl gehören einfach dazu. Es reicht nicht aus, bei Verwendung von Mittelwänden einige Drohnenecken zu erlauben. Noch dazu, wenn die Bienen durch eine Bausperre im Boden daran gehindert werden, dort Drohnenbau zu errichten. Wenn ich mir solche Völker anschaue, fehlt einfach etwas. Das Ausschneiden der Drohnenbrut halte ich aus tierethischen Gründen für sehr problematisch. Tatsächlich wissen wir doch überhaupt nicht, wie es sich auf die Bienenvölker auswirkt, wenn sie nicht genügend Drohnen aufziehen können. Viele Drohnen sind ein Ausdruck von Vitalität. Nur schwache Völker haben wenig Drohnen. Wie bereits erwähnt, wirkt sich das Fehlen von Drohnen auf die natürliche Selektion aus. Schwache Drohnen, die unter normalen Umständen niemals zum Zug gekommen wären, können jetzt mangels Konkurrenz ihr Erbgut weitergeben. Das kann direkt in einen Verlust von Vitalität münden.

Ich fand es immer sehr schön, an meinen Bienenständen durch die hohe Anzahl eigener Drohnen für eine Dominanz »meines« Ökotypus zu sorgen. Übrigens funktioniert bei einem Wabenbau aus Naturwaben die komplette Brutentnahme im Spätsommer nicht. Die Bienen schaffen es zu dieser späten Jahreszeit nicht mehr, noch einmal einen eigenen Wabenbau zu errichten. Man kann daran erkennen, dass es für die Bienen schon ein großer Aufwand, ja ein Kraftakt ist, neue Waben zu bauen. Die Brutentnahme vermisse ich nicht. Generell finde ich es nicht unbedingt schlecht, imkerlich limitiert zu sein und eben nicht alles machen zu können.

Die Wachsernte

Wenn ich über Wachs und Wabenbau schreibe, dann muss ich auch erwähnen, dass neben Honig stets eine wie auch immer geartete Wachsernte anfallen wird. Dafür sollte eine Ausrüstung vorhanden sein.

Wachs ist viel zu wertvoll, um es einfach wegzuwerfen. Das ist auch eine Frage des Respekts den Bienen gegenüber. Allein wenn ich an die vielfältigen Verwendungsmöglichkeiten durch den Imker denke, wird die Wertigkeit deutlich: Er kann eigene Kerzen machen. Selbst gemachte Cremes sind unbezahlbar. Wachstücher ermöglichen eine bessere Haltbarkeit von Lebensmitteln etc.

In jedem Fall wird Entdeckelungwachs aus der Honigernte anfallen. In diesem Zusammenhang will ich kurz auf die immer wieder empfohlene Praxis des Entdeckelns mittels eines Heißluftföhns eingehen. Natürlich spart das die anstrengende Arbeit des Entdeckelns mit einer Gabel oder einem Messer. Allerdings schmelzen dabei die Zelldeckel einfach weg bzw. spritzen herum. Entdeckelungswachs fällt nicht mehr an. Das finde ich schade. Nicht nur, weil dieses Wachs von hervorragender Qualität ist und viele gesundheitliche Vorteile hat. Die Ernte des besonders sauberen und immer frisch ausgeschwitzten Entdeckelungswachses ist auch ein wichtiger finanzieller Ertrag. In meiner Imkerei stammt sicher mehr als die Hälfte meiner gesamten Wachsernte vom Entdeckelungswachs.

Auch wird es jedes Jahr Waben geben, die eingeschmolzen werden. Sei es, weil Völker gestorben sind oder weil dunkle Waben durch neuen Wabenbau ersetzt werden. Allerdings teile ich nicht die Meinung, dass ältere Waben schon dann ersetzt werden müssen, wenn man sie gegen das Licht hält und dann nicht mehr hindurchschauen kann.

Ich denke, hier dominiert menschliches Denken. Natürlich kann von altem Wabenbau ein Krankheitsdruck ausgehen. Die Gefahr würde ich bei gesunden Völkern nicht zu stark bewerten. Ich plädiere hier für ein großzügigeres Denken. Bienen kommen gut mit dunklerem Wachs zurecht.

Jeder Imker sollte sich auch darüber Gedanken machen, wie er sein Wachs ernten und weiter verwerten kann. Das ist auch eine ökonomische Frage. Imkerei ist – wie von mir schon mehrfach erwähnt – kein billiges Hobby. Wie gesagt, Wachs wird auf jeden Fall anfallen. Meines Erachtens ist es ein von den Imkern unterschätzter Rohstoff.

Notwendige Gerätschaften zur Wachsernte

Für Freizeitimker ist sicherlich ein kleiner Sonnenwachsschmelzer sinnvoll. Diese gibt es schon für zwei bis drei Waben. Damit kann man dann kostengünstig die Waben einschmelzen. Für größere Imkereien ist ein Dampfwachsschmelzer auf jeden Fall eine sinnvolle Investition.

In meiner Imkerei bevorzugen wir für die Wachsernte zwei alte Waschkessel mit einem Kupfereinsatz, die mit Holz beheizt werden. Kupferkessel garantieren, dass das Wachs nicht verseift und dass es seine goldgelbe Farbe und seinen Geruch behält, weil es nicht mit dem Metall reagiert. Die anfallenden Waben werden gesammelt und im Kühlraum bienendicht aufbewahrt. Wenn dann im Herbst einige kühle Tage anstehen, an denen kein Bienenflug herrscht, können die Schmelzarbeiten erledigt werden. In den Kupferkesseln wird das Wasser zum Kochen gebracht. Die Waben werden getaucht und das Wachs schmilzt. Im zweiten Kessel werden die Rähmchen noch einmal gereinigt und abgeklopft. So werden auch die letzten Kokonhäutchen entfernt. Die Rähmchen sind danach sehr sauber. Sie können dann direkt, ohne nochmalige Nachbearbeitung, wieder eingesetzt werden. Beim Schmelzen wird zudem das Sperrholzbrettchen der Bauhilfe mit Wachs überzogen. Ich muss es dann nicht extra noch einmal mit Wachs überpinseln. Das anfallende Wachs-Wasser-Trester-Gemisch wird erneut in einem Dampfwachsschmelzer erhitzt und mittels einer Spindelpresse gepresst. Der Trester besteht aus den Häutchen der geschlüpften Bienenbrut.

Wahrscheinlich könnte ich mit einem einzigen großen Schmelzer schneller arbeiten. Unsere Methode besitzt allerdings den Vorteil, dass ich nicht noch einmal nacharbeiten muss, um auch die Drähte zu säubern. Die Rähmchen sind sofort wieder einsatzbereit. Die Ernte von wunderbar duf-

Unser Arbeitsplatz für die Wachsernte. Zwei Waschkessel mit Kupfereinsatz zum Schmelzen der Waben.

tenden, sonnengelben Wachsböden macht richtig Freude. Wir arbeiten mit einem offenen Wachskreislauf. Die Honigraumrähmchen werden ja mit Mittelwänden bestückt. Alle Waben auf Basis einer Mittelwand für den Honigraum werden nur aus unserem eigenen Entdeckelungswachs und Naturbauwabenwachs hergestellt. So ist garantiert, dass das Wachs nur ein einziges Mal wiederverwendet wird. Es gibt kein mehrfaches Wachsrecycling. So generiere ich immer Wachs der höchsten Qualität.

Resümee

Die Imkerei auf der Basis von Mittelwänden funktioniert gut. Sie macht das Imkern einfacher. Allerdings empfinde ich den dadurch entstandenen Wabenbau immer als eintönig. Alle Völker sehen gleich aus. Bei Naturwabenbau ist das anders. Die Volksindividualität drückt sich auch im Aussehen der Waben aus. Jedes Volk baut ein bisschen anders. Der emotionale Ertrag, gemessen an der Ästhetik der Naturwaben (siehe Foto Seite 180), ist hoch und es macht viel Freude, mit diesen Waben umzugehen. Auch die Wachsqualität ist besonders hoch. Ich bin überzeugt, dass sich dies auch auf die Honigqualität auswirkt. Mittelwände werden als selbstverständlich und unabdingbar angesehen. Es geht nur um den Imker. Niemand denkt darüber nach, was der Wabenbau tatsächlich für das Bienenvolk bedeuten könnte. Das ist mir zu wenig.

Ich möchte aber nicht verheimlichen, dass der Umgang mit Naturwabenbau anspruchsvoll ist. Das Risiko, dass Probleme auftreten, ist höher als bei Mittelwänden. Bei Letzteren kann eigentlich wenig passieren – es sei denn, die Waben werden nicht ausgebaut. Bei Naturwaben kann Wirrbau entstehen oder es werden zu viele Drohnenwaben errichtet. Wird die lotrechte Ausrichtung nicht eingehalten, werden die Waben schief gebaut. Es bedarf also seitens des Imkers Nachkontrollen und gegebenenfalls Eingriffe zur Reparatur. Das Arbeiten an den Völkern dauert etwas länger, weil die Wabenanordnung beachtet werden muss und Waben nicht einfach beliebig getauscht werden können. Ich finde, dass sich der Einsatz und die Umstellung trotzdem lohnen.

Naturgemäße Imkerei orientiert sich am Vorbild Natur. Gemäß den Grundprinzipien des ökologischen Landbaus sollen natürliche Prozesse nachgeahmt werden. Darum hat Naturwabenbau für mich einen hohen Stellenwert. Ich ziehe die Naturwabenbau-Imkerei einer Mittelwand-Imkerei stets vor. Naturwabenbau entspricht einfach der Natur der Bienen. Ihre Welt ist eine andere als die von uns Menschen. Rein technisch, also vom Ergebnis her gedacht, entstehen in einer Mittelwand-Imkerei ebenso wie in einer Naturwaben-Imkerei funktionstüchtige Waben. Diese sind aber nicht nur Aufbewahrungsgefäße für die Vorräte und die Brut, sondern mehr. Analog zum Schwarm müssen sowohl der Prozess als auch das Ergebnis zusammengedacht werden. Dann bekommt der Bau von Waben ein ganz anderes Gewicht und einen anderen Stellenwert. Zudem erlebe ich, dass die Verbindung zwischen Imker und Bienen eine andere Qualität bekommt. Das liegt vor allem daran, dass das Bienenvolk näher an seiner ursprünglichen Lebensweise sein darf. Meine Wahrnehmung ist dann eine andere – intensiver, authentischer, respektvoller und bewusster. Mein Umgang mit dem Wachs und den Waben ist ein anderer. In einer Mittelwand-Imkerei droht die Wabe zum reinen Handwerkszeug zu degenerieren. Das wird ihrer Bedeutung für das Bienenvolk nicht gerecht. Insgesamt ist es nicht wirklich schwierig, mit Naturwabenbau zu arbeiten. Die Eingriffe und Maßnahmen entsprechen denen in einer Imkerei mit Mittelwänden. Trotzdem ist es eine ganz andere Art zu imkern.

Im Grunde genommen ist es aber gar nicht so schwierig, mit Naturwabenbau zu arbeiten. Es sollten nur gewisse Dinge, die ich in diesem Kapitel dargestellt habe, beachtet werden. Der entscheidende Schritt passiert im Kopf!

Naturwabenbau in der Freizeitimkerei

Ich halte es für falsch, gerade Anfängern gegenüber so zu tun, als wäre Imkerei einfach: Als ob es ausreichen würde, eine Beute und Bienen in den Garten oder auf den Balkon zu stellen. Dann ist man schon ein Imker. An den Bienen braucht man nicht viel zu machen. Sie können frei und natürlich leben. Alles geht wie von selbst! Ich denke, es wird auch bei der Lektüre dieses Buches deutlich, dass dies nicht reicht. Für eine gute Bienenpflege ist mehr notwendig. Dazu sind die Zusammenhänge zwischen Bienenvolk und Umwelt einfach zu komplex. Es ist solides Wissen nötig und ich sehe durchaus eine tierethische Verantwortung.

Deshalb sollte für Menschen, die imkern, weil sie den Bienen etwas Gutes tun, einen Beitrag gegen das Bienensterben leisten oder einfach nur Freude mit den Bienen erleben wollen, die Frage Naturwabenbau oder Mittelwände keine Alternative darstellen. Die Entscheidung ist eigentlich klar – pro Naturwabenbau. Mit Top Bar Hives, die in jedem Garten ein Highlight darstellen, kann das besonders einfach und ästhetisch sehr ansprechend umgesetzt werden. Aber auch in einer Magazinbeute kann gut mit Naturwabenbau geimkert werden. Wenn es nicht um einen maximalen Honigertrag geht, kann der Aufwand, den die Bienen zur Erzeugung ihrer Waben betreiben, leichter »verschmerzt« werden. Immerhin braucht ein Bienenvolk zur Erzeugung der 1,2 Kilogramm Wachs, die das gesamte Wabenwerk ungefähr wiegt, ca. 7,5 Kilogramm Honig. Ich denke, das ist eine gute Investition, die der Natur der Biene wirklich entgegenkommt und einen wesentlich höheren Beitrag zur Unterstützung der Bienen leistet, als sich nur ein Volk in den Garten zu stellen. Nebenbei lernt man seine Bienen besser kennen. Schon der Umgang mit Naturwaben, das Wissen, was der Wabenbau für die Bienen bedeutet, und der Aufwand, den sie zu seiner Erstellung betreiben, erhöht den Respekt vor diesen Tieren.

Allein die Frage sollte noch geklärt werden: Wohin dann mit dem anfallenden Wachs? Ist der Aufwand, die Waben zu schmelzen, zu hoch, so können die Waben kompostiert werden. Der Trester, der beim Schmelzen anfällt, ist auf jeden Fall eine wunderbare Zugabe zum Kompost. Er kann auch gut in ein Hochbeet als Langzeitdünger eingearbeitet werden. Die Regenwürmer lieben ihn und werden geradezu magisch davon angezogen. So kann eine kleine Kreislaufwirtschaft betrieben werden. In meinen Augen ist dies aber nur eine suboptimale Lösung. Wachs ist ein wunderbarer und wertvoller Rohstoff, ein Zusatzgeschenk der Bienen an uns. Es sollte in irgendeiner Form geerntet und weiterverarbeitet werden. Allein wenn ich daran denke, welche Freude das Kerzenziehen Kindern und auch Erwachsenen bereitet. Dann dieser Duft! Selbst kreierte Cremes auf Wachsbasis – welch ein Schatz und was für besondere Geschenke für Freunde und Verwandte.

Naturwabenbau und Nebenerwerbsimker/ Berufsimker

Auch für diese Imkergruppe kann ich Naturwabenbau nur empfehlen. Das Imkern geht ein wenig langsamer, weil die Waben nicht so perfekt angeordnet mit sehr gleichmäßigen Abständen in der Beute hängen. Beim Ziehen der Waben ist Umsicht geboten. Zudem können die Waben nicht beliebig vertauscht werden, weil jede Wabe direkt zu ihrer Nachbarwabe passt. Die Imkerei entwickelte sich im Lauf der letzten 20 Jahre in Richtung industrialisierte Landwirtschaft: große Betriebe und intensivere Betriebsweisen. Da ist es gar nicht mal so schlecht, wenn der Imker bedächtiger arbeiten muss und nicht mehr alles möglich ist. Dadurch reduziert sich der industrielle Aspekt.

Die ökonomische Basis kann auch durch eine gute Wachsvermarktung verbessert werden.

Naturwabenbau muss kein Dogma sein. Wir arbeiten im Honigraum ja auch mit Mittelwänden. Die Gründe hierfür liegen in einer Veränderung der Trachtverhältnisse. Heute dominieren im Sommer meist kurze Trachtzyklen. Eine Wald- oder Tannentracht wie im Sommer 2020 mit einer sechs- bis achtwöchigen Dauer ist die Ausnahme. Ich habe es schon erlebt, dass die Waldtracht nach drei bis vier Tagen wieder zu Ende war. Müssten die Bienen auch im Honigraum die Waben erst neu oder zumindest teilweise bauen, dann ist die Tracht oft schon zu Ende, bis die Waben errichtet sind. Das ist natürlich nicht tragbar, schließlich möchte ich mit meinem Beruf auch ein angemessenes Einkommen erzielen. Wir setzen daher im Frühjahr einen Honigraum mit komplett ausgebauten Waben auf. Auch die Robinientracht ist so kurz – in der Regel hält sie maximal zehn Tage an, wenn auch bei sehr guten Tageszunahmen –, dass Leerrähmchen, aber auch einige Mittelwände den Ertrag merklich reduzieren würden. Allerdings sollte der Imker bei seinen Mittelwänden Vorsicht walten lassen. Wir nutzen einen offenen Wachskreislauf. Dies bedeutet, alle Waben, die einmal auf Basis von Mittelwänden errichtet wurden, werden zum Ende ihrer Lebenszeit ausgeschieden. Es gibt kein permanentes Wachsrecycling. Damit vermeiden wir eine Degeneration des Wachses sowie die mögliche Akkumulation von Rückständen. Unser eigenes Wachs, aus dem wir Mittelwände für den Honigraum fertigen lassen, schicke ich zu dem von mir ausgewählten zertifizierten Wachsverarbeiter und lasse es dort umarbeiten. Er garantiert mir, dass keine Vermischungen zustande kommen. So können keine unerwünschten Rückstände auftreten, die evtl. gar nicht von mir selbst verursacht wurden.

Naturwabenbau ist in meinen Augen ein wesentliches Element für den »emotionalen« Ertrag der Imkerei.

Das ist das Mindeste, was ich als Berufsimker für eine gute Wachsqualität tun kann. Leider wird Wachs auch von der ökonomischen Seite her immer noch unterschätzt. Das spiegelt sich im Preis wider. Allerdings ist der Wachspreis in den letzten Jahren deutlich gestiegen, sodass Bienenwachs auch ökonomisch interessant wird. Ein Wachspreis von bis zu 40 Euro je Kilogramm ist nicht utopisch.

Honig wird von den Bienen nahezu perfekt kreiert. Wenn ich weiß, dass die Honigqualität auch mit der Wachsqualität zusammenhängt, kann ich über den Naturwabenbau dafür sorgen, dass mein Honig noch besser schmeckt.

Naturprodukt Honig

Die Biene produziert mit dem Honig bereits ein perfektes Produkt. Wir als Imker sollten den Anspruch haben, dieses Niveau zu halten.

Honig - ein Natur- und Kulturgut

Imkerei und Honigernte gehören für mich zusammen. Ohne Honig gäbe es keine Imkerei - und umgekehrt! Lange Zeit war das Geben und Nehmen von Bienen und Imker gut ausbalanciert. Jedoch ist, wie in vielen anderen Bereichen auch, im letzten Jahrhundert diese Balance aus dem Gleichgewicht geraten. Einen wesentlichen Anteil daran hat die Möglichkeit, die Bienen mit Zucker zu füttern, und weitere Entdeckungen wie das Rähmchen oder die Mittelwand. Dadurch werden die Bienen von den Imkern völlig anders wahrgenommen und behandelt.

Was macht Honig aus?

Mehr denn je steht die Honigernte im Zentrum des imkerlichen Denkens und Handelns. Tatsächlich geht es meist um technische Aspekte, wie die praktische, einfache und schnelle Entnahme des Honigs, oder um imkerliche Techniken und Maßnahmen zur Steigerung des Honigertrags. Ich würde das als die quantitative Ebene bezeichnen. Die Frage der Honigqualität wird oft auf den Wassergehalt, die Enzymaktivität oder die Sortenbestimmung reduziert. Über den besonderen Wert des Honigs, seinen Geschmack, seine Ausdruckskraft oder seine innere Qualität unterhalten sich Imker seltener. Meist geht es nur um die Fragen: Wie viel Honig hast du geerntet? Wie hast du das gemacht?

Dies wird der Bedeutung des Honigs nicht gerecht! Guter Honig ist mehr. Er ist gesundheitsfördernd, ein sehr guter Energiespender, manchmal sogar heilend, süß und wohlschmeckend. Honiggenuss ist ein Erlebnis! Er löst Emotionen aus und lässt in unserer Fantasie Bilder von Schönheit und Harmonie entstehen.

Die Honigernte oder gar eine besondere Vorliebe für Honig war für mich nicht das entscheidende Motiv, mich den Bienen und der Imkerei zuzuwenden. In meiner Familie gab es keinen Imker und Honig wurde selten gegessen. Von der Welt des Geschmacks oder der Qualität des Honigs hatte ich keine Ahnung. Den Bienen begegnete ich eher zufällig. Allerdings war mir schnell klar, dass hier

Gute Honigqualität erkennt man daran, wenn der Honig langsam und zäh fließt und sich dabei »auffaltet«.

meine Berufung liegt. So fegten die Bienen und die Imkerei wie ein Sturm durch mein Leben und brachten vieles durcheinander. Bereut habe ich dies nicht.

Bienen leben auf der Erde schon viel länger als wir Menschen. Doch bereits sehr früh entdeckten die Menschen den Honig und betätigten sich zunächst als Honigjäger und -sammler. Honig war damals das einzige Süßungsmittel. Sicherlich erkannten die Menschen bereits in der Frühzeit, dass Honig wohltuend und gesund ist. Honig war eine Rarität und galt auch in allen nachfolgenden Kulturen als besonders wertvoll. In späteren Zeiten begannen die Menschen, Bienen zu pflegen und zu betreuen. In Ägypten konnten wir in den Gräbern von Pabasa Reliefs aus dem Jahr 2.500 vor Christus bewundern. Darauf waren imkerliche Tätigkeiten dargestellt, die auch heute noch in Ägypten genauso von den Imkern, die dort mit der einheimischen Biene *Apis mellifera lamarckii* arbeiten, praktiziert werden.

Ursprünglich ist Honig ein Naturprodukt. Durch die Tätigkeit der Imker wird Honig zu einem kulturellen Gut.

Was ist Honig?

Betrachten wir seine Inhaltstoffe, so wird seine hohe Wertigkeit als Naturprodukt deutlich: Honig ist eine Komposition (Mischung) aus bis zu 30 verschiedenen Zuckerarten mit einem hohen Gehalt an Mineralstoffen, Enzymen, Säuren, Hormonen, Aromastoffen, Vitaminen etc.:

- Fruchtzucker (Fruktose): 38,2 Prozent
- Traubenzucker (Glukose): 31,2 Prozent
- Rohrzucker (Saccharose): 1,5 Prozent
- Malzzucker (Maltose) und höhere Zucker: 7,0 Prozent
- Mineralstoffe (Mangan, Kupfer, Eisen, Kaliumphosphat etc.): 1,1 Prozent
- ca. 120 verschiedene Aromastoffe
- Vitamine B_1, B_2, B_6 und Vitamin C
- Säuren wie Glukon-, Apfel- oder Zitronensäure
- Hormone (Acetylcholin)
- Enzyme (Invertase, Amylasen, Katalase, Glucose-Oxydase)

Die Mehrzahl dieser Inhaltsstoffe ist natürlicherweise bereits im Nektar oder im Honigtau vorhanden. Sie werden von der Pflanze im Zusammenspiel mit Sonne, Wasser, Klima und Boden produziert. In der Blüte werden sie dann den Bienen in Form von Nektar als Gegenleistung für die Bestäubungsdienste, die die von Blüte zu Blüte fliegenden Sammelbienen leisten, dargeboten. Um an den Nektar zu gelangen, kriechen die Bienen in die Blüten hinein. Dabei wird ihr Haarkleid mit Pollen, dem männlichen Element, bepudert. Beim Besuch der nächsten Blüte wird deren Narbe mit diesem Pollen bestäubt. Dadurch bilden sich Früchte und Samen, die den Fortbestand der Pflanzen im ewigen Kreislauf der Natur sichern. Bienen und Blüten sind zum beiderseitigen Nutzen eine symbiotische Beziehung miteinander eingegangen und in ihrer Existenz voneinander abhängig.

Allein die natürlicherweise vorhandenen Inhaltsstoffe machen den Honig zu einem vielseitigen, reichhaltigen und wertvollen Nahrungsmittel. Er hat aber viel mehr zu bieten! Durch die Bienen wird er zu einem an der Grenze zum Heilmittel angesiedelten Produkt aufgewertet. Die Stoffe, die die Bienen ihm zusetzen, machen Honig noch wertvoller.

Wie entsteht Honig?

Unsere Honigbiene heißt wissenschaftlich *Apis mellifera*, die honigtragende Biene. Diese Bezeichnung ist meines Erachtens nicht korrekt, denn die

Biene sammelt und »trägt« nicht nur den Nektar. Sie verändert den Rohstoff Nektar und produziert daraus den Honig, wie wir ihn kennen. Sie müsste deshalb eigentlich *Apis mellifica*, die honigmachende Biene, heißen.

Wie produzieren Bienen Honig? Die Biene saugt Nektar in der Blüte und trägt ihn in der Honigblase zum Bienenstock zurück. Dort wird ihr das Sammelgut von den Stockbienen abgenommen. Diese lagern es in den Zellen der Waben ein. Bereits beim ersten Saugakt an der Blüte, dann später beim Transport und bei der weiteren Honigbearbeitung im Volk setzen die Bienen den Honigtropfen, die sie bearbeiten, spezielle Enzyme aus ihrem Drüsensystem zu: Amylasen, Invertase sowie Inhibine. Die Bienen verändern also den Ausgangsrohstoff. Die Amylasen spalten Stärke in kurzkettige Kohlenhydrate wie Saccharose. Die Invertase wiederum spaltet diese in die leicht verdaulichen Komponenten Frucht- und Traubenzucker auf. Inhibine wirken antibakteriell und sorgen für eine bessere Haltbarkeit der Vorräte. Nektar hat einen Wassergehalt von bis zu 80 Prozent. Würden die Bienen diesen nicht auf einen Wert unter 20 Prozent reduzieren, wäre Honig nicht haltbar.

Fassen wir noch einmal zusammen: Bienen und Blüten hängen eng zusammen. Erst die Bienen machen aus Nektar den eigentlichen Honig. Der Honig eines jeden Volks ist etwas sehr Individuelles, denn jedes Volk besucht spezielle Blüten. Somit unterscheidet sich der Honig eines jeden Volks durch eine andere Blütenzusammensetzung. Er hat seinen eigenen Geschmack und seine individuelle Qualität. Gerade im Frühjahr, wenn der erste frisch eingetragene Nektar in den Waben gespeichert wird, nasche ich gern Honig. Ich bin immer wieder erstaunt, dass er von jedem Volk ein wenig anders schmeckt - selbst am gleichen Standort. Gleichzeitig schmeckt jedes Bienenjahr anders. Die unterschiedlichen Wetter- und Klimabedingungen spiegeln sich in unterschiedlichen Blütezeiten der Pflanzen wider. Nicht alle Pflanzen blühen jedes Jahr gleich. Einmal dominiert diese Pflanzenart, das nächste Mal eine andere. Jedes Volk hat einen speziellen Flugradius, der mit der Jahreszeit variiert. Im Frühjahr fliegen die Bienen nicht so weit. Sie sind eher im Bereich von 500 Metern um den Bienenstock herum unterwegs. Im Spätsommer, wenn die Nektarquellen spärlicher fließen, dehnt sich der Flugradius auf bis zu zehn Kilometer aus. Somit kann ein Volk die Blüten in einem Gebiet von 100 km^2 besuchen. Im Honig spiegelt sich die natürliche Vielfalt der einzelnen Regionen zu einer bestimmten Jahreszeit wider. Wie das Terroir dem Wein seinen Geschmack und Charakter verleiht, so wird im Honig die Landschaft, ihre Blütenvielfalt (Vegetation) und die Jahreszeit sinnlich erfahrbar. Honig ist vielseitig, denn jedes Bienenvolk trachtet danach, ein möglichst vielseitiges und großes Spektrum von Blüten zu besuchen.

Im Lauf der Jahre habe ich die Unterschiede der Honige entsprechend ihrer pflanzlichen und regionalen Herkunft sowie der verschiedenen Jahreszeiten kennen- und lieben gelernt. Dies schafft noch einmal eine ganz andere Verbindung mit der Natur. Als Imker lebe und arbeite ich in der freien Natur und nehme diese mit allen Sinnen wahr. Das ist etwas ganz anderes, als wenn ich spazieren gehe und die Landschaft als Kulisse bewundere.

Die Honigernte

Bisher bewegten wir uns auf der Ebene des Honigs als Naturprodukt. In dem Moment, in dem der Imker den Bienen den gesammelten Honig entnimmt, wechseln wir auf die Ebene des Honigs als Kulturgut. Honig ist meiner Ansicht nach eines unserer wertvollsten Güter, das eine entsprechende Achtung und Pflege verdient.

Durch ihre Bearbeitung des Nektars hat die Biene mit dem Honig ein perfektes Produkt geschaffen. Besser geht es nicht! Ich denke, das ist der Maßstab, an dem wir Imker uns messen lassen müssen. Unsere Arbeit bei der Honigernte und nachfolgend bei der Honigverarbeitung muss darauf ausgerichtet sein, das ursprüngliche Qualitätsniveau weitgehend zu erhalten – oder nur minimal schlechter zu machen. Ich denke, dieser Anspruch sollte für alle Imker gelten, vom Berufsimker bis zum Freizeitimker. Dies gebieten allein schon der Respekt und die Achtung vor dem hohen Wert der Bienen und der von ihnen geleisteten Arbeit.

Wann ernten?

Für eine gute Honigqualität ist es notwendig, geduldig zu sein und das Ende der Tracht abzuwarten. Frischer Nektar enthält bis zu 80 Prozent Wasser. Reifer Honig zeichnet sich durch einen Wassergehalt von maximal 20 Prozent aus, dann ist er länger haltbar und beginnt nicht zu gären. Statt bei laufender Tracht vorzeitig unreifen Honig zu ernten, sollte man bei Bedarf lieber neue Honigräume aufsetzen. Das Magazin eröffnet uns hier gute Möglichkeiten. Mit Honigwaben im Flachzargenmaß können wir angepasst an den Trachtverlauf, gezielt und trotzdem großzügig aufsetzen. Wartet der Imker das Ende der Tracht ab, so muss er sich nicht mit der Frage beschäftigen, zu welcher Tageszeit er den Honig ernten soll. Denn läuft die Tracht noch, so werden die Bienen im Tagesverlauf frischen Nektar oder Honigtau eintragen. Man sollte daher dann am besten früh am Morgen ernten, wenn der gestern eingetragene Nektar schon ein wenig eingedickt ist und noch kein frischer Nektar dazukam. Muss unbedingt während der Tracht geerntet werden, so ist es besser, man wartet zwei bis drei Tage mit schlechtem Wetter ab und lässt die Bienen in dieser Zeit den Honig bearbeiten.

Am sinnvollsten ist es, die Blüten und seine Bienen genau zu beobachten. Ein »guter« Imker kennt die Landschaft, in der er imkert, durch langjährige Beobachtungen und weiß Bescheid, wann die jeweilige Tracht zu Ende ist. Stockwaagen können gerade bei weiter entfernten Standorten ein gutes Hilfsmittel sein. Per Fernabfrage können jederzeit die Zunahmen bzw. Abnahmen des Waagvolks abgelesen werden. Gibt es über einige Tage trotz schönem Wetter keine Zunahmen mehr, so kann davon ausgegangen werden, dass die Tracht zu Ende ist.

Wann ist Honig reif?

Dies zeigen uns die Bienen selbst an. Im Bienenstock wird eine mit Honig gefüllte Zelle erst dann mit einem luftdurchlässigen Wachsdeckel verschlossen, wenn der Honig von den Bienen als reif betrachtet wird. In Fachbüchern wird daher empfohlen, mit der Honigernte so lange zu warten, bis ein Großteil der Honigwaben, hier mindestens zwei Drittel, gut verdeckelt ist. Im Frühjahr, besonders bei einer starken Rapstracht, kann es jedoch vorkommen, dass die Stockbienen aufgrund guter Tageszunahmen mit der Verarbeitung des Honigs nicht mehr nachkommen. Sie verschließen dann die Honigwaben, obwohl der Wassergehalt des Honigs mehr als 19 Prozent beträgt. Auch ein regnerisches Frühjahr kann für eine ungenügende Honigreife verantwortlich sein. Direkt am Bienenstand kann man den Reifegrad des Honigs mittels der sogenannten »Spritzprobe« testen. Dabei wird eine nicht verdeckelte Honigwabe mit den Zellöffnungen nach unten kurz aber heftig geschüttelt, so als würde man die Bienen abstoßen. Spritzt Honig aus den Zellen, ist er noch nicht reif. Am genauesten ist die Messung des Wassergehalts mit dem

Refraktometer. Es ist sinnvoll, Honig sowohl aus verdeckelten als auch aus noch nicht verdeckelten Honigwaben zu überprüfen.

Wie wird Honig geerntet?

Ist die Entscheidung über den Zeitpunkt der Honigernte gefallen, geht es um die Frage, wie der Honig geerntet werden soll. Die Honigwaben müssen bienenfrei gemacht werden und dann sofort in den Transportbehältnissen verstaut werden. Für die Honigernte selbst stehen verschiedene Methoden zur Verfügung. Ihr Einsatz hängt von der Völkerzahl der jeweiligen Imkerei ab. Ein Freizeitimker mit wenigen Völkern kann ganz anders agieren als ein Berufsimker mit mehreren Hundert Bienenvölkern. Des Weiteren ist die Honigernte abhängig von der Betriebsweise - hier vor allem davon, ob mit oder ohne Absperrgitter gearbeitet wird.

Die Schütte am hohen Boden: eine große Erleichterung beim Abkehren der Bienen.

Generell gilt, dass die Honigernte zügig vonstatten gehen muss, damit keine Räuberei oder anderweitige Unruhe entsteht. Außerdem halte ich es für wichtig, bei der Ernte das Wohl der Bienen, also tierethische Fragestellungen, zu beachten.

Das Abkehren der Waben

Bei dieser Vorgehensweise entnimmt der Imker die Honigwaben mit den darauf sitzenden Bienen und stößt diese mit einem kräftigen Ruck ab. Sinnvoll ist es dabei, in der Beute zunächst ein bis zwei Waben zu entnehmen. So wird eine freie Gasse geschaffen, in die die Waben abgestoßen werden können. Die Bienen fallen dann direkt in ihre Beute. Dann werden mit einem Abkehrbesen die restlichen Bienen von der Wabe entfernt. Zu empfehlen ist hierbei ein Besen mit Rosshaarborsten. Oft werden billigere Besen mit Borsten aus Plastik angeboten. Deren Borsten sind jedoch recht steif, Bienen können beim Abkehren verletzt werden. Zudem machen Plastikborsten die Bienen aggressiv. Ist der Rosshaarbesen verklebt, taucht man ihn kurz in Wasser, schüttelt ihn gut ab und kann die Arbeit fortsetzen. Die Methode des Abkehrens direkt in das Volk wird von den meisten Imkern praktiziert. Allerdings ist sie sehr zeitaufwendig und wenig bienengemäß. Kehrt man die Bienen direkt ins Volk zurück, so müssen die Waben oft mehrmals mit dem Besen abgekehrt werden. Das macht diese ohnehin anstrengende Arbeit der Honigernte noch einmal ermüdender.

Die Völker sind lange geöffnet, was zu hohen Wärmeverlusten und zu Räubereigefahr führt.

Nutzt der Imker einen Abkehrtrichter, den er am Unterboden anbringt, so werden die Bienen von den Honigwaben direkt in den Trichter abgekehrt und laufen umgehend in das Dunkel des Bodens Das erleichtert die Arbeit etwas, weil nicht so viele

Bienen auffliegen und sich erneut auf die duftenden Honigwaben setzen.

Wir haben das viele Jahre lang so praktiziert. Der Abkehrtrichter war schon eine große Erleichterung. Aber irgendwann wurde es trotzdem zu viel. Es dauerte einfach zu lang, alle Waben abzukehren. Im Spätsommer, wenn die Tracht versiegt war, neigten die Bienen extrem zur Räuberei. Mit der Abkehrmethode waren die Völker viel zu lange offen, die Bienen wurden aggressiv, kämpften am Flugloch und auch die Imker wurden zu oft gestochen. Es war für alle eine Tortur. Mittlerweile sehe ich einen weiteren Aspekt: Einmal werden beim Abkehren, gerade wenn die Besen verklebt sind, viele Bienen verletzt. Durch Räuberei gibt es zudem viele tote Bienen. Aus tierethischen Gründen lehne ich diese Methode daher mittlerweile ab.

Bienenflucht ohne Absperrgitter

Im Jahr 2001 gingen wir dann dazu über, mit Bienenfluchten zu arbeiten. Ich benutzte damals kein Absperrgitter. Trotzdem mit der Bienenflucht zu arbeiten, war neu und wir mussten eine spezielle Vorgehensweise entwickeln. Ich wollte die Vorteile der Bienenflucht nutzen, keine Waben mehr abkehren zu müssen, und trotzdem ohne Absperrgitter arbeiten. Wie gingen wir dabei vor? Am Tag vor der geplanten Honigernte legten wir die Bienenfluchten ein. Allerdings mussten wir dafür zu zweit sein. Mein Mitarbeiter kippte die Honigzargen an, ich rauchte mit dem Smoker in die Wabengassen. Daraufhin zogen sich die Bienen zurück und wir konnten feststellen, ob oder wie weit die Brut in den Honigraum hochgewandert war. Die Bienenfluchten wurden dann von mir oberhalb der letzten Brut eingelegt. Am nächsten Tag kamen wir dann zur eigentlichen Honigernte und verstauten die bienenfreien Honigwaben in unserem geschlossenen Kastenwagen.

Wie hoch war die Erfolgsquote? Obwohl wir die Lage des Brutnestes kannten, bestand immer noch die Gefahr, dass sich die Königin im Honigraum oberhalb der Bienenflucht aufhielt. Ob dies der Fall war, konnten wir sehr schnell feststellen, weil keine einzige Biene aus dem Honigraum verschwunden war. Vielmehr quoll dieser vor Bienen geradezu über. Nun mussten wir doch noch alle Waben abkehren. In einem anderen Fall hatten wir Flächen von frischgelegten Eiern im Honigraum übersehen. Da die Bienen die Brut nicht im Stich lassen, saßen auf diesen Brutflächen noch viele Bienen und wir mussten diese Waben ebenfalls abkehren. Die Drohnen wiederum waren ein Kapitel für sich. Sie hielten sich gern im Honigraum auf, weil sie sich dort direkt an den Honigwaben bedienen konnten. Sie verließen die Honigwaben durch die Bienenflucht ungern und wir hatten erneut viele Waben, die wir abkehren mussten. Mit dieser Methode lag die Erfolgsquote von bienenfreien Honigräumen nach der Frühtracht bei ca. 60 Prozent. Die Honigernte im Spätsommer verlief mit dieser Methode besser und die Erfolgsquote lag dann bei ca. 80 Prozent bienenfreier Honigwaben. Wir stellten fest: Der Einsatz der Bienenflucht ohne den gleichzeitigen Einsatz des Absperrgitters funktioniert. Aber leider nur suboptimal. Letztlich mussten immer noch zu viele Waben abgekehrt werden und meine tierethischen Bedenken galten immer noch.

Bienenflucht, kombiniert mit Absperrgitter

Mittlerweile bin ich der Ansicht, dass die Bienenflucht in Verbindung mit dem Absperrgitter sowohl für die Bienen als auch für den Imker die angenehmste und beste Lösung darstellt. Die Honigernte geht damit sehr zügig. Es gibt kaum Räuberei und die Bienen verlassen in einem stetigen Strom die Honigräume.

Bemerken möchte ich abschließend: Es kann vorkommen, dass auch bei Verwendung von Absperrgitter und Bienenflucht immer noch viele Bienen im Honigraum verblieben sind. Das ist meist der Fall, wenn der Zeitraum zwischen Einlegen der Bienenflucht und Ernte zu kurz ist. Dann muss bei uns der Beeblower zum Einsatz kommen. Das ist ein Laubbläser, mit dem die Bienen aus den Honigräumen geblasen werden können. Allerdings stellen wir einen speziellen Auffangbehälter hinter die Zarge, um die Bienen darin aufzufangen. Ein Mindestabstand von 20 Zentimetern und ein Auffanggitter, durch das Luft entweichen kann, sorgen dafür, dass die Bienen beim Ausblasen nicht verletzt werden. Der Auffangbehälter wird kurz auf dem Boden aufgestoßen und die Bienen in ihr Volk zurückgegeben. Ich lehne es aus ethischen Gründen ab, die Bienen einfach in die Luft zu blasen. Gerade an kühlen Tagen können dadurch viele Bienen verenden.

Es ist sinnvoll, erst 24 Stunden nach dem Einlegen der Bienenflucht mit der Honigernte zu beginnen.

Gedanken zur Bienenflucht

Die Honigernte mit der Bienenflucht ist nach meiner Erfahrung die bienenfreundlichste Variante. Die Bienen werden weder gestresst noch in Aufregung versetzt. Bis sie bemerken, dass der Honig geerntet wird, sind die Honigräume bereits abgehoben und sicher verstaut. Räuberei ist kein Thema mehr. Die Zeitersparnis ist enorm und die Arbeit insgesamt auch für den Imker wesentlich angenehmer.

Wir gehen bei dieser Arbeit schematisch vor: Zunächst werden alle Völker abgeräumt, die Bienenfluchten bleiben jedoch noch auf den Völkern und werden mit einem Wachstuch oder dem Deckel abgedeckt. Erst wenn alle Völker abgeräumt sind, wenden wir uns den einzelnen Völkern zu. Die Bienenfluchten werden abgehoben, kurz am Volk aufgestoßen und die Bienen mit einem kräftigen Rauchstoß in die Wabengassen zurückdirigiert. Dann kontrollieren wir den Brutraum. So verlocken keine Honigdüfte die Bienen zu Räuberei.

Ohne Einsatz des Absperrgitters ist zu erwarten, dass zumindest im ersten Honigraum Waben mit viel Honig und ein wenig Brut vorhanden sein werden. Diese Waben werden nicht geschleudert, weil sonst Bienenbrut, Maden oder Larven, also Eiweißbestandteile, in den Honig gelangen könnten. Zudem gelten tierethische Gesichtspunkte, da die Brut durch das Schleudern abstirbt. Somit verbleiben bei der Honigernte immer größere Vorräte im Volk, was dann für die Bienen von Vorteil ist.

Wird mit Absperrgitter geimkert, so gibt es im Honigraum keine Brutwaben mit dicken Honigkränzen, die als Reserve belassen werden können. Daher ist darauf zu achten, dass im regulären Brutraum genügend mit Honig gefüllte Randwaben verbleiben. Der Brutraum wird, wie bereits beschrieben, bei der Honigernte nicht angetastet.

Sonderfall »weiselloses Volk«

Bei einem weisellosen Volk werden trotz Bienenflucht viele Bienen im Honigraum verbleiben. Gleiches gilt auch für die Frühtrachternte. Ist ein Volk geschwärmt, die neue Königin aber noch nicht in Eilage, so haben die Bienen ebenfalls wenig Ambitionen, den Honigraum zu verlassen.

Der Zeitpunkt der Honigernte im Bienenjahr bestimmt das weitere Vorgehen des Imkers. Nach der Ernte des Frühjahrshonigs erwarten wir noch eine Sommertracht oder eine Waldtracht. Also setzen wir jedem normal starken Wirtschaftsvolk noch einmal zwei leere Honigräume auf. Ob in diesen nur ausgebaute Waben oder auch Mittelwände eingesetzt werden, hängt von der zu erwartenden Tracht ab. Gerne geben wir zwei Mittelwände pro Honigraum. Ist die Tracht allerdings wie bei der Robinie sehr kurz, so verzichten wir auf die Mittelwände. Das kostet zu viel Honig.

Nach der letzten Honigernte im Spätsommer richten wir, wie bereits beschrieben, zügig den Wintersitz und beginnen sogleich mit der Winterfütterung sowie mit der Varroabehandlung.

Die Honiggewinnung per Schleudern

Üblicherweise benutzt jeder Imker eine Honigschleuder. Damit wird der Honig mittels Zentrifugalkraft aus den Waben herausgeschleudert. Die Gerätschaften hierzu sind für jede Imkerei gleich, nur die Größe differiert.

Es gibt **Radialschleudern**, bei denen die Waben in ein rundes Gestell, sternförmig zur Mitte hin ausgerichtet, hineingestellt werden. Die Oberträger weisen immer zur Schleuderwandung. Die Schleuder dreht sich nur in eine Richtung. Der Honig wird aufgrund der Zellneigung direkt an die Innenwand geschleudert. Das klingt (prasselt), als ob es regnen würde. Beide Wabenseiten werden gleichzeitig entleert.

In einer **Tangentialschleuder** benutzt der Imker einen Schleuderkorb, in den die Waben tangential zur Wand der Schleuder eingestellt werden. Es wird immer nur die außen liegende Wabenseite entleert, das heißt, beim ersten Schleudergang wird eine Seite, beim zweiten Gang die jeweils andere Seite ausgeschleudert. Dazu müssen die Wabenseiten gewechselt werden. Ist der Wabenkorb starr, geschieht das manuell, ist der Korb beweglich, dann wendet die Schleuder die Seiten selbst **(Selbstwendeschleuder)**.

Es hat sich bewährt, den ersten Schleudergang mit einer niedrigen Drehzahl zu beginnen. Da die andere mit Honig gefüllte Wabenseite auf die gerade entleerte Wabenseite drückt, besteht die Gefahr von Wabenbruch. Der zweite Schleudergang wird nach dem Wenden der Wabe mit höherer Geschwindigkeit durchgeführt. Danach folgen noch einmal zwei Schleudergänge mit hoher Geschwindigkeit. Bei der Entnahme der Waben prüft der Imker mit einem kurzen Blick, ob der Honig auch wirklich komplett herausgeschleudert wurde.

Entdeckeln: Vor dem Schleudern müssen allerdings erst einmal die Wachsdeckel der Waben entfernt werden. Dieser Prozess nennt sich »Entdeckeln«. Die meisten Imker verwenden dazu eine Entdeckelungsgabel. Die Waben werden dabei auf ein spezielles Entdeckelungsgeschirr gestellt. Das ist ein Lochblech mit einem Honigauffangbehälter und einer Halterung für die Waben. Dann schiebt der Imker die Entdeckelungsgabel vorsichtig unter die Wachsdeckel, hebt diese sanft ab und streift die Deckel ab. Diese Methode funktioniert gut bei unbebrüteten Waben. Mehrfach bebrütete, dunkle Honigwaben sind oft schwieriger zu entdeckeln, weil das Wachs hart und starr ist. Nun ist Vorsicht geboten, da man sich leicht mit der Gabel verletzen kann. Viele Imker entdeckeln von rechts nach links. Es funktioniert auch gut, wenn von unten nach oben entdeckelt wird. Durch das Lochblech kann der im Entdeckelungswachs befindliche Honig über Nacht in die Wanne abtropfen. Entdeckelungswachs ist in der Regel noch gut mit Honig gesättigt.

Gut geeignet zum Entdeckeln ist auch ein Entdeckelungsmesser. Dieses ist oft elektrisch beheizt. Der Imker fährt mit dem warmen Messer am Holz der Rähmchen entlang und befreit so die Zellen in einem Zug von den Wachsdeckeln. Evtl. müssen einige Stellen mit der Gabel nachbearbeitet werden. Beim Einsatz des Entdeckelungsmessers fällt viel Deckelwachs an. Das Entdeckelungswachs ist das sauberste Wachs. Es ist sehr wertvoll und von hoher Qualität. Es macht auch viel Freude, beim Schleudern das honigtriefende Wachs auszukauen. Eine Delikatesse, die sich gut zum direkten Verzehr eignet. Natürlich sollte das Wachs frei von Rückständen sein.

Oft wird den Imkern ein leistungsstarker Föhn, wie er zum Abbeizen von Möbeln eingesetzt wird, zum Entdeckeln empfohlen. Diesen richtet man direkt auf die Wabe, die Zelldeckel zerplatzen und der Honig wird freigelegt. Die schützende Luftschicht zwischen Honig und dem Wachsdeckel soll verhindern, dass beim Einsatz dieser Methode der Honig durch Hitze geschädigt wird. Das Wachs schmilzt und verbleibt am Zellrand. Daher fällt kein Entdeckelungswachs an. Das empfinde ich als Nachteil. Denn dieses Wachs halte ich für das beste und sauberste. Auch ökonomisch ist der Verkauf interessant. Generell bin ich im Zweifel, ob es bei der Entdeckelung mittels Föhn ohne Wärmeschädigung abgeht. Mir bleibt zudem die Frage: Kommt nicht auch Wachs in kleinsten Teilen in den Honig? Das könnte den Geschmack beeinflussen.

Nach dem Schleudern geben wir die leeren Honigwaben in die Magazine zurück und bewahren diese bis zum nächsten Aufsetzen im Kühlraum auf. Dort herrschen Temperaturen von 13 °C sowie eine niedrige Luftfeuchtigkeit. So müssen wir keine Bekämpfung der Wachsmotten durchführen. In der ökologischen Imkerei wäre dafür das Mittel *Bacillus thuringiensis* zugelassen. Alle Waben müssten damit beidseitig eingesprüht werden. Das ist viel Arbeit.

Die Waben sind immer honigfeucht. Das bedeutet, dass sich am Zellboden und an den Zellwänden noch kleinste Reste von Honig befinden. Werden diese den Völkern direkt wieder aufgesetzt, bringt das den Vorteil, dass die Bienen schnell und gern in den Honigraum gelockt werden, um dort die Honigreste auszuschlecken. Viele Imker lassen die ausgeschleuderten Waben noch einmal sauber schlecken, indem sie diese über Absperrgitter auf die Völker aufsetzen. Die Waben sind nach drei bis vier Tagen komplett sauber und trocken. Dann werden die Honigräume wieder abgenommen und aufbewahrt. Das ist viel Arbeit und kann auch leicht zu Räuberei führen.

Weitere Formen der Honiggewinnung

Eine Honigschleuder ist eine teure Investition – für viele Imker wahrscheinlich die teuerste Ausgabe in ihrer Imkerei. Natürlich kann man Honig auch ohne eine Schleuder ernten. Allerdings ist dies nur für kleinere Imkereien zu empfehlen.

- Eine gute Alternative zum Schleudern ist **Tropfhonig**, den man besonders einfach und schonend gewinnen kann. Mit dieser Methode kann die Qualität und Naturbelassenheit optimal erhalten werden. Die Waben werden mit einem Messer zerkleinert und in ein Edelstahlsieb gelegt. In einem warmen Raum tropft der Honig über Nacht aus den Waben. Das verbleibende Wachs ist trocken. Der Preis für diese sehr einfache Methode ist die Zerstörung der Honigwaben, die der Imker dann erneut bauen lassen muss.

Scheibenhonig, das ist Honig in der Wabe, ist eine naturbelassene Delikatesse.

- Bei der Gewinnung von **Presshonig** wird der Honig mittels einer Obstpresse ausgepresst. Die Waben werden aus den Rähmchen herausgeschnitten, in ein Presstuch gewickelt und ausgepresst. Presshonig enthält viel Pollen. Daher ist er besonders gesund und wertvoll. Die Methode des Pressens ist auch für den schnell auskristallisierenden, aber sehr aromatischen Melezitosehonig (siehe Seite 191) gut geeignet. Auch bei dieser Methode werden die Honigwaben zerstört und müssen neu gebaut werden.
- **Scheibenhonig** ist Honig in der Wabe: Die Bienen bauen bei einer guten Tracht eine Wabe aus und füllen diese mit Honig. Der Honig wird nicht geschleudert. Er wird mit der Wabe gegessen und ist komplett unbehandelt und naturbelassen. Eine Delikatesse! Scheiben- oder Wabenhonig kann man auf unterschiedliche Weise gewinnen. Entweder entnimmt der Imker eine ganze Wabe und schneidet diese in Portionen. Er kann dann die Wabenstücke in ein Honigglas stellen oder mit Zellophan einwickeln. Es gibt aber auch spezielle Kassetten, die in den Honigraum gehängt werden. Das sieht dann sehr ansprechend und edel aus. Die Bienen werden diese Segmente aber nur bei einer guten Tracht mit sehr guten Zunahmen ausbauen und füllen. Ideal dafür ist eine Robinientracht, die zudem den Vorteil hat, dass der Honig lange flüssig bleibt. Ebenso geeignet ist eine gute Waldtracht mit zwei bis drei Kilogramm Zunahmen am Tag. Der dunkle Waldhonig in der weißen Wachswabe sieht ebenfalls sehr edel aus. Der »normale« Blütenhonig ist für die Scheibenhoniggewinnung nicht besonders gut geeignet, denn er kristallisiert in der Wabe aus, oftmals sogar recht grobkörnig. Das ist für viele Honigkunden gewöhnungsbedürftig.

Was ist bei der Honigernte noch zu beachten?

Wir mischen unsere Honige nicht, sondern versuchen, die Ernten zu trennen und diese jeweils separat zu schleudern. In der Regel gibt es bei uns drei bis vier Ernten pro Jahr: Frühlingsblütenhonig, Sommerhonig und Waldhonig. Dazu kommen noch diverse Sortenhonige. Wir wandern mit einem Teil unserer Völker zur Edelkastanientracht in die Pfalz. Dort ist der Ertrag sehr wechselhaft. Der Honig ist aber aufgrund seines feinherben Geschmacks sehr begehrt. Tannenhonig gibt es, wie bereits erwähnt, auch nicht jedes Jahr. Dieser wird im Schwarzwald oder schwäbischen Wald geerntet.

Eine breite Palette verschiedener Honigsorten macht die Imkerei vielseitiger und lebendig. Wir hatten früher nur drei Honigsorten im Programm. Nachdem wir mittlerweile acht oder neun verschiedene Honigsorten anbieten können, verkaufen wir deutlich mehr Honig. Die Honigkunden haben große Lust darauf, die verschiedenen Geschmacksrichtungen auszuprobieren und natürlich auch die jeweiligen jahresbedingten Unterschiede kennenzulernen. Die Voraussetzung für eine gute Vermarktung ist immer eine sehr gute Qualität. Ich denke, das bin ich nicht nur den Honigkunden schuldig, sondern auch meinen fleißigen Bienen. Honig ist ein edles Produkt: Es gibt nichts Vergleichbares.

Die Verarbeitung des Honigs

Sind die Waben geschleudert, so sammelt sich der Honig in der Honigschleuder. Er enthält allerdings noch relativ viel Wachs und andere Fremdkörper. Deshalb muss der Honig anschließend noch gesiebt und geklärt werden.

In einer kleinen Freizeitimkerei bietet sich hierfür das Doppelsieb an. Dieses besteht aus einem Grob- und einem Feinsieb. Im Grobsieb werden die größeren Wachspartikel zurückgehalten. Das Feinsieb dient der weiteren Reinigung. Der Honig fließt dann bereits ziemlich sauber in ein Auffanggefäß. Dies kann ein 12,5-Kilogramm-Eimer sein. Gut geeignet ist auch ein 30-Kilogramm-Hobbock.

Es sollten bei der Honigernte immer mehrere Siebe oder Doppelsiebe in Reserve gehalten werden. Gerade reifer Honig ist zäh und läuft nur langsam durch die Siebe. Daher besteht die Gefahr, dass diese verstopfen und überlaufen. Das Putzen ist dann eine sehr klebrige, aber unnötige Arbeit. Während des Schleuderns muss das Doppelsieb gut im Auge behalten werden. Läuft der Honig sehr zäh und langsam, werden die Siebe getauscht. Das verstopfte Sieb wird gereinigt. Es genügt, mit einem Löffel am Siebgewebe entlangzustreifen und das Wachs zu entfernen. Dann fließt der Honig wieder gut. Die Doppelsiebe können mehrmals benutzt werden. Sind sie allerdings zu sehr verklebt, werden sie mit warmem Wasser ausgewaschen. Bitte kein heißes Wasser benutzen, sonst verklebt das Sieb mit Wachs!

Am Fließverhalten kann der Imker die Qualität des geernteten Honigs erkennen und beurteilen: Honig mit einem (zu) hohen Wassergehalt fließt wie ein leichter Wasserstrahl schnell aus der Schleuder. Ist der Honig reif, so schichtet er sich auf. Ich nenne das »Auffächern«.

In einer Berufsimkerei wird natürlich eine andere Technik verwendet. Entdeckelt wird dort meist mit einer Maschine. Das spart unendlich Zeit und Kraft. Aus der Schleuder läuft der Honig dann ungesiebt durch einen Honigsumpf. Das ist ein Edelstahlbecken mit unterschiedlichen Einsätzen. Der Honig passiert diese, wobei jeweils ein Teil des Wachses hängen bleibt. Anschließend läuft er durch ein feines Spezialsieb in die 300 Kilogramm fassenden Edelstahlfässer, in denen er geklärt und anschließend gerührt wird. Schleuderstraßen sind sehr teuer. Daher sind sie nur für große Erwerbsimkereien geeignet.

Das Sieben des Honigs ist immer problematisch. Doppelsiebe funktionieren bei einer größeren Schleuder nicht besonders gut. Es kommt schnell zu viel Honig, sie verstopfen und laufen sehr oft über. Später siebten wir den Honig mittels einem feinen Plastikgewebe. Allerdings setzten sich am Gewebe immer wieder feinste Kristalle an und verstopften regelmäßig dieses Sieb. Es musste dann immer wieder ausgepresst werden. Was für eine Arbeit! Zähe, dunkle Wald- oder Tannenhonige konnten wir damit überhaupt nicht sieben.

Wir arbeiten nun seit mehreren Jahren zu unserer vollen Zufriedenheit mit einem speziellen Spitzsieb (Conti Clean). Dabei streicht ein Schaber vollautomatisch am Siebgewebe entlang und säubert dieses permanent von Wachsteilchen und Kristallen. Jetzt verstopft nichts mehr und es können ohne Zwischenreinigung viele Hundert Kilogramm Honig passieren.

Viele Imker benutzen bei sehr zähen Honigen oder Melezitosehonig den sogenannten **Melitherm**. Hier erfolgt der Siebvorgang in zwei Schritten. Einmal läuft der Honig durch ein Grobsieb mit zwei bis drei Millimeter Maschenweite zum Aussieben von Wachs. Danach erfolgt das Feinsieben im Melitherm. Jetzt wird der Honig mit einer Heizspirale auf 50 bis 60 °C erhitzt und sehr flüssig. Er läuft nun durch ein sehr feines Seihtuch und wird im Klärbehälter schnell wieder abgekühlt. Angeblich gibt es dabei keine Wärmeschädigung. Ich bin allerdings der Ansicht, dass jede Wärmeeinwirkung über Bienenstocktemperatur den Geschmack des Honigs nachteilig verändert. Deshalb bemühe ich mich, bei der Honigverarbeitung mit Temperaturen von maximal 35 °C zu arbeiten.

Klären und Abschäumen

Ist der Honig aus der Schleuder in die Gefäße zur Honiglagerung gefüllt, so steht als nächster Arbeitsschritt das Klären und Abschäumen des Honigs an. Auch wenn das Sieben des Honigs mit einer sehr kleinen Maschenweite zu einer zufriedenstellenden Honigqualität führt, so finden sich trotzdem im Honig immer noch kleine und kleinste Wachspartikel, die entfernt werden sollten. Zudem kommt durch das Schleudern Luft in den Honig. Diese Luftbläschen sollen ebenfalls entfernt werden, da sie sonst im Verkaufsgebinde an die Oberfläche steigen und einen unschönen ersten Eindruck vermitteln.

Zum Klären stehen die Honigbehältnisse in einem Raum mit einer Temperatur von 15 bis 20 °C. Bei dieser Temperatur kann sich der Klärvorgang auch beim schnell kristallisierenden Blütenhonig noch vor dessen Festwerden vollziehen. Bei einer niedrigeren Raumtemperatur ist Honig meist zäh und der Klärvorgang geht nur sehr langsam vonstatten. Beim Klären steigen Wachspartikel und Luftbläschen an die Oberfläche und werden dort mit einem Teigschaber abgezogen. Die Oberfläche des Honig soll dann sauber und blank sein. Zur Sicherheit kann man nach dem ersten Abschäumen noch einmal warten. Evtl. steigen weitere Partikel an die Oberfläche. Allerdings sollte der Kristallisationsprozess im Auge behalten werden. Wird zu lange zugewartet, besteht die Gefahr, dass der Honig schon zu fest geworden ist und nicht mehr gerührt und abgefüllt werden kann.

Wie wird abgeschäumt? Mit dem Teigschaber zieht man die dünne Schicht von Partikeln vorsichtig von einer Seite an den Rand der anderen Seite des Klärbehälters. Es ist darauf zu achten, wirklich nur die dünne oberste Schicht zu bewegen, sonst besteht die Gefahr, die Wachsteilchen wieder zu tief in den Honig einzubringen. In diesem Fall müsste noch einmal nachgeklärt werden. Ist die Partikelschicht an einer Stelle konzentriert, wird sie großzügig aus dem Honig herausgehoben und in einem Eimer für Futterhonig deponiert. Ich würde hier nicht an Honig sparen und mit dem Teigschaber großzügig hantieren, damit ich alle Wachspartikel aus dem Honig herausbekomme. Wird der Honig anschließend gerührt und später abgefüllt, muss die Oberfläche sehr sauber sein. Nichts stört den Honigkunden mehr als Wachspartikel, die ihm sofort ins Auge fallen, wenn er das Honigglas öffnet.

Beim Klären und Abschäumen ist also sorgfältiges und gründliches Arbeiten angesagt. Das gilt in meinen Augen auch für den Freizeitimker, der den Honig evtl. nicht verkaufen, sondern nur verschenken möchte. Auch hier wird der Wert des Geschenks gemindert, wenn auf der Oberfläche des Honigs Verunreinigungen zu sehen sind. Das Honigglas ist die Visitenkarte des Imkers. Ein guter Honig sollte der Stolz und der Ehrgeiz eines jeden Imkers sein. Was nützt die beste Bienenpflege, wenn das Produkt minderwertig ist.

Das Rühren und die Kristallisation

Zuallererst bin ich mein wichtigster Honigkunde. Ich möchte mich von meinem eigenen Honig begeistern lassen. Dafür ist natürlich der Geschmack entscheidend. Ich würde allerdings auch die Konsistenz nicht vernachlässigen. Harte oder grob kristallisierte Honige, die man noch dazu kaum aus dem Glas herausbringt, machen keine Freude. Auf der Zunge fühlen sich die groben Kristalle wie Sand an. Natürlich ist ein hoher Anspruch auch durch meine Situation als Berufsimker bedingt: Ich wünsche mir, dass die Honigkunden meinen Honig genauso schätzen wie ich selbst, meinen Honig weiterempfehlen und zu Stammkunden werden.

Unsere Entdeckelungsmaschine. Die Arbeit an den Völkern macht mehr Freude als das Schleudern und Entdeckeln. Hier ist der Maschineneinsatz willkommen.

In jedem frisch geschleuderten Honig entwickeln sich früher oder später Kristallisationsprozesse. Entscheidend dafür sind die Primärkristalle des Traubenzuckers, die sich gern an der Gefäßwand, an Pollenkörnern oder auch kleinsten Luftbläschen, die sich im Honig befinden, ansiedeln. Je nach Honigsorte verläuft die Kristallisation unterschiedlich. Deshalb ist es notwendig, den Kristallisierungsprozess so zu beeinflussen, dass eine feinkristalline Konsistenz entsteht. Der Honig soll so zart cremig sein, dass er auf der Zunge zergeht. Dazu kann er zusätzlich zum Rühren mit bereits fein kristallinem Honig geimpft werden. Raps- oder Blütenhonige kristallisieren in der Regel zu feinen Kristallen. Löwenzahnhonig kann sehr grob auskristallisieren. Um eine schöne Konsistenz des Honigs zu erreichen, rühren wir alle Blütenhonige. Dunkle Honige, wie Wald- und Tannenhonig, rühren wir nicht.

Der Kristallisationsverlauf wird von den jeweiligen Zuckerkomponenten des Honigs bestimmt. Honige mit einem hohen Anteil von Fruchtzucker kristallisieren sehr langsam. Paradebeispiele dafür sind der Wald- oder der Robinienhonig. Honige mit einem hohen Traubenzuckeranteil kandieren sehr schnell. Hierfür ist der Rapshonig ein gutes Beispiel. Bei diesem Honig beginnt der Kristallisationsprozess oft schon wenige Tage nach dem Schleudern. Wird mit der Blütenhonigernte zu lange gewartet, kann es passieren, dass der Honig sogar schon in der Wabe auskristallisiert. Dann bleibt viel Honig in den Waben zurück und das Sieben des Honigs wird noch einmal diffiziler.

Durch Rühren des Honig kann man die Kristallbildung beeinflussen. Wie funktioniert das? Die größeren Kristalle werden durch das Rühren zerkleinert. Durch das Impfen kommen zusätzlich kleine Kristalle in den Honig, die sich an die bereits vorhandenen Keime anlagern. Beim nächsten Rühren werden die Kristallisationsnetze erneut zerkleinert. Es wird solange gerührt, bis die Konsistenz gut ist. Hier spielt die Erfahrung eine große Rolle. Durch Rühren und Impfen kann also der Kristallisationsprozess gut in einer vom Imker definierten Richtung beeinflusst werden.

Allerdings darf der Honig, wie beschrieben, nicht sofort nach dem Schleudern gerührt werden. Er muss erst noch einige Tage in einem 15 bis 20 °C warmen Raum stehen. In dieser Zeit wird er abgeschäumt und die ersten Kristalle bilden sich an den Gefäßwänden und am Boden. Während dieses Reifungsprozesses verändert sich die Konsistenz des Honigs und auch die Farbe an der Oberfläche. Wenn der Honig perlmuttartig schillert, kann mit dem Rühren begonnen werden. Gibt man jetzt in das Rührgefäß ca. ein Prozent feinkristallinen Honig der gleichen Sorte und rührt dann, so wird der Honig durch diese Impfung eine ideale feincremige Konsistenz erlangen.

Wie gehen wir vor?

Nach dem Schleudern läuft unser Honig über das Siebgerät in unsere 300 Kilogramm fassenden Edelstahlfässer. Er wird abgeschäumt. Wenn er seine perlmuttartige Färbung bekommt, beginnen wir mit dem Rühren. Der Honig wird dann ein bis zwei Tage lang gerührt. Die Rührintervalle dauern jeweils 20 Minuten. Pro Tag gibt es vier bis fünf dieser Rührintervalle. Wir impfen unseren Honig nicht. Das scheint mir bei uns nicht notwendig, denn er impft sich sozusagen selbst. Die Rührfässer werden bei jedem Erntevorgang mehrmals genutzt. Spätestens nach der ersten Füllung befindet sich auf dem Rührflügel sowie an den Gefäßwänden eine dünne Schicht kristallisierten Honigs. Diese dient als Impfung für die nachfolgenden Honige.

Ganz wichtig: Bei der Ernte sollte unbedingt auf das Raumklima geachtet werden. Es werden zunächst alle Völker abgeerntet und die Honigwaben in einem warmen Raum zwischengelagert. Honig ist hygroskopisch, das bedeutet, er nimmt Wasser aus der Luft auf. Um dies zu verhindern, lassen wir in diesem Lagerraum einen Luftentfeuchter laufen. Dieser hält den Raum trocken mit maximal 45 bis 55 Prozent Luftfeuchtigkeit. Ich bin immer wieder erstaunt, welche Mengen Wasser er aus der Luft holt. Das würde sonst alles im Honig landen und den Wassergehalt erhöhen.

Freizeitimker

Für ihn lohnt sich die Anschaffung teurer Gerätschaften für die Honigverarbeitung nicht. Für seine Ansprüche genügt es, sein Kapital in einige Garnituren Doppelsiebe zu investieren. Als Klär- und Lagerbehälter genügen 25- oder 40-Kilo-Hobbocks. Darin kann man den Honig gut abschäumen, rühren und lagern. Es gibt auch solide verarbeitete 12,5 Kilogramm fassende Metalleimer, die mit einer Goldlackbeschichtung überzogen sind. Diese benutze ich bei kleinen Honigchargen immer noch gern. Ihr Vorteil ist, dass sie gut gestapelt werden können. Allerdings muss man mit diesen Metalleimern vorsichtig umgehen. Honigreste sollten nur mit einem Plastik- oder Holzspatel herausgekratzt werden. Die Beschichtung ist sehr empfindlich. Ist sie zerstört, leidet die Honigqualität. Wir benutzen zerkratzte Eimer nur für die Lagerung von Futterhonig. Bei Plastikeimern werden oft die Deckel nach unten gedrückt, wenn man sie aufeinanderstapelt. Dadurch werden sie undicht. Am Rand kann dann Luft eindringen. Dies lässt sich verhindern, wenn man die Plastikeimer nicht direkt aufeinanderstapelt, sondern ein Brett oder zwei Latten dazwischenlegt.

Für den Freizeitimker gibt es eine große Auswahl günstiger Gerätschaften, um den Honig zu rühren. Ich bin ein Fan eines dreikantigen, geschliffenen Rührstabs aus Hartholz. Mit diesem kann ich den Honig in kleinen Gebinden sehr gut und zu einer schönen Konsistenz rühren. Ich rühre dabei in großen Kreisen entlang der Behälterwand, links herum und rechts herum, sodass die dort angesiedelten Kristalle gleichmäßig zerstört und verteilt werden. Schimmert der Honig dann perlmuttartig, habe ich genug gerührt. Das ist aber nur für sehr kleine Honigernten zu empfehlen.

Daneben gibt es den sogenannten »Auf-und-ab«-Stampfer oder Rühraufsätze für die Bohrmaschine. Mit diesen ist ebenfalls eine gute Durchmischung erreichbar. Wichtig ist, nicht an den Wänden des Behältnisses entlangzurühren. Es besteht die Gefahr, dass bei Plastikgebinden kleinste Plastikpartikel in den Honig gelangen oder die Gefäßwände beschädigt werden. Wichtig ist auch, wie bereits erwähnt, keine Luft in den Honig einzurühren. Um dies zu verhindern, verbleibt während des Rührens der Rühraufsatz unterhalb der Honigoberfläche.

Das Abfüllen des Honigs

Zum Abfüllen benutzt ein Berufsimker natürlich eine vollautomatische Abfüllmaschine. Jede Arbeit an den Bienen ist spannender als das Abfüllen. Eine Maschine schafft Freiräume für das, was der Imker wirklich gerne tut – bei den Bienen arbeiten. Für einen Freizeitimker lohnt sich diese Investition nicht. Er kann sich gut mit einer Abfüllkanne mit Quetschhahn aus Edelstahl behelfen. Wird der Honig nach dem Schleudern sogleich ins Glas abgefüllt, entfällt später das Erwärmen, wenn wieder Honig abgefüllt werden muss. Das 500-Gramm-Glas ist das klassische Verkaufsgebinde für Honig. Seit einigen Jahren sind kleinere Gebinde groß in Mode. Wir nutzen diese nur bei Spezialhonigen und seltenen Herkünften, wie Honig aus dem Gebirge.

Noch vor einigen Jahren füllten wir unmittelbar nach dem Schleudern und Rühren einen Großteil der Honigernte direkt in die Gläser. Wir wollten die Honigqualität durch ein späteres Erwärmen nicht gefährden. Mittlerweile bin ich davon wieder abge-

Der Honig wird geklärt. Luftbläschen und Wachspartikel steigen nach oben. Mit einem Teigschaber wird diese Schicht abgeschäumt.

PRAXIS

Honigprobleme

Hilfe, mein Honig gärt. Was habe ich falsch gemacht? Wenn Honig gärt, bildet sich auf der Oberfläche eine schaumige Schicht. Das Glas klebt, weil gegärter Honig herausgedrückt wird. Öffnet man das Glas, zischt es, weil Alkohol gebildet wurde. Wenn Honig unreif, also mit einem Wassergehalt von 20 Prozent und mehr geerntet wurde, ist er nicht lange haltbar. Kristallisiert der Honig aus, so wird Wasser frei, das vorher mit dem Zucker gebunden war. In dem Wasser siedeln sich Hefen an, die für den Gärprozess verantwortlich sind. Dieser Honig ist nicht verkehrsfähig und schmeckt nicht mehr.

Mein Honig entmischt sich! Im Glas bilden sich zwei Fraktionen. Unten ist der Honig kandiert, oben schwimmt eine dunkle Flüssigkeit. Die Kristalle sind nach unten gesunken, darüber schwimmt die wasserreiche Mutterlauge. Problem war der zu hohe Wassergehalt und eine zu warme Lagerung.

Blütenbildung – was ist das? Bei allen kristallisierenden Honigen kann es zur Blütenbildung kommen. Das ist eine feine, helle Struktur an der Oberfläche oder am Rand des Glases. In das kristalline Gerüst des Traubenzuckers dringen Luftbläschen ein, die es hell erscheinen lassen. Blütenbildung sieht ungewohnt aus, ist aber eigentlich ein Qualitätskennzeichen, weil nur sehr wasserarme Honige dazu neigen. Ursache kann sein, dass das Glas, in das der Honig abgefüllt wird, sehr kalt ist, der Honig aber warm. Der Honig zieht sich durch die Kälte zusammen – durch den Deckel dringt immer ein wenig Luft ins Glas – und lagert sich am Traubenzuckerkristallgerüst an. Ist dann der Lagerraum sehr kalt, wird der Honig sofort fest und es kann zu Ansammlungen von Traubenzucker an bestimmten Stellen kommen, vorzugsweise an der Wand des Glases. Dann kommt es zur Blütenbildung. Ich finde das nicht schlimm.

Blütenbildung im Honigglas ist kein Zeichen einer Qualitätsminderung.

kommen. Wir füllen immer noch eine größere Menge direkt in die 500-Gramm-Gläser ab, aber nicht mehr die gesamte Ernte, nur die Verkaufsmenge für die nächsten Wochen und Monate. Die Erfahrung hat gezeigt, dass der Honig in den kleinen Gebinden nicht so gut lagerfähig ist wie in großen Gebinden. Ja, er verliert nach meiner Wahrnehmung im Lauf der Zeit an Qualität. Ein Grund dafür ist, dass die Deckel nie absolut dicht schließen und immer etwas Luft in die Gläser kommt. Luft enthält stets einen Anteil Wasser. Ich erinnere daran, dass Honig hygroskopisch ist. Zum anderen sind gerade die wertvollen Inhibine (siehe Seite 207) sehr lichtempfindlich. Generell verlaufen die Abbauprozesse in den kleinen Gebinden deutlich schneller als in Großgebinden wie zum Beispiel in 300-Kilogramm-Honigfässern.

Natürlich ist unser Honiglager dunkel. Es ist als Kühlraum mit einer gleichmäßigen Temperatur von 13 °C und einer sehr niedrigen Luftfeuchtigkeit ausgestattet. Wir lagern den Großteil des Honigs in 300-Kilogramm-Honigfässern. Alle Lebensprozesse verlaufen, wie bereits erwähnt, in dieser Umgebung und bei der großen Masse sehr träge. Mittlerweile sehe ich sogar interessante Reifungsprozesse bei verschiedenen Honigchargen über die Zeit hinweg. Ähnliches wird auch beim Wein immer wieder beschrieben. Bei dem in Gläsern gelagerten Honig erlebe ich eher das Gegenteil.

Viele Imker verkaufen ihren Honig vorwiegend im klarflüssigen Zustand. Dazu wird der Honig auf 40 °C erwärmt. Ich lehne das ab, da ich der Meinung bin, dass jede Erwärmung über Bienenstocktemperatur die Honigqualität mindert. Ich denke hier nicht so sehr an die üblichen Parameter, wie HMF-Gehalt (siehe Seite 223) etc., sondern vor allem an die wahrnehmbare Qualität wie den Geschmack etc.

Wir wissen auch, dass zum Beispiel die günstige Wirkung des Honigs bei der Wundheilung nachlässt, wenn der Honig erhitzt wurde. Flüssige Honige gibt es in meiner Imkerei nur kurze Zeit nach der Schleuderung. Später biete ich nur noch cremige Honige an, die natürlicherweise auskristallisiert sind. Das sorgte in der Anfangszeit meiner Imkerei für Irritationen bei meiner Kundschaft. Einmal brachte eine Kundin den Honig mit der Begründung zurück, dieser »Zuckerberg« sei doch kein Honig. Das passierte allerdings vor 40 Jahren. Damals gab es nur flüssige Honige am Markt. Hier musste ich dann Aufklärungsarbeit leisten. Mittlerweile haben sich die Zeiten geändert und es gibt genügend Kunden, die gut informiert sind und ein Bewusstsein für Qualität haben.

Da der Honig in Fässern gelagert wird, wird er zum späteren Abfüllen lediglich in einen fließfähigen Zustand gebracht. Dazu nutzen wir eine spezielle Matte, die das Fass umschließt. So können wir den Honig gleichmäßig bei 30 bis 33 °C, also deutlich unter Brutnesttemperatur, erwärmen. In dieser Konsistenz kann er gut abgefüllt werden. Danach kristallisiert er sofort wieder aus. Dies praktiziere ich auch bei Tannenhonig. Normalerweise ist dieser Honig sehr dunkel mit einem Stich ins Dunkelgrüne. Er bleibt zwar lange, aber nicht ewig flüssig, kristallisiert ebenfalls nach einigen Monaten. Danach wird er von mir auch nur noch in feinkristalliner Konsistenz verkauft. Auch das war für die Kunden anfangs ungewohnt. Tannenhonig musste nach der gängigen Auffassung flüssig sein. Doch mittlerweile ist das für meine Kunden kein Problem mehr. Es ist eher das Gegenteil eingetreten: Bleibt ein Honig einmal lange flüssig, so werde ich gefragt, warum er denn nicht kristallisiere. Ich gebe zu, frischer, dunkler, flüssiger Weißtannenhonig schmeckt fantastisch. Würzig und trotzdem mild. Ist er kandiert, schmeckt er anders. Aber nicht schlechter – eher tiefgründiger, reifer, vollmundiger und mit üppigen Aromen.

Resümee

Das Kapitel über den Honig, seine Ernte und Verarbeitung verdeutlicht ein Muster, das uns eigentlich bei allen in diesem Buch behandelten Themen immer wieder begegnet. Auf den ersten Blick scheint das Imkern ganz einfach zu sein: Man stellt sich Bienen in den Garten, das war es dann schon. Die Bienen versorgen sich ja selbst. Honig kommt automatisch dazu.

Aber so einfach ist es leider nicht. Der Teufel steckt im Detail. Um erfolgreich imkern zu können, braucht es einen Fundus an Wissen und Informationen über die Biologie der Biene sowie des ganzen Volks. Auch über das Imkerhandwerk sollte man Bescheid wissen. Mit »erfolgreich imkern« meine ich nicht unbedingt eine große Honigernte. Erfolgreich imkern bedeutet für jeden Bienenbegeisterten etwas anderes. Die Grundvoraussetzung dafür sind jedoch gesunde, starke und schöne Bienenvölker. Es macht keine Freude, wenn die Völker schwach sind, vor sich hin kümmern und sich nicht entwickeln. Dem Imker geht es dabei nicht gut, den Bienen schon gar nicht. Die Imkerei wird dann früher oder später wieder aufgegeben.

Reine Sortenhonige müssen viele Kriterien erfüllen. Sie zu kennzeichnen, ist nicht einfach. Bei »Blütenhonig mit ...« ist die erste Nennung entscheidend.

So ist es auch bei der Honigernte. Natürlich kann man den Honig irgendwie ernten, schleudern oder abtropfen lassen. Wenn der Honig dann im Glas grob kristallisiert oder gar gärt, weil er unreif geerntet wurde, sorgt das für Frustration und Enttäuschung.

Honig ist ein wertvolles Produkt. Die Bienen müssen hart dafür arbeiten. Gleiches gilt für den Imker. Ohne Bienen und Imker gäbe es keinen Honig. Und ohne Honig (fast) keine Imker. Es wäre sehr schade, wenn hier etwas misslingt. Erfolgreich heißt für mich auch, dass ich mich bei jedem Glas Honig über den Geschmack, den Duft, die Aromen und auch die Farbe freue. Honig ist auch Emotion und Begeisterung – wie toll er schmeckt und welches Geschmackserlebnis mir dabei widerfährt. Als Imker sollte ich davon überzeugt sein, dass mein Honig der Beste ist. Wenn mir die Honigkunden dies glauben und die gleiche Erfahrung machen – umso besser. Dann bin ich auf dem richtigen Weg!

Der Freizeitimker

Um einen guten Honig zu ernten und zu gewinnen, bedarf es keiner großartigen technischen Ausrüstung.

Aber Geduld ist erforderlich. Der Honig sollte erst dann geerntet werden, wenn er wirklich reif ist. Die Spritzprobe als Testverfahren ist hier gut geeignet (siehe Seite 208). Ein Refraktometer ist sicherlich eine gute Investition. Mit ein wenig Erfahrung kann man die Reife auch schmecken: Wird der Honig direkt am Volk probiert, so muss er sich zäh und dickflüssig anfühlen. Je niedriger der Wassergehalt ist, desto besser sind die Qualität und die Haltbarkeit. Reifer Honig schmeckt gehaltvoller. Allerdings bin ich mittlerweile der Meinung, dass ein Wassergehalt von 18 Prozent, wie er auch in allen Öko-Imkerei-Richtlinien gefordert wird, zu hoch ist. Dann ist der Honig nicht sehr lange lagerfähig. Ich möchte lieber Honige mit einem niedrigeren Wassergehalt ernten. Dann bin ich immer auf der sicheren Seite.

Eine saubere, schnelle und bienenfreundliche Honigernte mit der Bienenflucht (siehe Seite 210) erhöht die Freude am Imkern, weil es wenig bis gar keine Stiche gibt und die Bienen nicht räubern. Die Durchsicht der Völker kann auch gut einige Tage nach der Honigernte erfolgen. Der Schleuderraum soll sauber sein und geruchsneutral. Honig nimmt leicht fremde Gerüche an. Wichtig finde ich, dass der Raum schnell und gut zu reinigen ist. Honigernte ist immer eine klebrige Angelegenheit. Wer keine eigene Schleuder hat, kann sich evtl. über seinen Imkerverein die Gerätschaften ausleihen. Es gibt sogar schon einzelne Vereine, die ihren Mitgliedern komplett ausgestattete Schleuderräumlichkeiten zur Verfügung stellen. Ein Problem sehe ich jedoch darin, dass die Imker einer Region meist zur gleichen Zeit schleudern wollen. Da kann es Engpässe geben.

Will man mit einer guten Schleuder arbeiten, so müssen schon 1.000 Euro und mehr ausgegeben werden. Dann kommt noch ein Entdeckelungsgeschirr, Wachsschmelzer etc. dazu. Es gibt von der Firma Hamag ein nettes Kombigerät, das als Schleuder, als Entdeckelungswachsschleuder und mit einem Zusatz als Dampfwachsschmelzer für die Waben genutzt werden kann. Das finde ich gar nicht so schlecht.

Ein Edelstahlgefäß und einige Doppelsiebe tun es als Ausrüstung auch schon. Gibt es wenig zu ernten, so lässt man die Waben abtropfen. Billiger, einfacher und besser geht es nicht. Nach dem Schleudern ist Rühren wichtig, damit der Honig im Glas eine angenehme Konsistenz bekommt. Dafür genügt bereits ein dreikantiger Rührstab aus Hartholz. Ich habe einen solchen lange und gerne benutzt.

Ist der Honig abgefüllt, so sollte auf einen geeigneten Lagerraum geachtet werden. Es wäre schade, wenn der Honig zu warm oder feucht gelagert wird und dann in Gärung übergeht oder seine Werthaltigkeit verliert. Der Lagerraum muss dunkel, kühl und trocken sein. Die bakterientötenden Inhibine sind lichtempfindlich. Die anhand des Zuckerabbauprodukts Hydroxymethylfurfural (HMF) messbare Wärmeschädigung tritt bereits bei 18 bis 20 °C Lagertemperatur auf. Die Fermentaktivität, also der Invertase- und der Amylasegehalt, sinkt bei dieser Lagertemperatur ebenfalls schnell. Oft erfüllt der Honig nach einem Jahr Lagerung die gesetzlichen Qualitätsanforderungen nicht mehr. Zusätzlich gehen Geruchs- und Geschmacksstoffe verloren. Honig ist eben nicht ewig haltbar, wie Funde von Honig in den Pyramiden glauben machen.

Der Imker sollte sich über seinen Honig genauso freuen und darauf stolz sein wie über seine Bienen und die Begegnung mit diesen. Honiggenuss ist Teil des emotionalen Ertrags der Imkerei.

PRAXIS

Andere Bienenschätze: Pollen, Propolis und Bienenwachs

Ein Bienenvolk ist ja eine wahre Apotheke und schenkt uns viele Produkte, die heilsam und gesundheitsfördernd sind. Für einen naturgemäß arbeitenden Imker stellt sich die Frage: Was soll ich ernten? Für viele Menschen hat der Begriff Honigernte einen negativen Beigeschmack, weil es darauf hinausläuft, dass den Bienen etwas weggenommen wird. Ernte hat daher immer auch mit Verantwortung zu tun. Was und wie viel brauchen die Bienen selbst?

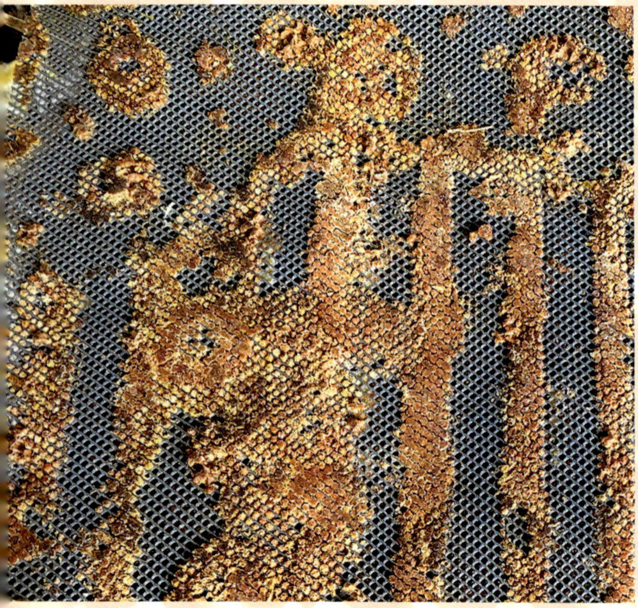

Meine Propolisgitter: Hier kann sehr saubere, reine, hochwertige Propolis geerntet werden. Einfrieren, dann einfach in ein passendes Gefäß abklopfen.

Blütenpollen ist für die Bienen essenziell – jedes Volk hat einen großen Bedarf an Pollen. Dieser liegt zwischen 30 und 60 Kilogramm je Volk. Pollen dient der Ernährung der Bienenbrut. Aber auch jede einzelne Biene braucht Pollen zur Aufrechterhaltung ihres Stoffwechsels und der Körperfunktionen. Jedes Bienenvolk strebt danach, möglichst viele Pollenquellen zu nutzen, da gerade die Vielseitigkeit der Ernährung das Immunsystem stärkt. Allerdings unterscheiden sich die Völker in ihrer Fähigkeit, den Pollen zu nutzen. Das eine Volk braucht eine große Menge Pollen, ein anderes zieht mit der gleichen Menge eine wesentlich größere Zahl von Brut auf. Angesichts unserer ausgeräumten Agrarlandschaften ist über das Jahr hinweg Pollen knapp. Daher ernten wir keinen Blütenpollen!

Propolis: Hier sieht die Situation ganz anders aus. Propolis, ein Kittharz, ist in der Natur keine Mangelware. Es ist für uns Menschen extrem gesund und hilft bei vielerlei Leiden. Ich muss gestehen, dass ich ein großer Fan von Propolis bin. Propolis ist Teil des Immunsystems des Bienenvolks. Alle Fremdkörper, wie Beutenwände etc., werden damit überzogen. So schaffen die Bienen eine keimtötende Oberfläche. Sicherlich spielt die Stockluft, die mit ätherischen Ausdünstungen der Propolishülle geschwängert ist, ebenfalls eine Rolle. Sogar die Zellränder sind mit Propolis überzogen. Propolis reduziert den Aufwand eines Bienenvolks zur Abwehr von Krankheiten. Unter den Sammelbienen gibt es eine kleine Fraktion, die ausschließlich für das Sammeln des Kittharzes zuständig ist. Die Bienen besuchen dazu vorwiegend Pappeln, Fichten oder Birken. Aber auch die Rosskastanie bietet reiche Ernte. Propolis gibt es vor allem im Frühjahr und im Spätsommer. Die Bäume schützen ihre Knospen damit. Dort beißen die Bienen die Knospenharze ab und transportieren sie an ihren Beinen zurück in den Bienenstock. Die Ernte ist einfach: Man kann das Propolis von den Rähmchenoberträgern und der Beute einfach abkratzen. Eine andere Variante ist das Einlegen von Propolisgittern. Am Ende der Bienensaison werden diese entnommen und kalt gelagert - in der Gefriertruhe oder im Außenbereich. Nach einer kalten Frostnacht kann das Propolis einfach abgesprengt werden. Dazu werden die Gitter in einer Wanne fest am Wannenrand abgeklopft. Wir arbeiten ja statt mit Plastikfolie mit Wachstüchern als Abschluss auf den Oberträgern. Diese sind stark mit Propolis verkittet. Es ist sinnvoll, den Bienen während des Winters, am besten während des gesamten Bienenjahres, eine Art obere Propolisabdeckung zu belassen. Das Propolisgitter wird unter das Wachstuch gelegt.

Die Weiterverarbeitung von Propolis ist einfach: Das geerntete Propolis wird in ein Glas mit 60- bis 70-prozentigem Alkohol gefüllt, bis dieser das Propolis gut bedeckt. Es wird dunkel gelagert und regelmäßig geschüttelt. Ist die Flüssigkeit sehr dunkel, kann das Propolis abgefüllt werden. Zum Reinigen eignen sich Kaffeefilter.

Bienenwachs: Auf Seite 199 habe ich ausführlich das Wachs und seinen hohen Wert beschrieben. Für den naturgemäßen Imker ergibt sich daraus ein Luxusproblem. Geht es seinen Bienen gut, so bekommt er auch Honig. Wenn er nichts oder nur wenig ernten will, ist das kein Problem. Er belässt einfach den über den Sommer gesammelten Vorrat und verzichtet auf die Wintereinfütterung. (Die Bienen werden es ihm danken. Das Volk kann sich entspannt auf den Winter vorbereiten, da das Futter nicht wie bei der Zuckerfütterung noch einmal komplett aufbereitet werden muss.)

Beim Wachs ist es anders. Eine Wachsernte fällt immer an, auch in der kleinsten Imkerei. Und seien es nur alte dunkle Waben, die der Imker aus seinen Völkern entnimmt, um neuen, hellen Wabenbau zu generieren. Wie Sie das Wachs ernten, habe ich bereits im Kapitel »Wachs und Wabenbau« beschrieben.

Auch eine schöne Ernte: nach Honig duftende Wachsblöcke, auch Wachsböden genannt.

Das Füttern der Bienen

Ohne Zucker geht es nicht. Ein klassisches Dilemma für die naturgemäße Imkerei.

Die Bienen einwintern

»Ich füttere meine Bienen doch nicht mit Zuckerwasser!« Diese Ansicht eines naturgemäßen Imkers kann ich gut nachvollziehen. Schließlich geht er davon aus, dass Honig für die Bienen das beste Winterfutter ist. Wird diese Ansicht konsequent in die Praxis umgesetzt, sind die Völker schnell auf den Winter vorbereitet. Sie müssen nur noch die Winterbienen aufziehen. Damit schließt sich der Jahreskreis.

Honig als Winterfutter

Auf den ersten Blick klingt das natürlich gut. In der Realität sind die Dinge aber doch nicht ganz so einfach. Damit eine Überwinterung komplett auf selbst eingetragenem Honig funktioniert, müssen die Bienen in einer Region mit besonders guten Trachtbedingungen leben. Davon gibt es nicht mehr so viele! Nur eine gute Frühtracht allein reicht nicht aus, da der Frühlingsblütenhonig im Lauf des Sommers wieder verbraucht wird. Entscheidend ist eine gute Sommertracht bzw. Waldtracht, die es den Bienen erlaubt, den Nektar oder Honigtau für den täglichen Verbrauch einzutragen und zusätzlich einen Wintervorrat von 15 bis 20 Kilogramm je Volk anzulegen. Das ist sehr anspruchsvoll! Ein Bienenvolk braucht bis zu 200 Kilogramm Nektar pro Jahr zum Überleben. In den meisten Regionen Mitteleuropas ist aufgrund der schlechten Trachtbedingungen heute eine Imkerei ohne Einsatz von Zucker kaum vorstellbar. Dazu kommt noch der kulturelle Faktor: Imkerei war schon immer Teil der Landwirtschaft (Agrikultur) und Honig in allen Kulturen ein beliebtes und hochgeschätztes Lebensmittel. Imkerei ohne Honigernte ist auch für mich kaum vorstellbar.

Also: Honig als Winterfutter und dazu noch eine Honigernte? Das wird schwierig. Zudem hat sich hier einiges verschoben. Statt einen gewissen Mindestvorrat zu belassen, entnimmt der Imker heute nahezu alle Vorräte aus seinen Völkern. Meist werden nur die Honigkränze auf den Brutwaben belassen. Allerdings ist in der Imkerschaft das Imkern mit dem angepassten Brutraum (siehe Seite 228) groß in Mode. Dabei gibt es aber aufgrund der geringen Anzahl von Brutwaben keine Honigkränze mehr, da sie in diesem System unerwünscht sind.

Einfütterung mit Zucker

Allgemein hat sich in den letzten 30 Jahren die zugefütterte Zuckermenge von acht bis zehn Kilogramm je Volk auf 20 bis 25 Kilogramm je Volk erhöht. Im Rahmen der Honigernte ergibt sich ein großes Konfliktpotenzial zwischen dem, was die Biene braucht, und den Interessen des Imkers. Hier einen guten Ausweg zu finden, ist schwierig. Wäre die Trachtsituation besser, so wäre wieder vieles möglich in Bezug auf die Qualität des Winterfutters. Da bin ich mir sicher. Ich habe ebenfalls jedes Jahr Bauchschmerzen, wenn es ans Füttern geht. Und doch füttern wir unsere Bienen, wie alle anderen Imker auch, mit Zucker ein. Allerdings versuchen wir, den Bienen so weit wie möglich entgegenzukommen und ihnen so viel Honig wie möglich zu belassen bzw. zu verfüttern. Das ist eine Entscheidung, die sich jedes Jahr anders gestaltet. Kein Bienenjahr ist wie das andere. Für den Imker geht es darum, flexibel zu bleiben, denn er trägt die Verantwortung für seine Tiere und für sein Handeln. Es ist wenig hilfreich, hier dogmatisch zu sein und die Zuckerfütterung zu verteufeln.

PRAXIS

Was heißt »Imkern mit dem angepassten Brutraum«?

Imkern mit dem angepassten Brutraum ist eine imkerliche Methode, die seit einigen Jahren intensiv diskutiert wird und in der Praxis sehr beliebt ist. Früher hieß es **»Imkern mit dem eingeschränkten Brutraum«**. Der Imker stellt den Bienen nicht den kompletten Brutraum mit neun oder zehn Waben zur Verfügung. Stattdessen werden die Völker auf drei bis fünf Waben geführt. Da der Platz beschränkt ist, sind die Waben komplett mit Brut belegt und es gibt keine Honigkränze mehr über der Brut. Auch Pollen im Brutnest ist nicht gern gesehen. Über Absperrgitter wird der Honigraum aufgesetzt. Da jedoch die Honigwaben, die sich über dem Leerraum befinden, ungern angenommen und gefüllt werden, muss der Imker den Honigraum immer wieder drehen, um die Honigwaben über den Brutwaben zu platzieren. Nur dort wird der Honig ausreichend bearbeitet.

Ich sehe hier Probleme mit der Honigreifung. Durch die Einschränkung der Brut wird jedoch ein erstaunlich hoher Honigertrag produziert. Aus diesem Grund ist diese Methode in der Imkerschaft sehr populär. Die Arbeitskraft eines Bienenvolks wird praktisch von Vermehrung und Fortpflanzung umgelenkt in Richtung hoher Honigertrag.

Folgen des eingeschränkten Brutraums: Im eingeschränkten Brutraum wird weniger Brut aufgezogen. Dadurch wird die ständige Erneuerung des Volks erschwert und die Populationsdynamik verändert. Diese beiden Mechanismen sind jedoch wichtig für die Stabilität und Gesundheit der Bienenvölker. Zudem fehlt eine Reservearmee, deren schnelle Mobilisierung ebenfalls essenziell ist für Gesundheit, Kraft und Resilienz der Bienen, aber auch für die Nutzung einer plötzlich eintretenden Tracht. Auch der unmittelbar über der Brut liegende Futter-

Schränkt der Imker den Brutraum ein, gibt es auf den Waben keine Honigkränze mehr.

kranz von Pollen und Nektar fehlt. Dieser ist für eine gute Versorgung der Brut - kurze Wege für die Ammenbienen - entscheidend. Befinden sich auf den Brutwaben keine Futterreserven, so besteht nach der Honigernte die Gefahr, dass die Völker verhungern. Zumindest erhöht sich der Stressfaktor, wenn die Futtervorräte zu knapp werden.

Der Imker muss aufmerksam bleiben und zur Not auch mitten in der Saison zum Füttern bereit sein. Kurzfristig ist es sicher gut möglich, auch mit einem stark eingeschränkten Brutraum zu imkern. Allerdings wird der Superorganismus Bienenvolk instabiler und die Möglichkeiten zur Selbstregulation sind eingeschränkt.

Mittlerweile wird die Einschränkung nicht mehr so extrem praktiziert und der Name hat sich verändert. Die Methode heißt nun **»Imkern mit dem angepassten Brutraum«**. Dabei wird das Volk mittels Schied im zeitigen Frühjahr auf die tatsächlich besetzten Waben eingeengt. Die überzähligen Futterwaben hängen hinter dem Schied. Entsprechend der Frühjahrsentwicklung wird das Schied versetzt und der Brutraum erweitert. Der Brutraum wird an die Volksstärke angepasst.

An sich ist das eine gute Sache, weil den Bienen geholfen wird, den Wärmehaushalt in der Beute besser zu regulieren. Für das Bienenvolk gehören ja nur die tatsächlich besetzten Waben zum Volksorganismus. Die große Frage ist, ob die Völker zu Beginn der Frühtracht tatsächlich besser dastehen als Völker, die nicht eingeengt wurden und sich eigenständig entwickeln konnten. Nur so könnte meines Erachtens die erhöhte Anzahl von Eingriffen durch den Imker gerechtfertigt werden. Aufgrund meiner Erfahrungen habe ich da meine Zweifel. Entscheidend bleibt aber, wie viele Waben den Bienen während des Sommers belassen werden. Werden sie bewusst eng gehalten, um den Honig in den Honigraum zu lenken? Oder bekommt das Volk die Menge an Waben zur Verfügung gestellt, die es braucht? Das kann von Jahr zu Jahr unterschiedlich sein.

Es gibt keine feste Regel, wie viele Brutwaben ein Volk pflegt. Manche Völker sind mit fünf oder sechs Brutwaben zufrieden. Andere wiederum möchten mehr Brut aufziehen bzw. lagern auf den Brutwaben Pollen ein und bevorzugen einen dicken Honigkranz über der Brut. Sie werden dann neben dem Schied weiterbrüten. In diesem Fall ist es die Aufgabe des Imkers, das Schied zu versetzen und dem Volk ein geschlossenes und kompaktes Brutnest zu ermöglichen.

Wabenbau-Erneuerung während der Fütterung

Wie sieht unsere Praxis konkret aus?

Wir belassen so viele Honigvorräte wie möglich im Bienenvolk. Aus dem Brutraum entnehmen wir zum Zweck der Wabenerneuerung nur leere Naturbauwaben, ansonsten ist dieser Bereich für uns tabu. Eine Ausnahme stellt die Tannentracht dar. In diesem Fall entnehmen wir mit Tannenhonig gefüllte Waben auch aus dem Brutraum. Die Völker würden sonst an Ruhr erkranken oder sogar eingehen.

Leider hatte ich mit einer entsprechenden Großzügigkeit im Jahr 2001 schlechte Erfahrungen gemacht. Damals hatte ich noch wenig Erfahrung, und beließ nach einer sehr guten Tannentracht im Schwarzwald allen dunklen Honig im Brutraum. Das fühlte sich gut an. Aber was für ein Fiasko im Frühjahr! Die Völker wurden schwach und erkrankten an Ruhr. Die Waben waren extrem verkotet. Was für ein Desaster! Das passiert mir nicht noch einmal!

Zum anderen freuen wir uns, wenn auf den Brutwaben schöne Honigkränze vorhanden sind. Weiter versuchen wir, das Bienenfutter so weit wie möglich »honigähnlich« zu machen. Zu diesem Zweck geben wir mindestens zehn Prozent des Winterfutters als Honig, den wir dem Zuckerwasser beimischen. So wird die Invertierung bereits bei der Bereitung des Futters in Gang gebracht. Kräuterzusätze im Futter dienen ebenfalls der Verbesserung. Hier habe ich mit einem starken Kamillentee (500 Gramm getrocknete Kamille auf zehn Liter Wasser) als Futterzusatz gute Erfahrungen gemacht. Obwohl die Kamille keine nektarspendende Pflanze ist, wird das Winterfutter geschmacklich sehr honigähnlich.

Aus ökologischen Gründen kaufen wir nur Biozucker. Dieser ist deutlich teurer als Zucker aus konventionellem Zuckerrübenanbau. Diese Entscheidung ist für mich konsequent, denn ich kann als Imker nicht die Anwendung von Insektiziden in der Landwirtschaft kritisieren und dann deren Produkte kaufen, nur weil sie billiger sind.

Warum ist mir dieser Aufwand wichtig?

In vielen Imkerbüchern und Anweisungen heißt es doch, dass die Zuckerfütterung für die Bienen optimal sei und die Bienen dieses Futter besser vertragen als den Honig. Ich denke, so einfach sollte man es sich nicht machen. Das unreflektierte Übernehmen von vorgefertigten Meinungen ist meines Erachtens genauso kritisch zu sehen wie dogmatisches Denken und Handeln ohne Bezug zur Wirklichkeit. Wir sollten daher darüber nachdenken, ob das Füttern der Bienen mit Zucker der Fütterung mit Honig gleichwertig ist.

Tatsächlich gibt es die Einfütterung der Bienen mit Zucker noch gar nicht so lange in Relation zur Geschichte der Imkerei. Honig galt, allein mangels Alternativen, als das ideale Futter für die Bienen. Seit Jahrmillionen ernähren sich die Bienen von Nektar/Honigtau und Pollen. Natürlich gab es immer wieder mal Probleme mit reinem Waldhonig als Winterfutter. Dessen hoher Mineralstoffgehalt bereitete den Bienen während der Überwinterung Verdauungsprobleme. Im Jahr 1879 begann der Imkerpionier Karl Freudenstein damit, seinen Bienen Zucker als Winterfutter anzubieten. Er machte damit sehr gute Erfahrungen und deckte den Zusammenhang zwischen Waldtracht, Nosema und Ruhr auf. Die Imker waren schnell von den Vorteilen der Zuckerfütterung überzeugt. So trat diese Art der Einfütterung ihren Siegeszug an. Das hatte neben der besseren Bienengesundheit, vor allem in reinen Waldtrachtgebieten, auch ökonomische Gründe – spätestens dann, als Zucker in Europa ein billiges Massenprodukt geworden war.

Betrachten wir zunächst die Unterschiede in der Qualität zwischen Honig und Zucker. Die Ernährung spielt für die Gesundheit und die Vitalität der Bienen eine entscheidende Rolle. Honig gilt für uns Menschen als sehr wertvolles und gesundes Nahrungsmittel. Dies gilt noch mehr für die Honigbienen. Vom Standpunkt der Honigbienen und damit auch aus Sicht des naturgemäßen Imkers ist er das optimale und perfekte Nahrungsmittel für die Bienen.

In vielen Untersuchungen wurde nachgewiesen, dass Nektar und Pollen für das Immunsystem der einzelnen Biene (= individuelle Immunität), aber auch für das Bienenvolk als Ganzes (= soziale Immunität) wichtig sind. Die Lebensdauer der Bienen wird von ihrer Ernährung beeinflusst - ebenso die Gesundheit des Bienendarms und damit die Verdauung der Biene und des gesamten Bienenvolks. Als Imker wissen wir, dass auch während einer guten Rapstracht ein Teil der Sammelbienen andere Blüten besucht. Das Bienenvolk legt großen Wert auf eine möglichst vielseitige Ernährung. Dies ist für den Stoffwechsel, die Aktivität des Drüsensystems und damit auch für die Aufzucht der Brut von Bedeutung. Im Honig finden die Bienen viele Stoffe, die ihnen helfen, aus eigener Kraft mit Krankheitserregern fertig zu werden.

Im Vergleich mit Honig ist Haushaltszucker ein armes und sehr einseitiges Nahrungsmittel. Er besteht vorwiegend aus dem Zweifachzucker Saccharose. Diesen müssen die Bienen in die Einfachzucker Fruktose und Glukose aufspalten. Nur so können sie die Saccharose verwerten. Dazu müssen sie viel Kraft und Energie aufwenden. Mit einer Aufwertung der Futtermischung (Invertierung) versuche ich, den Bienen die Arbeit zu erleichtern und sie bei der Umwandlung des Zuckers zu unterstützen.

Vorratshaltung der Bienen ...

Ende Juli hört normalerweise die letzte Tracht auf. Die Fütterung und damit verbunden die Einwinterung der Bienen leiten das neue Bienenjahr ein. Ich denke, es ist sinnvoll, diesen Prozess in seiner Gesamtheit zu betrachten.

... in der Natur

Der Zustand der Völker ist abhängig von der vorangegangenen Sommertracht. War diese gut, so werden sich die Bienenvölker in einem guten Zustand befinden. Das bedeutet viele gesunde, wohlgenährte Bienen und ein schönes Brutnest mit dicken Honigkränzen über der Brut.

Natürlicherweise hat um diese Jahreszeit ein frei lebendes Bienenvolk seine Vorräte angelegt. Im Juli/August kommen die Winterbienen (siehe Seite 232) zur Welt. Diese arbeiten nicht mehr. Alles ist für die Winterruhe bereitet und das Jahr neigt sich harmonisch dem Ende zu.

... beim Imker

In dem von uns Imkern geprägten Umfeld wird dieser Entwicklungsverlauf durch die Entnahme der Vorräte gestört. Wir könnten es auch Honigernte nennen, dann bekommt es einen für uns positiveren Beiklang. Für das Bienenvolk ist es aber tatsächlich eine schwerwiegende Störung seiner natürlichen Entwicklung. Evolutionär hat das Bienenvolk dafür keine Regelungsmechanismen entwickelt. Seine Reaktion kann nur eine Art Schock sein, denn plötzlich sind die gesamten Vorräte verschwunden. Ich denke, wir dürfen davon ausgehen, dass das Bienenvolk eine Art Bewusstsein für seine in den Waben gespeicherten Vorräte hat. Die Königin läuft in der absperrgitterfreien Völkerführung oft und gern über die Honigwaben. Was will sie da? Bienenvölker sammeln fleißig Honig, doch in einer sehr guten Tracht werden sie auch bei neu angebotenen Honigräumen die Sammelflüge beenden, wenn genügend Honig eingelagert wurde. Dieses Phänomen ist Waldtrachtimkern wohlbekannt. Bei einer länger anhaltenden, ergiebigen Waldtracht entnehmen sie regelmäßig Honigwaben. So »denken« die Bienen, die Vorräte seien immer noch nicht aufgefüllt. Zur guten fachlichen Praxis gehört es, darauf zu achten, dass die Völker immer über ausreichend Vorräte verfügen. Bretschko (siehe Literatur Seite 332) spricht von einem Minimum an Vorräten von fünf Kilogramm, über die ein Bienenvolk verfügen muss. Sonst fällt es in eine Art Depression.

Sinn der Wintereinfütterung

Nach einem ganzheitlichen Verständnis ist die Wintereinfütterung nicht nur das Anlegen eines »Winterspecks« für die aktuell bevorstehende Jahreszeit, in der keine Ausflüge möglich sind und keine externen Trachtquellen zur Verfügung stehen. Sondern es geht auch um volksinterne Prozesse, wie das **Entstehen der langlebigen Winterbienen,** die nicht nur für das Überleben, sondern auch für den Anschluss des Volks an die Dynamik des nächsten Frühjahrs entscheidend sind. Winterbienen können bis zu sieben Monate alt werden. Dieses Alter erreichen Sommerbienen nicht. Ihre Lebenspanne reicht von einigen wenigen Tagen bis zu drei bis vier Monaten. Winterbienen sind rein äußerlich nicht von Sommerbienen zu unterscheiden. Charakteristisch für sie ist jedoch eine spezielle Physiologie: Sie besitzen einen besonders entwickelten Fett-Eiweiß-Körper. Die darin gespeicherten Eiweiße dienen der Brutaufzucht in den Monaten Januar bis Ende März, wenn die Natur noch keine blühenden Eiweißquellen bereitstellt. Winterbienen unterscheiden sich auch durch ihr passives Verhalten von den fleißigen Sommerbienen. Sie beteiligen sich im Spätsommer und Herbst nicht mehr an der Brutpflege und an den Arbeiten im Bienenstock. Sie schonen sich und werden erst im Frühjahr aktiv und sind verantwortlich für die Brutaufzucht und damit das Wachstum des Volks im nächsten Jahr.

Vereinfacht ausgedrückt, sollen Winterbienen im Jahr ihrer Geburt nicht arbeiten. In der freien Natur tun sie das auch nicht. Dadurch gewinnen sie die Eigenschaft der Langlebigkeit und sorgen als Bindeglied zwischen dem vergangenen Sommer und den kurzlebigen Sommerbienen des nächsten Frühjahrs für das Überleben des Volks. Ohne Winterbienen kann der neue Zyklus nicht beginnen. Somit hat es absolut seinen Sinn, dass in der Regel die Tracht Ende Juni zu Ende geht. Die Wintervorräte sind dann gesammelt und die Umstimmung des Volks auf den Winter geht problemlos. Die Honigentnahme und die Einfütterung stehen dazu im Widerspruch. Um die Bienenvölker nicht zusätzlich zu sehr zu strapazieren, sind bei der Fütterung bestimmte Faktoren zu berücksichtigen.

Wie füttere ich meine Bienen ein?

Es ist eine alte Imkerweisheit, dass die Winterbienen für den Erfolg der Frühtracht verantwortlich sind. Ich halte es daher für wichtig, unmittelbar nach der Honigernte – noch am Abend des gleichen Tages – mit der Auffütterung zu beginnen. Dadurch kann der Schock über den Verlust der Wintervorräte abgemildert werden. Die Bienen bekommen sofort die Möglichkeit, erneut Vorräte anzulegen. Je größer die Vorräte sind, die dem Volk belassen werden, desto geringer wird der Schock ausfallen. Je früher gefüttert wird bzw. je früher die Fütterung beendet ist, ist ebenfalls wichtig. Je zeitiger im Jahr dies der Fall sein wird, desto weniger werden die Winterbienen davon tangiert.

Der Futterbedarf eines Volks liegt insgesamt bei ca. 15 bis 20 Kilogramm Winterfutter. Wer sparen

Wie an der Tankstelle: Die Futterschalen werden per Zapfhahn gefüllt.

Stroh in der Futterschale verhindert, dass die Bienen im Futterbrei ertrinken.

möchte, kann während der Begutachtung des Volks und des Herrichtens des Wintersitzes (Sommerrevision oder Einwinterungsrevision) die Menge der vorhandenen Vorräte schätzen und von der einzufütternden Menge abziehen. Das geht ganz einfach nach folgender Faustregel: Ich schätze die auf beiden Wabenseiten vorhandenen Flächen, die bereits verdeckeltes Futter enthalten. Jeweils 10 × 10 Zentimeter, also 1 dm^2, beinhalten ca. 300 Gramm Futtervorrat. Diese Flächen mit Futter werden Wabe für Wabe aufaddiert. Die Summe wird von den 15 bis 20 Kilogramm des notwendigen Winterfutters abgezogen. Die Differenz ist die Menge an Winterfutter, die ich noch im Volk unterbringen muss.

Das Futtergeschirr

Im Imkereibedarfshandel werden als Zubehör für Magazinbeuten spezielle Futtertröge angeboten, die auf die Überwinterungszarge aufgesetzt werden. Diese gibt es in einer Holz- bzw. Plastikausführung. Ich würde aufgrund der besseren Dichtigkeit und der leichteren Reinigung Plastik bevorzugen. In unserer Imkerei benutzen wir allerdings keine Futtertröge mehr. Sie werden ja nur in der vier- bis sechswöchigen Auffütterungszeit benötigt. Den Rest des Jahres stehen sie herum und beanspruchen zu viel zusätzlichen Lagerraum. Wir setzen stattdessen zur Einfütterung eine Leerzarge auf. Dort platzieren wir eine große Futterschale, die bis zu zwölf Liter fasst. Unsere Futterschalen sind stapelfähig und leicht zu reinigen. Als Schwimmer nutzen wir Stroh aus biologischem Anbau. Dank der luftgefüllten Halme funktioniert es perfekt als Schwimmhilfe. Wir haben auch schon Korken oder Styroporstückchen ausprobiert. Mit den Korken war ich nicht zufrieden, da Bienen immer wieder ertranken. Bei Styropor habe ich nach Beendigung der Fütterperiode Müll- bzw. Entsorgungsprobleme.

Offene Fütterung: Das Wachstuch bzw. die Plastikfolie verbleibt auf den Rähmchen des Überwinterungsraums. Es wird lediglich ein wenig zurückgeschlagen, damit die Bienen Zugang zum Winterfutter haben. Der Großteil der Fläche bleibt jedoch abgedeckt, um die Wärmeverluste aus dem Brutnest zu minimieren. Die Futterschüssel wird immer an der vorderen Stirnseite der Leerzarge platziert. So geht das Füttern zügig. Der Deckel wird einige Zentimeter zurückgeschoben, dann befülle ich mit der Zapfpistole das Futterbehältnis. Ein Nachteil dieser »offenen Fütterung« ist der direkte Zugang der Bienen zum Futter. So lässt sich beim Füttern der Kontakt mit ihnen schlecht vermeiden. Das kann lästig sein. Abhilfe schafft ein kräftiger Rauchstoß nach dem Öffnen des Deckels. Liegt zwischen den einzelnen Fütterungen ein genügend großer zeitlicher Abstand von sieben Tagen und mehr, so werden nur wenige Bienen in der Leerzarge und im Futtergefäß sein. Wird jedoch in kurzen zeitlichen Abständen gefüttert, so sind in der Regel viele Bienen am Futtergeschirr. Dann hilft nur kräftiges Rauchen.

Der Vorteil der offenen Fütterung ist, dass das Futter sehr zügig abgenommen wird. Starke Völker nehmen in 24 Stunden, manchmal bereits über Nacht die komplette Futtermenge von ca. zehn Litern ab. Erwähnen möchte ich jedoch, dass bei der ersten Fütterung die Abnahme etwas länger dauern kann. Offensichtlich müssen sich die Bienen erst auf diese Art der Fütterung einstellen.

Sechs-Liter-Futtereimer: Gut gefallen haben mir früher auch die Sechs-Liter-Futtereimer mit einer sehr feinen Sieböffnung im Deckel. Diese werden in der Leerzarge mit der Sieböffnung nach unten auf die Rähmchen gestellt. Es sollte darauf geachtet werden, dass der Futtereimer direkt über dem Bienenvolk umgedreht wird. Es läuft immer ein wenig Futter heraus, bis das Vakuumprinzip funktioniert. Die Bienen saugen das Futter durch das feine Sieb. Die Futteraufnahme dauert daher mit diesen Sechs-Liter-Eimerchen etwas länger. Dies sollte bei der Planung der Fütterung beachtet werden.

Räuberei als Folge der Fütterung

Füttern bedeutet für die Bienen immer Tracht. Der Imker simuliert hier diese Tracht. Die Sammelbienen der gefütterten Völker werden aktiviert, sie fliegen aus und suchen nach der Trachtquelle. Um diese Jahreszeit werden sie nur wenige Blüten bzw. Nektarquellen finden. Aus den Fluglöchern der anderen Völker hingegen duftet es herrlich süß. Sie werden daher versuchen, an diese Futtertöpfe zu gelangen. Ist das System der Wächterbienen am Flugloch gut aufgestellt, so haben sie keine Chance und werden abgewehrt. Schwache oder angeschlagene Völker, die es um diese Jahreszeit immer geben wird, können sich jedoch nicht wirkungsvoll verteidigen und es entsteht Räuberei.

Was ist Räuberei? Ein Bienenvolk wird von anderen Bienen überfallen und beraubt. Das können die Bienen eines einzelnen Volks sein, aber auch die Bienen von mehreren anderen Völkern am Stand oder sogar von außerhalb. Sie reißen alle Vorräte aus den Waben heraus und bringen sie in das räubernde Volk zurück. Die Bienen beider Völker kämpfen miteinander. Aber letzten Endes behält das Räubervolk die Oberhand und viele Bienen des ausgeraubten Volks schließen sich den Räuberbienen an. Zurück bleibt eine leere Beute. Die Bienen räubern nicht ohne Grund ein Volk aus. Das Volk kann weisellos, krank oder geschwächt sein. In diesem Fall sehe ich es als sinnvoll an, das Volk ausräubern zu lassen, da es sowieso aufgelöst werden sollte.

Wie erkennt man Räuberei? Hektischer Flugbetrieb an einem einzelnen Volk weist oft auf Räuberei hin. Herrscht am Abend oder am frühen Morgen bei den meisten Völkern noch Ruhe, bei einigen wenigen jedoch starker Flugbetrieb, so weist dies auf Räuberei hin. Kämpfende und tote Bienen vor dem Flugloch ebenfalls. Oft genug ist das Flugloch von Wachsresten verklebt, da die Räuberbienen gierig den Honig und das Wachs aus den Waben herausreißen und mitnehmen. Öffnet man den Deckel, so fliegen viele Bienen ab. Oft genug kann man ihre Rückkehr in das raubende Volk beobachten und dieses identifizieren. Auf dem Boden der ausgeräuberten Beute liegen Berge von herausgerissenen Wachskrümeln und toten Bienen.

Was tun bei Räuberei? In den Lehrbüchern wird eine ganze Palette von Maßnahmen zur Eindämmung einer akuten Räuberei empfohlen. Ist diese gerade im Entstehen, so kann es sinnvoll sein, beim beraubten Volk das Flugloch stark zu verkleinern. Dazu eignen sich Schaumstoff oder auch Papier. Man könnte auch Brettchen oder Zweige vor dem Flugloch anbringen, um den Zugang zu erschweren. Meist sind diese Maßnahmen jedoch erfolglos. Sinnvoll ist es hingegen, das betreffende Volk auf einen anderen Standort zu verbringen. Allerdings sollte dann eine leere Beute am ursprünglichen Platz aufgestellt werden. Die räubernden Bienen denken dann, ihr Werk sei vollbracht, es ist nichts mehr zu holen und werden die Räuberei beenden. Wird keine leere Beute aufgestellt, so kann es sein, dass die Bienen weitersuchen. Sie entdecken dann eventuell noch andere geschwächte Völker am Stand.

Ein gewichtiges Problem bei der Räuberei ist allerdings die Reinfektion, weil nicht nur das Raubgut, sprich der Honig oder das Winterfutter, zum Räubervolk zurückgebracht wird. Auch viele Varroamilben wandern vom ausgeräuberten Volk zum Räubervolk.

Vermeidung von Räuberei: Damit Räuberei gar nicht erst aufkommen kann, wird empfohlen, abends zu füttern. Bis zum nächsten Morgen ist das Futter dann abgenommen und der Flugbetrieb verläuft normal. In der Anfangszeit meiner Imkertätigkeit habe ich mir deswegen viele Nächte um die Ohren geschlagen. Mittlerweile füttern wir auch tagsüber. Das funktioniert gut, es sollten aber gewisse Dinge beachtet werden:

- Es sollen nur weiselrichtige bzw. gleich starke Wirtschaftsvölker am Stand stehen. Die Jungvölker stehen bei mir an separaten Standorten. Das reduziert auch die Reinfektion, da Jungvölker weniger Varroamilben besitzen als Wirtschaftsvölker.
- Das Füttern sollte schnell vonstatten gehen. Die Völker sollten nur kurz geöffnet sein.
- Wichtig ist es, kein Zuckerwasser zu verschütten. Passiert dies trotzdem einmal, so haben wir immer einen Wasserkanister dabei, um es wegzuspülen.

Beeindruckend finde ich, wie schnell die Bienen merken, dass gefüttert wird. Wenn wir an großen Ständen beim letzten Volk angelangt sind, fliegen und suchen die zuerst gefütterten Völker bereits intensiv. Sind die Intervalle zwischen den Fütterungen sehr kurz, so geht das Herumsuchen wesentlich schneller. Mir kommt es so vor, als würden die Bienen schon warten und kennen auch die Uhrzeit des Fütterns.

Was füttere ich den Bienen?

Üblicherweise wird mit Zuckerwasser gefüttert, das aus weißem raffiniertem Haushaltszucker hergestellt wird. Das Mischungsverhältnis kann variieren. Die Herstellung des Futters ist jedoch immer gleich. Der Zucker wird mit kaltem Wasser zu einer Futterlösung vermischt. Es kann dazu auch heißes

Wasser verwendet werden, dann löst sich der Zucker sehr schnell auf. Bei großen Mengen ist dies jedoch wegen des hohen Energieaufwands nicht sinnvoll.

- Beliebt ist die Mischung von Zucker mit Wasser im Verhältnis 1:1. Diese Mischung ist dem Nektar sehr ähnlich. Von Nachteil ist jedoch, dass es den Bienen mehr Arbeit macht, das Futter einzudicken, weil der Wassergehalt höher ist. Auch muss der Imker häufiger füttern. Das ist schlecht für die Ökobilanz. Vorteilhaft ist bei diesem Mischungsverhältnis jedoch, dass die Bienen damit gut zum Bauen von neuen Waben animiert werden können.
- Ein anderes Mischungsverhältnis besteht aus drei Teilen Zucker zu zwei Teilen Wasser. Noch konzentrierter ist eine Futterlösung bestehend aus zwei Teilen Zucker und einem Teil Wasser.

Die konzentrierteren Lösungen sind gut geeignet, wenn zum Beispiel aufgrund einer späten Tracht erst verspätet mit der Fütterung begonnen werden kann. In diesem Fall wäre auch eine fertige Invertzuckerlösung gut geeignet. Um diese Jahreszeit heißt es ja »Time is Honey«. Jetzt ist die Imkerei meistens sehr stressig. Das Futter sollte bis ca. 10. September in den Völkern untergebracht werden. Oft gibt es um diese Jahreszeit kalte Nächte oder Schlechtwettereinbrüche. Dann ist die Futteraufnahme sehr verhalten und alles verzögert sich. Außerdem steht jetzt die Varroabekämpfung an. Dazu muss ich eine Pause mit dem Füttern einlegen. Jetzt zählt, wie bereits erwähnt, jeder Tag.

Es hat sich bewährt, mit der 1:1-Mischungsvariante zu beginnen. Die letzten Fütterungen werden dann mit der konzentrierteren 3:2-Lösung durchgeführt.

Futterteig mit Hefe (nach Bretschko)

250 Gramm Hefe in 250 Gramm lauwarmem Wasser auflösen und wie einen Vorteig gehen lassen. Dann mit 5 Kilogramm Puderzucker mischen, sodass ein krümeliger Teig entsteht. In die Futtertaschen oder in Gefrierbeutel füllen und vor der Verwendung noch einige Tage ziehen lassen.

Andere Futtervarianten

In Gebieten, in denen die Sommertracht bereits früh zu Ende geht, kann der Imker seine Bienen mit Zuckerteig einfüttern. Das ist eine Art Fondant, also eine Mischung aus Puderzucker mit Honig. Diesen Fondant gibt es in 15-Kilo-Blöcken zu kaufen. Sie werden in einem leeren Honigraum über der Brut deponiert. Gegen das Austrocknen kann der Fondant abgedeckt werden. Die Bienen brauchen etwa vier Wochen, um diese Futtermenge abzunehmen und in Wintervorräte umzuwandeln. Es sollte daher mit dieser Art von Fütterung nicht nach dem 10. August begonnen werden. Die Fondant-Fütterung erspart dem Imker Wege und Arbeit und ist daher auch für eine Imkerei mit Fernständen gut geeignet. Sie sollte jedoch gut in die Varroabekämpfung integriert werden. Das gilt meines Erachtens dann, wenn mit einem Thymolpräparat (siehe Seite 279) behandelt wird. Aber auch das Käfigen der Königin (siehe Seite 262) kann damit synchronisiert werden. Wenn die Königin nach drei Wochen wieder freigelassen wird, ist der Futterteig auch aufgebraucht. Das Füttern mit Zuckerteig hat neben der Zeitersparnis den Vorteil, dass dadurch keine Räuberei ausgelöst wird.

Fertiger Zuckerteig ist relativ teuer. Wer diesen nicht kaufen möchte, kann ihn selbst herstellen. Das ist jedoch nicht so einfach. Wir besitzen eine eigene Teigknetmaschine, mit der wir den Zuckerteig selbst herstellen können. Das lohnt sich aber nur für eine große Imkerei. Wer keine geeigneten Maschinen hat, kann sich mit einer einfachen Variante nach Josef Bretschko behelfen (siehe Info Seite 236).

Einfütterung in der Praxis

Wir füttern allen Völkern die gleiche Menge Zuckerwasser und schätzen die vor Beginn der Fütterung im Volk vorhandenen Vorräte nicht. Das ist mir zu aufwendig. Ich bin ein Freund der großzügigen Auffütterung. Meistens zahlt sich das aus: Ich muss mir im zeitigen Frühjahr, wenn die Völker Fahrt aufnehmen, keine Sorgen machen, dass Völker während einer Schlechtwetterperiode verhungern könnten.

Ist ein Großteil der notwendigen Futtermenge eingefüttert, wiegen wir alle Völker, um abschätzen zu können, wie viel Futter noch gegeben werden muss. Das variiert von Jahr zu Jahr. Es gibt Jahre ohne nennenswerte Sommertracht. In solchen Jahren füttert man die Völker mehrmals und sieht in den Waben nichts - keine Vorratsbildung. Mir scheint, dass das ganze Futter erst in den Bienen selbst gespeichert wird bzw. sofort in Brut umgesetzt wird. In solchen Jahren wird die Gesamtfuttermenge sicherlich deutlich größer ausfallen als in »normalen« Jahren. Es gibt aber auch Jahre, in denen eine leichte Tracht die Fütterungsperiode begleitet und die Bienen weniger Futter brauchen als sonst. Dies kann ich mittels Wiegen gut feststellen. Die Waage zeigt mir auch an, ob einzelne Völker still beräubert werden. Diese Völker sind dann deutlich leichter als der Durchschnitt. Die Räubervölker sind entsprechend schwerer.

Wie wiegen wir? Zum Wiegen wird das Bienenvolk mit einer Zugwaage von hinten einige Zentimeter angehoben. Die Beutenlänge entspricht einem Hebelarm. Die Beute wird so weit nach hinten gezogen, dass die Vorderkante des Bodens das Drehmoment ergibt. So kann ich etwa das halbe Gewicht der Beute ablesen. Sinnvoll ist es, die Beute von hinten zu wiegen, weil das Winterfutter fluglochfern gelagert wird. Würde ich von vorne wiegen, könnte der Eindruck entstehen, das Volk wäre leichter, als es tatsächlich ist, weil sich im vorderen Bereich Pollen und Brut auf den Waben befinden. Man kann auch vorne und hinten

Ein Beispiel

Viele Imker kippen ihre Beuten mit der Hand an, um das Gewicht der Völker abzuschätzen. Mir ist das zu unsicher. Wie bereits erwähnt, füttere ich gern etwas großzügiger ein (siehe Seite 230). Der Futterverbrauch in den Wintermonaten ist minimal. Erst ab der Wintersonnenwende steigt die Zehrung langsam an. In den Monaten März und April, in denen die Völker schon größere Brutflächen pflegen und schnell wachsen, steigt der Futterverbrauch dann rapide an. Ich finde es immer faszinierend, die exponentielle Entwicklung der Völker im Frühjahr zu beobachten. Eine Ammenbiene kann bis zu fünf Larven versorgen. Dies führt zu der beeindruckenden Frühjahrsentwicklung ab der Salweidenblüte. Da es aber um diese Jahreszeit immer wieder Kälterückschläge gibt, müssen die Bienen das wachsende Brutnest gut wärmen können. Der Futterverbrauch ist jetzt hoch und es sind meist die stärksten Völker, die im Frühjahr verhungern. Für den Imker ist dies dann besonders bitter.

wiegen und dann die Gesamtsumme durch zwei dividieren.

Natürlich muss ich das Nettogewicht meiner Beuten inklusive Rähmchen und Deckel kennen. Dazu kommt das Gewicht von 10.000 Bienen, das entspricht etwa einem Kilogramm. Pollen und Waben wiegen etwa 1,5 Kilogramm. Ziehe ich das Nettogewicht vom Wiegeergebnis ab, so weiß ich, welche Futtervorräte die Völker bereits angelegt haben. Nun kann ich die noch einmal notwendige Menge ergänzen.

Außerplanmäßiges Füttern

Sollte im zeitigen Frühjahr Futtermangel herrschen, so ist es wegen der kühleren Temperaturen schwierig, die Bienen flüssig zu füttern. Bietet der Imker das Notfutter im Futtertrog oberhalb des Brutnestes an, so ist der Abstand zum Bienensitz oft zu groß. Die Bienen kommen wegen der Kälte kaum an das Futter heran.

Notfütterung: Zuckerwasser vorsichtig auf die Wabe schütten, die Wabe leicht schütteln, damit das Futter in die Zellen läuft, und die Wabe an den Bienensitz hängen.

- Gut geeignet ist jetzt eine Futtertasche, gefüllt mit Zuckerwasser, die direkt neben den Brutwaben platziert wird. Dann sind die Wege kurz und die Temperaturen in der Beute hoch genug.
- Die Futtertasche könnte auch mit Futterteig gefüllt werden. Allerdings brauchen die Bienen Wasser, um den Teig auflösen und aufnehmen zu können. Es sollte eine Tränke in der Nähe sein. Fliegen die Bienen an kühlen Tagen zum Wasserholen aus, können sie verklammen und verkühlen.
- Am sinnvollsten ist es, im Frühjahr auf Futterwaben zurückgreifen zu können. Die verdeckelten Waben werden leicht angeritzt bzw. mit dem Stockmeißel angedrückt und direkt neben die letzte Brutwabe gehängt. Eine gut gefüllte Futterwabe enthält ca. zwei Kilogramm Futter. Das reicht für ungefähr eine Woche.

Jetzt schließt sich der Kreis. Ich kann die Völker nicht besser auswintern, als ich sie eingewintert habe. Eine gute Spätsommerpflege verbunden mit einer wirksamen Varroaregulierung zahlt sich jetzt aus. Die Belohnung bekommt der Imker in Form von schönen trachtbereiten Wirtschaftsvölkern.

Resümee

In der Diskussion über die Fütterung der Bienen mit Zucker finden sich alle Probleme in konzentrierter Form wieder, die die Imkerei und die Situation der Honigbienen in der heutigen Zeit betreffen. Es herrscht Konsens darüber, dass Imkerei ohne Zufütterung von Zucker in vielen Teilen der Welt heutzutage fast unmöglich ist. Wenn überhaupt, dann um den Preis, dass es keinen oder kaum einheimischen Honig zu kaufen gäbe. Fehlt der ökonomische Anreiz, dann wird es aber nur noch wenige Imker und noch weniger Bienenvölker geben.

Andererseits wissen wir, dass Zucker immer nur ein Surrogat sein kann. Honig hingegen ist die perfekte Nahrung für die Bienen. Bienen und Blüten haben sich über Jahrmillionen gemeinsam entwickelt und aneinander angepasst. Die Blüten bieten den Bienen eine reichhaltige, vielseitige und wertvolle Nahrung. Zumindest in meiner Region werden die Trachtlücken jedoch von Jahr zu Jahr größer. Viele Trachten stammen zudem aus konventionellen Monokulturen. Diese Einseitigkeit verbunden mit der Einseitigkeit der Ernährung der Bienen mit Zucker ist in meinen Augen ein wesentlicher Grund für die Schwächung der Bienen, vor allem aber für ihre mangelnde Resilienz. Bienenkrankheiten wie die Varroamilbe, Virosen etc. treffen auf geschwächte Populationen. Dies erfordert ein stärkeres Eingreifen des Imkers zur aktiven Krankheitsbekämpfung und Vermeidung von Hungersituationen. Kurzfristig funktioniert das gut, langfristig gesehen verstärken sich die Probleme. In dieser Situation befinden wir uns jetzt. Das imkerliche Dilemma wird immer größer.

Neben der Qualitätsfrage kommt heute, bedingt durch die Varroamilbe, eine Intensivierung der imkerlichen Eingriffe dazu. Vergleichen wir das imkerliche Vorgehen abschließend noch einmal mit dem Geschehen in der Natur vor dem Winter. Da passiert nicht mehr viel: Die Vorräte sind eingetragen. Die Winterbienen werden aufgezogen und arbeiten nicht mehr. Das Volk geht langsam aus der Brut. Nicht umsonst sagten die alten Imker: In den Monaten mit einem »r« am Ende – September, Oktober, November, Dezember – sollen die Völker keine Brut mehr aufziehen.

In unserer »Spätsommerpflege« passiert faktisch das Gegenteil: Zunächst kommt die Honigernte. Wir entnehmen den Völkern ihren gesamten Wintervorrat und ersetzen diesen durch Zucker. Die Bienen bekommen also im Vergleich zu Honig ein minderwertiges Futter. Sie schaffen es, dieses in eine honigähnliche Substanz umzuwandeln. Der Preis dafür ist, dass die Winterbienen, die dem Volk dank ihrer langen Lebensdauer die Überwinterung garantieren und ihre Kraft eigentlich erst im Frühjahr entfalten müssen, zur Unzeit arbeiten müssen, nämlich im Herbst. Es ist einsichtig, dass dies ihre Kraftreserven und damit auch ihre Langlebigkeit negativ beeinflussen kann.

Zur gleichen Zeit setzen wir die Bienen den Wirkungen organischer Säuren aus, um den Varroabefall zu minimieren. Auch das ist wie die Zuckerfütterung angesichts der schlechten Ernährungssituation sinnvoll und alternativlos, zumindest innerhalb unseres imkerlichen Denksystems.

Neuerdings kommen mit der totalen Brutentnahme oder dem Käfigen der Königin über 21 Tage (siehe Seite 262) weitere Stressfaktoren hinzu. Wird die Brut entnommen, muss nicht nur der Wintervorrat noch einmal neu aufgebaut werden, sondern auch noch eine komplette Generation Winterbienen aufgezogen werden. Ähnliches gilt für das Käfigen der Königin. Auch hier fehlt ein kompletter Brutsatz.

Allein bei dieser Aufzählung wird einem angst und bange und es ist sofort einsichtig, dass das bei den Bienen Auswirkungen haben muss. Es ist einfach zu viel! Das imkerliche Vorgehen und die natürlichen Rhythmen unserer Bienen entwickeln sich immer weiter auseinander.

Ich kann hierzu auch keine Patentlösung anbieten. Der erste Schritt muss jedoch sein, unsere imkerliche Tätigkeit zu hinterfragen und zu versuchen, sich in ein Bienenvolk hineinzuversetzen. Gesundheit und Resilienz bedeuten nicht nur die Abwesenheit von Krankheiten. Sie basieren vor allem auf vitalen und gesunden Einzelbienen.

Die Varroamilbe

Die Varroamilbe ist seit mehr als 40 Jahren eine der größten Herausforderungen für uns Imker. Analog zur konventionellen Landwirtschaft steckt die Imkerei in einer sich immer weiter steigernden Bekämpfungsspirale. So kann es nicht weitergehen!

Die Bienen, der Imker und die Varroamilbe

Ohne Kenntnis der Biologie und ohne Verständnis des Verhaltens der Varroamilbe wird es keine Verbesserung der Lage geben.

Die Biologie der Varroamilbe

Faktisch mein gesamtes Imkerleben hindurch begleitet mich die Varroamilbe *(Varroa destructor)*. Nur in den Anfangsjahren konnte ich kurz »varroafrei« imkern. Allerdings kann ich mich nicht mehr erinnern, ob meine Bienenvölker damals in einem anderen Zustand waren, weil mir als Anfänger zu jener Zeit die Erfahrung und auch die Vergleichsmöglichkeiten fehlten.

Die Auseinandersetzung mit dieser Milbe ist für uns Imker heute, 40 Jahre nach ihrem ersten Auftreten in Deutschland, immer noch ein zentrales Element der imkerlichen Arbeit – sowohl qualitativ als auch quantitativ. Ich rechne für meine Imkerei mit einem nur durch die Varroamilbe bedingten Arbeitsaufwand von mindestens 14 bis 16 Tagen.

In vielen Bienenbüchern wird davon gesprochen, dass die chemisch-synthetische Milbenbekämpfung nur eine Übergangslösung wäre und nicht von Dauer sein dürfte. Viele Wissenschaftler und Epidemiologen zeigen in ihren Arbeiten, dass sehr viele Krankheitserreger im Lauf der Zeit an Virulenz verlieren. Auch in der Corona-Pandemie hat sich das bisher wieder bestätigt. Beim Befall unserer Bienenvölker mit der Varroamilbe ist jedoch das Gegenteil der Fall. Weltweit stellt die Varroamilbe für die Imker heute die größte Herausforderung dar. Ich kann mich des Eindrucks nicht erwehren, dass die Situation eskaliert. Konkret bedeutet dies, dass wir Imker die Milbe immer früher, immer öfter und immer intensiver bekämpfen müssen. So stellt sich mir die Frage, was ist da passiert und wo sind wir Imker auf unserem Weg der Koexistenz mit der Milbe falsch abgebogen?

Aktuell geht an einer aktiven Milbenbekämpfung kein Weg vorbei. Wir müssen, um das Überleben unserer Völker zu sichern, regelmäßig gegen die Milbe vorgehen. Was dabei zu beachten ist, möchte ich ab Seite 253 darlegen. Um die Milbe zu verstehen und gut auf den Milbenbefall reagieren zu können, ist es wichtig, deren Biologie und Lebensweise zu kennen. Da dies schon in vielen Bienenbüchern ausführlich beschrieben worden ist, werde ich mich im Folgenden auf das Wesentliche beschränken.

Woher kommt die Varroamilbe?

Ursprünglich war die Varroamilbe in Asien auf der dort lebenden Bienenart *Apis cerana* beheimatet. Zwischen dieser Biene und der Milbe hat sich im Lauf der Evolution ein Gleichgewicht herausgebildet, sodass der Parasit seinen Wirt nicht lebensbedrohlich schädigt. In den Cerana-Völkern vermehrt sich die Varroamilbe vorwiegend in der Drohnenbrut. Da diese nur in der Vermehrungszeit gepflegt wird und nur einen geringen Anteil an der gesamten Brutmenge ausmacht, ist das Vermehrungspotenzial der Varroamilben stark eingeschränkt. Verirrt sich einmal eine Milbe in die Arbeiterinnenbrut, so erkennen die Bienen zudem die befallene Brutzelle. Sie sorgen dann dafür, dass diese verschlossen bleibt und die Brut nicht schlüpft. Somit sterben sowohl die in dieser Zelle befindlichen Milben als auch die Jungbiene.

Durch den Kontakt zwischen der europäischen Bienenart *Apis mellifera mellifera* und *Apis cerana* wechselte die Milbe auf unsere Honigbiene über. Diese Bienenart hatte jedoch keinerlei Abwehr-

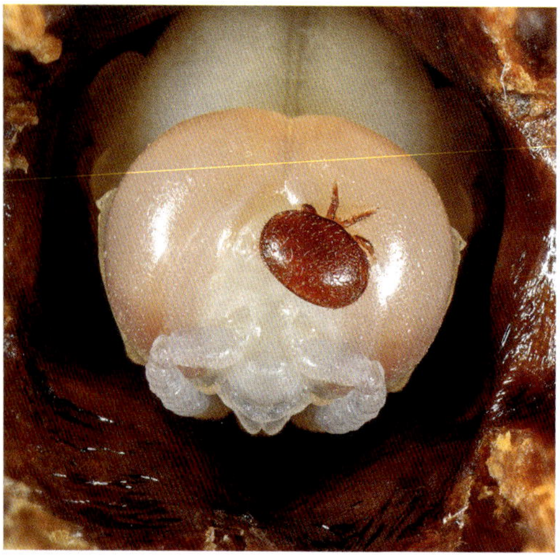

Die Varroamilbe - eine Herausforderung für die Imker und die Bienen.

mechanismen gegen die Varroamilbe entwickelt. Die weltweite Bienenmobilität sorgte dann dafür, dass sich die Milbe schnell über alle Kontinente verbreiten konnte. Nur Australien war bis vor Kurzem »varroafrei«. Mittlerweile wurden aber auch dort milbenbefallene Bienenvölker entdeckt. Der wahrscheinlich vergebliche Prozess, befallene Völker zu identifizieren, diese abzutöten und so die Verbreitung zu stoppen und den Infektionsherd auszulöschen, wurde in Gang gesetzt. Die Erfahrungen in Europa haben gezeigt, dass Imker und Veterinärbehörden fast immer zu spät kamen. Allenfalls kann die Ausbreitung dadurch verlangsamt und verzögert werden. Dieser Zeitgewinn ist sinnvoll. Die Imkerei ohne Varroamilbe und die Imkerei mit der Milbe beschreiben unterschiedliche Imkerwelten.

Die Varroamilbe - trotz aller Schrecken ein faszinierendes Tier

Letztlich kann es nicht im Interesse eines Parasiten liegen, seinen Wirt zu töten. Schließlich würde er sich damit seine Lebensgrundlage entziehen und sich selbst ausrotten. Studiert man das Verhalten der Varroamilbe in den Bienenvölkern, so begegnet uns ein faszinierendes Wesen, das sich auf eine sehr ausgeklügelte Weise an das Leben seines Wirts angepasst hat. Wir können beobachten, wie vorsichtig die Milbe in der Brutzelle agiert. Sie zeigt ein Verhalten, das so interpretiert werden kann, dass sie ihren Wirt nicht töten will, sondern durchaus ein Interesse an seiner Weiterexistenz hat.

Vermehrung der Milbe im Bienenvolk

Der Befall eines Bienenvolks beginnt meist mit einigen wenigen Milben, die zum Beispiel durch Räuberei oder durch Verflug in ein bisher nicht befallenes Volk eindringen. Dort vermehren sich die Milben, perfekt angepasst an den Lebensrhythmus der Honigbienen.

Kurz vor der Verdeckelung dringt eine befruchtete Milbe in die Brutzelle ein und versteckt sich im Futtersaft, den die Ammenbienen dort für die Ernährung der Larve während ihrer Entwicklung deponiert hatten. Wenn sich die Rundmade zur Streckmade entwickelt, wird dabei die Milbe aus dem Futtersaft herausgezogen. Allein würde sie dies nicht schaffen. Während sich die Bienenlarve verpuppt, achtet die Milbe sehr genau darauf, nicht zwischen der Zellwand und dem Puppenkokon eingesponnen zu werden. Sie würde sonst den Kontakt zur Larve verlieren und verhungern.

Die Muttermilbe hält sich vorwiegend auf der Bienenlarve auf und ernährt sich von deren Fettkörper. Um an diese Nahrungsquelle zu gelangen, sticht sie den Hinterleib der sogenannten Vorpuppe an. Dies tut sie aber nur an einer einzigen Stelle, um die Larve nicht zu stark zu schädigen. An diesem zentralen »Saugloch« fressen auch ihre Nachkommen.

Mit ihrem Kot markiert sie einen bestimmten Aufenthaltsort an der Zellwand. Dort halten sich ihre Kinder vorwiegend auf und dort findet auch die Paarung statt. Dieser zentrale Treffpunkt verbessert die Orientierung und erhöht den Begattungserfolg.

Dies alles sind Strategien, mit denen die Milbe versucht, ihren Vermehrungserfolg zu optimieren. Dabei darf die heranwachsende Biene nicht zu sehr belastet werden. Die Jungbiene darf durch die Parasitierung nicht so weit geschwächt werden, dass sie nicht mehr aus ihrer Brutzelle ausschlüpfen kann. Der Vermehrungszyklus kann ja nur dann fortgesetzt werden, wenn der Wirt (die Einzelbiene) den Parasitenbefall überlebt. Solche Beispiele gibt es in der Welt der parasitierenden Insekten oft. Erwähnen möchte ich hier nur den Bienenwolf *(Philanthus triangulum)*, eine Grabwespe, die sich von Honigbienen ernährt. Diese werden gefangen und mit einem Stich gelähmt. Die Beute dient dann als Nahrung der Larven.

Honigbienen dienen der Varroamilbe als Transportmedium zu neuen Brutzellen.

Etwa 60 Stunden nach der Verdeckelung der Brutzelle legt die Muttermilbe das erste Ei. Aus diesem wird ein Männchen schlüpfen. Dieses Ei wird gut geschützt im vorderen Teil der Zelle abgelegt, damit es bei den Bewegungen der Larve, während diese den Kokon spinnt, nicht verletzt wird. Alle 30 Stunden legt die Muttermilbe nun ein weiteres Ei, aus denen dann die weiblichen Nachkommen schlüpfen. Insgesamt legt sie bis zu fünf Eier in der Brutzelle ab. Sind die Nachkommen geschlüpft und vollständig entwickelt, begattet das Männchen seine Schwestern. Sobald die Biene schlüpft, sterben die männliche Milbe und die unbefruchteten bzw. nicht voll ausgereiften Milbenweibchen ab. Mit der Muttermilbe verlassen dann nach 21 Tagen ein bis zwei befruchtete weibliche Nachkommen die Zelle. In der Drohnenbrut können wegen deren längerer Entwicklungszeit von 24 Tagen bis zu drei befruchtete Töchter entstehen.

Im Bienenstock wechseln die Varroaweibchen auf eine Ammenbiene über und ernähren sich von deren Fettkörper. Man nennt dies den »Reifefraß«. Von der Ammenbiene wird die Milbe zu einer anderen Zelle gebracht. Diese sogenannte phoretische Phase (phoretisch von griechisch phorein = tragen) kann fünf bis elf Tage dauern. Im Winter können Milben fünf bis sechs Monate ohne Reproduktion überleben.

Jedes Milbenweibchen kann diesen Vermehrungszyklus zwei- bis dreimal in ihrem Leben durchlaufen. Das Vermehrungspotenzial der Varroamilbe ist immens. Es wird praktisch beständig Inzucht betrieben, ohne dass die Milbe ihre Vitalität und Virulenz verliert.

Was macht die Milbe im Bienenvolk?

Jede Biene, die als Larve oder erwachsenes Tier von Varroamilben parasitiert wird, wird geschädigt. Diese Schädigung zeigt sich in einem geringeren Schlüpfgewicht, einer verkürzten Lebensdauer, einer Verkrüppelung der Flügel bzw. des Hinterleibs oder einer verringerten Entwicklung der Hypopharynxdrüse (Futtersaftdrüse). Die Milbe ernährt sich vom Fettkörper ihres Wirts und muss dazu die Körperhülle der Biene anstechen. Dies geschieht bei erwachsenen Bienen an den weichen Stellen auf der Unterseite des Hinterleibs. Der Bienenkörper ist normalerweise durch einen Chitinpanzer und einen Propolisüberzug hermetisch geschützt. Durch die Einstichstellen können nun Viren und andere Krankheitserreger in den Körper der Maden bzw. Bienen eindringen. Sie umgehen damit eine wesentliche Schranke des Immunsystems. Gerade Virosen sind in den letzten Jahren eine der Hauptursachen der Völkerverluste geworden.

Welche Funktion hat der Fettkörper der Biene?

Bis vor einigen Jahren herrschte innerhalb der Imkerschaft die Vorstellung, Varroamilben würden sich vom Blut (Hämolymphe) der Bienen ernähren. Mittlerweile wissen wir, dass das nicht stimmt, sondern dass die Milbe den Fettkörper der Biene frisst. Dieser ist ein wichtiges Organ der Honigbiene - Larven bestehen fast zu 100 Prozent daraus.

Der Fettkörper ist mit der menschlichen Leber vergleichbar. Er ist Speicherort von Glykogen und Eiweiß, Ausscheidungsorgan von Giftstoffen und steuert die hormonelle Entwicklung der Biene. Der Fettkörper beeinflusst die Lebensdauer von Arbeiterin und Königin sowie die Entwicklungsdynamik von der Jungbiene zur Sammelbiene mit ihren jeweiligen Aufgaben sowie die Arbeitsteilung im Volk. Die Winterbienen zeichnen sich durch einen besonders großen Fett-Eiweiß-Körper aus. Dieser ist dafür verantwortlich, dass eine Winterbiene sechs bis acht Monate leben kann. Nur so sind das Überleben des Sommervolks im Winter und der Anschluss an die »Wiedergeburt« im Frühjahr möglich.

Für das Bienenvolk ist eine gewisse Anzahl von Varroamilben tolerierbar. Das gilt vor allem in der aufsteigenden Jahreszeit, wenn die Volksstärke rasant zunimmt und jeden Tag Tausende von Jungbienen schlüpfen. Die Volksentwicklung eilt in dieser Zeit der Milbenvermehrung voraus. Kritisch wird es allerdings, wenn ab der Sommersonnenwende die Anzahl der Bienen sowie die Menge der Brut zurückgehen und sich das Bienenvolk auf den Winter vorbereitet. Die Varroamilbe macht diese Wendung nicht mit, sondern vermehrt sich weiterhin exponentiell. Somit stehen einer zunehmenden Zahl von Varroamilben immer weniger Bienen und Brut gegenüber (siehe Grafik Seite 256). Das bedeutet, dass nun viele Bienen und viele Brutzellen zum Teil mehrfach parasitiert werden. Übersteigt die Zahl der erkrankten Bienen einen bestimmten Grad, die sogenannte **Schadensschwelle**, treten Störungen im Sozialgefüge des Volks auf. Durch die hohe Anzahl erkrankter Bienen wird die Generationenfolge, das innere Band des Bienenvolks, unterbrochen: Brutpflege, Abwehrverhalten, die Wärmeregulation oder das Sammelverhalten werden gestört und kommen zum Erliegen. Geschwächte Bienen ziehen geschwächte und kranke Brut auf. Eine Abwärtsspirale setzt sich in Gang. Nun kann man von einer Erkrankung des gesamten Volks sprechen, das Volk kann sterben.

Große Brutwabe im Herbst. So müssen die Völker eingewintert werden. Viel Brut bedeutet aber auch eine größere Vermehrung der Varroamilbe.

Somit führt die Varroamilbe sowohl zu einer Erkrankung der einzelnen Biene als auch des gesamten Bienenvolks. Aus diesem Grund wird der Befall auch Varroose genannt.

Das Bienenvolk reagiert auf diese Situation und versucht, den hohen Befall mit Varroamilben, der zum Ausfall von Brut und zum frühzeitigen Sterben der Stockbienen führt, durch einen vermehrten Bruteinschlag auszugleichen. Bei vielen Krankheiten oder Bienenverlusten ist das ein sinnvoller Mechanismus, weil eine Zunahme der Arbeitsbienen dazu führt, dass viele für das Funktionieren des Volks wichtige Tätigkeiten wieder in Gang kommen und Verluste ausgeglichen werden. Bei der Varroose jedoch führt dies nur noch schneller zum Tod des betroffenen Volks. Dies zeigt umso mehr, dass die Westliche Honigbiene noch nicht an die Varroamilbe angepasst ist.

Erschwerend kommt hinzu, dass die Milbe bei der Nahrungsaufnahme sowohl die erwachsene Biene als auch die Made in der Brutzelle verletzt. Durch diese Einstichstelle gelangen Viren in den Bienenkörper, sodass die Einzelbiene zusätzlich an Virosen erkrankt. Dadurch werden die negativen Auswirkungen einer Varroainfektion noch verstärkt und die Bienenvölker sind mit einer doppelten Gefahr konfrontiert.

Die eben beschriebene Entwicklungsdynamik muss jeder Imker beachten. Sie kann von Jahr zu Jahr und je nach den Ausgangsbedingungen unterschiedlich ausgeprägt sein. Das Prinzip bleibt jedoch immer gleich. Daher sollte der Imker den jeweiligen Befall seiner Bienenvölker beobachten, um daraus die jeweils passende Bekämpfungsstrategie zu entwickeln.

Diagnosemöglichkeiten der Varroamilbe

Aus Zeitgründen und weil für Berufsimker die Arbeitsbelastung im Sommer doch sehr hoch ist, haben wir, das muss ich zugeben, die Varroadiagnose immer recht großzügig gehandhabt.

Wie in meinem Buch »Bienengemäß Imkern« beschrieben, verfuhren wir nach der Methode »Pi mal Daumen«. Diese Methode sollte man allerdings nur durchführen, wenn man schon einige Erfahrungen hat und vor allen Dingen seinen »Imkerblick« geschult hat. Eigentlich prüfen wir bei jeder Durchsicht den Zustand der Brutwaben. Ganz besonders wichtig ist dies zum Ende des Bienenjahres. Jetzt geht es darum, zu beurteilen, in welchem Zustand die Völker sind, wie es um die Königin steht und welche Völker in den Winter und damit in die nächste Bienensaison genommen werden sollen. Es stehen Selektionsentscheidungen an. Natürlich ist jetzt auch der Status des Varroabefalls wichtig.

Mit ein wenig Erfahrung ist für ein Urteil vorwiegend der Zustand des Brutnestes sehr aussagekräftig. In unserem Zusammenhang interessieren uns aber mehr die Bienen, die diese Brutwaben bevölkern. Und zwar die Frage: Sind auf den ersten Blick auf den Bienen sitzende Varroamilben zu sehen? Man muss dazu die Bienen genauer betrachten und nach den Milben lange suchen. Oft verstecken sich die Milben auf der Unterseite des Hinterleibs zwischen den Hinterleibssegmenten, wo sie ihr Saugloch haben. Sieht man bereits auf den ersten Blick eine Milbe, stellen sich die Fragen:

- Auf wie vielen Bienen sitzen insgesamt Varroamilben?
- Sind die Milben auf vielen Bienen schnell zu sehen oder muss ich länger suchen?

Ist eine milbenbesetzte Biene sozusagen auf den ersten Blick zu entdecken und dann noch dazu Milben auf zahlreichen anderen Bienen, dann schrillen bei uns die Alarmglocken und eine baldige Varroabekämpfung steht an. Sehe ich jedoch bereits verkrüppelte Bienen ohne Flügel oder mit stark verkürztem Hinterleib, ist es fast schon zu spät, um das Volk noch gut durch den Winter zu bringen. Natürlich sollte man trotzdem behandeln, um zu retten, was noch zu retten ist.

Mittlerweile reicht diese relativ großzügige Diagnosemethodik nicht mehr aus. Es ist zwar arbeitsaufwendiger, aber es lohnt sich allemal, den Varroabefall eines Volks am besten mehrmals im Jahr genau zu bestimmen. So können notwendige Behandlungen besser terminiert werden, das Erreichen der Schadensschwelle wird rechtzeitig erkannt. Zudem kann die Entwicklung der Milbe innerhalb eines Volks genau bestimmt werden. Das ist für die eigene Selektion einer Biene, die mit der Varroamilbe besser koexistieren kann, wichtig.

Die Gemülldiagnose

Eine bewährte Diagnosemöglichkeit ist die Gemülldiagnose. Auch Varroamilben sterben eines natürlichen Todes. Dabei fallen sie von den Bienen ab und können mit einem Bodenbrett, auch »Win-

Gemülldiagnose - eine notwendige Maßnahme zur Bestimmung des Varroabefalls.

Genau hinzuschauen ist wichtig: Sind Milben zu sehen, muss gehandelt werden.

del« oder Varroatasche genannt, aufgefangen und ausgezählt werden. Je nach Jahreszeit hat die Gemülldiagnose einen unterschiedlichen Aussagewert. Man kann aus dem natürlichen Totenfall den ungefähren Gesamtmilbenbefall eines Volks abschätzen. Dazu schiebt man die Windel unter den Gitterboden. Die toten Milben fallen auf die Windel, die Bienen haben jedoch keinen Zugang, um die Windel zu reinigen. Diese sollte drei bis sieben Tage unter dem Volk bleiben. Dann kann man die Milben auszählen. Die ausgereiften, befruchteten Muttermilben sind leicht an ihrer rötlich braunen Farbe erkennbar. Manchmal findet man auch sehr helle, fast durchsichtige Milben auf dem Bodenbrett. Diese Milben waren beim Schlupf der Biene noch nicht ausgereift. Sie sind unfruchtbar, deshalb berücksichtigen wir sie bei der Auszählung nicht. Natürlich fallen auch Wachsschüppchen, während der Fütterperiode auch Zuckerkristalle etc. herunter. Mittlerweile empfehle ich, den Diagnosezeitraum auf drei Tage zu beschränken. Ein längerer Zeitraum wäre zwar aussagekräftiger. Ist das Kontrollintervall zu groß, kann es schwierig werden, die Milben korrekt auszuzählen. Da das Gemüll auch für Ameisen und anderes Getier interessant ist, ist es sinnvoll, den Rand der Bodeneinlage oder evtl. das gesamte Bodenbrett mit Vaseline oder Öl einzufetten. Dann können Ameisen das Auszählergebnis nicht verfälschen, indem sie Milben abtransportieren.

Die Gesamtzahl der gezählten Milben teilt der Imker durch die Anzahl der Tage des Kontrollintervalls und errechnet so den natürlichen Milbenbefall pro Tag. Multipliziert mit dem Faktor 150 bis 200, kommt man auf den ungefähren Befall des Bienenvolks. Je nach Jahreszeit muss das Ergebnis anders interpretiert werden, da ja auch die Bienen und die Brutmenge einer dynamischen Veränderung unterliegen. Fallen im Juli/August zehn Milben pro Tag, so liegt der Gesamtmilbenbefall des Volks bei ca. 1.500 Milben. In diesem Fall muss der Imker zügig zu einer Bekämpfungsmaßnahme greifen, da die aktuell geltende Schadensschwelle von ca. 1.000 Milben im Volk bereits überschritten ist.

Man sollte die Gemülldiagnose nach der Einfütterung im September, Oktober oder November wiederholen. Das ist wichtig, um eine Entscheidungshilfe zur Winterbehandlung zur Hand zu haben. Fällt im November mehr als eine Milbe pro Tag, sind ca. 150 bis 200 Varroamilben im Volk vorhanden. Dann ist es ratsam, unbedingt eine Varroabekämpfung in der brutfreien Zeit im November/Dezember durchzuführen: Die exponentielle Vermehrung der Varroamilben kann dazu führen, dass die Schadensschwelle und damit der drohende Zusammenbruch des Bienenvolks relativ früh im nächsten Sommer eintritt. Die Gemülldiagnose im September gibt eine genaue Auskunft über den aktuellen Varroabefall, der zum Beispiel durch Reinfektion überraschend hoch sein kann. Dann gilt es, je nach Wetterlage noch einmal eine Bekämpfung durchzuführen.

Die Zählung der Milben kann man sich erleichtern, indem die Bodeneinlage in Planquadrate unterteilt wird. Dann wird nur ein repräsentatives, unter dem Brutnest befindliches Quadrat ausgezählt und mit der Anzahl der Planquadrate multipliziert.

Die Gemülldiagnose hat eine gute Aussagekraft, aber ihre Durchführung kostet viel Zeit. Der Fahrtaufwand kann je nach Entfernung und Zahl der Außenstände hoch sein. Es kann ja sein, dass ich nach sechs oder sieben Tagen wieder an diesem Bienenstand tätig werden muss. Wird aus Zeitgründen das Untersuchungsintervall zu stark ausgedehnt, so ist es schwierig, unter dem vielen herabgefallenen Gemüll alle Varroamilben zu finden.

Puderzuckermethode - eine weitere Diagnosemöglichkeit der Varroamilbe.

Auch Wachsmotten werden im Sommer schnell aktiv. Zudem kann es sein, dass sich schon 14 Tage nach der Diagnose durch Reinfektion die Milbenanzahl im Volk signifikant verändert hat.

Die Puderzuckermethode

Will der Imker ohne viel Fahrerei sofort über den Befallsgrad seiner Bienenvölker Bescheid wissen, so kann er die Puderzuckermethode gut mit den anfallenden imkerlichen Arbeiten verbinden. Dazu streicht er mit einem Messbecher 50 Gramm Bienen (ca. 500 Bienen) von einer Honigraumwabe ab und gibt diese zusammen mit ca. 35 Gramm sehr trockenem Puderzucker in einen Schüttelbecher mit Sieb. 35 Gramm sind ca. fünf gehäufte Esslöffel Puderzucker. Dann schüttelt er den Becher drei Minuten lang gut durch, damit alle Bienen mit Puderzucker eingestäubt werden. Durch den Staubzucker können sich die Milben nicht mehr auf den Bienen halten und fallen herunter. Wird der Becher mit einem kräftigen Ruck auf eine weiße Unterlage ausgeschüttet, fallen durch das Sieb die Milben und der Puderzucker heraus und können ausgezählt werden. Die Bienen selbst werden ins Volk zurückgegeben, dort werden sie von den anderen Bienen sauber abgeleckt.

Auch bei dieser Methode ist das Ergebnis relativ zur Jahreszeit zu interpretieren. Vorerst keine Gefährdung besteht, wenn

- im Juli weniger als fünf Milben,
- im August weniger als zehn Milben
- und im September nicht mehr als 15 Milben pro Probe

herabfallen. Zählt der Imker zu dieser Zeit jedoch mehr als 25 Milben pro Schüttelprobe aus, so ist ein sofortiges Handeln absolut notwendig. Wird die Puderzuckermethode alle vier bis sechs Wochen wiederholt, kann sich der Imker einen guten Überblick über die Dynamik der Varroaentwicklung in seinen Völkern verschaffen.

Aber auch hier gilt: Time is Honey. Wir sind aus Zeitgründen keine Freunde der Puderzuckermethode. Stehen nur zehn Völker am Stand, so ist das fast eine Stunde Mehrarbeit. Da die Arbeitstage in einer Berufsimkerei sowieso lang und anstrengend sind, verstehe ich jeden, dem diese Form der Diagnose zu aufwendig ist.

Der Varroacheck mit Kohlendioxid

Wenn man ein Buch schreibt, lernt man zumeist selbst am meisten. So bin ich bei meinen Recherchen auf den sogenannten Varroa EasyCheck® gestoßen. Dabei werden 200 Bienen von einer Brutwabe in einem Sammelgefäß abgestreift und kurz mit CO_2 betäubt. Hierbei fallen die auf den Bienen sitzenden Varroamilben ab und man kann den Befall des Volks, analog zur Puderzuckermethode, leicht auszählen. Die betäubten Bienen werden ins Volk zurückgegeben und wachen dort langsam wieder auf.

Diese Methode spricht mich stark an, weil sie bienenschonend ist und der Check sehr schnell geht, um dann die gestorbenen Varroamilben auszählen zu können.

Resümee

Zusammenfassend möchte ich betonen, dass sich jeder Imker für eine Art der Diagnose entscheiden sollte. Bei der großzügigen Beurteilung per Augenschein sollte der von mir erwähnte »Imkerblick« geschult sein. Diese ganzheitliche Betrachtung konzentriert sich zunächst nicht auf einzelne Bienen oder Brutbereiche, sondern nimmt die ganze Wabe in den Blick. Erst nach dem »Scannen« mit den Augen kann man sich Details zuwenden. Dieser Blick wird mit jedem Volk und jedem Jahr, in dem man imkert, geschult. Er ist in meinen Augen eine der wichtigsten Fähigkeiten, die den guten Imker vom nicht so guten Imker unterscheidet. Es arbeitet sich mit diesem Erfahrungshintergrund deutlich leichter. Klar ist, dass man diese Fähigkeit umso schneller erlernt, je mehr Völker man hat. Zusätzlich gilt es, in der Pi-mal-Daumen-Methode einen »Varroablick« zu entwickeln.

Der Freizeitimker

Nur Bienen zu halten, funktioniert in der heutigen Zeit nicht besonders gut. Die Gefahr, dass die Bienenvölker nach kurzer Zeit sterben, evtl. verhungern, bedingt, dass ein Mindestmaß an Aufmerksamkeit aufgewendet werden muss. Diese sollte über die reine Freude am Flug oder an der Betrachtung der verschiedenfarbigen Pollenhöschen hinausgehen. Auch die Verantwortung gegenüber anderen Imkern ist nicht von der Hand zu weisen. Gerade durch den Bienenboom hat die Zahl der Imker und damit die Bienendichte massiv zugenommen. Sterbende Völker in der Nähe bedingen fast immer Räuberei. Das beeinflusst dann wiederum auch den Varroabefall in allen benachbarten bzw. meinen eigenen Völkern. Jeder sollte daher eine gewisse Vorstellung und ein Wissen haben, was in seinen Völkern vorgeht. Hier würde ich die Gemülldiagnose empfehlen. Aktuell wäre es unverantwortlich, auf eine Varroabekämpfung zu verzichten. Diesen Weg sollte man erfahrenen Imkern überlassen.

Der Hobbyimker

Hier gilt das Gleiche wie für den Freizeitimker. Für eine Selektion ist es natürlich wichtig, die Dynamik der Varroavermehrung in den eigenen Völkern zu kennen. Es gibt immer Völker, in denen sich die Milbe langsamer vermehrt. Von diesen sollten Königinnen nachgezüchtet werden, alle anderen Völker sollten nicht zur Vermehrung herangezogen werden.

Der Berufsimker

Imkerei als Beruf ist heute so komplex, dass ein erfolgreicher Berufsimker über sehr viele verschiedene Fähigkeiten verfügen muss. Das bringt uns leicht an unsere Grenzen – gerade auch, weil die saisonale Sommerarbeit sehr anstrengend ist. Prinzipiell ist es gut, eine Diagnosemöglichkeit an der Hand zu haben. Berufsimker sind jedoch zumeist erfahrene und gute Imker. Da reicht dann oft der »Imkerblick«.

Wer sich in seiner Königinnenzucht, in welcher Form auch immer, von Züchtern unabhängig machen möchte und mit einem eigenen Ökotypus (siehe Seite 149) arbeiten will, wird um eine solide Diagnose nicht herumkommen. An jedem Bienenstand gibt es »Goldkörner« – besonders schöne und gute Völker. Diese zu entdecken und davon weiterzuvermehren, stellt das pure Imkerglück dar. Es ist sinnvoll, die Entwicklung der Varroamilbe in diesen Völkern zu beobachten und gegebenenfalls in die eigene Selektionsentscheidung zu integrieren. Zumal bisher beobachtete Varroatoleranzen oft an regionale Bedingungen geknüpft sind.

Die Regulierung der Varroamilbe

Die Regulierung der Varroamilbe stellt uns Imker vor große Herausforderungen. Letztlich liegt darin aber auch eine Chance: Statt sich auf die Vernichtung der Milbe zu fokussieren, sollte sich ein naturgemäßer Umgang mit den Bienen an der Vitalität der Bienen orientieren.

Eine praktikable Strategie zum Umgang mit der Milbe entwickeln

Die Bekämpfung der Varroamilbe ist in meinen Augen ein schwieriges Thema. Ganz besonders gilt dies für den naturgemäßen Imker, der eigentlich möglichst behutsam, ja »sanft« mit seinen Bienen umgehen möchte. Außerdem wünscht er sich nichts mehr, als dass seine besonders bienengemäß gepflegten Völker ohne aktiven Einsatz von Bekämpfungsmitteln aus eigener Kraft mit der Milbe klarkommen.

Leider ist dies aktuell nicht der Fall. Heute funktioniert eine erfolgreiche Imkerei nur mit einer guten Bekämpfungsstrategie über das ganze Jahr hinweg. Wie unsere imkerliche Zukunft aussehen könnte bzw. sollte, werde ich im Kapitel »Zukunftsperspektiven« ab Seite 301 genauer beleuchten.

Aktuell ist es so, dass wir Imker in einem echten Dilemma stecken. Einerseits wissen wir, dass jeder Einsatz von Behandlungsmitteln für die Bienen mit Stress verbunden ist und ihnen oft genug nicht guttut. Darüber hinaus könnten auch die Bienenprodukte mit Rückständen belastet werden. Andererseits wissen wir aber auch, dass ohne Bekämpfung die meisten Bienenvölker sterben müssten. Somit ist dieses Dilemma auch tierethisch gesehen eine Herausforderung.

Eine vernünftige Lösung für die Imker sehe ich im Moment nur darin, dass jeder für sich eine gute und für ihn praktikable Strategie zum Umgang mit der Varroamilbe entwickelt, um gut über die Runden zu kommen. Dabei gilt die Devise: je weniger Varroazide, desto besser. Jede Anwendung muss jedoch wirkungsvoll genug sein, um den Druck auf die Bienenvölker zu reduzieren. Wirkungsvoll kann sie jedoch nur dann sein, wenn sie auf den aktuellen Zustand des Volks zugeschnitten ist. Wie es dann in Zukunft weitergehen könnte, werden wir sehen. Aktuell ist hier vieles in Bewegung.

Eine gute Bekämpfungsstrategie basiert auf einem Verständnis der Gesamtsituation des Bienenvolks in Wechselwirkung mit der Jahreszeit und den Standortbedingungen. Dazu ist ein Basiswissen zur Biologie der Varroamilbe und auch des Bienenvolks notwendig. Genauso wichtig aber ist die Kenntnis der verfügbaren und bei uns gesetzlich zugelassenen Varroamedikamente sowie deren Wirkung und Einsatzmöglichkeiten.

Ich habe es bereits mehrfach erwähnt: Nur Bienen zu halten, ist zu wenig und funktioniert auch nicht besonders gut. Jede Form der Imkerei, auch reine Hobby-Imkerei, ist anspruchsvoll.

Welche Varroa-Behandlungsmittel sind in Deutschland zugelassen?

Als ökologisch arbeitender Imker war ich in der Vergangenheit auf die in der Bio-Imkerei zugelassenen Wirkstoffe Ameisensäure, Milchsäure, Oxalsäure sowie Thymol fokussiert. Tatsächlich sind bei uns aber ca. 20 verschiedene Präparate zugelassen. Es ist sinnvoll, diese zu kennen und zu wissen, welche Vor- und Nachteile mit den einzelnen Wirkstoffen verbunden sind. Zudem sollte man über die verschiedenen Anwendungsformen Bescheid wissen. Ich werde bei der Erörterung der konkreten Behandlungsstrategien auf die einzelnen Mittel eingehen.

Chemisch-synthetische Präparate: Allerdings möchte ich vorausschicken, dass ich hierbei die chemisch-synthetischen Präparate wie Amitraz, Perizin, Bayvarol etc. nicht berücksichtigen werde. Ich weiß natürlich, dass mittlerweile Imker wieder vermehrt auf diese Medikamente zurückgreifen, weil die Anwendung der organischen Säuren, gerade der Ameisensäure, nicht unproblematisch ist. Aber die Anwendung der genannten Präparate sollte eigentlich ein Tabu für jeden naturgemäß arbeitenden Imker sein. Ich sehe darin einen Rückschritt. Die Entwicklung der ökologischen Imkerei resultierte aus der kritischen Auseinandersetzung mit eben diesen Präparaten. Es kann nicht sein, dass wir naturgemäß imkern wollen, aber dabei durch die Wahl eines chemisch-synthetischen Wirkstoffs unsere Bienenprodukte mit Rückständen belasten. Gerade das Zusammenwirken von fettlöslichen Wirkstoffen mit den elementaren Rohstoffen Wachs und Propolis ist problematisch.

Zudem ist es schwierig, mit Stoffen zu arbeiten, die sich im Wachs und Propolis anreichern, wodurch die Bienen, aber auch die Milben permanent mit subletalen Dosen in Kontakt kommen. Die Bienen werden dadurch geschwächt, die Milben wahrscheinlich resistent. Wie soll sich vor diesem Hintergrund ein natürliches Gleichgewicht etablieren? Wachs und Propolis spielen im Kontext der Imkerei die gleiche Rolle wie der Boden in der Landwirtschaft. Es schwächt zudem unsere Glaubwürdigkeit, wenn wir die konventionelle Landwirtschaft für den Einsatz von Neonicotinoiden etc. kritisieren, aber selbst chemisch-synthetische Wirkstoffe in unseren Bienenvölkern einsetzen.

Wo stehen wir heute und wie soll das alles enden?

Die Historie unserer Varroaregulierung offenbart deutlich, wie es heute um die Bienen und die Imkerei steht. In den ersten Jahren nach der Invasion der Varroamilbe, die ihren Ausgangspunkt am Bieneninstitut in Oberursel hatte, genügte eine einzige Winterbehandlung. Als zugelassenes Medikament gab es damals zunächst nur Perizin. Mit der

Die Krämerplatte

Sie wurde von Kurt Krämer erfunden und war die erste Langzeitbehandlung, basierend auf Ameisensäure in Deutschland. Eine mit 85-prozentiger Ameisensäure getränkte Weichfaserplatte wurde in einer Leerzarge über dem Bienensitz positioniert. Die Platte war in einen speziellen säurebeständigen Folienbeutel eingeschweißt. Entsprechend der Volksstärke wurde mittels einer Schablone eine bestimmte Anzahl von Löchern in den Beutel gestanzt. So konnte die Ameisensäure in geringer Dosierung 21 Tage lang im Volk verdunsten. Dieses Verfahren war ziemlich arbeitsaufwendig: Tränken der Platte, Einschweißen und dann vor dem Einsatz das Stanzen der Löcher zum Verdunsten. Die Wirkung war jedoch sehr gut und die Völker vertrugen auch diese hohe Konzentration der Ameisensäure hervorragend.

Etablierung der ökologischen Imkerei erhielten die organischen Säuren eine höhere Aufmerksamkeit. Ich erinnere mich noch gut, dass wir seinerzeit mit einer einmaligen Herbstbehandlung gut durch das Bienenjahr kamen. Wir arbeiteten damals vor allem mit der Krämerplatte (siehe Info links).

Unsere Jungvölker mussten zur damaligen Zeit im Spätsommer nicht behandelt werden. Die Bienenvölker überlebten auch einen Befall mit bis zu 10.000 Varroamilben und sammelten dabei noch genug Honig für eine Honigernte. Die Schadensschwelle lag deutlich höher als heute. Die Bienen schienen gesünder, vitaler und widerstandsfähiger zu sein. Es könnte auch sein, dass die Milbe weniger virulent war. Evtl. spielten Viren noch keine so große Rolle.

Im Lauf der Zeit änderte sich dies gravierend. Die Imker sahen sich gezwungen, mehrere Varroa-Bekämpfungsaktionen im Jahr durchzuführen: Im Mai versucht der Imker, mithilfe der Entnahme von Drohnenbrut den Varroabefall zu reduzieren. Im Juli/August folgt eine Sommerbehandlung. Als weitere Maßnahme ist die Wiederholung dieser Behandlung Ende September/Anfang Oktober erforderlich. Zu Jahresende ist eine Winterbehandlung im brutfreien Volk obligatorisch. Um das Überleben der Völker zu sichern, müssen immer häufiger Bekämpfungsmaßnahmen durchgeführt werden.

Das ist auch heute noch Stand der Dinge.

Sowohl bei den Bienen als auch bei der Varroamilbe selbst gab es gravierende Veränderungen. Diese kumulierten letztlich darin, dass die Schadensschwelle heute bei ca. 1.000 Milben je Bienenvolk liegt. Jeder Befall, der darüber liegt, gefährdet unmittelbar das Überleben des Bienenvolks.

In diesem Zusammenhang möchte ich noch einmal auf die sicherlich vielen Imkern bekannte Grafik zum Verlauf der Entwicklung des Varroabefalls in Relation zur Entwicklung der Bienenpopulation im Jahreslauf verweisen (siehe Grafik Seite 256).

Wenn wir die imkerliche Realität heute betrachten, so sehen wir, dass die Imker in gewisser Weise eine Art Krieg gegen die Varroamilbe führen. Dabei laufen sie eigentlich immer der Milbenvermehrung und damit der akuten Gefährdung ihrer Bienenvölker hinterher. Die Situation zwischen Imker und Varroamilbe erinnert mich an die Fabel vom Hasen und vom Igel. Die Varroa ist immer schon da!

So sehen wir Imker uns gezwungen, immer öfter, immer früher und auch immer besser zu behandeln, um scheinbar als Sieger aus diesem Wettlauf hervorzugehen. Kurzfristig ist das sinnvoll und auch erfolgreich. Doch langfristig gesehen befinden wir uns in einer sich immer weiter steigernden »Behandlungsspirale«. Letztendlich stecken wir in einer Sackgasse. Mit den Bekämpfungsmaßnahmen fügen wir den Bienen viel Leid und Stress zu. Die Auflösung des Varroa-Dilemmas erscheint immer schwieriger zu werden. Ich frage mich, wo das noch enden soll?

Dazu kommt, dass wir nicht mehr wie früher auf eine einzige Bekämpfungsstrategie vertrauen können und diese dann Jahr für Jahr unverändert einsetzen. Es ist vielmehr so, dass wir einen Plan A, einen Plan B und manchmal sogar einen Plan C haben müssen. Je nach Verlauf des Bienenjahres, dem Zustand der Völker, der Varroavermehrung, der Reinfektion, der akuten Belastung sowie den herrschenden klimatischen Bedingungen muss man sich jedes Jahr neu für einen dieser Pläne entscheiden. Oft genug kann es sogar sein, dass wir gezwungen sind, die geplante Strategie zu ändern,

PRAXIS

Vergleichende Entwicklung Bienenvolk und Milbe

Die Grafik verdeutlicht einmal mehr das enorme Vermehrungspotenzial der Milbe. Dieses liegt beim Faktor 100. Aus einer einzigen Milbe im Frühjahr können 100 Milben im Herbst werden. Zehn den Winter überlebende Milben führen zu einer Milbenbelastung von 1.000 Milben je Volk im Spätsommer! Dieser Wert gilt heute als Schadensschwelle, die nicht überschritten werden sollte.

Darüber hinaus wird in dieser Grafik der kritische Zeitpunkt der Varroabekämpfung ab Ende Juli deutlich, wenn sich Bienenvolk und Varroamilben diametral entgegengesetzt entwickeln. Die Schadensschwelle von 1.000 Milben pro Bienenvolk ist schnell erreicht und damit auch der kritische Punkt für das Überleben der Bienenvölker. Die entscheidenden Bekämpfungsmaßnahmen für das Überleben der Völker im Winter müssen im Spätsommer und Frühherbst durchgeführt werden. In dieser Zeit werden die langlebigen Winterbienen geboren. Damit diese gesund bleiben und den Anschluss im Frühjahr gewährleisten können, muss die Milbenbelastung während ihrer Aufzuchtzeit minimiert werden. Bei der Winterbehandlung geht es dann nur noch darum, den Milbenbefall pro Bienenvolk zu minimieren. Sie ist lediglich eine Restentmilbung. Der Anfangsbefall in der neuen Bienensaison soll möglichst niedrig sein. So gewinnt der Imker bis zum erneuten Erreichen der Schadensschwelle genügend Zeit.

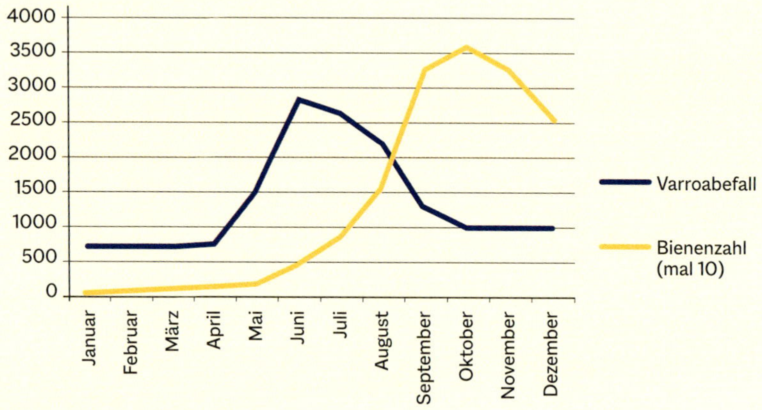

Vergleich (schematisch) der Entwicklung der Bienenpopulation mit der Vermehrung der Varroamilben im Bienenvolk im Jahreslauf. Die Bienenzahl muss mal 10 genommen werden.

um im Verlauf des Spätsommers einen neuen Plan zu entwickeln. Auf alle Fälle sollte die Ausrüstung des Imkers so gestaltet sein, dass er schnell die verschiedenen Pläne in die Wirklichkeit umsetzen kann. Gerade im Spätsommer zählt jeder Tag. Kommt der Imker eine Woche zu spät, kann die Schädigung des Volks schon weit fortgeschritten sein. Wir benötigten zum Beispiel früher ca. eine Woche, um alle Völker zu behandeln. Den Völkern, die zuerst mit der Spätsommerbehandlung an der Reihe waren, gelang die Überwinterung immer auffällig besser als den Völkern, die zuletzt behandelt wurden.

Wie die jeweiligen Pläne aussehen, werde ich bei den verschiedenen Strategien beschreiben.

Die biotechnischen Strategien der Varroabekämpfung

Die Bekämpfung der Varroamilbe besteht aus biotechnischen Maßnahmen, wie zum Beispiel dem Ausschneiden der Drohnenbrut, sowie aus dem Einsatz von Wirkstoffen, die die Milben direkt abtöten.

Die klassische Varroabekämpfung im Jahreslauf	
Frühjahr	Drohnenbrut ausschneiden
ab Mitte Juli	1. Ameisensäurebehandlung
Ende September	2. Ameisensäureanwendung
alternativ Ende Juli, besser früher	totale Brutentnahme
oder bis Ende Juli	Königin 21 bis 25 Tage lang einsperren, anschließend Behandlung der brutfreien Völker mit Oxal- oder Milchsäure
Dezember	Winterbehandlung

Die Auseinandersetzung des Imkers mit der Varroamilbe beansprucht während der Bienensaison viel Energie und Zeit. Ich erlebe den Einsatz dieser Maßnahmen zwar als notwendig, aber letztlich, seelisch gesehen, als nicht besonders aufbauend. Für mich ist das die Schattenseite der Imkerei.

Das Ausschneiden und Vernichten der Drohnenbrut

Für die Varroamilbe ist die Drohnenbrut sehr attraktiv. Aufgrund der längeren Entwicklungszeit der Drohnen von 24 Tagen können sich mehr Milbenweibchen voll entwickeln. Der Imker, der im Brutraum komplett mit Waben auf der Basis von Mittelwandwaben arbeitet, kann dies nutzen, indem er dem Volk bereits im zeitigen Frühjahr ein Leerrähmchen anbietet. Bevorzugt wird dieses im Anschluss an das Brutnest neben dem Schied platziert. Parallel zur Entwicklung des Bienenvolks in der aufsteigenden Jahreszeit wird es zügig als Drohnenwabe ausgebaut, da die Königin auf den übrigen Waben ausschließlich Arbeiterinnenzellen vorfindet.

Jedes Bienenvolk hat im Frühjahr das Bedürfnis, genügend Drohnen aufzuziehen, die dann in der Schwarmzeit die jungen Königinnen begatten sollen. Jede Königin wird von ca. 30 Drohnen befruchtet. Zudem sollen aus Gründen der Selektion viele Drohnen unterschiedlicher Genetik miteinander um die Begattung der Königinnen am Drohnensammelplatz konkurrieren. Daher werden die Bienen jetzt jede Gelegenheit nutzen, Drohnen aufzuziehen. Wenn der übrige Wabenbau nur aus Mittelwänden mit Arbeiterinnenzellen besteht, wirkt das Leerrähmchen wie ein Magnet auf die Baubienen.

Aktuell zugelassene Varroa-Bekämpfungsmittel

Bekämpfungsverfahren mit Brut				
Frühjahr	**Wirkstoff**	**Apothekenpflicht**	**Anwendung**	**Dosierung**
Ameisensäure 60% ad us.vet.	Ameisensäure 60%ig	nein	im geeigneten Vakuum-Verdunster	80 ml pro besetzter Raum; tägliche Verdunstungsmenge nach Abschleuderung: 15–20 ml über 5 Tage; nach Auffütterung: 6–10 ml über 10 Tage
Formivar 60% ad us.vet.	Ameisensäure 60%ig	nein	im geeigneten Vakuum-Verdunster	81 ml pro besetzter Raum; tägliche Verdunstungsmenge nach Abschleuderung: 15–20 ml über 5 Tage; nach Auffütterung: 6–10 ml über 10 Tage
Apiguard®	Thymol 50 g	nein	Schälchen	2 Anwendungen im Abstand von 2 Wochen mit jeweils 50 g Gel pro Bienenvolk
Thymovar®	Thymol 15 g	nein	Streifen	2 Anwendungen im Abstand von 21–28 Tagen; 2 Plättchen pro Brutraum
Apilife Var®	Thymol 8 g Eucalyptusöl Campher Levomenthol	nein	imprägnierte Streifen	4 Anwendungen im Abstand von 7 Tagen; 1 Streifen pro Volk
Formicpro® (Nachfolgeprodukt von MAQS®)	Ameisensäure 68,2 g	nein	Gel-Streifen	2 Streifen pro Volk über 7 Tage
VarroMed®	Ameisensäure 75 mg Oxalsäuredihydrat 660 mg	nein	Aufträufeln auf Bienen in Wabengassen bis zu 9-mal/Jahr	je nach Volksstärke zwischen 15 und 45 ml
PolyVar Yellow®	Flumethrin 275 mg	ja	Streifen vor dem Flugloch	keine Angaben Vorsicht Rückstände & Resistenzen!
Apitraz®	Amitraz 500 mg	ja, verschreibungspflichtig	Streifen zum Einhängen	2 Streifen pro Volk über 6 Wochen Vorsicht Resistenzen!
Apivar®	Amitraz 500 mg	ja, verschreibungspflichtig	Streifen zum Einhängen	2 Streifen pro Volk über 6 Wochen Vorsicht Resistenzen!
Bayvarol®	Flumethrin 90%ig 4 mg	ja	Streifen zum Einhängen	4 Streifen pro Volk über 40 Tage Vorsicht Rückstände & Resistenzen!

Aktuell zugelassene Varroa-Bekämpfungsmittel

Bekämpfungsverfahren bei Brutfreiheit				
Frühjahr	**Wirkstoff**	**Apotheken-pflicht**	**Anwendung**	**Dosierung**
Milchsäure 15 % ad us.vet.	Milchsäure 15%ig	nein	Lösung zum Sprühen 2-mal im Abstand von 3-5 Tagen auch bei Ablegern und Kunst-schwärmen	8 ml pro besetzte Wabenseite
Oxalsäure-dihydrat-Lösung 3,5 % ad us.vet.	Oxalsäure-dihydrat 17,5 g in 500 ml ge-brauchsfer-tiger Lösung	nein	Lösung zum Träufeln einmalige Anwendung	je nach Volksstärke zwischen 30 und 50 ml insgesamt 5-6 ml pro Wabengasse
Oxalsäuredi-hydrat-Pul-ver Varroxal 0,71 g/g (Bienen-stock-Pul-ver)	Oxalsäuredi-hydrat	nein	Verdampfen	2 g pro Volk
Oxuvar 5,7 %	Oxalsäure-dihydrat 57,4 mg/ml Konzentrat gebrauchs-fertige Lösung 3,5 %	nein	Lösung zum Träufeln einmalige Anwendung Zucker hinzufügen	je nach Volksstärke zwischen 30 und 50 ml insgesamt 5-6 ml pro Wabengasse
Oxuvar 5,7 %	Oxalsäure-dihydrat 57,4 mg/ml Konzentrat gebrauchs-fertige Lösung 3,0 %	nein	Lösung zum Sprühen Trinkwasser hinzu-fügen	brutfreie Völker, Ableger und Schwärme: 2-4 ml pro Wabenseite oder 0,3 ml/dm^2 besetzte Wabenfläche Schwärme, Kunstschwärme in Trauben: 20-25 ml pro kg Bienen-masse
Oxybee®/ Bienenwohl	Oxalsäure-dihydrat 39,4 mg/ml	nein	Lösung zum Träufeln	maximal 54 ml pro Volk 5-6 ml pro Wabengasse

Hinweis: Aufgrund des geplanten Auslaufens der Standardzulassungen für organische Säuren als Varroazide gilt nach mit dem Bundesministerium für Ernährung und Landwirtschaft und dem Bundesministerium für Gesundheit abgestimmter Einschätzung Folgendes: Varroa-Behandlungsmittel, die Milch-, Ameisen- oder Oxalsäure enthalten, für die in Deutschland derzeit eine Standardzulassung existiert, dürfen nach den geltenden Übergangsbestimmungen noch bis zum 29. Januar 2027 weiter auf dem Markt bereitgestellt werden. Nach Ablauf dieser Übergangsfrist dürfen diese Bestandsprodukte nur noch mit einer regulären Zulassung in Verkehr gebracht werden.

Schneidet nun der Imker diese Drohnenbrut-Lockwabe nach der Verdeckelung aus, kann er damit den Varroabefall und infolge auch deren Vermehrung dezimieren. Nach der Entnahme der verdeckelten Drohnenbrut ersetzt der Imker diese sofort durch ein weiteres Leerrähmchen.

Alternativ kann ein geteilter Drohnenrahmen verwendet werden. Dann wird zuerst der eine Teil, dann das andere Segment der Drohnenbrut ausgeschnitten. Wird die Drohnenbrut über einen längeren Zeitraum hinweg regelmäßig eliminiert, kann dadurch der Varroabefall wirksam reduziert werden. Das Befallsmaximum wird deutlich nach hinten verschoben. Untersuchungen von Charriere, Imdorf und Tschan haben gezeigt, dass dadurch der Befall bis zur Spätsommerbehandlung um fast die Hälfte reduziert werden kann (siehe Literatur Seite 332).

Schwächung der Bienen: eine Folge der Drohnenvernichtung Ich hatte immer meine Probleme mit dieser Methode. Einmal frage ich mich: »Wohin mit der Drohnenbrut?« Die verdeckelte Drohnenwabe beginnt wegen des hohen Eiweiß- und Feuchtigkeitsgehalts der Brut sehr schnell zu faulen und zu schimmeln. Sie muss daher sofort vernichtet werden. Eine Möglichkeit dazu ist das Einschmelzen im Sonnenwachsschmelzer. Man kann die Drohnenbrut aber auch an Vögel oder die eigenen Hühner verfüttern. Unsere Hühner sind immer ganz wild auf diese Eiweißnahrung. Sollten sich aber noch kleine Honigreste auf der ausgeschnittenen Wabe befinden, so wird diese wieder für Bienen interessant und es kann vorkommen, dass aus den geöffneten Brutzellen Milben auf die räubernden Bienen überwechseln.

Außerdem hatte ich emotionale und ethische Hemmungen, diese Drohnenwaben systematisch zu vernichten. Sie sind Ausdruck der Vitalität und Lebensfreude der Bienen. Ein wichtiges Argument dagegen war für mich der Vergleich mit natürlich lebenden Bienenvölkern. Diese investieren viel Energie in die Aufzucht der Drohnen: 10 bis 15 Prozent der gesamten im Jahreslauf erzeugten Brutmenge ist Drohnenbrut. Oft genug, gerade im Naturwabenbau, finden sich mehrere Tausend Drohnen im Bienenvolk. Natürlich fressen diese auch Honig und reduzieren die Jahresernte. Da muss der Imker abwägen. Aber in der Natur hat alles seinen Sinn und das Vorhandensein von vielen Drohnen aus vielerlei Herkünften dient der Selektion und der Förderung der Vitalität.

Wie bereits erwähnt, dient die Konkurrenz innerhalb der Drohnenpopulation der Auslese, indem vorwiegend die stärksten Drohnen zum Zuge kommen. Je mehr Drohnen unterschiedlicher Abstammung vorhanden sind, desto mehr Varietäten gelangen in das ewige Wechselspiel von Vermehrung, Bewährung und Ausscheiden aus dem Kreislauf und stehen auf dem Prüfstand der natürlichen Selektion. In dieser großen Vielfalt setzen sich dann die besten Abstammungen durch und erhöhen bzw. stabilisieren so das Niveau der Vitalität.

Somit stellt sich mir die Frage, ob die heutige Schwächung unserer Bienen eventuell mit dem Verschwinden des Drohnenüberflusses durch den Einsatz von Mittelwänden sowie die Eliminierung der Drohnenbrut zusammenhängen könnte. Die einseitige imkerliche Zuchtauslese verkleinert zusätzlich den Genpool. Es lohnt sich sicher, darüber nachzudenken, was es bedeutet, wenn 70 bis 80 Prozent des männlichen Elements aus dem Naturkreislauf herausgenommen werden und die restlichen Drohnen von Königinnen abstammen, die vorwiegend nach wirtschaftlichen Kriterien gezüchtet wurden.

Die Frage des Ausschneidens und Vernichtens der Drohnenbrut tangiert zudem Fragen der Tierethik. So wird meine eigene Haltung den Bienen gegenüber auf den Prüfstand gestellt.

Natürlich rechtfertigt die Reduktion des Varroabefalls durch das Ausschneiden der Drohnenbrut und dadurch die Verhinderung des möglichen Todes vieler Völker vieles. Aber diese biotechnische Maßnahme als gute imkerliche Praxis zu propagieren, ohne sie zu hinterfragen, scheint mir nicht richtig. Zu viele Aspekte der Bienengesundheit und der Bedeutung der Drohnen verschwinden aus der imkerlichen Wahrnehmung und führen zu einem immer technischeren Umgang mit den Bienen.

Es muss doch noch andere Wege geben! Eine bessere Varroadiagnose und dadurch eine Bekämpfung, die am Überschreiten der Schadensschwelle orientiert ist, wäre sinnvoll. Die Überlegung, die erste angelegte Drohnenbrut nicht auszuschneiden, um den Völkern zeitig ein Minimum an Drohnen zu garantieren, zeigt, dass hier Bewegung in die Diskussion gekommen ist.

Man könnte auch genau andersherum verfahren aus der Überlegung heraus, dass evtl. die erste Drohnenbrut besonders attraktiv ist für die Milben. Dazu fehlen aber Untersuchungen. Das würde bedeuten: Die erste Drohnenwabe ausschneiden und aus dem Volk entfernen. Die danach aufgezogenen Drohnen dürfen schlüpfen und an der Begattung der Königinnen teilnehmen.

Eine Wärmebehandlung der Drohnenwaben macht zwar viel Arbeit, wäre aber ebenfalls eine Überlegung wert. Manche Königinnenzüchter befürchten, dass die Wärmebehandlung der Qualität des Spermas der Drohnen schaden könnte. Prof. Wolfgang Wimmer, der Erfinder des Varroacontrollers (siehe Seite 281), fand dies aber nicht bestätigt. Evtl. spielt der jeweilige Prozess der Erwärmung eine Rolle. Der Varroacontroller erwärmt die Brutwaben während der Behandlung sehr langsam. Würde man mithilfe von Wärme den Milbenbefall reduzieren, so könnte die Drohnenwabe dem Volk wieder zurückgegeben werden.

Im Naturwabenbau funktioniert das Ausschneiden der Drohnenbrut nicht besonders gut. Im Gegensatz zur Imkerei auf Basis von Mittelwänden gibt es hier keine klassischen Drohnenwaben. Vielmehr finden sich Arbeiterinnen- und Drohnenzellen meist zusammen auf der gleichen Wabe. Die verdeckelten Drohnenbereiche auszuschneiden, würde den Wabenbau schwer verunstalten und destabilisieren. Sinnvoll wäre höchstens das Ausschneiden des Drohnenbaus im hohen Unterboden, sofern man ohne Bausperre arbeitet.

Brutableger

Eine weitere biotechnische Möglichkeit der Varroareduzierung ist die Bildung von Brutablegern, bevorzugt während der Frühtracht. Viele Imker schröpfen ihre starken Völker, um der Entstehung der Schwarmstimmung vorzubeugen. Dazu entnehmen sie ein bis zwei verdeckelte Brutwaben mitsamt den ansitzenden Bienen. Bekommen diese Einheiten eine Weiselzelle oder eine Königin (begattet oder auch unbegattet), so können damit neue schöne Wirtschaftsvölker aufgebaut werden. Im nächsten Jahr werden diese Jungvölker nach Karl Pfefferle die »Rennpferde« der Imkerei werden (siehe Literatur Seite 333). Natürlich entfernt man mit den Brutwaben auch die darin befindlichen Milben und erreicht so eine Reduktion des Gesamtmilbenbefalls.

Allerdings bleiben auch hier die tierethischen Überlegungen relevant: Darf ich einfach Brutwaben aus dem Brutkörper eines »intakten«, nicht schwarmlustigen Volks herausnehmen?

Das Einsperren der Königin Mitte Juli/Anfang August

Diese Maßnahme gehört für mich in den Bereich Biotechnik. Gegen Ende der Sommertracht bzw. der Waldtracht wird die Königin gesucht und für drei Wochen (21 bis 25 Tage) in einer Wabentasche oder in einem passenden Käfig eingesperrt. Sie kann dort evtl. eine begrenzte Anzahl Eier legen und wird weiterhin von den Bienen gepflegt. Nach drei Wochen ist die gesamte Brut, bis auf die des Käfigs oder der Wabentasche, ausgelaufen. Die Königin wird freigelassen und die verbliebene Brut aus dem Volk entfernt. Dieses ist nun brutfrei und kann in den nächsten Tagen mit Oxalsäure behandelt werden. Empfohlen werden einmalig ca. 135 Milliliter zuckerhaltige Oxuvar- bzw. 3,5-prozentige Oxalsäuredihydratlösung.

Bei der Auswahl der Käfige ist darauf zu achten, dass die Königin in einem guten Kontakt mit den Pflegebienen bleiben kann. Diese Käfige, es gibt unterschiedliche Größen, sollen in einer zentralen Wabe platziert werden. Die Bienen müssen sich frei um den Käfig herum bewegen können und durch ein Absperrgitter leicht Zugang zur Königin haben. Diese sollte weiterhin die Gelegenheit haben, Eier zu legen. Es konnte aber beobachtet werden, dass diese Brut immer wieder von den Bienen entfernt wird. Das mehrwöchige Einsperren der Königin ist eine Art »kleines Bannwabenverfahren« (siehe Seite 326).

Folgende Probleme können auftreten:

- Das Volk fühlt sich weisellos und zieht aus der Brut Nachschaffungszellen. Diese müssen vor der Freigabe der Königin entfernt werden.
- Die Königin kann im Käfig oder beim Freilassen nach drei Wochen von ihren Stockgenossinnen angegriffen und abgestochen werden – es trat also eine Art Entfremdung der Bienen von ihrer Königin auf.
- Es kann aber auch vorkommen, dass das Volk in den ersten Wochen nach der Befreiung der Königin umweiselt, also aus eigenem Entschluss die Königin tauscht. Das könnte auf Schädigungen der Königin während des Käfigaufenthalts zurückzuführen sein. Diese müssen nicht unbedingt sichtbar sein. Es könnte aber auch sein, dass das Volk bereits umweiseln wollte, die Königin dann aber eingesperrt wurde. Es gab also eine Störung und die Umweiselung wird nachgeholt.

Diese Phänomene sind aus der künstlichen Besamung bekannt. Gerade in der Zeit vor der Einwinterung sind die Bienen besonders sensibel, was die Qualität der Königin angeht. Diese muss ja den Winter gut überstehen und im nächsten Jahr ein gutes Volk aufbauen.

Natürlich fehlt dem Volk durch die erzwungene Brutpause eine Generation von vorwiegend Winterbienen. Untersuchungen haben aber gezeigt, dass das in der Folgezeit wieder aufgeholt werden kann. Der Ausfall der Königin kann auch im normalen Naturgeschehen immer wieder vorkommen, ohne dass die Überwinterung dadurch beeinträchtigt wird. Das Volk ersetzt die Königin oder weiselt still um, ohne dass der Imker dies bemerkt. Ich habe auch schon erlebt, dass alle Völker einer Region aus eigenem Impuls Ende Juli komplett brutfrei waren. Evtl. waren dafür die Trachtbedingungen verantwortlich. Einige Zeit später begannen die Königinnen wieder mit der Eiablage und die Völker überwinterten einwandfrei. Somit ist diese Methode den Bienen nicht so fremd wie zum Beispiel eine Ameisensäurebehandlung.

Die oben beschriebene Methode des Käfigens der Königin in Verbindung mit einer Oxalsäurebehandlung ist sehr wirksam, aber auch sehr arbeitsaufwendig. Gerade wenn, wie in meiner Imkerei, die Königinnen nicht gezeichnet sind, dauert es oft recht lange, bis die Königin gefunden ist. Jetzt herrscht zudem Räubereigefahr, wenn die Völker zu lange geöffnet sind. Die Gefahr des Verlustes der Stockmutter ist nicht zu unterschätzen. Es gilt, Reserven bereitzuhalten.

Sinnvoll erscheint mir diese Methode, wenn die Völker sowieso umgeweiselt werden sollen. In vielen Imkereien geschieht das ja automatisch jedes Jahr. Dann wird die alte Königin nach drei Wochen getötet und eine neue Regentin zugesetzt. Natürlich ist dies aus Sicht des Tierwohls problematisch! Die alte Stockmutter sollte aber bis zum Ende der Maßnahme gekäfigt im Volk bleiben, sonst fühlt sich dieses weisellos und setzt Nachschaffungszellen an. Nach drei Wochen kann in diesem Fall bereits eine neue Königin geschlüpft sein. Dann ist es problematisch, eine schon begattete Königin zuzusetzen, denn es ist bereits eine unbegattete Königin im Volk. Die Bienen werden die zugesetzte Königin abstechen. Es besteht keine Gefahr, dass die Nachschaffungskönigin um diese Jahreszeit mangels Drohnen nicht mehr ausreichend begattet werden könnte. Meine Erfahrungen haben gezeigt, dass in der Regel bis Ende August natürlicherweise noch genügend Drohnen für eine erfolgreiche Begattung unterwegs sind. In Regionen mit einer regelmäßigen Waldtracht engen viele Imker das Brutnest gegen Ende der Tracht auf eine Zarge ein. Die Reduktion des Brutumfangs dient dazu, den Ertrag an Waldhonig zu steigern.

Bisher war mir diese Methode auch aus tierethischen Gesichtspunkten nicht sehr sympathisch. Zumal schien mir nach einem langen, anstrengenden Bienensommer der Arbeitsaufwand zu groß. Es dauerte zu lange, die Königin zu suchen. Mir widerstrebt es zudem, meine Königinnen jedes Jahr auszutauschen. Ich bin der Meinung, dass eine Königin so lange in ihrem Volk bleiben sollte, wie sie vital und kräftig genug ist, ein starkes, überlebensfähiges Volk aufzubauen. Das könnte auch für die Selektion einer vitalen Biene sinnvoll sein. Daher hatte ich lieber auf organische Säuren gesetzt.

Einsatz des Varroastops von Jenter: Die Kollateralschäden beim Einsatz von Ameisensäure, auf die ich später noch zu sprechen kommen werde, veranlassten mich, die Methode des Käfigens der Königin im Sommer 2023 erstmals auszuprobieren. Ein Problem sah ich in der Auswahl eines geeigneten Käfigs. Er sollte groß genug sein, sodass sich die Königin darin frei bewegen und bestenfalls sogar ein Brutnest anlegen könnte. Im Laufe meiner Recherchen stieß ich auf den Varroastop von Jenter, den ich dann mit ca. 100 Völkern ausprobierte. Ich gebe zu, der Arbeitsaufwand war ziemlich groß. Letztlich jedoch begeisterte mich an diesem System, dass es eine Mischung aus dem Käfigen und dem Bannwabenverfahren ist. Ich kann berichten, dass es in diesem Jahr sehr gut klappte – ohne die aufwendigen Vorbereitungen, wie sie in der Anleitung empfohlen werden: Den Jenter-Varroastop einige Zeit im Volk belassen, damit sich der Geruch angleichen kann. Ferner sollte der Varroastop bereits im Frühjahr in eine Wabe eingepasst werden, damit die Bienen die vorgegebene Zellstruktur bereits als Wabe ausbauen und so der Königin die Eiablage erleichtern.

Wie geht man vor? Mitte Juli suchte ich die Königinnen und sperrte sie in den Jenter-Varroastop. Das geht dank der kreisförmigen Öffnung sehr leicht. Durch das Absperrgitter können Bienen in den Käfig zur Königin und sich dort um ihre Regentin kümmern. Nach neun Tagen erfolgte eine Kontrolle und der Austausch der mit Arbeiterinnenzellen vorstrukturierten Rückwand. Dies geschieht am besten im Auto oder in einem geschlossenen Raum, damit die Königin nicht aus Versehen entkommt. Über 90 Prozent der Königinnen hatten ein Brutnest angelegt. Bei mehr als der Hälfte war die Brut komplett verdeckelt und wurde daher ausgetauscht. Ein Teil der Königinnen hatte teilweise verdeckelte Brut, teilweise offene Brut. Nur ganz wenige Völker, ca. fünf Prozent, hatten keine Brut angelegt. Das macht aber nichts, weil die Völker nach 21 Tagen brutfrei sind und durch Besprühen oder Beträufeln mit Oxalsäure entmilbt werden können.

Der Austausch der verdeckelten Brutwabe gegen eine Platte mit neuer Wabenstruktur hat den Sinn, die mit dem Auslaufen der »regulären« Brut zur weiteren Vermehrung bereiten Varroamilben mittels der offenen Brut einzusaugen. Sie können sich dem Bann der kurz vor der Verdeckelung stehenden Zellen nicht entziehen. Nach weiteren neun bis elf Tagen wird diese Brut mitsamt der darin befindlichen Milben entfernt und vernichtet. Die Königin wird freigelassen und das brutfreie Volk sollte, muss aber nicht ebenfalls entmilbt werden. Die künstlichen Waben mit einem Teil offene und einem Teil verdeckelte Brut tauschte ich deswegen nicht, weil genügend Eier in den Zellen vorhanden waren, die neun Tage später ebenfalls verdeckelt sein würden. Es war also immer offene Brut als Varroa-Magnet vorhanden.

Wie man es auch anstellt, ein Erfolg im Sinne eines brutfreien Volks stellt sich immer ein. Meistens jedoch kann über die Brut im Käfig auch ein Großteil der Varroamilben aus dem Volk entfernt werden. Bisher konnte ich feststellen, dass die frei gelassenen Königinnen problemlos von den Stockbienen angenommen wurden. Ganz im Gegenteil: Sie verschwanden schneller in den Wabengassen, als ich schauen konnte. Natürlich gelten die Einwände gegen das Käfigen noch immer. Wenn jedoch die Königinnen in den Jenter-Käfigen ein Brutnest aufbauen können, ist das schon mal gut. Zum anderen werden nach der brutfreien Phase die Winterbienen, jahreszeitlich passend, aufgezogen. Was mir ganz wichtig ist: zu wissen, dass die für das Volk so wichtigen Winterbienen ohne große Belastung mit Milben und Viren aufwachsen können. Der Stress für die Bienen hält sich meines Erachtens in Grenzen!

Komplette Brutentnahme

Die komplette Brutentnahme steht für mich sinnbildlich für den immer krasser werdenden Kampf der Imker gegen die Varroamilbe. Offensichtlich reichten die bisherigen Maßnahmen nicht mehr aus, die Varroamilbe stark genug einzudämmen. Die imkerlichen Eingriffe müssen immer massiver, zudem punktgenauer und früher durchgeführt werden. Das meine ich mit der Behandlungsspirale, die sich immer schneller dreht. Die konventionelle Landwirtschaft befindet sich übrigens in der gleichen Situation.

Komplette Brutentnahme bedeutet, dass der Imker nach Trachtende alle verdeckelten Brutwaben des Volks entnimmt. In diesen befinden sich ca. 80 Prozent aller Milben. Diese Waben werden durch Mittelwände ersetzt, die im Rahmen der Auffütterung wieder problemlos ausgebaut werden. Die entnommenen Waben werden entweder vernichtet oder in speziellen Brutscheunen bis zum Schlupf der Bienen aufbewahrt und dort mit Ameisensäure behandelt. Bienen müssen nicht explizit dazugegeben werden, weil permanent Jungbienen schlüpfen. So können theoretisch neue Jungvölker aufgebaut werden, wenn eine begattete Königin zugesetzt wird. Achtung: vorher Nachschaffungszellen entfernen.

Ist der Varroabefall des Volks jedoch schon hoch, so haben die parasitierten Jungbienen nur eine kurze Lebenserwartung. Sie taugen keineswegs als Winterbienen und sterben frühzeitig. Daher kann es besser sein, die Brutwaben zu vernichten. Gibt man Jungvölkern stark befallene Brutwaben zur Verstärkung zu, so können diese das Jungvolk mit in den Tod reißen. Wir haben diese Erfahrung selbst schon gemacht beim Zuhängen von Brutwaben aus den Honigräumen, die in der absperrgitterfreien Völkerführung regelmäßig anfielen.

Vom Standpunkt einer sinnvollen Selektion ist es auch besser und folgerichtig, diese Waben zu vernichten, um diese Milben aus dem Vermehrungskreislauf herauszunehmen.

Ich habe diese Maßnahme der Brutentnahme selbst erst einmal angewendet. Allerding ist das schon viele Jahre her. Von kompletten Brutentnahmen als systematische Varroabekämpfung war damals noch nicht die Rede. Ich stand mit meinen Völkern in der Waldtracht im Bayerischen Wald, Hunderte Kilometer entfernt, und entdeckte bei einer Routinekontrolle ein Volk, das sehr stark vermilbt war. Mir war klar, dass dieses Volk bis zum Ende der Tracht nicht mehr durchhalten würde. Die anderen Völker am Stand könnten dann das Opfer einer hohen Reinfektion werden. Daher entnahm ich dem Volk alle verdeckelten Brutwaben und nahm diese mit nach Hause. So konnte es gerettet werden.

Die totale Brutentnahme, viele Imker entnehmen sowohl die offene als auch die verdeckelte Brut, ist eine wahrhaft radikale Maßnahme und ich lehne diese aus ethischen Gesichtspunkten ab. Ein solches Handeln kann in meinen Augen nur in besonders extremen Notsituationen gerechtfertigt sein.

Auch wenn diese Maßnahme gut funktioniert und von vielen Imkern angewendet wird, so heißt das noch nicht, dass sie langfristig für die Bienen kein Problem darstellt. Zwei Fragen stellen sich mir:

- Was hat es zu bedeuten, dass wir immer radikalere Maßnahmen gegen die Milbenvermehrung einsetzen müssen? Eigentlich müsste der gesamte Weg der Auseinandersetzung mit der Milbe auf den Prüfstand kommen.
- Welche Auswirkungen hat es auf die Bienen? Vergegenwärtigen wir uns, in welche Lage wir das Bienenvolk bringen: Wir haben soeben den kompletten Wintervorrat entnommen und durch Zucker ersetzt. Diesen müssen die Bienen in eine Art Winterfutter umarbeiten. Das allein ist schon anstrengend. Die Völker sind zudem vom Sommer abgearbeitet. Nun entnehmen wir alle Brut und zwingen das Volk, die komplette Winterbienengeneration noch einmal aufzuziehen. Normalerweise entstehen die Winterbienen bereits ab Mitte Juli und arbeiten dann nichts. Dadurch entwickeln sie die physiologischen Voraussetzungen, den Winter zu überstehen und im Frühjahr ein neues Volk aufzubauen. Dass das funktioniert, zeigt nach meiner Ansicht, über welche Vitalität Bienen verfügen. Aber irgendwann ist das, was wir den Völkern zumuten, zu viel. Wo sollen die Bienen »auftanken«, gerade angesichts der Mängel in ihrer sommerlichen Nahrungsversorgung? Die moderne Imkerei weist in meinen Augen destruktive Züge auf. Ich wünsche mir eine Imkerei, die sich produktiv für die Bienen einsetzt.

Mit Naturwabenbau funktioniert die Brutentnahme nicht. Manchmal ist es gut, wenn man in den imkerlichen Möglichkeiten eingeschränkt ist.

Der Einsatz organischer Säuren gegen die Varroamilbe

Wir werden uns in diesem Kapitel mit den gängigen Formen der Varroaregulation beschäftigen. Ich werde versuchen, aus meinen Erfahrungen Entscheidungshilfen für einen erfolgreichen Einsatz der verschiedenen Wirkstoffe zu geben. Letztendlich werden wir uns immer wieder mit der Frage beschäftigen müssen: Wie und wohin soll es weitergehen?

Die organischen Säuren Ameisensäure und Oxalsäure sind heute weltweit die wirksamsten Waffen der Imkerschaft im Kampf gegen die Varroamilbe. Sie werden nicht nur in der ökologischen Imkerei eingesetzt. Ich bin aber überzeugt, dass in 10 oder 15 Jahren die Imkerwelt anders ausschauen wird als heute.

Vieles ist in Bewegung geraten. Die Imker fühlen sich ja ihren Bienen sehr verbunden. Sie beobachten die Bienenvölker genau. Zudem sind die Imker findige Menschen. Die Veränderungen werden sich in Richtung der natur- oder bienengemäßen Imkerei entwickeln. Dafür spricht nicht nur der Zeitgeist. Auch in anderen Bereichen der Tierhaltung ist der tiergerechte Umgang mit den Nutztieren ein wichtiges Thema. Gerade in der Bekämpfung der Varroamilben zeigt sich, dass wir Imker in einer Sackgasse stecken. Wenn die Imkerei auch in Zukunft erfolgreich betrieben werden soll, müssen andere Wege der Varroabekämpfung oder der Bienenhaltung eingeschlagen werden. Nirgendwo zeigt sich das Dilemma der modernen Imkerei deutlicher als im Kampf gegen die Varroamilbe.

Varroa - Wegbereiter der Öko-Imkerei?

Als vor mehr als 30 Jahren die Varroamilben erstmals unsere Bienenvölker parasitierten, hatten die Imker nur Zugriff auf chemisch-synthetische Medikamente. Zu dieser Zeit entstand die ökologische Imkerei, die in der Nachbetrachtung absolut als eine Erfolgsgeschichte gesehen werden kann. Der Einsatz der chemisch-synthetischen Medikamente brachte aufgrund der Fettlöslichkeit dieser Mittel die Gefahr von Rückständen in unseren Bienenprodukten mit sich. Das Bienenwachs als Träger und zugleich Akkumulator dieser Rückstände spielt dabei eine entscheidende Rolle. Honig galt und gilt auch heute noch als eines der saubersten und wertvollsten Lebensmittel überhaupt. Für die Pioniere der Öko-Imkerei war es damals ein Unding, ein so wertvolles Produkt wie Honig oder auch die anderen Bienenprodukte durch Rückstandsbelastungen in Verruf zu bringen bzw. den eigenen Honigmarkt zu schädigen. Diese Imker griffen daher den Grundgedanken der ökologischen Landwirtschaft auf und versuchten, deren Maßstäbe in die Imkerei zu übertragen.

Die Sauberkeit des Bienenwachses war der entscheidende Schritt. Natürlich schwebte über allen Imkern das Damoklesschwert Varroamilbe und es war klar, dass es zunächst ohne aktive Bekämpfung der Milbe nicht funktionieren würde. Was lag also näher, als nach Wirkstoffen zu suchen, die zwar die Milben abtöten, aber das Produkt Honig nicht mit Rückständen belasten?

Auf die Ameisensäure wurden Imker durch die Beobachtung von Vögeln aufmerksam, die sich auf einen Ameisenhaufen setzten und sich von der Roten Waldameise mit deren Säure bespritzen ließen, um die auf ihnen parasitierenden Milben zu eliminieren (das sogenannte Einemsen). Schnell wurden verschiedene Anwendungsformen der Ameisensäure im Bienenvolk entwickelt und erfolgreich ausprobiert. Ich möchte hier nur die Illertissener Milbenplatte (heutige Schwammtuchmethode) oder die Krämerplatte (siehe Seite 254), die erste Form der Langzeitbehandlung, erwähnen. Bis auf einige technische Verbesserungen in Form von Verdunstern ist die Art und Weise der Behandlungen mit Ameisensäure seither eigentlich gleichgeblieben.

Später kamen noch die Milchsäure und durch Impulse aus Russland die Oxalsäure hinzu. Heute sind diese organischen Säuren bei der großen Mehrzahl der Imker weltweit im Einsatz.

Die Ameisensäure

Ameisensäure ist ein natürliches Akarizid (Milbenbekämpfungsmittel). Die von uns Imkern genutzte Säure ist natürlich nicht die Ameisensäure aus dem Ameisenhaufen im Wald, sondern ein synthetisch hergestelltes, aber naturidentisches Produkt. Ausschlaggebend für die Erfolgsgeschichte der Ameisensäure ist ihre Wirksamkeit nicht nur auf die direkt auf den Bienen sitzenden Milben. Die Ameisensäure wirkt zudem als einzige organische Säure durch die Zelldeckel in die Brutzellen hinein. Dort tötet sie die sich reproduzierenden Milben.

Ameisensäure ist nicht ungefährlich. Jeder der damit arbeitet, muss sich mit Handschuhen und Schutzbrille gegen deren ätzende Wirkung schützen. Genauso gilt es, die Bienen vor der Ameisensäure zu schützen. Hierbei spielen sowohl die Witterung, die Volksstärke als auch die jeweilige Anwendungsform eine wichtige Rolle.

Wichtig zu wissen

Der Einsatz der organischen Säuren tötet zwar die Milben ab, verbessert aber nicht den Gesundheitszustand bereits geschädigter Bienen. Diese werden ja nicht nur durch die Parasitierung geschwächt. Wie bereits erwähnt, verletzt die Milbe durch die Einstichstelle das »äußere« Immunsystem des Bienenkörpers, die Propolisierung. So können vielerlei Viren in den Bienenkörper eindringen und die einzelne Biene noch kränker machen. Gerade diese doppelte Schädigung macht die Varroose für die Bienenvölker so gefährlich und stellt den Imker vor immense Herausforderungen. Es ist daher wichtig, den Befall des Volks rechtzeitig zu reduzieren. Dadurch werden weniger Bienen von den Milben, die sich von ihrem Fettkörper ernähren, parasitiert, auch die Brut wird nicht so stark geschädigt. Weniger Milben bedeuten auch immer weniger Virosen.

Die tödliche Wirkung der Ameisensäure auf die Milben setzt bereits 30 bis 40 Minuten nach Beginn der Verdampfung ein. Interessanterweise sterben die Milben nicht an Verätzungen, sondern die Ameisensäure verursacht oxidativen Stress und hemmt die Zellatmung der Milbe. Zugleich werden die Milben übersäuert. Zusätzlich vermutet man eine neurotoxische Schädigung. Neue Untersuchungen haben ergeben, dass auf molekularer Ebene die Ameisensäure die Eiweißsynthese und -regulation in und außerhalb der Zellen unterdrückt und beeinträchtigt. Dadurch entsteht bei der Milbe ein Masseverlust, der zum Tod führt. Die Milben verfügen über eine sehr geringe Körpermasse, haben aber relativ dazu eine große Körperoberfläche. Das macht sie besonders anfällig für die toxischen Dämpfe der Ameisensäure.

Allerdings gehen die Dämpfe auch an den Bienen nicht spurlos vorüber. Bienenlarven im Alter von zwei bis vier Tagen reagieren ebenfalls sehr empfindlich auf Ameisensäure. Grund dafür ist die nicht ausreichende Entgiftungskapazität ihres Organismus, das heißt die zu geringe Menge an Entgiftungsenzymen. In der Arbeit von A. Genath (siehe Literatur Seite 333) werden Überlegungen zur Verbesserung der Empfindlichkeit der Honigbienenlarven gegenüber der Ameisensäure diskutiert. Interessanterweise erhöht die Gabe von Vitamin C im Futter ihre Widerstandskraft gegen die toxischen Wirkungen der Ameisensäure.

Zu welcher Zeit im Jahr wird die Ameisensäure angewendet?

Wie wir bei der Beschreibung der Biologie der Varroamilbe (siehe Seite 244) gesehen haben, vermehrt sich die Milbe exponentiell. Natürlich verursacht sie auch bei einem niedrigen Befallsgrad Schädigungen am Bienenvolk. Durch die großen Brutmengen in der aufsteigenden Jahreszeit gelingt es den Bienen, trotz des Befalls einen stabilen Volksstatus zu etablieren. Erst ab der Sommersonnenwende, wenn sowohl die Bienenzahl als auch die Brutmenge zurückgehen, die Vermehrung der Varroamilbe aber weiterhin steigt, verschlechtert sich der Zustand des Bienenvolks. Doch gerade die Zeit ab Mitte Juli, wenn die Winterbienenbrut angelegt wird, ist für das Überleben des Volks elementar.

Jetzt ist der Imker gefordert. Er muss einerseits die Zahl der Varroamilben reduzieren, damit die Schädigung der einzelnen Bienen nicht zu einem ernsten Krankheitszustand des ganzen Volks führt. Zum anderen muss er dafür sorgen, dass die Winterbienen nur minimal parasitiert werden. Alles andere würde ihre Lebensspanne verkürzen und den erneuten Aufbau eines Volks im Frühjahr verhindern oder zumindest erschweren.

Somit ist die Spätsommerbehandlung mit Ameisensäure heute eine der wichtigsten Maßnahmen im Kampf gegen die Varroamilbe. Zu dieser Jahreszeit pflegen die Völker noch viele Brutzellen, in der die Winterbienen heranwachsen. Die Mehrzahl der Varroamilben reproduziert sich auch jetzt in der verdeckelten Brut. Daher kann zu dieser Jahreszeit nur mit der Ameisensäure eine effektive Reduktion des Milbenbefalls erreicht werden. Zu diesem Zweck wird die Ameisensäure über einen Docht oder ein Tuch im Bienenstock verdampft, wodurch die Stockluft gesättigt wird.

Anwendungsbedingungen der Ameisensäure: Ameisensäure hat den Nachteil, dass ihre Wirksamkeit stark von den Außenbedingungen wie Temperatur und Luftfeuchtigkeit abhängt. Das erschwert ihren Einsatz. Es reicht nicht aus, Ameisensäure einfach im Volk auszubringen, ohne die Anwendungsbedingungen innerhalb und außerhalb des Stocks zu beachten. Das optimale Temperaturspektrum für den Einsatz von Ameisensäure liegt nach meiner Erfahrung bei 14 bis 24 °C.

- Ist es kühler als 14 °C, verdunstet zu wenig Ameisensäure. Die Stockluft wird ungenügend gesättigt und die Wirksamkeit ist unzureichend. Gleiches gilt, wenn es regnet. Dann wird durch die hohe Luftfeuchtigkeit der Ameisensäuregehalt in der Stockluft verdünnt.
- Ist es hingegen wärmer als 24 °C, verdampft die Ameisensäure zu schnell und die Stockluft ist

so stark mit dieser Säure gesättigt, dass die Bienen und vor allem die jungen Larven geschädigt werden.

Viele Imker haben es sicherlich schon erlebt, dass an einem heißen Tag unmittelbar nach der Behandlung die Bienen panisch durch das Flugloch geflüchtet sind und den Stock verlassen haben. Sie hängen sich dann in einer Art Bienenbart vor dem Flugloch auf. Hier verdunstete die Ameisensäure zu schnell und zu stark. Öffnet man in diesem Fall die Beute, so sind die Brutwaben verlassen und die vollkommen ungeschützte Brut wird schwer geschädigt. Dann gilt es, sofort die Dosierung zu reduzieren bzw. im Extremfall alles gut durchzulüften. Trotzdem kann das Volk schwer geschädigt sein.

Für die Wahl eines guten Behandlungszeitpunkts sollte der Imker also das Wetter genau beobachten. Entscheidet er sich für eine Kurzzeitbehandlung (siehe Seite 271), so sollte er die aktuelle Wettervorhersage beachten. Für eine Langzeitbehandlung sollte in den nächsten drei Wochen eine stabile Wetterlage herrschen. Hilfreich ist bei der Auswahl des Behandlungszeitpunkts bzw. des -zeitraums die Inanspruchnahme des »Varroawetterdienstes«, der vom Bieneninstitut in Mayen (Fachzentrum Bienen und Imkerei) aktualisiert und zur Verfügung gestellt wird.

Letztlich entscheidend ist natürlich die aktuelle Befallssituation je Volk. Weisen die Werte der Gemülldiagnose darauf hin, dass die Schadensschwelle bald überschritten wird oder entdeckt der Imker bereits verkrüppelte Bienen, so muss unabhängig von der Wettersituation baldmöglichst behandelt werden. Auf diese Situation bezog sich meine Anregung, zwischen verschiedenen Alternativen auswählen und diese auch umgehend anwenden zu können. Es bringt nichts, mit dem Einsatz der Ameisensäure auf günstigere Wetterverhältnisse warten zu müssen. Die Varroamilbe wartet nicht. Wie ich bereits erwähnte, zählt im Spätsommer oft jeder Tag.

Ein »kleines« Bannwabenverfahren: Käfigen der Königin im Jenter Varroastopp. Nach 21 Tagen ist das Volk brutfrei. Die Königin wird wieder freigelassen.

Wie wird die Ameisensäure angewendet?

Nun muss eine Entscheidung über die jeweilige Art und Weise der Bekämpfung getroffen werden. Natürlich darf nur die als Tierarzneimittel zugelassene 60-prozentige Ameisensäure ad us.vet. zur Anwendung kommen. Hier gilt es, Folgendes zu beachten: In Deutschland bzw. der EU galt bis zum Jahr 2022: Eine Standardzulassung legalisiert die Zusammensetzung. Entscheidend ist »die Rezeptur« eines Medikaments. Für Honigbienen gibt es Standardzulassungen für die 60-prozentige Ameisensäure ad us.vet., 15-prozentige Milchsäure ad us.vet. und 3,5-prozentige Oxalsäuredihydrat-Lösung ad us.vet. Seit Januar 2022 sind diese Standardzulassungen nicht mehr gültig. In Zukunft sollen wie in der übrigen Medizin nur noch spezielle Medikamente zugelassen werden. Bis 2027 gilt eine Übergangsregelung, nach der Tierarzneimittel der bis 2022 aktuellen Standardzulassungen weiterhin in Verkehr gebracht werden dürfen. Danach müssen wir auf spezielle Medikamente zurückgreifen. Das erschwert die Situation für uns Imker.

Im Wesentlichen gibt es zwei Möglichkeiten für die Anwendung von Ameisensäure.

1. Eine Kurzzeitbehandlung, die mehrmals wiederholt werden muss.
2. Eine Langzeitbehandlung über drei Wochen hinweg, um einen kompletten Brutzyklus abzudecken.

Gedanken zur Langzeitbehandlung: Ich habe bereits mehrfach erwähnt, dass nichts so konstant ist wie die Veränderung. Auch in unserer imkerlichen Welt gibt es einen permanenten Wandel. So sind durch den Klimawandel die Tagestemperaturen angestiegen. Das muss beim Einsatz von Ameisensäure unbedingt beachtet werden. Ich erinnere mich an den Oktober 2018, in dem hier auf der Schwäbischen Alb Tagestemperaturen von 30 °C und mehr erreicht wurden. Da gab es während der Behandlung Bienen- und Brutschäden. Gleichzeitig habe ich bei meinen Bienenvölkern Reaktionen auf die Ameisensäure-Applikation beobachtet, die mich zum Nachdenken gebracht haben.

In meinem Buch »Bienengemäß Imkern« hatte ich die Langzeitbehandlung favorisiert. Wir setzten damals vorwiegend auf den Nassenheider Verdunster. In einer aufgesetzten Leerzarge wird dieser Verdunster, gefüllt mit 180 Milliliter 60-prozentiger Ameisensäure, auf einem saugfähigen Tuch auf den Rähmchenoberträgern platziert. Durch den Docht verdunstet während der dreiwöchigen Anwendung die gesamte Füllmenge. Gefallen hatte mir damals, dass auch bei kühleren Temperaturen die Verdunstung nicht beeinträchtigt war. Insgesamt werden bei einer Langzeitbehandlung die Temperaturschwankungen ganz gut ausgeglichen. Durch die unterschiedlichen Dochtgrößen wird das Temperaturspektrum für einen effektiven Bekämpfungserfolg deutlich erweitert. Ich erinnere mich noch gut, wie ich einmal im Oktober aus Ägypten zurückkam. Hier bei uns war es sehr kühl, ca. 10 °C. Und doch verdunstete jeden Tag noch ausreichend Ameisensäure. Mittlerweile gibt es eine modernere, professionellere Variante des Nassenheider Verdunsters. Natürlich haben wir auch diese ausprobiert. Heute jedoch bin ich sowohl von der Ameisensäureverdampfung als auch von der Langzeitbehandlung nicht mehr besonders begeistert.

Meine Skepsis basiert auf drei Faktoren:

1. Bei der Anwendung einer dermaßen starken Säure wie Ameisensäure muss immer mit (einigen wenigen) Verlusten gerechnet werden. Wir mussten aber feststellen, dass eine für uns nicht tolerierbare Anzahl von Königinnen durch die Ameisensäure geschädigt oder getötet worden war. Ein Grund könnte darin liegen, dass in meiner Imkerei die Königinnen nicht regelmäßig ausgetauscht werden. Sie dürfen so lange in ihren Völkern verbleiben, wie sie stark und vital genug sind, um ein gutes Volk aufbauen zu können. Es könnte nun sein, dass ältere Königinnen besonders anfällig gegenüber den Ameisensäuredämpfen sind. Aufgrund unserer ersten schlechten Erfahrungen kontrollierten wir daraufhin nach der Anwendung des Langzeitverdunsters alle Völker auf Weiselrichtigkeit und kamen wieder zum gleichen negativen Ergebnis: zu viele weisellose oder drohnenbrütige Völker.

2. Natürlich kann auch die Klimaveränderung eine Rolle spielen, denn seit mehreren Jahren können wir beobachten, dass die Durchschnittstemperaturen auch im Spätsommer steigen. Dies könnte dazu führen, dass im Vergleich zu früheren Zeiten die tägliche Rate der Ameisensäureverdunstung im Stock gestiegen ist. Ich denke, auch unser Beutensystem spielt eine Rolle: Die Verdunster stehen direkt auf den Oberträgern unserer großen Zadant-Waben, also sehr nahe am Brutnest. Dazwischen befindet sich nur ein mehr oder weniger großer Futterkranz. In Verbindung mit den höheren Außentemperaturen könnte dies die negativen Effekte der Ameisensäure auf die Bienen verstärkt haben. In zweiräumigen Zander- oder Normalmaßbeuten wird dies in dieser Form nicht auftreten. Dort befindet sich zwischen dem Ameisensäure-Applikator und der Brut zu dieser Jahreszeit eine ganze Zarge mit Winterfutter gefüllter Waben. Dadurch wird die Wirkung der Ameisensäure wirkungsvoll abgepuffert.
3. Wir beobachteten auch, dass gerade junge Brut stark geschädigt wurde. Meist wurde nahezu die komplette Brut während der Behandlung von den Bienen ausgeräumt. Im Endeffekt entsprach das fast einer kompletten Brutentnahme. Das war für uns nicht mehr tolerierbar. Dazu kam, dass während der dreiwöchigen Behandlung die Königin komplett aus der Brut ging und somit im Spätsommer eine Generation völlig ausfiel. Dadurch fehlte es an Bienenmasse.

Wenn alle diese drei Faktoren zusammenkommen, sind die Kollateralschäden sehr hoch. Die Völker machten nach der Behandlung durchgehend einen geschwächten Eindruck. Beeindruckt hatte mich dann ein Vergleichsversuch mit Völkern, bei denen Oxalsäure sublimiert wurde. Da fiel es uns wie Schuppen von den Augen. Solche wunderbaren starken Völker hatten wir, seit wir mit Ameisensäure arbeiten, in unserer Imkerei nicht mehr gesehen. Durch diesen Vergleich wurde uns wieder klar, wie stark Völker aus eigener Kraft in den Winter gehen können und welche Auswirkungen Ameisensäure auf die Konstitution eines Bienenvolks haben kann.

Die so entstandenen Probleme führten dazu, dass wir unser Behandlungskonzept noch einmal neu überdachten und neu justierten. Wir waren übrigens nicht die einzigen, die mit diesen Problemen konfrontiert waren. Ich hörte ähnliche Klagen auch von Berufskollegen, denen der Ausfall vieler Königinnen zu schaffen machte.

Rückkehr zur Kurzzeitbehandlung: Da diese Schädigungen Indikatoren dafür sind, dass die Bienen durch die Langzeitverdunstung der Ameisensäure im Stock massiv gestresst und geschädigt werden, veränderten wir unsere Behandlungsstrategie und kehrten zum »guten alten Schwammtuch« zurück. Dieses hatte auch früher eine gute Wirksamkeit bewiesen. Sein Einsatz war jedoch durch die notwendigen mehrfachen Behandlungen sehr arbeitsaufwendig. Zudem spielten die Wetterbedingungen eine entscheidende Rolle für den Erfolg einer Kurzzeitbehandlung.

Mittlerweile führen wir Ende Juli bis Anfang August drei Schwammtuch-Behandlungen im Abstand von jeweils drei Tagen durch und sind mit dem Ergebnis sehr zufrieden. Diese sollte aber Ende September noch einmal wiederholt werden. Wichtig ist es, nach Ende der Behandlung drei Wochen abzuwarten. Dann sollte noch einmal eine Gemülldiagnose durchgeführt werden, um den Behandlungserfolg zu ermitteln.

Dieser Behandlungszyklus hat mehrere Vorteile:

- Einfache und schnelle Anwendung: Die Leerzarge

mit dem Futtergeschirr sowie das Wachstuch werden entfernt und das Schwammtuch wird direkt auf die Rähmchenoberträger gelegt. Vorher werden die Völker mit einem kräftigen Rauchstoß »vorgewarnt«. Bei den folgenden weiteren Behandlungen träufele ich einfach mit einer Spritze erneut die 30 bis 40 Milliliter 60-prozentige Ameisensäure auf das Schwammtuch. Die Bienen nagen das Schwammtuch während der Behandlungen nicht an und nach der letzten Behandlung wird es zügig entfernt. Die Leerzarge wird wieder aufgesetzt und es kann weitergefüttert werden. Dieses Intervall (10 Tage) ist deutlich kürzer als bei einer dreiwöchigen Behandlung. Gerade im Spätsommer zählt jeder Tag, den ich früher mit der Fütterung fertig bin. Sinken die Temperaturen zu stark, nehmen die Bienen das Futter nicht mehr gut ab. Das kann im September oft genug der Fall sein.

- Es kommen kaum noch Königinnenverluste vor. Auch Brutschäden konnten wir kaum noch feststellen. Die Königin stoppt die Eilage nur ganz kurz. Oft legt sie bereits am gleichen Tag wieder.
- Beim Behandlungszeitpunkt richten wir uns nach der Wettervorhersage. Soll der Tag sehr warm werden, so behandeln wir zeitig in der Frühe. Da die Schwammtücher fix und fertig in den Beuten liegen, geht die Anwendung sehr schnell. Wenn wir zu dritt unterwegs sind, schaffen wir leicht 100 Völker in einer Stunde. Wird es dann gegen Mittag sehr warm, ist ein Großteil der Ameisensäure bereits verdunstet. Nach unseren Beobachtungen ist das oft schon nach drei bis vier Stunden der Fall.

Alle diese Vorteile lassen den erhöhten Arbeitsaufwand, meistens ist das ja Fahrzeit, in den Hintergrund rücken. Wenn wir die Völker nach der Schwammtuch-Anwendung mit Völkern, die eine dreiwöchige Langzeitbehandlung hinter sich haben, vergleichen, so wird deutlich, dass die Dauerbehandlung die Völker stärker schwächt und schädigt.

Gerade die Diskussion um den in den Bienenvölkern lebenden Bücherskorpion hat gezeigt, welche Kollateralschäden wir zum Beispiel mit der Ameisensäure anrichten. Beim Einsatz der Ameisensäure im Bienenstock werden neben der Varroamilbe viele weitere Mitbewohner, und seien sie noch so klein, getötet. Wir wissen doch gar nicht, welche und wie viele Lebewesen in Koexistenz mit den Honigbienen in der Beute leben und welche Funktion sie dort erfüllen. So vernichten wir unter Umständen viele Lebewesen und Mikroorganismen (Symbionten), auf die das Bienenvolk evolutionsbiologisch angewiesen ist. Zum Beispiel symbiotische Bakterien, die das Wachstum von Faulbrut-

Die Königin legt danach wieder ein sehr schönes Brutnest an.

erregern verhindern. Im Darm der Honigbienen leben zudem vielerlei Milchsäurebakterien, die dort das Wachstum von Keimen verhindern und den Säuregrad des Darms absenken.

Wir wurden einmal angerufen, weil sich in einem verlassenen Bienenstand wilde Schwärme Zugang zu den alten Beuten verschafft hatten und diese besiedelten. Da das Bienenhaus abgerissen werden sollte, holten wir die drei Schwärme ab und logierten sie in unsere Beuten um. Bei der Gemülldiagnose konnten wir dann Bücherskorpione beobachten, die sich auf der Windel Nahrung suchten. Das war ein schönes Erlebnis. In meinen Völkern war mir das schon lange nicht mehr passiert. Allerdings waren nach der Ameisensäurebehandlung mit den Milben auch die Bücherskorpione verschwunden.

Wenn wir also wahrnehmen, welche Nebenwirkungen auftreten können, ist es an der Zeit, über Alternativen nachzudenken, die keine so massiven Kollateralschäden bewirken.

Klar, die Varroamilbe muss gerade im Spätsommer eingedämmt werden. Aber Ameisensäure ist ein sehr starker Wirkstoff. Er wird zur Desinfektion eingesetzt, wirkt bakterientötend und wird in der Industrie zum Beizen und Imprägnieren verwendet. Ihr Effekt auf die sich in den Brutzellen entwickelnden Bienenlarven ist sehr eindrücklich und darf nicht vernachlässigt werden.

Die Milchsäure

Milchsäure ist ebenfalls eine organische Säure, die synthetisch hergestellt wird. Sie ist besonders bienenverträglich, wirkt aber nur auf die Milben außerhalb der verdeckelten Brut. Zugelassen ist die 15-prozentige Milchsäure ad. us.vet. Man kann die Milchsäure aber auch in der 85-prozentigen Konzentration im Bienenbedarfshandel kaufen und folgendermaßen die richtige Mischung herstellen: 100 Milliliter 85-prozentige Milchsäure werden mit 560 Milliliter Wasser vermischt. Diese Mischung ist maximal bis zu sechs Wochen haltbar.

Am wirkungsvollsten ist der Einsatz der Milchsäure während der brutfreien Zeit. Dann sitzen alle Varroamilben auf den Bienen. Man sprüht die Waben beidseitig mit ca. acht Milliliter pro Wabenseite ein. Die Bienen sollen leicht nass aussehen, aber nicht dunkel und triefend nass sein. Um Schädigungen der Larven durch die Milchsäure zu verhindern, sollten Waben mit offener Brut nur schräg von unten (45°-Winkel) besprüht werden. Bienen, die an der Beutenwand sitzen, sollten ebenfalls besprüht werden. Außerdem sollte kein Bienenflug herrschen, damit alle Milben erreicht werden.

Natürlich muss sich auch der Imker schützen. Schutzbrille, Gummihandschuhe und ein Mundschutz sollten selbstverständlich sein. Wichtig ist es, mit der Windrichtung und nicht gegen sie zu sprühen. In der Literatur wird empfohlen, bei Tagestemperaturen unter 4 °C nicht zu behandeln. Wir haben aber schon im Winter bei Minustemperaturen und Schneefall Milchsäurebehandlungen durchgeführt. Wenn man sorgfältig arbeitet und darauf achtet, dass nicht zu viele Bienen aufgrund der Kälte und Erschütterung von den Waben fallen, geht das auch sehr gut.

Allerdings ist das Arbeiten mit Milchsäure sehr zeitaufwendig. Pro Behandlung wird man ca. 10 bis 15 Minuten je Volk investieren müssen. Es müssen ja alle Waben gezogen werden. Das Bienenvolk ist dabei lange geöffnet. Während der Winterbehandlung ist sowieso keine Brut vorhanden, daher ist der Wärmeverlust nicht so schlimm. Allerdings wird die Wintertraube auseinandergerissen.

PRAXIS

Zwei gesetzlich zugelassene Ameisensäure-Präparate

In der Tabelle auf Seite 258 und 259 sind alle Präparate gelistet, die derzeit zur Behandlung der Bienenvölker gegen die Varroamilbe zugelassen sind. Im Folgenden möchte ich auf den Einsatz von zwei Mitteln näher eingehen.

Formicpro® ist eine Weiterentwicklung der früheren MAQS®-Gelstreifen. Jeweils zwei der mit Ameisensäure getränkten Streifen werden auf die Rähmchen aufgelegt. Man muss keine separate Leerzarge aufsetzen. Ein Gel, bestehend aus Zucker und Stärke, reguliert die konstante Abgabe der Ameisensäure. Ich kann mich gut an die damalige Zulassung erinnern. Das klang alles sehr einfach und interessant. Neben der einfachen Anwendung kann dieses Präparat auch in der laufenden Bienensaison von Juni bis September angewendet werden. Es gibt keine Wartezeit, man darf während der Anwendung lediglich keinen Honig ernten. Ein weiterer Vorteil wäre die gute Wirksamkeit auch bei Außentemperaturen von 10 bis 29 °C. Nach dem Ende der siebentägigen Behandlung muss der Streifen nicht entfernt werden, die Bienen tragen ihn einfach ab.

Wie ich aber bald von amerikanischen Imkerfreunden hörte, hatte MAQS® auch seine Schattenseiten. Man verwendet pro normalem Wirtschaftsvolk zwei Streifen, die jedoch nicht zu nahe an der Brut deponiert werden sollten und schon gar nicht bei einem zweiräumigen Brutraum zwischen den beiden Brutzargen. Dies führte zu Schädigungen der Brut. Bei Temperaturen unter 10 °C verdunstet zu wenig Ameisensäure. Steigen die Temperaturen über 30 °C, gibt es Schäden am Bienenvolk. Es muss immer für genügend Belüftung gesorgt werden.

Mich erstaunte damals auch die Zulassung ohne längere Wartezeit bezüglich der Honigernte. Ameisensäure ist ja wasserlöslich und wer einmal nach der Spätsommerbehandlung das Winterfutter probiert hat, schmeckt deutlich den

Schwammtuchmethode – eine effektive Kurzzeitbehandlung gegen die Varroamilbe.

Ameisensäure-Behandlung mit dem Nassenheider Verdunster - eine Form der Langzeitbehandlung.

sehr hohen Ameisensäuregehalt heraus. Bis zum Frühjahr sind dann alle Vorräte verbraucht und die Ameisensäure wurde abgebaut. Das ist im Sommer ganz anders. Ich denke, Honig, der nach einer MAQS®-Behandlung geerntet wird, schmeckt sicher stark nach dieser Säure und ist wahrscheinlich überhaupt nicht verkehrsfähig. Zudem ist die Anwendung recht teuer: Zwei Streifen MAQS® für eine einmalige Behandlung kosten ca. 12 Euro.

VarroMed®: Die gebrauchsfertige Lösung kann ganzjährig und mehrfach geträufelt werden. Sie enthält Ameisensäure und Oxalsäure (0,5 Prozent Ameisensäure, 4,4-prozentiges Oxalsäuredihydrat), zudem Zucker, ätherische Öle und Propolis.

Auch hier gibt es keine Wartezeit in Bezug auf die Honigernte. Allerdings soll das Präparat nicht direkt vor der Honigernte angewendet werden. Je nach Volksstärke werden 15 bis 45 Milliliter je Volk direkt aus der Dosierflasche auf die Bienen geträufelt. Nach Angaben des Herstellers soll VarroMed® bis zu neunmal im Lauf eines Jahres bei einem Volk angewendet werden können. Bei hohen Temperaturen kann es zu erhöhtem Totenfall kommen, weil aufgrund des Zuckers der HMF-Gehalt (Hydroxymethylfurfural) von VarroMed® ansteigen kann. HMF ist für Bienen toxisch. Das klingt alles sehr bequem: Dosierflasche kaufen, mehrmals im Jahr träufeln ... Es bleibt ein Aber. Wegen des niedrigen Gehalts an Ameisensäure wirkt das Mittel sicher nicht in die Brut und es ist faktisch überwiegend eine Oxalsäure-Anwendung (siehe Seite 276).

Folge von VarroMed®: Ich hatte ja kurz angesprochen, dass das Varroaproblem in den letzten Jahrzehnten immer gravierender auf der Imkerei lastet und die Varroamilbe gefährlicher für die Bienen wurde. Dies könnte zum Beispiel mit der Bildung von Resistenzen zusammenhängen. Auf jeden Fall ist die Gefahr einer Resistenzbildung größer, wenn die Milben mehrmals im Jahr mit der subletalen Dosis eines Medikaments in Kontakt kommen. Hier sehe ich viele offene Fragen. Allerdings fehlen mir dazu die eigenen Erfahrungen.

Mir sind einige Imker bekannt, die die Varroamilbe ausschließlich mit Milchsäure unter der Schadensschwelle halten können. Dafür müssen sie sowohl einmal im Winter als auch zwei- bis dreimal im Sommer Milchsäure versprühen.

In Ägypten haben wir mit dieser Methode unsere Völker durch die mehrmalige Behandlung während des ganzen Bienenjahrs vor Varroaschäden bewahrt. Nach Auskunft deutscher Bieneninstitute führt die Anwendung der Milchsäure nicht zu Rückständen in den Bienenprodukten. Sollte die Milchsäure im Sommer angewendet werden, so sollte jedoch auf einen ausreichenden zeitlichen Abstand zur Honigernte geachtet werden. Milchsäure kommt natürlicherweise im Honig vor, aber in Bezug auf die Verkehrsfähigkeit kommt es immer auf das Maß an.

Während des Sommers kann die Milchsäure hervorragend bei Schwärmen oder Jungvölkern angewendet werden, damit diese mit einer geringen Milbenbelastung aufgebaut werden können. Bei Schwärmen hat der Imker für eine Behandlung ca. zehn Tage Zeit, bis die erste Brut verdeckelt ist. In dieser Zeitspanne ist nur offene Brut vorhanden.

Bei Jungvölkern, die mit Brutwaben und Bienen gebildet werden, muss man anders vorgehen. Wird neun Tage nach der Bildung eine begattete Königin zugesetzt, so wird es schwierig sein, einen brutfreien Zustand herzustellen. In diesem Fall würde ich zweimal im Abstand von einer Woche alle Waben einsprühen. Lässt man jedoch in dem Ableger eine Königin entweder aus einer Schwarmzelle oder einer Nachschaffungszelle schlüpfen, so ergibt sich nach dem Schlupf der letzten Brut und dem Beginn der Eiablage der neuen Königin ein genügend großes Zeitfenster für eine Behandlung mit Milchsäure. Der Imker hat auch, wenn schon Brut vorhanden ist, bis kurz vor dem Verdeckeln der ersten Brut einen gewissen zeitlichen Spielraum, um die vorhandenen Varroamilben zu eliminieren.

Die Wirksamkeit der Milchsäure liegt bei ca. 80 bis 90 Prozent. Ihre Anwendung ist sehr bienenschonend. Normalerweise gibt es nach dem Sprühen kaum Totenfall. Auch für den Imker ist Milchsäure eigentlich ungefährlich.

Der hohe Zeitaufwand ist sicherlich der entscheidende Grund dafür, dass die Milchsäure in der Imkerschaft wenig verbreitet ist. Ich finde aber, gerade für Kleinimker wäre die Milchsäure eine durchaus überlegenswerte Alternative. Es ist auf alle Fälle die für die Bienen angenehmste Form der Varroabekämpfung.

Die Oxalsäure

In Deutschland sind die Träufelmethode oder das Besprühen der Waben im jeweils brutfreien Zustand und seit Herbst 2023 das Verdampfen zugelassen. Verfügbar sind verschiedene Präparate: Oxuvar, eine 5,7-prozentige Oxalsäurelösung, Oxybee® und 3,5-prozentiges Oxalsäuredihydrat. Oxalsäure wirkt nicht wie die Ameisensäure in die Brutzellen hinein, sondern wie die Milchsäure nur auf die auf den Bienen sitzenden Varroamilben.

Die Träufelmethode

Beim Träufeln wird eine 3,5-prozentige Oxalsäure-Zuckerlösung auf die Bienen der brutfreien Wintertraube geträufelt. Die fertige Oxalsäurelösung wird mit dem in der Lieferung enthaltenen Kristallzucker vermischt und sogleich angewendet. Sie sollte baldmöglichst aufgebraucht werden, damit sich keine für die Bienen schädlichen Stoffe (wie zum Beispiel Hydroxymethylfurfural (HMF), siehe Seite 275) bilden können.

Pro Volk rechnet man mit 30 bis 50 Milliliter je nach Volksstärke. Die Lösung wird mit einer Spritze auf die in den Wabengassen sitzenden Bienen verteilt. Die Flüssigkeit wird langsam und gleichmäßig in die Gassen geträufelt, damit möglichst alle Bienen der Wintertraube benetzt werden. Oft ist die Wintertraube nicht sichtbar, weil die Bienen unter einem hohen Kranz von Winterfutter sitzen. Das ist zum Beispiel bei einem hohen Wabenmaß wie Zadant, bei einer zweiräumigen Überwinterung im Normalmaß oder dem Zandermaß der Fall. Dann kann man mit einer Taschenlampe die Wabengassen absuchen, um den genauen Sitz der Wintertraube zu lokalisieren. Bei einem zweiräumigen Brutraum wird dieser auseinandergekippt und zuerst die Bienen in der unteren Zarge beträufelt. Dann setzt man die beiden Überwinterungsräume wieder zusammen. Nun weiß ich ja, wo die Traube sitzt, und kann entsprechend die Bienen in der oberen Zarge behandeln.

Immer wieder liest man in der Fachliteratur, dass die Lösung leicht erwärmt werden soll. Dies ist sehr menschlich gedacht, denn die Bienen sollen nicht mit der kalten Lösung »geschockt« werden. Wir haben das früher auch gemacht, sind aber dann wieder davon abgekommen. Anlass für den Sinneswandel war die Beobachtung, dass anschließend an die »warme« Behandlung die Bienen der Wintertraube auseinanderliefen und viele Bienen verkühlt von der Traube abfielen. Aufgrund der Kälte erstarrten sie schnell und gelangten nicht mehr zur Wintertraube zurück. Lag zu dieser Zeit Schnee vor den Fluglöchern, so konnten wir beobachten, dass viele Bienen zum Flugloch herauskrabbelten, in den Schnee fielen und dort verendeten. Früher wurde ebenfalls empfohlen, die Träufelbehandlung nicht bei Minustemperaturen durchzuführen. Auch dies wird heute gänzlich anders gesehen. Je kälter die Außentemperatur, desto kompakter die Wintertraube und desto besser können die Bienen mit der Lösung in Kontakt kommen.

Der Zusatz von Zucker oder auch Glyzerin dient dazu, dass die Oxalsäure besser und länger auf den Bienen haftet. So entsteht eine Langzeitwirkung. Allerdings besteht die Gefahr, dass die Bienen die Zuckerlösung auflecken und die Säure in den Bienendarm gelangt. Dort kann sie zu Nekrosen führen. Insbesondere Bienenlarven sind hierfür sehr empfindlich.

Es sollte nur eine Behandlung im brutfreien Volk durchgeführt werden, um das Volk nicht zu schwächen. Liegt die Außentemperatur höher als 5 °C, kann davon ausgegangen werden, dass die Wintertraube nicht kompakt genug sitzt. Dann sollte der Imker auf kältere Tage warten oder sich für eine Sprühbehandlung entscheiden. Generell geht das Volk nach der ersten Frostperiode aus der Brut. Es ist zu erwarten, dass dann 21 Tage später die komplette Brut geschlüpft ist. Nun kann der optimale Anwendungszeitpunkt bestimmt werden.

Die Sprühbehandlung

Auch hier wird eine fertige Lösung gemäß der Gebrauchsanweisung des Herstellers mit einer entsprechenden Menge Wasser verdünnt. Allerdings gibt es hier keinen Zuckerzusatz. Bei der sehr effektiven Sprühmethode müssen alle Waben gezogen werden und die Bienen auf jeder Wabenseite mit der 3,5-prozentigen Oxalsäurelösung benetzt werden. Auch bei dieser Methode ist der Arbeitsaufwand sehr hoch – pro Volk ist mit fünf bis zehn Minuten Arbeitszeit zu rechnen. Im Naturwabenbau oder wenn es viele Wachsbrücken gibt, kann es Probleme bereiten, die Waben wieder gut zusammenzuschieben. Das hat mir nicht so gut gefallen, da oft die Wabengassen im Vergleich zum Ori-

Oxalsäure-Verdampfer.

ginalzustand zu breit blieben. Zudem wurden beim Zusammenschieben immer wieder Bienen gequetscht. Diese waren ja leicht nass und dadurch in ihrer Bewegungsfähigkeit eingeschränkt.

Oxalsäure-Verdampfung

Seit Herbst 2023 ist auch bei uns in Deutschland Oxalsäure zum Verdampfen zugelassen. Allerdings nicht die Verdampfung per se, sondern nur ein bestimmtes Produkt (siehe Tabelle Seite 259). Das wurde auch Zeit, denn in der Schweiz und in Österreich darf diese Methode schon seit Längerem angewendet werden. Nun haben wir Imker eine weitere gute, sehr bienenverträgliche Methode zur Regulierung der Varroamilbe zur Verfügung.

Bei dieser Anwendungsform werden ein bis zwei Gramm Oxalsäure pro Bienenvolk verdampft, genauer gesagt sublimiert. Sublimation nennt man den Übergang eines festen Stoffes in den gasförmigen Zustand. Das Oxalsäurepulver oder die entsprechenden Tabletten werden in einem geeigneten Gerät (Verdampfer) bei Temperaturen über 180 °C sublimiert. Die Säurekristalle verteilen sich im gesamten Volk und jede Biene bzw. Milbe kommt mit ihnen in Kontakt. Da sich die Bienen nicht ablecken, wird der Bienendarm nicht geschädigt. Es entsteht eine Langzeitwirkung, bis die Bienen sich selbst und dann die Waben und die Beute gereinigt haben.

Allerdings braucht man für den Betrieb des Verdampfers eine Stromquelle, zum Beispiel ein Aggregat, damit auch an Außenständen gearbeitet werden kann. Das macht die Sache teurer. Der Varroa Eddy der Schweizer Firma Andermatt, der kurz vor einer Zulassung in Deutschland steht, arbeitet mit einem Akkusystem. Hier kann auf eine eigene Stromquelle verzichtet werden. Zudem muss sich der Anwender durch gute Schutzkleidung, Handschuhe und zusätzlich eine Atemmaske vor den »Dämpfen« schützen. Das sieht dann schon gewöhnungsbedürftig und komisch aus, wenn der Imker in voller Schutzmontur an seinen Bienenständen arbeitet. Der gerade erwähnte Oxalsäure-Sublimierer Varroa Eddy arbeitet mit einem Ampelsystem. Leuchtet das Gerät grün, kann sich der Imker der gerade behandelten Beute unbesorgt nähern. Für die Winterbehandlung, egal bei welcher Temperatur, reicht eine einmalige Behandlung im Dezember.

Erstaunlich war für mich bei der Teilnahme an einem wissenschaftlichen Versuch der Zustand der Völker. Die Völker waren sehr stark und in einem sehr guten Zustand. Mit Ameisensäure bekam ich solche Völker nicht hin. Im direkten Vergleich sieht man erst einmal, was die Ameisensäure in den Bienenvölkern anrichtet: Brutschäden, Brutstopp, Bienenschädigungen etc. Hier wirken die »shifting Baselines«, die ich im Kapitel »Die Biene als politisches Tier« bereits schon einmal erwähnt habe.

Nach vielen Jahren Anwendung der Ameisensäure haben wir uns daran gewöhnt, dass die Völker leiden. Und haben vergessen, wie stark vitale Völker tatsächlich in den Winter gehen können.

Thymol

Ich kann mich noch gut erinnern, dass zu Beginn der Invasion der Varroamilbe immer wieder ätherische Öle zu deren Bekämpfung diskutiert wurden: Campher, Eukalyptusöl oder Thymianöl. Ich hatte mir damals dafür sogar einen speziellen Diffusor gekauft, den ich heute noch besitze - man weiß ja nie.

Übriggeblieben sind heute drei in Deutschland zugelassene Thymolprodukte, die in Form von Streifen oder in Schälchen auf den Rähmchenoberträgern platziert werden. Dort verdunstet der Wirkstoff dann über einen längeren Zeitraum - während zweier Behandlungsintervalle von jeweils ca. drei Wochen. Die ideale Temperatur während der Behandlungszeit liegt zwischen 20 und 25 °C. Bei kühleren Temperaturen wirkt Thymol nicht so gut, ebenso bei zweiräumigen Völkern.

Ich gestehe, ich bin kein großer Freund von Thymol. Mein erster Kontakt während eines Kurses war damals prägend. Ein Imker brachte zu dem Kurs im Frühjahr Waben mit, die eine Thymol-Behandlung im vorangegangenen August hinter sich hatten. Diese Waben rochen noch immer so penetrant nach Thymian, dass ich mir dachte, das will ich meinem Honig und meinen Bienen nicht zumuten. Aufgrund des starken Geruchs kann es zu Räuberei kommen und man sollte immer alle Völker am Stand behandeln. Die Fluglöcher müssen klein gehalten werden. Ich kann mir gut vorstellen, dass während der Behandlung die Kommunikation im Bienenvolk, die ja weitgehend über die Geruchsorgane erfolgt, gestört wird.

Nachteile der Thymol-Behandlung:

- Thymol soll das Nervensystem der Milbe schädigen. Es wirkt aber nicht in die verdeckelten Brutzellen hinein. Die Milben werden erst beim Schlüpfen abgetötet.
- Sind die Thymol-Präparate zu nah an den Brutwaben deponiert, kann es sein, dass die Bienen die Brut ausräumen.
- Bei starkem Varroabefall ist die Wirkung von Thymol zu langsam.
- Thymol ist fettlöslich, sodass wir hier mit den gleichen Konsequenzen rechnen müssen wie bei etlichen synthetischen Varroaziden. Rückstände reichern sich im Wachs an und wandern dann ab einer bestimmten Belastung in den Honig über. Aufgrund des starken Eigengeschmacks von Thymol darf es erst nach der Honigernte angewendet werden. Auch bei einer Anwendung im August ist im Frühjahr das Wachs und das verbliebene Winterfutter noch mit Rückständen belastet. Daher soll der Imker niemals Brutwaben, die während der Behandlung mit Thymol im Volk waren, zur Honigernte einsetzen. Honigraumrähmchen sollten ausschließlich der Honigernte vorbehalten bleiben.
- Waben, die mit Thymol in Berührung kamen, sollten ausgelüftet werden oder zumindest luftig gelagert werden. Auch dann kann es ein ganzes Jahr dauern, bis das Thymol abgebaut und verschwunden ist. Ein gutes Wabenmanagement ist daher in diesem Zusammenhang elementar.

Hyperthermie - thermische Varroabekämpfung

Wenn wir die hier beschriebenen Möglichkeiten und Methoden der Bekämpfung der Varroamilbe noch einmal Revue passieren lassen, so fallen mehrere Dinge auf:

- Vom imkerlichen Standpunkt aus gesehen, betreiben wir einen hohen zeitlichen und personellen Aufwand. Natürlich ist es vollkommen logisch und einsichtig, dass ein gewisser Aufwand nötig ist, um das Sterben unserer Bienenvölker zu verhindern. Allerdings gehört der Kampf gegen die Milbe nicht gerade zu den schönsten Aspekten unserer imkerlichen Tätigkeit.

- Für die Bienen bedeutet dies Stress: eine Vielzahl von Eingriffen, die der Bienennatur zuwiderlaufen. Das Drohnenbrutschneiden, die Brutentnahme und vieles mehr gehören dazu.
- Mit Ausnahme der biotechnischen Maßnahmen konfrontieren wir die Tiere mit chemisch-synthetischen Stoffen in einer Konzentration, wie sie es von Natur aus nicht kennen. Oft genug, wie bei der Ameisensäure, tun sich die Bienen sehr schwer, mit diesen Wirkstoffen zurechtzukommen. Wir produzieren Extremsituationen und die Reaktionen der Bienen zeigen uns, dass sie das auch so erleben.

Hyperthermie - eine schöne Methode, chemiefrei zu imkern.

- Zusätzlich bringen wir mit diesen Mitteln auch die Qualität des Honigs in Gefahr.

Es gilt hier also, sehr sorgfältig vorzugehen.

Wir führen eine Vielzahl von Bekämpfungsschritten durch. Trotzdem ist die Bienensterblichkeit in den letzten Jahrzehnten gestiegen und die Schadensschwelle gesunken. Das lässt eine erhöhte Anfälligkeit/Empfindlichkeit der Bienen vermuten. Tatsächlich wissen wir ja überhaupt nicht, wie sich die regelmäßig sich über die Jahre wiederholenden Maßnahmen langfristig auf die Bienen oder Milben auswirken. Ebenso aber stellt sich immer wieder die Frage: Wirken die etablierten Methoden noch gut genug? Ist die Anwendung problematischer geworden?

Bezüglich der Ameisensäure lassen sich diese Fragen in Bezug auf den Klimawandel relativ leicht beantworten: Es wird wärmer und damit schwieriger, das optimale Temperaturspektrum zu nutzen. Infolge des Zwischenfruchtanbaus spät im Jahr und der wärmeren Temperaturen im Herbst und Winter pflegen die Bienen länger Brut. Dadurch verbessern sich die Vermehrungsbedingungen für die Milbe. Kurzum: Es wird immer anspruchsvoller, die Varroamilbe gut und sicher unter Kontrolle zu halten. Zudem erschweren die regelmäßig im Spätsommer und Frühherbst auftretenden hohen Temperaturen die Anwendung der Ameisensäure selbst.

Vor diesem Hintergrund halte ich die Wärmebehandlung bzw. Hyperthermie für eine sehr interessante Alternative. Einmal ist dies eine komplett chemiefreie Bekämpfungsmöglichkeit. Zum anderen kann ich mich des Eindrucks nicht erwehren, dass unser aktueller Bekämpfungsansatz falsch sein könnte. Ich fühle mich, wie bereits erwähnt, an den Wettlauf zwischen Hase und Igel erinnert. Wir Imker laufen der Varroaentwicklung hinterher. Bis auf das Ausschneiden der Drohnenbrut - was rein prophylaktisch gesehen werden muss - und der Restentmilbung im Winter greifen wir immer erst ein, kurz bevor es zu spät ist. Eigentlich müsste es genau umgekehrt sein. Wir müssen solche Situationen, in denen es bildlich gesprochen 5 Minuten vor 12 Uhr ist, von vornherein verhindern.

Dies waren meine Gedanken, als ich vor drei Jahren auf die Hyperthermie aufmerksam wurde.

Es ist schon lange bekannt, dass Wärme die Varroamilbe schädigen kann. Ich erinnere an frühere Berichte aus Japan. Dort transportierten Imker ihre (verschlossenen) Beuten über holperige Straßen, um die Bienen durch diesen Stress zu einer Erhöhung der Stocktemperatur zu veranlassen. Später wurde die Empfindlichkeit der Varroamilbe gegen hohe Temperaturen an der Universität Tübingen untersucht. Varroamilben und Bienen verfügen über eine unterschiedliche Temperaturempfindlichkeit. Die optimale Brutnest-Temperatur für Bienen liegt bei ca. 35 °C. Die Varroen lieben etwas kühlere Temperaturen. Die Mortalität der Bienenbrut liegt bei 45 °C, Varroen sterben bereits bei 41 °C. Allerdings ist der Grat schmal, auf dem man sich bewegt, wenn man Milben abtöten und Bienen verschonen möchte.

Heute ist mir nur der **Varroacontroller** als effektiv funktionierendes Gerät zur Wärmebehandlung bekannt. Mittlerweile besitze ich zwei dieser Geräte. Diese funktionieren nach folgendem Prinzip:

Dem Bienenvolk werden alle Waben mit verdeckelter Brut entnommen und die Bienen von diesen abgekehrt. Dann kommen diese bienenfreien Brutwaben in den Varroacontroller und werden dort ca. zwei Stunden unter kontrollierten Bedingungen mit Wärme behandelt. Die Temperatur steigt langsam an und wird dann in dem für die Milben tödlichen Bereich von ca. 41 °C gehalten. Die wichtige Luftfeuchtigkeit wird automatisch geregelt. Nach der Behandlung werden die Waben wieder dem Volk zurückgegeben. Wichtig ist daher, vor allem bei Naturbauwaben, sich die richtige Reihenfolge zu merken bzw. auf den Rähmchen zu notieren.

Richtig angewendet, kann so komplett chemiefrei geimkert werden. Dies wäre sicher auch ein interessanter Vermarktungsfaktor, der den Honigkunden gut kommuniziert werden kann und auch für den Imker sympathisch ist.

Die Einsatzmöglichkeiten sind vielfältig. Am interessantesten erscheint mir die Möglichkeit, im zeitigen Frühjahr zu behandeln, wenn andere Bekämpfungsmöglichkeiten nicht zugelassen sind bzw. die Honigqualität gefährden könnten.

Vorteile des Varrroacontrollers:

- Die Eliminierung der Milben im zeitigen Frühjahr entlastet die Völker, das Erreichen der Schadensschwelle wird deutlich nach hinten verschoben. Das kann für eine Spättracht vorteilhaft sein. Zumindest werden die Winterbienen ohne große Varroaparasitierung aufgezogen, was den Überwinterungserfolg erhöht und die Verlustquote senkt.
- Mitte/Ende März gibt es nur wenige verdeckelte Brutwaben. Da in einem Controller 20 Waben Platz finden, können pro Füllung bis zu zehn Völker behandelt werden.
- Mit dieser Methode wird der Imker von den Außentemperaturen und den Jahreszeiten unabhängig. Die Milben werden dort bekämpft, wo sich die Mehrzahl von ihnen aufhält - in der ver-

Behandlungsmodell mit anderen Hyperthermie-Verfahren

Vor einigen Jahren gab es einen großen Hype um die »Bienensauna«. Diese Methode basierte auf einer Wärmebehandlung des ganzen Volks - also Bienen mitsamt ihrer Waben. Das wäre ultimativ die einfachste Lösung des Varroaproblems gewesen. Doch davon hört man jetzt nichts mehr. Der Wirkungsgrad war zu gering. Die Bienen arbeiteten aktiv gegen die Erwärmung und konnten die Brutnesttemperatur trotz der Erwärmung auf 35 °C halten, sodass es nur zu einer geringen Milbensterblichkeit kam.

deckelten Brut. Untersuchungen haben gezeigt, dass die Milbensterblichkeit bei der Wärmebehandlung bei 95 bis 97 Prozent liegt.

- Wenn mit Drohnenfangwaben geimkert wird, so kann das Ausschneiden und Vernichten der Drohnenwaben entfallen. Die Drohnenwaben werden wärmebehandelt und ins Volk zurückgegeben. Ein nicht zu unterschätzender tierethischer Gewinn.
- Gleiches gilt für die totale Brutentnahme im Sommer. Auch die Brutwaben für die Ablegerbildung können vor ihrer Verwendung wärmebehandelt werden.

Nachteile des Varroacontrollers:

- Die Anschaffung ist mit ca. 2.400 Euro recht teuer. Aber für Vereine wäre das eine tolle Sache. Sie verleihen das Hyperthermiegerät dann an ihre Mitglieder.
- Hoch ist auch der Zeitaufwand: Ein Durchgang dauert ca. zwei Stunden. Das ist viel Zeit. Daher sehe ich gerade in der Frühjahrsbehandlung ein wichtiges Anwendungsmodul.
- Man braucht eine Stromquelle. Ist der Bienenstand zu Hause, ist das kein Problem. Sonst muss ein Stromaggregat eingesetzt werden. Allerdings kann man die brutfreien Waben im vorgeheizten Controller auch mal 15 Minuten transportieren und dann zu Hause in den Behandlungsmodus wechseln. Dann kann die Zeit gut genutzt werden für Büroarbeit oder ein Nickerchen.
- Es soll auch nicht verschwiegen werden, dass nur die Milben in der Brut, nicht aber die auf den Bienen sitzenden Milben erreicht werden. Dieser Nachteil bedingt eine genaue Kontrolle des Milbenbefalls und ggf. eine weitere Wärmebehandlung. Hier muss jeder Imker seinen eigenen Behandlungsmodus finden.

Auch im Spätsommer kann der Controller eingesetzt werden - und zwar in Kombination mit einer Art Bannwabenverfahren über zweimal zwölf Tage. Die Königin wird in einer Wabentasche eingesperrt und die dort angelegten, verdeckelten Brutwaben nach zwölf Tagen entnommen, bienenfrei gemacht und wärmebehandelt. Es wird dann noch einmal eine Bannwabe gegeben, die nach zwölf Tagen ebenfalls wärmebehandelt wird. Die Waben kann man dem Volk zurückgeben oder ein schwächeres Jungvolk damit verstärken. Die Völker sind dann komplett brutfrei.

Die Ende Juli behandelten Völker brauchen keine Ameisensäurebehandlung mehr. Es reicht dann eine Winterbehandlung. Es wäre zu überlegen, ob diese Winterbehandlung nicht entfallen könnte, wenn im zeitigen Frühjahr erneut eine Wärmebehandlung als eine Art Restentmilbung durchgeführt werden würde. So könnte komplett chemiefrei geimkert werden. Allerdings muss die Entwicklung des Milbenbefalls genau beobachtet werden. Bei hoher Reinfektionsrate muss Anfang Oktober noch einmal die Hyperthermie eingesetzt werden.

Zusammenfassung und Bewertung

Eine Varroabekämpfung, die gut gemacht wird und wirksam sein soll, beansprucht mittlerweile einen hohen Anteil der imkerlichen Arbeitszeit. Wenn wir die Zeit seit Beginn der Varroainvasion noch einmal in Ruhe, abseits des Tagesgeschäfts, betrachten, so sehen wir, dass die Methoden immer wieder verbessert und nachjustiert werden mussten. So manche Anwendungsform hatte sich auf Dauer nicht bewährt und ist verschwunden. Das wird auch in Zukunft so bleiben. Wer mithalten will, muss wach und dazu bereit sein, sich immer wieder neu zu erfinden. Das ist anstrengend. Trotzdem muss immer wieder Lehrgeld bezahlt werden.

Zudem befinden wir uns in einem Dilemma: Wir müssen behandeln, sonst sterben (zu viele) Völker. Wir wissen aber auch, dass die Varroabekämpfung die Bienen schädigt. Für das Überleben unserer Völker ist dies aber das kleinere Übel.

Als Imker mit einem naturgemäßen Anspruch bewege ich mich auf einem schmalen Grat. Die Bienen fordern von mir ein hohes Maß an Wachheit und Bewusstsein für das, was ich tue. Das ist auch richtig so und veranlasst mich, jedes Jahr erneut meinen Umgang mit den Bienen zu hinterfragen und in Frage zu stellen.

Aber was bedeutet das konkret in Bezug auf die Varroamilbe? Ich denke, wir sind an einem Punkt angelangt, wo wir sagen müssen: Es reicht! Mehr kann den Bienen und dem Imker nicht zugemutet werden. Es braucht einen neuen Weg. Einfach weiter so, ohne Reflexion und Veränderung, das kann es nicht sein.

Wie genau dieser Weg aussehen soll, kann ich selber noch nicht sagen. Nur die Richtung ist mir klar. Wir werden wieder mehr auf die Bienen hören müssen. Insgesamt müssen wir zu einer extensiveren, bienengemäßeren Imkerei kommen.

Leider ist es so, dass die sich in vielen Regionen verschlechternden Trachtverhältnisse uns diesen Weg erschweren. Da müssen wir neben der eigentlichen Imkerei auch gesellschaftlich und politisch aktiver werden. Das ist schon lange mein Credo.

Vieles ist Zukunftsmusik. Was hilft mir in der Gegenwart?

Generell gilt: Lieber weniger, aber besser. Wir müssen den Einsatz der Medikamente reduzieren. Eine chemiefreie Imkerei wäre das Ideal. Der Weg dahin ist allerdings noch weit. Es gilt, die Menge der Wirkstoffe zu reduzieren, mit der Methode zu arbeiten, die die geringste Wirkstoffmenge erfordert und von den Bienen gut vertragen wird. Die Wahl einer guten Applikationsform ist wichtig. An der Ameisensäure wird aktuell, trotz aller Probleme, wegen ihrer guten Wirksamkeit in die Brut hinein kein Weg vorbeigehen.

Daneben muss der Fokus auf die Biene gerichtet werden. Neben einer bienengemäßen Betriebsweise liegt in einer konsequenten Auslese ein großes Potenzial. Züchter können hier wichtige Beiträge leisten. Ich sehe aber im Engagement jedes einzelnen Imkers die größte Chance, Varroatoleranz und varroaresistente Elemente in einer Vielzahl von Bienenvölkern zu fördern und zu forcieren.

Ganz konkrete Möglichkeiten

- Biotechnische Methoden sehe ich kritisch. Es stimmt zwar, dass ich mit dem Ausschneiden der Drohnenbrut den Varroabefall reduzieren kann.

Aber was bedeutet das für das Bienenvolk und für die gesamte Bienenpopulation einer Region, wenn das männliche Element so drastisch reduziert wird? Wie funktioniert dann noch natürliche Selektion? Wir entfernen uns immer mehr vom Natürlichen und die Imkerei wird immer artifizieller. Es fehlen die unendlich vielen neuen Varietäten, die sich in der Auslese bewähren müssten. So wird die Bienenzucht wie viele andere landwirtschaftliche Bereiche genetisch gesehen ärmer und damit auch anfälliger.

- Betrachten wir noch einmal das Einsperren der Königin und die künstlich generierte Brutfreiheit im Spätsommer? Was macht das mit den Bienen? Das Bienenvolk hat eine Vorstellung von seinen Wintervorräten. Gleiches gilt gewiss für die Brut. Warum geht ein Volk mit einer hohen Varroaparasitierung noch einmal massiv in Brut? Weil es den Verlust ausgleichen will. Wie geht es den Bienen, wenn eine ganze Winterbienengeneration verspätet oder wie bei der Brutentnahme doppelt aufgebaut werden muss?
Das sind viele offene Fragen. Diese Methode hat viele Vorteile. Die Anwendung muss aber genau beobachtet werden, um hier die für die Bienen beste Variante auszuwählen. Größe des Käfigs, Zugang der Bienen zur Königin, die Möglichkeit der Eiablage und des Wabenbaus etc. Das sehe ich als wichtige Parameter. Das Verhalten und die Reaktionen der Völker müssen der Maßstab sein.
- Organische Säuren sind ebenfalls ein Problem. Als Imker können wir miterleben, wie die Bienen ringen, um damit klar zu kommen. Nach vielen Jahren mit einem Langzeitverdunster präferieren wir aktuell die Kurzzeitbehandlung, also die Verdunstung der Ameisensäure mittels Schwammtuch. Wir sehen, wie die Bienen leiden. Es gibt Königinnenverluste. Brutschäden sind der Ausdruck einer Stresssituation. Das Mikrobiom des Bienenvolks wird zerstört. Das macht letztlich auch dem Imker keine Freude. Zu viel Oxalsäure kostet ebenfalls Substanz und schädigt den Bienendarm. Das alles sind massive Kollateralschäden. Die Milchsäure ist für die Bienen sehr gut verträglich, aber mit einem massiven Eingriff verbunden. Ebenso die Hyperthermie.

Jeder Imker muss seine Entscheidung selbst treffen. Es gibt keine allgemeingültigen Rezepte, auch wenn immer wieder dieser Eindruck vermittelt werden soll. Man kann nicht schematisch imkern! Ich habe die Probleme, die bei den verschiedenen Wirkstoffen und ihren Anwendungsformen auftreten können, angesprochen. Aktuell geht jedoch kein Weg an einer aktiven Milbenbekämpfung vorbei. Etwas anderes zu propagieren, wäre unseriös. Die Schwammtuch-Methode ist beim Wirkstoff Ameisensäure in meinen Augen aktuell die sicherste Variante.

Fragt mich heute jemand, welche aller Varianten mir am besten gefällt, so muss ich trotz aller Einschränkungen sagen, dass dies das Käfigen der Königin mit dem Jenter Varroastop ist, verbunden mit einer anschließenden Behandlung des brutfreien Volks mit Oxalsäure (entweder träufeln oder sublimieren).

Im Frühjahr würde ich die Hyperthermie dem Drohnenbrutschneiden vorziehen. Das Dilemma, in dem wir stecken, ist offensichtlich.

Was hilft dem Berufsimker?

Wer von und mit den Bienen leben will, ist in einer besonderen Situation. Jeder Verlust bedeutet auch materielle Einbußen. Die Arbeit ist hart und Zeit ist knapp. Im Sommer ist alles dicht gedrängt und gerade im Spätsommer, wenn die Varroabekämpfung ansteht, ist die Erschöpfung beim Imker oft schon weit vorangeschritten. Doch jetzt werden die Weichen für das nächste Jahr und die Überwinterung gestellt. Es heißt, effizient und gut organisiert vorzugehen. Das rechtfertigt aber nicht alles. Respekt und Achtung vor dem Tier, das doch das Einkommen erzeugt, sind wichtig. Liebe zur Imkerei allein reicht nicht. Auch die Kunden haben ein Recht auf eine wahre und gute Geschichte zu dem Honig, den sie essen. Da machen es sich viele Berufsimker zu leicht. So manche Imkerei tritt unter dem Begriff ökologisch und nachhaltig auf, der der Wirklichkeit nicht entspricht.

Die Schwammtuch-Methode, das Käfigen der Königinnen oder die Oxalsäure-Anwendung sind gut in den Berufsimkeralltag zu integrieren. Eine große Völkerzahl ist die Basis für eine gute Selektion durch vielfältige Vergleichsmöglichkeiten.

Was hilft dem Nebenerwerbs- und Hobbyimker?

Zur guten fachlichen Praxis gehört eine solide Varroabekämpfung. Hier sehe ich die gleichen Probleme, wie sie auch für den Berufsimker gelten. Der Hobbyimker ist nicht so starken beruflichen Zwängen ausgesetzt und kann freier agieren. Aber auch hier gilt: Jedes Volk, das durch die Milbe verloren geht, schmerzt. Biotechnik wird oft als harmlos dargestellt, weil sie keine Rückstände verursacht. Tatsächlich aber sind das massivste Eingriffe ins Innenleben eines Volks - seine Körperlichkeit und Integrität. Es gilt, das Dilemma, unter dem wir Imker und die Bienen leiden, erträglich zu gestalten.

Was hilft dem Freizeitimker?

Hier geht es nicht um Völkerzahlen oder Erträge. Das gibt ein großes Maß an Freiheit. Allerdings habe ich ja schon öfter betont, dass ich nicht viel davon halte, nur Bienen in den Garten zu stellen. Wenn man trotzdem füttert und behandelt, sollte man sich im Klaren darüber sein, dass man dadurch auch nicht überlebensfähige Völker am Leben erhält, die in freier Natur vielleicht gestorben wären. Das ist für das Niveau der allgemeinen Vitalität nicht förderlich.

Sehr interessant finde ich den Ansatz, auf die Behandlung zu verzichten. Ein Berufsimker kann sich das nur unter besonderen Umständen erlauben. Man sollte aber wissen, dass das nicht bedeutet, einfach nicht zu behandeln. Mit großer Wahrscheinlichkeit werden die meisten Völker eingehen.

Es gibt auch bei uns in Deutschland einige Imker, die das erfolgreich umgesetzt haben. Wichtig dabei waren Einzelaufstellung weit abseits von anderen Völkern, damit es eben keine Räuberei und Reinfektion gibt. Dazu ein Umgang mit den Bienen, der auf ihren natürlichen Instinkten und Lebensweisen basiert. Natürlich können das auch Berufsimker oder Nebenerwerbsimker praktizieren, nach einer Vorselektion an einem guten Standort. Ich gestehe, dass mir bisher der Mut gefehlt hat, das selbst auszuprobieren. Aber letztlich ist das ein Ziel, auf das wir alle hinarbeiten müssen.

In Österreich arbeiten bereits einige Berufsimker ausschließlich und erfolgreich mit der Hyperthermie. Das setzt allerdings einen hohen zeitlichen Aufwand voraus.

Naturgemäß Imkern durch das Bienenjahr

Welche Pflegemaßnahmen muss ich zu welcher Jahreszeit an meinen Bienen durchführen? Welche Arbeiten sind notwendig und wichtig?

PRAXIS

Imkern im Rhythmus der Bienen

In diesem Kapitel beschreibe ich, in welchem Zustand der Imker seine Bienenvölker zu bestimmten Zeiten im Bienenjahr vorfindet und welche Maßnahmen er ergreifen sollte bzw. manchmal auch muss, um die Bienen erfolgreich zu begleiten und zu pflegen. Die notwendigen Tätigkeiten werden stichpunktartig beschrieben. Die exakte Durchführung sowie die dazu notwendige Ausrüstung werden in jedem der entsprechenden Kapitel im Buch genau beschrieben. Jedes dieser Kapitel kann auch für sich allein gelesen werden.

Imkerliche Tätigkeiten im Juli

Jetzt ist die wichtigste Zeit für eine erfolgreiche Imkerei! Die Sommer- und die Spätsommerpflege beeinflussen entscheidend die Überwinterung der Bienen. Warum ist das so? Einmal aufgrund der biologischen Disposition der Bienenvölker selbst. Ab Mitte Juli/Anfang August werden die langlebigen Winterbienen geboren. Diese sichern das Überwintern des Bienenvolks und garantieren den Anschluss an das Sommervolk im Frühjahr. Ferner gehen jetzt die Bienenzahl und die Brutmenge zurück. Der Befall des Volks mit Varroamilben nimmt hingegen beständig zu. Die Parasitierung schwächt die einzelnen Bienen. Ebenso nimmt die Virenbelastung zu. So kann sich aus der Erkrankung der einzelnen Biene eine Erkrankung des ganzen Volks entwickeln. Die Beobachtung und anschließende Reduktion des Milbenbefalls durch eine aktive Milbenbekämpfung gehören jetzt zu den wichtigsten imkerlichen Tätigkeiten. Zudem spielt die Ernährungssituation des Volks eine Rolle. Der Sommerhonig wurde geerntet und es gilt, die Wintervorräte aufzubauen bzw. zu ergänzen. Daneben darf aber auch die tägliche Versorgung nicht außer Acht gelassen werden. Gerade im Juli und auch August herrscht oft eine Mangelsituation.

Die letzte Honigernte: In der Regel endet nun auch die Tracht. Am besten kann die Trachtsituation mit einer Stockwaage beurteilt werden. Nicht ganz so aussagekräftig sind die Fluglochbeobachtung oder der Bienenflug.

Mithilfe einer Stockwaage lässt sich die Gewichtsveränderung eines Bienenvolks überwachen.

Die letzte Honigernte muss zügig vonstattengehen. Herrscht keine Tracht mehr, so entsteht schnell Räuberei. Das ist der Fall, wenn Völker zu lange geöffnet sind oder Honigwaben herumstehen. Der Einsatz einer Bienenflucht sollte gute fachliche Praxis sein!

Nach dem Schleudern werden die Honigwaben sortiert. Einmal bebrütete Waben werden ausgemustert und eingeschmolzen. Arbeitet der Imker mit Absperrgitter, so bleiben die Honigraumwaben unbebrütet und können in der Regel viele Jahre genutzt werden. Voraussetzung ist allerdings ein Kühlraum oder eine Behandlung der Waben mit Essigsäure, Schwefel oder *Bacillus thuringiensis*, da Reste von Pollen in der Wabe gern von Wachsmotten gefressen werden.

Die Honigernte ist ein guter Zeitpunkt, den Brutraum und den Zustand des Volks zu kontrollieren.

Die Selektion: Daher ist jetzt auch eine gute Zeit zur Selektion! Welche und wie viele Völker sollen in den Winter genommen werden? Völker, die schwach geworden sind oder in denen die Königin kein gutes Brutnest mehr anlegt, werden aufgelöst. Ebenso Völker, die im Vergleich zum Durchschnitt des Bienenstands nur wenig Honig eingetragen haben. In der freien Natur würden diese verhungern. Das Auflösen des Volks geschieht am einfachsten, indem die Bienen vor der Flugfront abgekehrt werden. Sie betteln sich in andere Völker ein. Die Königin fällt zu Boden und stirbt dort. Sie kann aber auch gefangen und getötet werden. Das ist nicht schön, muss aber manchmal leider sein. Schöne Brutwaben werden schwächeren Jungvölkern zugehängt. Diese Waben sollten vorher einer Wärmebehandlung unterzogen werden. Sonst belasten die schlüpfenden Milben das Jungvolk. Alle anderen Waben werden eingeschmolzen.

Der Wintersitz: Wie sollen die Völker eingewintert werden? Einräumig oder auf zwei Räumen wie zum Beispiel im Zander- oder Normalmaß? Auf jeden Fall werden zur Erneuerung des Wabenbaus einige alte Waben gegen Leerrähmchen mit Anfangsstreifen ausgetauscht. Das gilt für den Naturwabenimker. Wer mit Waben auf der Basis von Mittelwänden imkert, ersetzt alte, dunkle Waben durch Mittelwände. Das Brutnest bleibt in jedem Fall kompakt zusammen und wird nicht angetastet. Die neuen Rähmchen werden beidseitig neben dem Bienensitz platziert. Bevorzugt entnommen werden Waben mit einem hohen Anteil an Drohnenzellen. Während der Fütterung werden die neuen Waben meist mit sehr vielen Arbeiterinnenzellen gut ausgebaut.

Wichtig ist es, dem Volk genug Waben bzw. Raum zu lassen, damit das Winterfutter untergebracht werden kann, ohne die Brut zu sehr einzuschränken. Ein gutes Wintervolk besteht aus ca. 10.000 Bienen. 5.000 Bienen sind die Untergrenze für eine gute Überwinterung.

Die Einfütterung: Es ist notwendig, die Bienen mit einem stetigen Futterstrom zum Bauen und Brüten zu motivieren. Als Futtergeschirr setzen wir eine Leerzarge auf. In diese stellen wir die Futterschale. Als Schwimmer verwenden wir Stroh. Wird mit der Fütterung Ende Juli begonnen, so würde ich eine Futterlösung, bestehend aus je einem Teil Zucker und Wasser bevorzugen. Dieses Mischungsverhältnis ist sehr nektarähnlich. Jedes Volk bekommt eine Futtergabe von fünf Litern. Das Futter reichere ich großzügig mit Honig an. Abschöpfhonig gibt es in der Regel in jeder Imkerei. Ein starker Kamillentee macht das Winterfutter »honigähnlicher«. Für diesen Tee fülle ich einen Zehn-Liter-Honigeimer zur Hälfte mit getrockneten Kamillenblüten und gieße mit kochendem

Wasser bis fast zum Rand auf. Der Tee soll längere Zeit ziehen, dann wird er abgeseiht und dem Futter zusätzlich zum Wasser zugegeben.

Eine Fütterung am Abend, wenn die Bienen nicht mehr fliegen, wäre ideal. Jede Fütterung simuliert eine Tracht. Dies animiert die Bienen zur Suche nach Futter. Ist es aber schon dämmrig oder zu kühl, so werden die Bienen bis zum nächsten Morgen damit warten. Dann kann das Futter aber schon aufgezehrt und in den Waben deponiert sein. Die Fütterung wird im Abstand von mehreren Tagen wiederholt. Das Füttern am hellen Tag kann problematisch sein. Natürlicherweise kennen die Bienen eine Fütterung im Stock nicht. Zwangsläufig werden sie herumsuchen. Finden sie dann schwache oder weisellose Völker, werden diese ausgeraubt. Es ist daher sinnvoll, vor Beginn der Fütterung alle Völker dahingehend zu kontrollieren. Man kann also auch tagsüber füttern. Es müssen dann aber alle Völker am Stand gefüttert werden, um bei allen eine Art Alarmbereitschaft auszulösen. Es gilt dabei, sauber zu arbeiten. Passiert ein Malheur, so wird das mit Wasser behoben. Wir haben daher immer einen Kanister mit Wasser dabei.

Gibt es am Stand ein Volk, das nicht so gut ist, und möchte der Imker dieses vor Räuberei schützen, so kann das Flugloch vorbeugend eingeengt werden. Wir nehmen dazu Toilettenpapier und lassen nur eine winzige Öffnung frei. Ist aber Räuberei bereits massiv im Gange, so halte ich es für sinnvoll, das beräuberte Volk ausräubern zu lassen.

Der Varroastatus: Es ist immer gut, über den Varroabefall der einzelnen Völker oder der Imkerei insgesamt Bescheid zu wissen. Zur Diagnose gut geeignet ist die Gemülldiagnose. Dazu wird eine Unterlage unter den Gitterboden geschoben. Die natürlicherweise sterbenden Milben fallen herunter und können nach drei bis vier Tagen ausgezählt werden. Fallen zehn Milben und mehr pro Tag, muss unverzüglich behandelt werden. Der Befall liegt in diesem Fall bereits über der Schadensschwelle. Bei fünf Milben pro Tag kann mit der Behandlung noch gewartet werden. Allerdings muss dann die weitere Entwicklung des Varroabefalls beobachtet werden. Alternative Diagnosemöglichkeiten sind die Puderzuckermethode oder der Varroacheck.

Zur Bekämpfung der Milbe sind die 60-prozentige Ameisensäure, Oxalsäure und Milchsäure zugelassen. Die zuletzt genannten Wirkstoffe töten nur die auf den Bienen ansitzenden Milben. In der Regel halten sich aber 60 bis 80 Prozent der Varroen in der Brut auf. Nur Ameisensäure wirkt auch in die Brutzellen hinein. Das ist der große Vorteil dieser organischen Säure. Die Völker pflegen zu dieser Jahreszeit noch große Mengen an Brut. Daher ist jetzt Ameisensäure der Wirkstoff der Wahl. Zum Ausbringen ist die »Schwammtuch-Methode« gut geeignet. Die Behandlung wird 3- bis 5-mal im Abstand von jeweils drei bis vier Tagen wiederholt.

Gut geeignet sind auch sogenannte Langzeitverdunster. Wir haben viele Jahre mit dem Nassenheider Verdunster gearbeitet. Allerdings bin ich mittlerweile mit der Wirkung der Ameisensäure nicht mehr zufrieden. Die Kollateralschäden sind zu hoch: Schädigungen der Brut, lange Brutpausen (insbesondere bei einer Langzeitbehandlung) und Schädigungen der Königinnen.

Im Moment gibt es nur wenige gute Alternativen. Daher geht an der konservativen Behandlung mit Ameisensäure kein Weg vorbei. Es gilt, sorgfältig zu arbeiten und auch die zur Behandlungszeit herrschenden Außentemperaturen und Wetterverhältnisse zu beachten.

Der bienengemäße Imker ist bestrebt, die Anzahl der Eingriffe zu minimieren und den Stress für die Bienen erträglich zu gestalten: Wichtig ist die Wahl des Wirkstoffs, um einen möglichst hohen Erfolg zu gewährleisten und die Gefahr von Rückständen auszuschließen. Es ist sinnvoll, sich auch mit alternativen Methoden der Varroabehandlung zu beschäftigen. Die Hyperthermie ist eine solche Möglichkeit.

Alternativ können auch biotechnische Methoden angewendet werden. Bewährt ist das Käfigen der Königin über einen Zeitraum von drei Wochen hinweg. Direkt anschließend kann mit Oxalsäure behandelt werden.

Was steht im August an?

Ich ertappe mich jedes Jahr aufs Neue dabei, dass ich mir im August einbilde, mit einem Großteil der Arbeit fertig zu sein. Das ist aber ein Trugschluss, denn es ist immer noch genug zu tun.

Drei Wochen nach dem Einsatz der Ameisensäure sind die letzten Milben geschlüpft, die in den Brutzellen mit der Säure in Kontakt kamen. Nun ist wieder der »normale« natürliche Milbentotenfall aussagekräftig. Mit einer Diagnose sollten der aktuelle Milbenbefall bzw. der Behandlungserfolg überprüft werden. Sollten noch mehr als fünf Milben am Tag fallen, so muss dringend erneut behandelt werden. Es ist sicher sinnvoll, zunächst Ursachenforschung zu betreiben: Lag es am Wetter? Funktionierte die angewendete Methode aus anderen Gründen nicht? Spielte Reinfektion und Räuberei eine Rolle? Manchmal ist darum eine alternative Bekämpfungsmaßnahme angebracht.

Natürlich muss die Fütterung fortgesetzt werden. Werden die Völker jede Woche mit fünf Litern der Futterlösung gefüttert, kann bis Ende des Monats ein Großteil der für den Winter notwendigen Futtermenge von 15 bis 20 Kilogramm verabreicht werden. Gleichzeitig ist auch die Trachtsituation zu beobachten.

Immer wieder fallen jetzt Völker auf, die schwach geworden sind. Es gibt weisellose Völker zum Beispiel als Folge der Ameisensäurebehandlung. Oder die Königin ist alt geworden. Völker ohne Königin müssen neu beweiselt werden. Wichtig ist es, vor dem Zusetzen der jungen Königin die Brutwaben auf Nachschaffungszellen zu kontrollieren. Diese sollten ausgebrochen werden. Es macht nicht viel Sinn, diese schlüpfen zu lassen, denn für eine Begattung der Königin gibt es evtl. schon zu wenige Drohnen.

Soll ein Volk umgeweiselt werden, so ist jetzt ebenfalls ein guter Zeitpunkt. In meinem Mini-Plus-System habe ich genügend Reserveköniginnen aus der Schwarmzeit übrig. Ich suche die alte Königin und sperre sie in einem Käfig ein. Bleibt die alte Königin im Volk, wird dieses keine Nachschaffungszellen errichten. Nach neun Tagen ist die komplette Brut verdeckelt und ich gebe die neue Königin in einem Zusetzkäfig unter Zuckerteigverschluss zu. Die Bienen fressen den Zuckerteig und gewöhnen sich an die neue Regentin. Die alte Königin entnehme ich.

Jungvölker: Jungvölker mit ihren jungen Königinnen brüten länger als Wirtschaftsvölker. Daher können sie immer wieder mit neuen Rähmchen erweitert werden, da sie noch bis Ende September wachsen. Sie werden ebenfalls moderat gefüttert. Ende des Monats kann auch eine erste Ameisensäurebehandlung durchgeführt werden. Je stärker die Völker sind, desto besser vertragen sie die Behandlung. Die Bienen können dann die Brut ausreichend schützen etc.

Auch die Mini-Plus-Völkchen müssen entmilbt werden. Hierfür ist meines Erachtens die Ameisensäurebehandlung nicht empfehlenswert. Die Gefahr von Königinnenverlusten und Brutschädigungen ist zu groß. Besser ist immer ein mehrmaliges Besprühen der Bienen mit Oxalsäurelösung oder der Einsatz der 15-prozentigen Milchsäure.

Was ist zu tun im September?

Alle bereits beschriebenen Tätigkeiten werden im September fortgeführt.

Der Varroabefall kann noch einmal kontrolliert werden. Ab Mitte des Monats, wenn die Einfütterung beendet ist, kann abermals eine Langzeitbehandlung durchgeführt werden. Ist das Wetter noch dazu geeignet, so kann auch 3-mal im Abstand von drei Tagen mit dem Schwammtuch behandelt werden. Ich rate dazu, die Reinfektion nicht zu unterschätzen. Heute herrscht auch bei uns eine hohe Bienendichte.

Natürlich wird auch die Fütterung fortgesetzt. Im Idealfall sollten die Völker ab Mitte September fertig eingefüttert sein. Ich empfehle, jedes Volk zu wiegen, um den individuellen Futterbedarf zu ermitteln. Jetzt kann auch mit einer dickflüssigeren Futterlösung - drei Teile Zucker, zwei Teile Wasser - gefüttert werden. So wird die richtige Menge Zucker schnell im Volk untergebracht. Es empfiehlt sich, abschließend noch einmal zu wiegen. Damit ist dann die Fütterung auch im Kopf des Imkers abgeschlossen.

Gab es eine späte Tracht, zum Beispiel aus der Weißtanne, und sind die Völker noch stark genug für die Einwinterung, so geht die Auffütterung in diesem Fall mit fertigem Futtersirup auf Invertzuckerbasis sehr schnell. Die Vorinvertierung spart dem Volk viel Kraft und Arbeit.

Immer wieder werden in diesem Monat Völker zurückbleiben, sei es in der Volksstärke oder sie zeigen Schwächungen durch eine schlechte oder zögerliche Futterabnahme. Diese Völker werden nicht weitergefüttert und Ende September nach der Ameisensäurebehandlung mit anderen Völkern oder Jungvölkern vereinigt. Gut geeignet ist dazu die Vereinigung mithilfe von Zeitungspapier.

Der September ist eine gute Zeit zum Umweiseln - alte Königin raus, neue Königin rein (Käfig mit Zuckerteigverschluss). Die restlichen Mini-Plus-Völkchen werden bis Mitte des Monats zu »Wintereinheiten« vereinigt und großzügig aufgefüttert.

Imkerei und Urlaub - geht das?

Für einen Berufsimker würde ich das für den Spätsommer verneinen. Zu sehr hängt sein wirtschaftlicher Erfolg mit den jetzt erforderlichen Arbeiten zusammen. Zudem wird es noch genug Honig und Schleuderarbeit geben. Ansonsten ist es gut möglich, auch im Sommer in Urlaub zu fahren. Voraussetzung ist, vorher eine wirksame Varroabekämpfung durchzuführen. Ein ordentlicher Futtervorrat sollte bereits von den Völkern eingelagert sein. Gerade bei einer Langzeitbehandlung mit Ameisensäure bieten sich als Urlaubszeit anschließend drei Wochen an. Eine Fütterung mit Zuckerteig, entweder fertig gekauft oder selbst produziert, ist eine ideale Fütterungsvariante. Der permanente Futterstrom tut den Bienen gut. Werden zehn Kilogramm Teig bis zum 10. August gegeben, so ist diese Futtermenge bis Ende des Monats in Winterfutter umgewandelt. Die Völker strotzen dann vor Kraft und Wohlbehagen.

Jungvölker brüten und entwickeln sich anders als Wirtschaftsvölker. Hier kann ruhig noch bis Ende September/Anfang Oktober gefüttert werden. Wird es dann zu kühl, nehmen die Bienen das Futter nicht mehr ab.

Überschüssiges Futter kann mittels ätherischer Öle und einer Milchsäuregärung gut haltbar gemacht werden.

Imkern im Oktober

Nun neigt sich die Imkerarbeit endgültig dem Ende zu. Die Bienensaison ist anstrengend. Ich fahre erst jetzt in Urlaub.

Gegen Ende des Monats kann es bereits die ersten Fröste geben. Es wäre gut, wenn jetzt die Mäusegitter schon an den Fluglöchern angebracht sind.

Was steht im November an?

Die Völker sind nun sicher brutfrei. Nach der ersten Frostperiode über einige Tage hinweg kann der Imker sicher sein, dass die Königin endgültig aus der Brut geht. Die spät blühenden Zwischenfrüchte machen uns hier das Leben schwer. Die Völker bleiben lange in Brut und die Varroamilbe vermehrt sich beständig. Im Jahr 2013 dauerte es hier bis Anfang Dezember, bis die blühenden Felder mit Senf und Rübsen abfroren.

Drei Wochen nach dieser Frostperiode ist die letzte Brut geschlüpft und das Volk brutfrei. Nun kann behandelt werden. Ameisensäure funktioniert nicht, es ist zu kalt. Jetzt sind Oxalsäure und Milchsäure die Mittel der Wahl. Werden die Wirkstoffe direkt auf die Waben und die dort befindlichen Bienen gesprüht, so sollten Temperaturen über dem Gefrierpunkt, besser über 5 °C herrschen, da alle Völker geöffnet und die Waben gezogen werden müssen. Mit dieser Methode bekommt man zusätzlich einen guten Eindruck vom Zustand der eigenen Bienen.

Wird geträufelt, so gilt, je kälter desto besser, weil dann die Bienen sehr fest und eng in der Wintertraube sitzen und alle Bienen mit dem Wirkstoff in Kontakt kommen. Der Imker bekommt ebenfalls einen guten Eindruck von der Volksstärke – weisellose Völker werden sofort entdeckt: Sie brausen und sitzen nicht fest. Sie können jetzt an einem

Rezept für etwa 100 Liter milchsaures Futter
nach Andreas Schulz

Für die Futterlösung 60 kg Zucker und 40 l Wasser (3:2) mischen (alternativ 1:1).

Für den Kräutertee je 90 g getrocknete Lavendel-, Rosmarin-, Löwenzahn- und Kamillenblüten mit 4 l heißem Wasser übergießen, ziehen lassen und abseihen.

Für den Schachtelhalmsud 90 g Ackerschachtelhalm in einem Topf mit 1 l kaltem Wasser ansetzen, erhitzen und 30 Minuten kochen lassen, dann abseihen.

Zubereitung: 1 kg Blütenhonig, 500 ml Brottrunk, den Tee sowie den Sud zur Futterlösung geben und gut durchmischen, sodass Luft eingearbeitet wird. Täglich einmal durchmischen, damit die milchsaure Gärung in Gang kommt (Schaumbildung). Bei Gärungsende (keine Schaumbildung mehr) je 5 ml ätherisches Thymian-, Lavendel- und Rosmarinöl zusetzen sowie 1 Prise Salz.

Das milchsaure Futter ist mindestens ein Jahr haltbar.

wärmeren Tag mit einem weiselrichtigen Volk gut vereinigt werden.

Das Ziel einer naturgemäßen Imkerei sollte die Reduktion der Eingriffe und der Wirkstoffmengen sein. Oxalsäure belastet die Bienen und kann im Bienendarm Nekrosen verursachen. Es wäre daher zu überlegen, ob nicht auf eine Winterbehandlung verzichtet werden könnte. Diese dient nur noch einer Restentmilbung, um dem Volk den Start im neuen Jahr zu erleichtern und die Schadensschwelle im Sommer hinauszuschieben. Noch vor einigen Jahren galt es als Unding, die Völker im Winter zu stören. Heute werden bedenkenlos die Deckel geöffnet und die Bienen mit einer starken Säure übergossen. Angeblich macht das nichts, weil es ja keine Wärmeverluste gibt. Die Völker pflegen ja keine Brut. Ob das alles so stimmt? Evtl. wäre es sinnvoller, statt einer Winterbehandlung im Frühjahr eine Wärmebehandlung der verdeckelten Brut durchzuführen.

Die Winterzeit - Ruhezeit für den Imker

Mir persönlich gefällt der Rhythmus zwischen hoher Anspannung im Sommer und einer Pause im Winter gut. So bekommt man den Kopf frei. Es ist daher sinnvoll, den Winter zur Weiterbildung zu nutzen. Jetzt ist eine gute Gelegenheit, das Bienenjahr Revue passieren zu lassen. Mit etwas Abstand können Fehler erkannt und behoben werden.

Honig zu einem angemessenen Preis zu verkaufen, ist schwieriger, als ihn zu ernten. Daher sollte sich jeder Imker über seine Vermarktung Gedanken machen. Ohne Webshop geht heute fast nichts mehr. Hier würde ich empfehlen, sich nicht darauf zu beschränken, die eigenen Honigsorten anzupreisen. Das tun ja schließlich alle anderen Konkurrenten ebenso. Nach meinen Erfahrungen hat es sich bewährt, über eigene echte Aktivitäten zu berichten. Oder zum Beispiel die eigene Beziehung zu den Bienen zu beschreiben. Eine spannende Imkerbiografie wird immer gelesen. Solche »Geschichten« finden ein positives Echo und schaffen eine Verbindung zwischen Produzent und Honigkunden. Dass die Honigqualität und der Geschmack stimmen müssen, ist selbstverständlich. Nur mit anhaltender Qualität entwickelt sich eine Stammkundschaft. Diese ist eine wichtige Säule des Honigverkaufs. Wenn der Webshop gut läuft, so verkauft man darüber so viel Honig wie ein guter Laden. Das ist meine Erfahrung. Gut ist es auch, mehrere Honigsorten anzubieten, nicht nur Blütenhonig und Sommerblütenhonig bzw. Waldhonig. Natürlich müssen die Sortenbezeichnungen stimmen. Es ist aber auch nicht verkehrt, eigene Namen für die jeweiligen Honige zu entwickeln. Wald- und Wiesenhonig ist eine schöne Beschreibung für einen Sommerhonig, rechtlich aber vollkommen unverbindlich. Imkerfreunde von mir bieten einen Waldlichtungshonig an. Auch dies ist ein schöner Name für eine Honigsorte.

Was ist zu tun im März?

Nach dem intensiven Sommer bin ich der Bienen oft überdrüssig. Da kommt der Winter gerade recht. Allerdings kribbelt es dann im Frühjahr wieder gewaltig und die Lust und die Neugierde auf die Bienen steigt. Der Reinigungsflug, den die Bienen bei Temperaturen über 10 °C durchführen, ist immer wieder ein Ereignis und eine Freude. Den Zustand der Völker kennen wir ja durch die Winterbehandlung. Aber diese Lebensfreude und Vitalität direkt wieder zu erleben, ist etwas ganz anderes!

Völker, die an diesen Tagen nicht fliegen, könnten tot oder stark geschwächt sein. Hier gilt es, Nachschau zu halten. Tote Völker werden abgeräumt, sonst kann es später Räuberei geben. Zumindest sind die Fluglöcher zu verschließen. Die räubernden Völker könnten sich an Krankheiten anstecken. Zu Hause werden die Waben, die meist noch mit Futter gefüllt sind, inspiziert, und es wird Ursachenforschung betrieben. War die Varroamilbe für den Bienentod verantwortlich, so wird die Beute bienenleer sein. Es sind jedoch noch volle Futterwaben vorhanden. Diese können problemlos aufbewahrt und als Futterwaben für Notfälle oder zur Jungvolkbildung eingesetzt werden. Die durch Virosen oder die Varroa kurzlebigen Bienen haben den Stock verlassen und sind draußen gestorben – eigentlich eine sinnvolle Verhaltensweise.

Wintertraube auf Wabe mit schönem Futtervorrat.

Anders verhält es sich, wenn das Volk an einer anderen Bienenkrankheit, wie Ruhr oder Nosema, eingegangen ist. Hier werden sowohl die Beute als auch die Waben verkotet sein. Die Beute ist mit einer Lötlampe abzuflammen und so zu desinfizieren. Die Waben können entdeckelt und das Futter geschleudert werden. Die leeren Waben werden eingeschmolzen. Um Keine abzutöten, muss das Futter gut erhitzt werden. Achtung: Ein hoher HMF-Gehalt kann auf Jungbienen toxisch wirken.

Es wird schwache Völker geben, die aber sonst einen guten Eindruck machen – das Brutnest ist klein, aber geschlossen. Die Eiablage ist in Ordnung, das heißt, es findet sich jeweils nur ein Ei pro Brutzelle. Diese Völkchen werden auf die Zahl der besetzten Waben eingeengt, sofern sie erhalten werden sollen. Sollen sie aufgelöst werden, werden die Bienen einem anderen Volk zugekehrt.

Ich bin kein Freund von vorschnellen Urteilen. Manche Völker haben noch eine Chance verdient. Vor allem dann, wenn wir nicht wissen, woher die Schwächung resultiert. Es wird immer Jahre geben, in denen manche Völker bereits im zeitigen Frühjahr still umweiseln. In der Sommertracht überzeugen solche Völker fast immer. Es wäre unnatürlich, wenn alle Völker am Stand auf dem gleichen Entwicklungstand wären. Natürlich träumt der Imker von einer solchen Situation. Um diese künstlich zu generieren, werden die Völker durch das Zuhängen oder die Entnahme einer Brutwabe ausgeglichen. Ich lehne das ab, da es das Potenzial, das in den Völkern steckt, überdeckt. Diversität reduziert das Risiko für die gesamte Bienenpopulation einer Region. Werden die Völkchen stark eingeengt, so sollten sie einen leichten Zugang zu den Futterwaben behalten. Diese werden hinter dem Schied platziert.

Früher legten wir unsere Frühjahrsrevision auf den Zeitpunkt der Salweidenblüte. Heute bin ich großzügiger. Allerdings würde ich nicht schon im Februar die Völker stören wollen. Anhänger der Betriebsweise des eingeschränkten Brutraums empfehlen bereits eine Nachschau Mitte/Ende Februar. Dabei beschränken sie den für das Volk verfügbaren Raum auf die Anzahl der von der Wintertraube besetzten Waben. Als Begründung wird angeführt, dass die Völker damit bereits die Größe des Brutnestes im Sommer vorwegnehmen. Ich halte das für Unsinn - eine rein menschliche Interpretation bzw. Legitimation einer Intensivimkerei.

Wie gesagt: Um den Zeitpunkt der Salweidenblüte, in der Regel um den 20. März herum, kontrollieren wir unsere Bienenvölker. Wenn sie Brut pflegen, ist das Volk in Ordnung. Es kann sinnvoll sein, den von Bienen besetzten Raum temporär einzuengen - zumeist auf die Brutwaben plus zwei Randwaben. Das erleichtert den Bienen die Warmhaltigkeit des Brutnestes auch bei wechselhaftem Wetter, wie es um diese Jahreszeit oft der Fall ist. Sukzessive kann später entsprechend der Zahl der besetzten Waben erweitert werden. In manchen Jahren reichen den Völkern bereits sechs bis sieben Zadantwaben als Brutnest.

Wichtig ist natürlich, die Futterversorgung im Auge zu behalten. Es zahlt sich jetzt aus, wenn im Spätsommer großzügig eingefüttert wurde. Im Frühjahr Futter im Volk unterzubringen, ist oft nicht einfach. Für eine gute Abnahme des gereichten Futters kann es oft zu kalt sein. Bewährt hat sich das Zuhängen von verdeckelten Futterwaben direkt neben die erste Brutwabe. Diese kann aufgeritzt werden, dann nehmen die Bienen das Futter sofort an. Eine gefüllte Futtertasche neben das Brutnest gehängt, wird auch gut angenommen.

Bei einer guten Spätsommerpflege machen die Bienen im Frühjahr eigentlich alles selbst. Das spart gerade für das Frühjahr Arbeit und Nerven.

Wurde auf die Winterbehandlung verzichtet, so können an einem warmen Tag die verdeckelten Brutwaben mit Wärme, also Hyperthermie, behandelt werden. Damit habe ich gute Erfahrungen gemacht.

Imkern im April

Im März bahnt sich in Form, Gestalt und Dynamik des Brutnestes schon an, was dann im April zur vollen Entfaltung kommt. Es ist auch für alte Imkerhasen immer wieder beeindruckend, wie sich die Vitalität nun Bahn bricht. Zunächst jedoch steht eine kleine Ernüchterung an. Zur Salweidenblüte scheinen die Völker oft stärker zu sein als es dann Anfang April tatsächlich der Fall ist. Das liegt am Generationenwechsel zum Sommervolk. Zunächst sterben mehr Bienen, als neue geboren werden. Das ändert sich aber schnell wieder und die Völker verdoppeln Brutmenge und Bienenzahl im vierwöchigen Rhythmus.

Solche Völker brauchen nicht viel mehr Pflege als ab und an eine Nachschau. Ebenso eine Erweiterung für den Fall, dass sie im März eingeengt wurden. Jetzt ist Musik im Volk! Das macht Freude. Natürlich trennt sich jetzt endgültig die Spreu vom Weizen. So manche Völker bleiben definitiv auf der Strecke. Das macht aber nichts. Diese Völker laufen mit, füllen im Raps oft noch einen Honigraum. Nach der Ernte des Frühjahrsblütenhonigs werden sie entweiselt, neun Tage später in Ableger aufgeteilt und mit einer Mini-Plus-Königin oder einer Schwarmzelle versehen. Im letzteren Fall kann die Schwarmzelle direkt im Anschluss an das Ausfangen der »schlechten« Königin gegeben werden.

Bei den Trachtvölkern stellt sich nun die Frage: Wann gebe ich den ersten Honigraum? Früher wurden, um die Besiedelung des Honigraums zu beschleunigen, ein bis zwei Brutwaben mit Bienen (jedoch ohne Königin!) nach oben gehängt. Waren die Völker aber noch zu klein, so verkühlte oft die Brut bzw. die Bienen wurden gezwungen, diese

Brut mit zu erwärmen. Das ist Stress. Da wir im Honigraum ein anderes Wabenmaß als im Brutraum haben, können wir gar nichts umhängen. Das ist auch gut so. Wir geben den Honigraum dann, wenn alle Wabengassen im Brutraum gut besetzt sind. In der Regel liegt dieser Zeitpunkt um den 20. April herum. Alternativ werfen wir einen Blick in den hohen Unterboden: Hängen die Bienen durch oder bauen gar schon Wildbau, so kann der Honigraum problemlos gegeben werden. Wir arbeiten zu dieser Zeit nur mit bereits ausgebauten Honigwaben. Das Wetter spielt in unseren Überlegungen keine Rolle. Die Bienen besiedeln aus eigenem Impuls den Honigraum, wenn die Tracht einsetzt und Platz für den frischen Nektar gebraucht wird.

Die Bienen hängen in den hohen Boden durch.

Bei einem massiv eingeschränkten Brutraum wird der Honigraum deutlich früher gegeben. Allein aus Platzgründen werden die Bienen ihn früh annehmen. Das ist ja auch die imkerliche Absicht. Denn der Honigertrag soll dadurch erhöht werden. Das kann aber auch in die Hosen gehen, wenn die Witterung kühl ist und das Volk nur wenige Bienen für die Pflege des Honigs erübrigen kann. In diesem Fall wird der Wassergehalt des Honigs zu hoch sein.

Das Wunder der Volksdynamik liegt in der Pflegeleistung der Ammenbienen begründet. Eine Ammenbiene kann bis zu 20 Brutzellen und mehr versorgen. Gerade Anfang April, wenn plötzlich die Anzahl der Bienen abzunehmen scheint, findet der Imker komplette Waben mit offener Brut, auf denen relativ wenige Ammenbienen zu sehen sind. Diese versorgen die gewaltige Zahl der in den Zellen heranwachsenden Jungbienen.

Der Raps beginnt in meiner Region Ende des Monats bzw. Anfang Mai zu blühen. Nun bekommt jedes Trachtvolk den zweiten Honigraum. Dieser wird einfach auf den ersten, der dann schon gut besetzt und mit frischem Nektar gefüllt ist, aufgesetzt. Nun können auch die ersten Mittelwände gegeben werden.

In der absperrgitterfreien Völkerführung wird die Brut in den Honigraum hochwandern. Das Brutnest folgt der aufsteigenden Wärme. Durch eine anhaltend gute Tracht kann es wieder in den eigentlichen Brutraum zurückgedrängt werden. Allerdings ist bei der Honigernte auf mögliche Brutwaben im Honigraum zu achten. Diese werden den Völkern belassen.

Was ist im Mai zu tun?

Der Wonnemonat Mai sorgt nicht nur für Freude, sondern führt uns Imker oft genug an unsere Grenzen.

In vielen Regionen ist die Frühtracht zugange, vor allem aus dem Raps. Das ist unsere wichtigste und sicherste Tracht. Natürlich ist der Raps eine Monokultur und vom Aspekt der Pflanzenschutzmittel und möglicher Rückstände her betrachtet, nicht unproblematisch. Ich erlebe den Raps mit einem lachenden und einem weinenden Auge. Die deutsche Imkerei wäre ohne Raps in einem armseligen Zustand! Auch die Bienen genießen diese Fülle und reagieren darauf mit enormem Fleiß und einer tollen Volksentwicklung. Auch schwächere Völker kommen oft genug durch diese Tracht in Schwung. Folgt allerdings keine Sommer- oder Waldtracht, so nützt ihnen das nichts.

Es gilt nun, die Trachtentwicklung im Auge zu behalten und vorausschauend, manchmal auch großzügig aufzusetzen. Im Raps kann es enorme Tageszunahmen geben. Mit der Konsequenz, dass jede Woche ein weiterer Honigraum aufgesetzt werden muss. Die Stockwaage gibt hier genaue Auskunft.

Verfügt die eigene Imkerei über keine derartige Ausrüstung, so sollte jede Woche ein Blick in die Völker geworfen werden – Blitzrevision. Ein Blick in den oberen Honigraum genügt. Ist dieser gut besetzt und die Waben zu zwei Dritteln mit Honig gefüllt, so kann erneut eine Aufsatzzarge gegeben werden.

Es sollte immer genügend Leerraum für weitere Tracht zur Verfügung stehen. Die Bienen sollten nicht gezwungen sein, den frisch eingetragenen Nektar dauerhaft im Brutraum zu lagern. Akute Raumnot kann Schwarmstimmung auslösen.

So kann die Erweiterung mit den zu dieser Zeit notwendigen Schwarmkontrollen verbunden werden. Jetzt ist auch natürlicherweise die Zeit der Vermehrung und Verjüngung. Egal wie man mit dem Schwarmtrieb umgehen möchte, sollte man Bescheid wissen, wie es in den Völkern aussieht. Ein Teil der Völker will sich vermehren, der Rest nicht. Das gilt es herauszufinden.

Wie geht man vor? Im Abstand von neun bis zehn Tagen werden die Völker kontrolliert. Dabei werden die Brutwaben auf das Vorhandensein von Weiselzellen begutachtet. Sind diese vorhanden, kann mit ein wenig Erfahrung der ungefähre Zeitpunkt des Schwärmens vorausgesagt werden.

Sollen die Bienen schwärmen dürfen, sollte um diesen Stichtag herum der Bienenstand genauer beobachtet werden. Der Vorschwarm wird in den Mittagsstunden ausziehen. Kann der Schwarmakt direkt beobachtet werden, so kann man den Schwarm einfangen und es ist klar, woher er stammt. In diesem Volk fällt acht Tage später noch mindestens ein Nachschwarm.

Tätig werden muss der Imker auf jeden Fall, kurz bevor die ersten Schwarmzellen verdeckelt werden. Danach wird ein Vorschwarm ausziehen. Eine gute Möglichkeit besteht in der Schwarmvorwegnahme oder in der Erstellung eines Fluglings. Acht Tage später werden im Restvolk die neuen Königinnen schlüpfen.

Wer Nachzuchten aus Schwarmköniginnen generieren will, muss vorher die Königinnenzellen ernten. Diese können im Brutschrank oder direkt in weisellosen Mini-Plus-Völkchen oder in Ablegern schlüpfen. Die Ableger werden durch Aufteilung der Restvölker gebildet. Nach der Frühtracht können auch unbefriedigende Völker aufgelöst und zu Ablegern aufgeteilt werden. Es gibt viele gute Möglichkeiten, sich in den natürlichen Rhythmus der Bienenvölker einzuklinken und den Schwarmtrieb produktiv für die eigene Imkerei zu nutzen.

Imkern im Juni

Der Juni ist unser Erntemonat! Die Rapsblüte dauert mindestens drei Wochen. Somit steht Anfang des Monats die Ernte der Frühtracht an. In Jahren, die sich durch eine verzögerte Volksentwicklung auszeichnen, sind die letzten Tage der Rapsblüte besonders ertragreich. Das liegt aber weniger am Raps selbst, als am Erstarken der Völker.

Ich halte es für wichtig, einige Tage nach dem Ende der Blüte den Wassergehalt des Honigs zu prüfen. Hierzu leistet ein Refraktometer gute Dienste. Ein Wassergehalt von 18 Prozent ist fast zu hoch. Dieser Honig ist meist nur ein Jahr haltbar. Die Spritzprobe oder das Vorhandensein verdeckelter Honigwaben erweckt oft einen falschen Eindruck über die Honigqualität. In einer kleinen Imkerei können die Honigwaben abgekehrt werden. Für die Bienen - und den Imker - bedeutet das Stress. Wir bevorzugen Bienenfluchten. Das ist für die Bienen und den Imker entspannter. Gibt es bereits bei dieser Ernte Räuberei, so ist an diesem Standort nicht mehr viel zu erwarten. Die Bienen wissen das!

In den meisten Regionen Deutschlands ist die Frühtracht die Haupttracht. In wärmeren Regionen, wie dem Rheintal, oder in Brandenburg oder Sachsen gibt es noch eine Robinien- bzw. anschließend eine Lindentracht.

Süddeutschland war früher vor allem ein Waldtrachtgebiet. Hier beteiligen wir uns an den Waldtracht-Beobachtungen. An jedem unserer Waldtrachtstände steht ein Waagvolk. Die Entwicklung der Läuse auf Fichten und Weißtannen ist eine interessante und lohnende imkerliche Zusatzbeschäftigung. Eine Tracht aus der Weißtanne bahnt sich langsam an. Die Lauspopulationen wachsen langsam. Die Fichtentracht hingegen kann sehr spontan und überraschend einsetzen. Hier ist die Entwicklung der Honigtauerzeuger sehr dynamisch. Natürlich ist die Waldtracht auch wetterabhängig. Allerdings stimmt es nicht, dass sie nach einem starken Regenguss zum Erliegen kommen würde. Sind genug Läuse vorhanden und ist deren Entwicklungszyklus mit dem Wachstum der Maitriebe der Fichten korreliert, so wird die Tracht bei schönem Wetter weitergehen. Im Wald kann es ebenfalls hohe Tageszunahmen geben. Die Waben sind dann prall mit dunklem, würzigem Honig gefüllt. Da strahlt der Imker. Honigtau hat meist einen wesentlich geringeren Wassergehalt als Blütenhonig. Das kann bei der Honigernte zu Problemen beim Sieben führen. Dank der hohen Tageszunahmen kann nun auch die Gewinnung von Wabenhonig bzw. Scheibenhonig interessant sein. Das ist ein begehrtes, feines Produkt.

Zur weiteren Ernte gehören für mich auch die Schwärme und die Jungvölker. Schwarmzeit ist immer auch natürliche Vermehrungszeit. Diese sollte der Imker nutzen. Mit der Natur geht alles viel leichter. Wurden noch nicht genügend Jungvölker gebildet, so ist bis zur Sommersonnenwende genug Zeit. Danach stellen sich die Völker auf die Vorbereitung des Winters ein. Evtl. gibt es noch schwarmlustige Nachzügler. Es können aber Völker, die unseren Erwartungen nicht entsprechen, noch aufgeteilt und mit Weiselzellen bzw. begatteten Königinnen versehen werden. Gerade stechlustige oder sogar aggressive Völker bieten sich für eine Umweiselung an.

Wird zur Honigernte eine Bienenflucht benutzt, so hängen an deren Unterseite in der Regel viele Bienen. Ist keine Tracht mehr zu erwarten, so können damit Kunstschwärme gebildet werden. Je nach »Bienenbesatz« machen wir aus den Bienen von drei bis vier Fluchten je einen Kunstschwarm. Um diese Zeit geht das auch gut mit Naturwabenbau.

Zukunftsperspektiven

Wie geht es weiter mit der Imkerei? Hier ist sicher die Varroa-Frage für uns Imker zentral. Es gibt interessante neue Entwicklungen. Tatsächlich bin ich aber davon überzeugt, dass die Auseinandersetzung mit der Milbe uns noch lange Zeit in Anspruch nehmen wird.

Wohin entwickelt sich die Imkerei?

Und die Imkerei bewegt sich doch! Nach Jahren der Fokussierung auf die Vernichtung der Milbe erleben wir nun einen Paradigmenwechsel: Eine Koexistenz von Milbe und Bienenvolk scheint möglich. Interessant finde ich, dass uns die Bienen diesen Weg aufgezeigt haben.

Über den Tellerrand hinausgeschaut!

Wie ab Seite 17 über die Biene als politisches Tier geschrieben, interpretiere ich meine Arbeit als Imker als eine Tätigkeit, die weit über die reine Imkerei hinausgeht. So habe ich mich unter anderem in der Arbeit des »Netzwerks Blühende Landschaft« engagiert. Mit der Gründung dieses Aktionsbündnisses im Jahr 2003 wollten wir die öffentliche Aufmerksamkeit auf die Verarmung der Landschaft und die Not der Insekten richten. Bei dieser politischen Arbeit konnte ich ein damals für mich überraschendes Phänomen beobachten: Es genügte nicht, wenn ich als Betroffener ein Problem als wirklich dringlich erlebte und mich intensiv für eine Lösung engagierte. Nur selten gelang es, in kurzer Zeit die Öffentlichkeit dafür zu interessieren und gemeinsam mit Politikern und anderen Akteuren eine Lösung herbeizuführen. So konnte ich durch die Bienen lernen, wie Politik funktioniert und was es dazu braucht, erfolgreich aktiv zu werden. Notwendig ist vor allem ein langer Atem – nach meiner Beobachtung dauert es in der Regel ca. zehn Jahre (!), bis ein Thema in der Öffentlichkeit »ankommt«. Meist dauert es noch wesentlich länger, bis es dann – wenn überhaupt – de facto zu Veränderungen kommt. Das macht politische Arbeit mühsam und unbefriedigend.

Tatsächlich ist es aber in vielen Bereichen nicht anders. Alles braucht seine Zeit. Es kann oft lange dauern, bis ein Problem als solches wahrgenommen wird. Bis dann eine Akzeptanz bzw. ein Bewusstsein entsteht, dass es dringend einer Lösung bedarf, vergeht noch einmal viel Zeit. Erst dann beginnt eine umfassende Suche nach der Lösung. Bis dahin sind es vorwiegend Pioniere, die sich mit diesem Thema beschäftigen. Deren Erkenntnisse sind dann allerdings die Basis, auf der die weitere Arbeit aufbauen kann.

Wir müssen gar nicht über den von unserem Alltag weit entfernten politischen Bereich klagen. Auch in unserer Imkerwelt können wir erleben, dass viele Beobachtungen, Entwicklungen lange Zeit brauchen, bis sie an der breiten Basis ankommen. Die Wahrnehmung und der Umgang der Imkerschaft mit der Varroamilbe ist ein gutes Beispiel dafür.

Umgang mit der Varroamilbe

Als um das Jahr 1980 die ersten Varroamilben in Deutschland entdeckt wurden, herrschte zunächst eine Art Schockstarre unter den Imkern. Schnell wurde die Wirksamkeit chemisch-synthetischer Medikamente gegen die Milbe, wie Folbex VA neu oder Perizin, bekannt. Bald darauf wurde auch die Wirksamkeit organischer Säuren gegen die Milbe beobachtet. Das entspannte die Lage ein wenig. Da die Milbe von einer anderen Bienenart, *Apis cerana*, auf *Apis mellifera* übergewechselt war, besaßen unsere Bienen zunächst keine Abwehr- und Verteidigungsmechanismen gegen diesen Parasiten. In Asien hingegen hatte sich ein Gleichgewicht zwischen dem Wirt und seinem Parasiten herausgebildet. Dadurch können beide miteinander koexistieren. Nach unserem damaligen Verständnis von Evolution würden sich solche Gleichgewichtsprozesse nur in sehr langen Zeiträumen entwickeln. So akzeptierten wir Imker die Tatsache, dass Ähnliches wie in Asien bei uns allenfalls nach einem sehr langen Anpassungsprozess möglich sein könnte – wenn überhaupt. Deshalb fand

Bienenstand mit der varroaresistenten *Apis mell.* Lamarckii in der Nähe von Kairo.

sich die Mehrheit der Imker – mich eingeschlossen – zunächst damit ab, dass zukünftig die permanente Bekämpfung der Varroamilbe mit Medikamenten einen wichtigen Bestandteil der imkerlichen Tätigkeit ausmachen würde. Varroabekämpfung als Dauerlösung sozusagen. »Getröstet« fühlten wir uns durch die Einsicht, dass ohne Varroabekämpfung unsere Völker spätestens nach drei Jahren eingehen würden. Insgeheim hofften natürlich alle Imker weltweit auf die Entdeckung eines Wundermittels, das es uns ermöglichen würde, uns wieder beruhigt in unsere Idylle zurückzuziehen. Nur so lässt sich in meinen Augen die Euphorie erklären, die die Entdeckung der Wirkung von Lithiumchlorid auf die Milbe unter den Imkern auslöste. Die Wirklichkeit hatte diese Euphorie allerdings recht bald wieder zugunsten einer realistischen Einschätzung eingeholt.

Generell dominierte eine Art Fatalismus die imkerliche Einstellung gegenüber Varroa. Belastend war, dass die Milbe immer häufiger und intensiver bekämpft werden musste. Die Dauerlösung entwickelte sich zu einer eskalierenden Bekämpfungsspirale, was den wenigsten Imkern bewusst war. Mittlerweile befinden wir uns in einer ähnlichen Situation wie die konventionelle Landwirtschaft: Die Bekämpfung des Parasiten wird immer radikaler – mit ungewissem Ausgang. Ich sehe innerhalb dieses Systems jedenfalls kein Ende der Entwicklung.

Aber – wie so oft im Leben – öffnen sich gerade in aussichtslos erscheinenden Situationen neue Horizonte. Seit Jahren mehren sich Nachrichten darüber, dass auch Völker der Europäischen Honigbiene *Apis mellifera* mit der Varroamilbe leben und überleben können. Eigentlich sind diese Fakten schon lange bekannt. Sie wurden aber bis vor Kurzem kaum wahrgenommen. Mittlerweile sind sie jedoch in der Mitte der Imkerschaft angekommen. Ich erlebe vor allem auch bei engagierten Königinnenzüchtern ein Umdenken, das letztlich darauf ausgerichtet ist, aus dem bisherigen System auszubrechen und einen neuen Weg einzuschlagen – hin zu einer behandlungsfreien Imkerei.

Lange, lange hat es gedauert! Ich erinnere nur an die von mir erwähnten zehn Jahre. Die immer aufwendigere Milbenbekämpfung, die sichtbaren Schädigungen an den Bienenvölkern selbst und die trotz aller Maßnahmen immer noch immens hohe Ausfallquote haben bewirkt, dass die Imker bereit und offen sind für neue Wege. Es liegt jetzt an uns, diesen Weg erfolgreich weiterzugehen.

Die Bienen weisen den Weg

Spannend finde ich die Tatsache, dass es die Bienen selbst sind, die uns zeigen, wohin es in Zukunft gehen könnte. Bienen sind schon ganz besondere

Tiere! Ich fühle mich dadurch in meiner Ansicht bestärkt, dass es letztlich darauf ankommt, die Bienen genau zu beobachten, zu befragen und kennenzulernen. Wir Imker haben eine Beziehung zu unseren Bienen. Das Bienenvolk begegnet uns als ein echtes Gegenüber. Auf dieser Grundlage sollten wir über alle imkerlichen Betriebsweisen nachdenken und diese weiterentwickeln. Schließlich zeigt uns dieses Tier, wie es ihm geht und was es braucht. Es hat meines Erachtens jedes Recht, in seiner besonderen Art wahrgenommen und entsprechend seiner Bedürfnisse behandelt zu werden. Das ist die moralische bzw. ethische Basis der naturgemäßen Imkerei. Diese Haltung entspringt nicht nur einem rein theoretischen oder ideologischen Verständnis von Tierwohl. Nein, sie ist auch ganz praktisch begründet. Denn nur eine Imkerei, die der Natur der Bienen gerecht wird, diese achtet und respektiert, wird auf Dauer erfolgreich und gesund sein. Die Bienen schaffen es aus eigener Kraft, ein gesundes, starkes Volk aufzubauen und aufrechtzuerhalten. Das verstehe ich unter imkerlicher Nachhaltigkeit!

Gelungene Varroatoleranz und -resistenz - ein paar Beispiele

Weltweit mehren sich also die Beispiele, dass sich auch in Völkern der Europäischen Honigbiene *Apis mellifera* ein Gleichgewicht zwischen Wirt und Parasit herausbilden kann, bei dem beide miteinander leben und überleben. Diese Beispiele beruhen manchmal auf zufälliger Beobachtung, aber auch auf wissenschaftlichen Projekten. Immer stellte sich dabei die Frage: Was passiert langfristig mit Bienenvölkern, die nicht gegen die Varroamilbe behandelt, sondern sich selbst überlassen wurden? Wie ich bereits angedeutet habe, ist es sinnvoll, diese Beispiele einer möglichen Varroaresistenz bzw. Varroatoleranz genau zu studieren, weil wir daraus viel lernen können (zur Begriffsbestimmung siehe Seite 312).

Natürlich hatte unsere Bienenart, als die Varroamilbe von *Apis cerana* auf sie überwechselte, zunächst keine spezifischen sichtbaren und aktiven Abwehrmechanismen. Wie denn auch? Diese waren ja in ihrem biologischen Überlebensprogramm nicht notwendig. Das bedeutete jedoch nicht, dass die Entwicklung von Resistenz oder Toleranz nicht möglich wäre. Für jemanden, der sich eingehend mit dem Wesen und der Evolution der Honigbiene beschäftigt, war es naheliegend, dass jede Honigbienenart früher oder später auf eine neue Krankheit oder einen neuen Parasiten reagieren und sich eine Art Koexistenz entwickeln könnte. Anpassung an neue oder sich verändernde Umstände ist ja gerade das evolutionäre Erfolgsrezept der Honigbienen. Ich vermute, dass die Schockstarre und der daraus resultierende Fatalismus bei uns Imkern eine Denkblockade verursacht hatte: Wir trauten unseren Bienen diese Fähigkeit nicht zu bzw. hatten diese nicht in unserem Bewusstsein. Dies wiederum basiert auch auf dem Verständnis und der Haltung der Imker den Bienen gegenüber: Moderne Imkerei ist sehr anthropozentrisch ausgerichtet. Die menschlichen Bedürfnisse und Denkweisen stehen im Vordergrund. Die Bienenvölker werden entsprechend manipuliert und gepflegt. Was die Bienen wollen und brauchen, spielt nur eine untergeordnete Rolle und ist auf das notwendige biologische Minimum beschränkt. Das etablierte imkerliche System ließ den Bienen weder Raum noch Möglichkeiten, eigenständig Resistenzmechanismen zu entwickeln. Nicht zufällig konnten sich nur in Bienenvölkern, die weitgehend ohne imkerliche Kontrolle und Betreuung frei leben durften und daher nicht gegen die Varroamilbe behandelt wurden, eigenständige Anpassungsmechanismen entwickeln. Zukünftig wird es darum gehen, den Bienen diesen Freiraum zuzugestehen. Wie der Weg dahin aussehen kann, zeigen die Populationen, die bereits erfolgreich mit der Milbe leben.

Afrikanisierte Bienen in Südamerika

Die Afrikanisierte Biene ist aus einer (unbeabsichtigten) Kreuzung von *Apis mellifera ligustica* mit nach Brasilien importierten Völkern von *Apis mellifera scutellata* entstanden (siehe Seite 19). Diese Bienen, auch »Killerbienen« genannt, benötigen keine aktive Milbenkontrolle. Sie weisen ein ausgeprägtes Gleichgewicht zwischen der Milbenpopulation und dem Bienenvolk auf, das das Überleben der befallenen Völker nicht gefährdet. Dafür verantwortlich sind vor allem zwei Verhaltensweisen der Bienen:

- Beim Grooming (von engl. to groom = pflegen) putzen sich die Bienen gegenseitig und entfernen dabei die Milben direkt.
- Beim Absconding (von engl. to abscond = sich heimlich davonmachen) verlassen die Völker ihre Brut und ihre Behausung und damit die darin befindlichen Milben.

Daneben sind auch kleinere Volksstärken, eine kürzere Entwicklungszeit der Brut sowie kleinere Zellgrößen bei der Arbeiterinnenbrut weitere Faktoren für dieses Gleichgewicht. Insgesamt reduzieren diese Faktoren die Fruchtbarkeit und die Reproduktionsrate der Milben. Interessant finde ich, dass in Brasilien zunächst die weniger virulente Varroamilbe des japanischen Typs, *Varroa jacobsoni*, vorhanden war. Diese wurde später von der auch bei uns vorkommenden koreanischen Art, *Varroa destructor*, verdrängt, deren Reproduktionsrate und Virulenz höher ist. Trotzdem haben die Völker dort kein Problem mit der Milbenbelastung. Das weist darauf hin, dass bei der Afrikanisierten Biene Anpassungsprozesse vorwiegend auf Seiten des Wirts stattgefunden haben. Tatsache ist, dass mittlerweile die Imkerei in Südamerika eine Blütezeit erlebt und die Afrikanisierten Bienen als Glücksfall der Evolution angesehen werden.

Primorski-Biene

Schon seit mehr als 100 Jahren ist bekannt, dass im Fernen Osten Russlands Varroamilben in *Apis-mellifera*-Völkern leben, ohne deren Überleben zu gefährden. Diese Region grenzt an die Ursprungsgebiete der in Asien heimischen Bienenart *Apis cerana*. Es ist naheliegend, dass schon vor langer Zeit infolge der unmittelbaren Nachbarschaft die Varroamilben auf den anderen Wirt übergewechselt sind. In diesen Primorski-Völkern ist die Reproduktionsrate der Milbe um 50 Prozent niedriger. Befallene Brut wird ausgeräumt und Grooming kommt ebenfalls vor. Ich kann mich noch gut erinnern, dass vor einigen Jahren Primorski-Königinnen als Geheimtipp für viel Geld importiert wurden. Heute spricht hier niemand mehr davon, weil sie ihre Resistenzversprechen unter den hiesigen Bedingungen nicht einlösen konnten.

Das Gotland-Projekt

Ich halte dieses Projekt für besonders bedeutsam, weil über die Jahre 2000 bis 2005 hinweg Bienenvölker unterschiedlichster Herkunft ohne jegliche Varroabekämpfung in ihrer Entwicklung sowie ihrem Verhalten beobachtet und wissenschaftlich begleitet wurden. Die hier gewonnenen Erkenntnisse sind einzigartig. An der Südspitze der südschwedischen Insel Gotland, die weitgehend bienenfrei war, wurden 150 Völker aufgestellt. Zu Beginn des Versuchs wurden diese künstlich mit der jeweils gleichen Anzahl von Varroamilben infiziert. Die Völker lebten unbeeinflusst von imkerlichen Maßnahmen, durften schwärmen etc. Lediglich das Winterfutter wurde bei Bedarf ergänzt. In den ersten Jahren schien sich die Erwartung, dass hiesige Völker ohne aktive Varroabekämpfung nicht überleben könnten, zu bestätigen. Viele Völker gingen ein oder wurden so schwach, dass sie keine Schwärme mehr generieren konnten. Nach vier Jahren waren nur noch sieben Völker am Leben! Doch plötzlich trat eine überraschende Wende ein. Die Sterblichkeit der Völker sank von 56 Prozent auf nur noch 13 Prozent im vierten Versuchsjahr. Im darauffolgenden Jahr stieg sie erneut leicht auf 19 Prozent an. Die überlebenden Völker begannen wieder zu schwärmen, die Völkerzahl stieg dadurch wieder an. Im sechsten Versuchsjahr zeigten bereits mehr als 50 Prozent der Völker Schwarmtendenzen, was auf eine gestiegene Volksstärke und Vitalität schließen lässt. Die Varroabelastung pro Biene sank auf einen Wert von 0,47, im letzten Versuchsjahr sogar auf 0,20. Das bedeutet, dass nur noch 20 von 100 Bienen direkt von Milben parasitiert wurden. Es ging also wieder aufwärts.

Leider wurde das Experiment 2005 beendet, ohne den weiteren Werdegang der Völker zu beobachten. Gotland-Völker wurden nach Deutschland und in die Schweiz verbracht. Dort verlor sich ihre Spur, unter anderem weil sich die auf Gotland gezeigte Überlebensfähigkeit in der neuen Umgebung nicht reproduzieren ließ. Auf Gotland selbst verblieben unter der Obhut des dortigen Imkers einige Völker, die ich während eines Besuchs im Jahr 2010 selbst begutachten durfte. Mich elektrisierten diese Ergebnisse, konnte dadurch doch zum ersten Mal gezeigt werden, dass auch hier in Europa Bienenvölker ohne aktive Bekämpfung überleben können. Beeindruckend fand ich zudem den sehr kurzen Zeitraum von fünf bis sechs Jahren, in dem sich eine Anpassung der Bienen an die Varroamilbe und/oder umgekehrt entwickeln konnte. Das stellte all unsere Vorstellungen von Evolution als Prozess, der sehr lange Zeiträume beansprucht, infrage und widersprach allen unseren Vorstellungen und Erwartungen. Erstaunt war ich allerdings darüber, dass die Mehrzahl der Imker kaum Interesse an den Versuchen und ihren Ergebnissen zeigte.

Schöne Brutwabe eines vitalen Volks.

Von den Gotland-Bienen lernen. Das Überleben der Völker auf Gotland basierte überwiegend auf Anpassungen des Wirts und weniger auf einer reduzierten Virulenz der Milben selbst. So hatten die Gotland-Völker signifikant weniger Milben als die wenigen konventionell geführten Nachbarvölker, die somit unfreiwillig zu Kontrollgruppen wurden. Auch die Virenbelastung der Versuchsvölker sank. Insgesamt waren die unbehandelten Völker kleiner und zogen weniger Brut, vor allem aber weniger Drohnenbrut auf. Es schlüpften deutlich weniger befruchtete und fortpflanzungsfähige Töchter der Milben als in den benachbarten, konventionell betreuten Völkern. Verantwortlich dafür war vermutlich eine verspätete Eiablage seitens der Muttermilben, was zu einer erhöhten Empfindlichkeit und Mortalität der Tochtermilben führte. Wahrscheinlich wurde die verspätete Eiablage durch Veränderungen im Duft der Bienenlarve hervorgerufen. Insgesamt ist die verminderte Reproduktionsrate der Milben entscheidend für das Überleben der Gotland-Völker. Interessant ist, dass diese Völker offensichtlich auch eine erhöhte Virustoleranz und eine verminderte Anfälligkeit gegen andere Krankheitserreger wie zum Beispiel Sackbrut entwickelt hatten. Das könnte ein Indiz dafür sein, dass sich während des Anpassungsprozesses die Volksgesundheit insgesamt verbessert hat.

Avignon, Südfrankreich

In Südfrankreich wurden bereits in den späten 1990er-Jahren wild lebende Bienenvölker oder Völker aus verlassenen Imkereien gefunden, die nachweislich mindestens drei Jahre lang nicht gegen die Varroamilbe behandelt worden waren. Sie konnten sich ohne Beeinflussung durch imkerliche Maßnahmen entwickeln. Insgesamt waren das an zwei Standorten fast 80 Bienenvölker. Diese Völker wurden sieben Jahre lang beobachtet. Es gab keinen Unterschied in der jährlichen Sterberate zwischen diesen unbehandelten Bienenvölkern und den benachbarten behandelten Völkern! Der Milbenbefall war in den unbehandelten Völkern um bis zu 30 Prozent niedriger als in der konventionell geführten Nachbarschaft. Dies unterstützte die Vermutung, dass die Bienen in der Lage waren, eigenständig eine Strategie zu entwickeln, um die wachsende Milbenpopulation zu reduzieren. Ein Teil dieser Anpassungsstrategie war der VSH-Faktor (Varroa-sensitive Hygiene), also das Erkennen und Entfernen der mit Milben befallenen Brut. Offensichtlich verfügten diese Bienen über die Fähigkeit, Milben auch in der verdeckelten Brut mittels ihrer Antennen wahrzunehmen. Als Besonderheit kristallisierte sich heraus, dass in Avignon deutlich mehr unfruchtbare Milben gefunden wurden. Die Völker stehen nicht isoliert, sondern sind von vielen Völkern umgeben, die normal geführt und gegen die Varroamilbe behandelt werden. Trotzdem konnten sie ihre Varroaresistenz bzw. -toleranz aufrechterhalten. Wurden jedoch Nachkommen dieser Völker an andere Standorte verbracht, verschwand ihre Widerstandsfähigkeit.

Arnot Forest

Dieses Projekt wurde von dem bekannten und von mir schon mehrfach erwähnten Bienenwissenschaftler Prof. Thomas Seeley im zur Cornell Universität gehörenden Arnot Forest im Staat New York durchgeführt.

Bereits 1978 hatte er in dem 1.500 Hektar großen Waldgebiet acht Bienenvölker entdeckt, die wild in Baumhöhlen lebten. In den Jahren nach diesen Beobachtungen dominierte die Invasion der Varroamilbe in den USA und die damit zusammenhängenden Völkerverluste (colony collapse disorder) die wissenschaftliche Forschung. Die wilden Völker gerieten in Vergessenheit. Da in vielen Regionen der USA massenweise Bienenvölker durch die Milbe eingegangen waren, ging Prof. Seeley davon aus, dass auch die wilden Bienenvölker im Arnot Forest durch die Milbe ausgerottet worden waren.

Trotzdem machte er sich im Jahr 2002 noch einmal auf die Suche nach wild lebenden Bienenvölkern. Zu seiner Freude und Überraschung entdeckte er in einem kleineren Areal als 1978 erneut acht wild lebende Bienenvölker. Wahrscheinlich lebten also in dem ursprünglichen Waldgebiet sogar noch mehr Bienenvölker als vor der Varroainvasion in den USA. Wie kann es sein, fragte sich Prof. Seeley, dass in der Umgebung die Bienenvölker reihenweise eingehen, im Arnot Forest sich dagegen sogar die Zahl wild lebender Bienenvölker erhöht hat? In genetischen Untersuchungen verglich man diese Völker mit Bienenproben aus dem Jahr 1978 und konnte nachweisen, dass die überlebenden Kolonien von einigen wenigen Muttervölkern abstammten. Den Anpassungsprozess zwischen Bienen und Varroamilbe hatten nur wenige Völker überlebt, aus denen dann die varroaresistenten Populationen hervorgegangen waren. Dies nennt man den Flaschenhals der Evolution.

In einem Vergleichsversuch züchtete Seeley Königinnen aus den wild lebenden Völkern und verglich die Entwicklung und das Wachstum der Milbenpopulation in deren Völkern mit konventionell gehaltenen Kontrollvölkern. Hier zeigte sich kein Unterschied im Wachstum der jeweiligen Milbenpopulation. Theoretisch gab es auch die Möglichkeit, dass die Völker nur kurzfristig überlebten und die Baumhöhlen jedes Jahr erneut von Schwärmen besiedelt worden waren. Seeley konnte jedoch nachweisen, dass dies nicht der Fall war und die Bienenkolonien drei Jahre und länger trotz Milbenbefalls überlebten. Sicherlich spielt das kleinere Volumen der Baumhöhlen eine Rolle. Kleinere Völker, die weniger Brut produzieren und aufgrund der räumlichen Verhältnisse eventuell häufiger schwärmen, generieren auch eine geringere Milbenpopulation. Die genauen Ursachen der Resistenz der Bienen im Arnot Forest bedürfen weiterer Erforschung (Locke, siehe Literatur Seite 333).

Die Lamarckii-Biene in Ägypten

In der Liste der Beispiele von Bienen der Unterarten der Art *Apis mellifera*, die mit Varroa leben und überleben können, vermisse ich immer *Apis mellifera lamarckii*, die ursprünglich in Ägypten heimische Biene. So richtig nachvollziehen kann ich nicht, warum diese Biene und ihre Varroaresistenz immer wieder übersehen wird. Ein Grund könnte darin liegen, dass es in Ägypten selbst nur noch wenige Völker dieser dort endemischen Bienenrasse gibt. Noch in den 1950er-Jahren lebten in Ägypten ca. eine Million Bienenvölker von *Apis mellifera lamarckii*, heute sind es nur noch etwa 800 Völker. Doch unzweifelhaft ist auch diese Biene in der Lage, mit der Varroamilbe zu leben. Ähnlich wie im Arnot Forest sind die Lamarckii-Völker von *Apis mellifera carnica*- und *Apis mellifera ligustica*-Bienenvölkern umgeben, die ohne konsequente Milbenbekämpfung reihenweise eingehen würden. Lamarckii-Völker hingegen leben und

Schöne Brutwabe der Lamarckii-Biene. Die Varroatoleranz beruht auf einem starken Putztrieb, kleineren Völkern und einer kürzeren Verdeckelungsdauer der Brut.

Die ursprünglich in Ägypten heimische Biene, die Lamarckii-Biene, baut ihre Waben in Röhren aus Ton, die als Mauern aufgebaut sind.

überleben gut ohne Bekämpfung. Allerdings sind auch hier die Volksstärken klein, es wird weniger Brut generiert und die Schwarmneigung ist tendenziell hoch. Die Honigernte ist ebenfalls klein, aber der Honig sehr hochpreisig und besonders geschätzt. So hatte der einzige noch verbliebene private Berufsimker mit Lamarckii-Bienen im Jahr 2020 eine Rekordernte von fünf Kilogramm pro Volk zu verzeichnen. Der Honig war bereits nach wenigen Wochen ausverkauft.

Wir hatten das Privileg, mit diesen Völkern in Mittelägypten im Raum Asiut arbeiten zu dürfen. Diese Bienenrasse kennt keinerlei Brutkrankheiten und zeichnet sich durch einen hohen Putztrieb aus. Um den jeweiligen Milbenbefall eines Volks bestimmen zu können, öffneten wir eine gewisse Anzahl von verdeckelten Brutzellen und zogen mit einer Pinzette die Maden heraus. Varroa war definitiv vorhanden, aber nur mit einem niedrigen Befallsgrad. Während die Carnica-Kontrollvölker die herausgezogenen Maden unbeachtet auf der Wabe liegen ließen, stürzten sich die Lamarckii-Arbeiterinnen geradezu darauf und saugten sie bis auf den letzten Tropfen aus. Die Hülle warfen sie dann von der Wabe herunter. Das fand ich spektakulär. Über den Putztrieb hinaus zeichnet sich die Lamarckii-Biene durch eine geringfügig verkürzte Entwicklungszeit der Brut aus, wodurch sich weniger Tochtermilben entwickeln können. Die Zellen sind deutlich kleiner als bei unseren Bienen. Dies trifft auch für die Arbeiterinnen und die Drohnen zu. Die Königinnen sind jedoch so groß wie Königinnen der Europäischen Honigbienen. Auch die Ägyptische Biene zeichnet sich durch einen hohen VSH-Faktor (siehe Seite 308) aus, was wir in unseren Versuchen nachweisen konnten. Auffällig war, dass regelmäßig viele Brutzellen geöffnet waren. Wahrscheinlich wurde befallene Brut ausgeräumt.

Kuba

Der aktuellste Bericht über eine überregional vorkommende Population mit hoher Widerstandsfähigkeit gegenüber Varroa kommt aus Kuba (siehe Luis/Grindrod/Webb et al., Seite 333). Nachdem die ersten Milben auf Kuba entdeckt worden waren, hatten die Veterinärbehörden entschieden, auf der gesamten Insel auf eine aktive Milbenbekämpfung zu verzichten. In weniger als 20 Jahren hat sich dort landesweit eine Bienenpopulation entwickelt, die bei guten Honigerträgen (40 bis 60 Kilogramm pro Volk) ohne jegliche Varroabekämpfung seitens der Imkerschaft gepflegt und betreut werden kann. 1985 gab es auf Kuba 210.000 registrierte Bienenvölker, 2003 aufgrund der natürlichen Selektion nur noch die Hälfte, ca. 126.000 Völker. Im Jahre 2021 hatte sich der Bestand wieder auf 210.000 Völker erhöht. Erstaunlich finde ich auch hier den kurzen Zeitraum, in dem ein Anpassungsprozess stattgefunden hat.

In Kuba handelt es sich nicht wie in den anderen Beispielen um eine lediglich lokal vorkommende Population. Vielmehr erstreckt sich die Toleranz bzw. Resistenz über die ganze Insel. Auch hier ist die verringerte Milbenvermehrung der entscheidende Faktor für das Überleben der Bienen trotz Varroa. Die Reproduktionsrate der Milbe liegt in Kuba bei einem Wert von 0,77 Nachkommen je Muttermilbe. Bei nicht resistenten Völkern liegt dieser Wert über 1. In der Drohnenbrut entwickeln sich aufgrund der längeren Entwicklungszeit sogar zwei bis drei fruchtbare Nachkommen.

Verantwortlich für den niedrigen Reproduktionswert auf Kuba sind zwei Faktoren:

- **Recapping:** Das bedeutet, dass die Bienen bereits verdeckelte Zellen noch einmal öffnen und dann wieder verschließen. Dazu beißen sie ein

Loch in die Mitte des Zelldeckels. Dies kann beim Öffnen der Zelle anhand des Aussehens des Zelldeckels rekonstruiert werden. Beim Recapping werden die Milben nicht getötet, aber in ihrer Reproduktion gestört, sodass weniger fruchtbare Weibchen schlüpfen.

- **Removing:** Dabei werden die Milben aus der Brutzelle entfernt. Die Biene öffnet den Zelldeckel und entfernt die Bienenlarve mitsamt der Milbe. Anschließend wird die Zelle erneut von der Königin bestiftet. Es findet Brutkannibalismus statt und die Milben werden entweder getötet oder, was wahrscheinlicher ist, sie entkommen und besuchen erneut eine Brutzelle zur Vermehrung. Aber auch hier wird der Vermehrungszyklus gestört und insgesamt der Reproduktionsfaktor der Milben reduziert. Entscheidend ist, dass die Biene wahrnimmt, dass sich in der Brutzelle neben der Made auch eine Varroamilbe befindet. Wahrscheinlich nutzt sie dazu ihre Antennen (olfaktorischer Faktor). Entweder sondert die Milbe oder die von ihr parasitierte Made einen besonderen Geruch ab. Das gleiche Phänomen liegt wahrscheinlich auch dem Recapping zugrunde.

In Kuba werden 70 bis 80 Prozent der Milben in den Brutzellen aufgespürt und entfernt, das heißt, während des Sommers sind nur 23 Prozent der Brutzellen infiziert. Die Recapping-Rate liegt in Kuba sogar bei 63 Prozent. Somit spielen in Kuba Recapping und Removing die wichtigste Rolle bei der Reduktion der Varroavermehrung in den Völkern. Andere Faktoren wurden nicht beobachtet. Ausgehend von den Erfahrungen in Brasilien und Mexiko nehmen die Forscher an, dass die Befallszahlen der Arbeiterinnenbrut in den nächsten Jahren noch einmal deutlich sinken werden. Der Befall der Drohnenbrut lag hingegen relativ hoch bei 40 Prozent. Die Wissenschaftler gehen davon aus, dass dies auch in Zukunft so bleiben könnte. Modellrechnungen bei der Afrikanisierten Biene zeigten, dass die Befallsrate des gesamten Volks nur dann sinkt, wenn Drohnenbrut verfügbar war. Somit kommt der Drohnenbrut, die nur fünf bis zehn Prozent der gesamten Brutmenge eines Volks ausmacht, eine Schlüsselrolle bei der Etablierung eines volksinternen Resistenzmechanismus zu. Es geht letztlich darum, die Arbeiterinnenbrut weitgehend frei von Varroa zu halten. Die These hierzu lautet folgendermaßen: Bei einer wachsenden Milbenpopulation konkurrieren die Milben in der von ihnen bevorzugten Drohnenbrut rasch um den verfügbaren Raum und das Vermehrungspotenzial. Dies führt zu einer erhöhten Milbensterblichkeit wegen des Mehrfachbefalls und insgesamt zu einem sinkenden Befall des gesamten Volks. Ist keine oder nur eine sehr reduzierte Menge an Drohnenbrut vorhanden, kommt dieser Mechanismus nicht in Gang. Ich halte diese Beobachtung für sehr interessant, da sie ein gänzlich neues Licht auf den hierzulande üblichen Umgang mit dem Ausschneiden der Drohnenbrut wirft. Somit ist Kuba ein sehr schönes Beispiel für das Potenzial der natürlichen Selektion. Leider – und mir unverständlich – fand diese Studie aus Kuba in der deutschen Imkerschaft nur wenig Widerhall.

Weitere Beispiele in Europa

Auch bei uns in Mitteleuropa wurden immer wieder Beispiele für eine erfolgreiche Anpassung der Bienen an die Varroamilbe und umgekehrt bekannt. Manche Imker agierten zunächst geheim, weil sie sich nicht den Anfeindungen und Vorwürfen der umgebenden Imker aussetzen wollten. Sicherlich hätten diese die nicht behandelten Völker als »Varroaschleudern« bezeichnet und sie dann für den Tod ihrer eigenen Völker verantwortlich gemacht. In manchen Ländern wie zum Beispiel in Deutschland ist eine Bekämpfung der Varroamilbe gesetzlich vorgeschrieben. Nachdem sich die Stimmung bei den Imkern gewandelt hatte und die Imkerpioniere mehrere Jahre ohne aktive Bekämpfung erfolgreich imkern konnten, wagten sie sich aus der Deckung und stellten ihre Erfolge der Imkeröffentlichkeit vor. Der bekannteste Pionier auf diesem Gebiet ist John Keyfuss, ein französischer Berufsimker. Er hatte bereits vor mehr als 20 Jahren in seiner Imkerei auf die Varroabekämpfung verzichtet und konnte nach einigen wenigen, aber heftigen Verlustjahren erfolgreich imkern. Aber auch bei seinen Königinnen zeigt sich das Phänomen der lokalen Begrenztheit. Werden diese in anderen Regionen in Bienenvölker eingeweiselt, verlieren sie ihre Widerstandsfähigkeit.

Ein weiteres Beispiel einer natürlichen Anpassung an die Milbe kommt aus Wales, wo ca. 100 Imker mit ca. 500 Völkern eine 2.500 km^2 große behandlungsfreie Zone geschaffen haben.

Was können wir aus diesen Beispielen lernen?

Während der Wintermonate gibt es für den Imker immer wieder Zeit für Muße, Reflexion und Weiterbildung. Ich erlebe dieses Wechselspiel von intensivster Anspannung und Arbeit im Sommer und relativ entspannter Winterzeit als einen großen Vorteil unseres Berufs. Spätestens nach Weihnachten pausiert auch die Vermarktung der Bienenprodukte und der Imker kommt wieder zu Kräften und zur Besinnung. Dadurch ergibt sich die Gelegenheit für Literaturstudien und Fortbildungen. Vor allem schätze ich immer wieder die Möglichkeit des Innehaltens, des Überdenkens der vergangenen Bienensaison. So können Fehler erkannt und behoben werden. Neues erregt die Aufmerksamkeit und der Imker denkt über eine gelingende Umsetzung der neuen Erkenntnisse in seiner Praxis nach.

Die Aufsätze über die Versuche auf der Insel Gotland oder die Schilderung von Prof. Seeley über seine Beobachtungen im Arnot Forest elektrisierten mich. Dieses Thema hat mich seither nicht mehr losgelassen. Beglückend und fasziniert erlebte ich meine Begegnung mit der Ägyptischen Biene, in der noch viel von der ureigenen Vitalität steckt, die ich bei unserer Biene vermisse und die wir immer wieder künstlich erzeugen müssen. Meist gelingt das nicht mehr dauerhaft als eine inhärente Eigenschaft der Bienenvölker selbst. Das Ringen um die Bienengesundheit und der Wettlauf mit der Varroamilbe kosten viel Kraft und Energie. Zweifelsohne sind dies die Schattenseiten unserer imkerlichen Tätigkeit. Letzten Endes ist das auch eine ökonomische Frage. Nicht so sehr der Preis für die Medikamente. Vielmehr der immense Zeitaufwand für die Bekämpfung der Milbe und dann die trotz aller Anstrengungen nicht zu vermeidenden Rückschläge und Verluste. In Verbindung mit der bereits beschriebenen Bekämpfungsspirale, in der wir gefangen sind, sollte dies genug Motivation sein, einen neuen Weg einzuschlagen. Natürlich ist das nicht einfach. Ich kann ebenfalls keine per-

Begriffsbestimmung

- **Resistenz** bezeichnet die Widerstandsfähigkeit eines Organismus gegenüber schädlichen Einflüssen von außen wie Parasiten, aber auch gegen Bekämpfungsmaßnahmen.
- **Toleranz** ist die Fähigkeit, mit den durch den Parasiten verursachten Schäden leben zu können.

fekte Lösung präsentieren. Aber ich bin davon überzeugt, dass zwei Dinge wichtig sind: Wir müssen wieder mehr auf die Bienen schauen, diese gut beobachten. Des Weiteren sollten wir unsere eigene Weltanschauung hinterfragen und uns aus der menschlich dominierten Sichtweise auf die Natur lösen, die uns in die Sackgasse geführt hat, in der wir imkerlich, aber auch ökologisch gerade stecken.

Umsetzung der beschriebenen Phänomene in die Realität

Das ist entscheidend. Mir geht es nicht darum, ein absolutes »Zurück zur Natur« zu postulieren, indem in Zukunft auf jegliche Varroabekämpfung verzichtet werden soll und alle Völker frei und ohne imkerliche Beeinflussung leben. Das ist in meinen Augen ein naturideologischer Ansatz. Es geht meines Erachtens darum, was wir aus dem, was uns die Bienen zeigen, lernen und wie wir das Gelernte hier, unter unseren Verhältnissen, umsetzen können.

Fassen wir noch einmal zusammen: Die beschriebenen Beispiele zeigen eindeutig, dass unsere Europäische Honigbiene ebenfalls Mechanismen entwickeln kann, aus eigener Kraft ein Gleichgewicht zu etablieren, das ein Zusammenleben von Varroamilbe und Honigbiene ermöglicht. Ob das nun als Resistenz oder Toleranz bezeichnet wird, ist nebensächlich. Wahrscheinlich entwickelt sich zunächst eine aktive Resistenz, die dann im Lauf der Zeit in eine Toleranz übergeht.

Da der Parasit damals neu war, existierten zunächst keine volkseigenen Abwehrmechanismen. Wurde den Bienen die Gelegenheit und die Möglichkeit gegeben, entwickelten sie in einem erstaunlich kurzen Zeitraum von fünf bis zehn Jahren unterschiedliche Varianten, um den Milbenbefall

Darum geht es in der Zukunft: Welche Bienen sind vital und resilient? Die Bienen zeigen es uns. Hier eine besonders attraktive Königin.

auf ein Maß zu begrenzen, das das Überleben des Volks nicht gefährdete. Wichtig finde ich, dass es nicht die eine Abwehrstrategie gibt. Zumeist wirken mehrere unterschiedliche Verhaltensweisen zusammen, um ein für das Bienenvolk positives Gesamtergebnis zu erhalten. Das sollte uns Mut machen.

In allen Beispielen gab es eine gemeinsame Entwicklung von Bienenvolk und Varroamilbe (Koevolution). Es findet ein Anpassungsprozess statt, durch den die Reproduktion der Milben auf ein Maß beschränkt wurde, das das Überleben des Volks nicht gefährdete. Zum anderen erhöhte sich die Resilienz der Bienen, sodass das Volk mit den durch die Milben verursachten Schäden – wie Virosen oder Brutschäden – gut zurechtkommt.

Die Beispiele für Varroatoleranz oder -resistenz zeigen, dass die Fähigkeit, eine stabile Wirt-Parasit-Beziehung zu etablieren, nicht an bestimmte genetische Voraussetzungen einzelner Bienenrassen gekoppelt ist. Wahrscheinlich besitzen alle Unterarten von *Apis mellifera* diese Fähigkeit. Die ursprüngliche genetische Ausstattung ist nicht von entscheidender Bedeutung. Der Prozess der Adaption lässt sich nach meinem Verständnis als Epigenetik beschreiben.

Ganz bewusst habe ich bei der Schilderung der einzelnen Beispiele die jeweiligen Mechanismen beschrieben, die die einzelnen Bienenpopulationen zum Überleben der Milbeninvasion entwickelten. Das zeigt, dass es den einen Weg zu einer nachhaltigen Milbenresistenz oder -toleranz nicht gibt. Alle Populationen entwickelten mehrere Eigenschaften, die in Kombination zur reduzierten Reproduktion von Varroa im Bienenvolk führten. Das ist wichtig!

Gemeinsam waren allen resistenten Populationen folgende Elemente:

- Es gab keine imkerliche Betreuung, abgesehen von einer kleinen Honigernte in Avignon und der Ergänzung des Winterfutters in Gotland. Die Phänomene in Kuba bedürfen einer gesonderten Betrachtung, die noch aussteht.
- Die Völker durften sich aus eigener Kraft und eigenem Impuls natürlicherweise über Schwärme vermehren.
- Es wurde auf jegliche Milbenbekämpfung verzichtet. Vermutlich ging ein Großteil der Bienenvölker ein, weil sie nicht in der Lage waren, geeignete Anpassungsmechanismen zu entwickeln – »Flaschenhals der Evolution«. Nur die fittesten und vitalsten Völker überlebten, vermehrten sich und kommen seither dauerhaft und nachhaltig mit der Milbe zurecht. Ohne die Bekämpfungsmaßnahmen entwickelt sich in den Völkern ein hoher Befallsgrad und Befallsdruck. Dieser ist offensichtlich nötig, damit sich sowohl bei den Bienen als auch bei den Milben ein Selektionsdruck aufbaut, der den Anpassungsprozess auslöst.
- Offenbar entwickelt sich die Überlebensfähigkeit der Völker als ein dynamischer Prozess aus der inneren Situation des Volks heraus. Dieser Prozess scheint aber eng mit der jeweiligen Umwelt, in der die Population lebt, verbunden zu sein. Erstaunlich ist, dass mit dem Verbringen der Völker oder auch nur der Königinnen an einen anderen Ort oder in eine andere Imkerei diese Widerstandsfähigkeit verschwindet.

Theoretische Erkenntnisse sind das eine. Ihre Umsetzung in die Praxis ist das andere. Hier sehe ich die größten Herausforderungen.

Wie können wir aktiv unsere imkerliche Zukunft gestalten?

Wenn ich darüber nachdenke, wie die Imkerei in zehn Jahren aussehen könnte, fallen mir dazu auf der Basis der beschriebenen Beispiele und meiner eigenen imkerlichen Erfahrung vier mögliche Szenarien ein.

Szenario 1 – radikale Methode

Ausgehend von dem Beispiel, das uns die wild überlebenden Populationen gegeben haben, wird in Deutschland, evtl. sogar in Europa koordiniert auf die aktive Bekämpfung der Milbe verzichtet. Es ist zu erwarten, dass in der Anfangszeit die große Mehrzahl der Bienenvölker – vermutlich 95 Prozent – eingehen wird und analog zu den Erfahrungen in Gotland nur wenige Bienenvölker überleben werden. Der Flaschenhals der Evolution wird uns nicht erspart bleiben. Allerdings wird sich innerhalb weniger Jahre eine varroatolerante Bienenpopulation aufbauen. Diese Erwartung wird durch die in Kuba gemachten Erfahrungen noch einmal bestätigt. Dieses radikale Vorgehen – »leben oder sterben lassen« - ist der einfachste und mit Sicherheit der schnellste Weg zu einem Selektionserfolg.

So verführerisch dies auch klingen mag, die Wahrscheinlichkeit, dass dieser Weg eingeschlagen wird, geht gegen null. Dieses Szenario ist einfach zu radikal (für unsere Verhältnisse). Radikal auf der individuellen Ebene: Kann ich es mir leisten, einen Großteil meiner Bienenvölker sterben zu lassen und keinen Honig mehr zu ernten? Die Berufsimkerei verlöre ihre Existenz. Dann das emotionale Problem: Kann ich es ertragen, meinen Bienen dabei zuzusehen, wie sie reihenweise eingehen? Bereits jetzt bereitet uns der Tod eines jeden Volks seelische Schmerzen. Das gilt auch für den Berufsimker! Gesellschaftlich sehe ich das Problem der Bestäubung. Diese wäre für viele Nutz- und Wildpflanzen nicht mehr gesichert. Die Honigbiene ist auch deshalb der wichtigste Bestäuber, weil die Wildbienenpopulationen in den letzten Jahren massiv eingebrochen sind. Die Gesellschaft wäre gezwungen wahrzunehmen, wie wichtig die Insektenwelt insgesamt und die Biodiversität für das menschliche Überleben sind. Diese Erfahrung könnte dann zu einer Steigerung des Umweltbewusstseins beitragen.

Einige der Bienenbeispiele zeigten nicht nur, dass sie auch ohne aktive Varroabekämpfung überleben konnten, sondern dass dafür auch keine imkerlichen Manipulationen nötig waren. Dann wird es noch mal schwieriger. Wir haben im Kapitel über den Schwarmtrieb und seine Nutzung gelesen, dass die Trachtverhältnisse so schlecht geworden sind, dass die Mehrzahl der Schwärme ohne imkerliche Unterstützung bereits im ersten Sommer verhungern würde. Das ist ethisch kaum zu vertreten und hat mit Selektion nichts zu tun. In Kuba, aber auch in Südamerika und Afrika liegen die Verhältnisse vollkommen anders. Dort leben die Bienen in einer intakten Umgebung mit vielseitigen und reichhaltigen Nahrungsquellen. Zudem gibt es große Populationen wild lebender Honigbienenvölker, die zusätzlich als genetische Ressource dienen können.

Wenn schon das große Experiment nicht umgesetzt werden wird, so verwundert es mich doch, dass nicht über kleinere, regional begrenzte Schutzgebiete nachgedacht wird. In diesen könnte man auf die Varroabekämpfung verzichten. Natürlich müssten die Imker dort für ihre Verluste und die Mitarbeit entschädigt werden. Zudem wäre eine wissenschaftliche Begleitung notwendig. Hier könnten viele Erfahrungen gesammelt werden, die im Anschluss dazu ermutigen könnten, den anfänglich beschriebenen radikalen Weg großflächig einzuschlagen.

Szenario 2 - Festhalten am Status quo

Das betrifft die Möglichkeit, dass trotz der negativen Erfahrungen und des immensen Aufwands der Weg der herkömmlichen Strategie der Varroabekämpfung mithilfe von chemischen Medikamenten, organischen Säuren und biotechnischen Maßnahmen unbeirrt fortgesetzt werden könnte. Da keinerlei Anpassungsmechanismen innerhalb des Volks in Gang gesetzt werden, ist keine Verbesserung der Situation zu erwarten. Ganz im Gegenteil! Wahrscheinlich wird sich die Anfälligkeit der Völker nicht verändern. Durch die ständigen Bekämpfungen wird die im Volk verbleibende Zahl von Varroamilben nie hoch genug, um einen autonomen Selektionsdruck auszulösen. Zudem könnte sich die Virulenz der Milbe erhöhen, weil wegen fehlender natürlicher Auslese die Milbenpopulationen, die ihren Wirt umbringen, nicht aus dem Reproduktionsprozess ausscheiden. Stattdessen können sie durch Räuberei, Verflug etc., also durch horizontale Transmission (siehe Seite 320), in anderen, ebenfalls nicht angepassten Völkern ihr Vernichtungswerk fortsetzen.

Die Imkerschaft beschreitet in diesem Szenario sozusagen den entgegengesetzten Weg zu einer natürlichen Selektion in Richtung resistente Biene. Stattdessen liest sie zugunsten einer vitaleren Milbe aus. Tragischerweise wird, so meine Vermutung, dieses Szenario auch das Wahrscheinlichste sein, denn kurzfristig ist dieser Weg der einfachste, weil im Wesentlichen nichts verändert werden muss. Langfristig gesehen ist er ein Desaster.

Szenario 3 - der züchterische Weg

Da darüber aktuell viel berichtet und geschrieben wird, erscheint es mir sinnvoll, dieses Szenario ausführlicher zu beleuchten.

Auf den ersten Blick widerspricht dieser Weg den bekannten, natürlicherweise entstandenen resistenten Populationen. Diese sind überall dort entstanden, wo eben keine Zucht betrieben wurde. Allerdings kann ich nachvollziehen, dass es für einen etablierten Züchter eine reizvolle Herausforderung darstellt, sich an der Zucht einer varroaresistenten Biene zu versuchen. Sollte ihm dies gelingen, ist ihm ein Platz in den imkerlichen Geschichtsbüchern sicher. Finanziell lohnend ist dies allemal, allein wenn wir uns die vor einigen Jahren für Primorski-Königinnen aufgerufenen Preise ins Gedächtnis rufen.

Die züchterische Vision ist die Schaffung einer varroatoleranten Biene, die zudem hohe Honigerträge garantiert. Die Voraussetzung dafür ist die Annahme, dass die Verhaltensmerkmale in der Genetik verankert sind und über den Erbstrom weitergegeben werden können. Der züchterische Weg beinhaltet Beobachtung, Auslese, weitere Vermehrung, evtl. instrumentelle Besamung. Zunächst werden über die Entwicklung des jeweiligen Varroabefalls über das Jahr hinweg, verbunden mit anderen Leistungs- und Vitalitätskriterien, Zuchtmütter ausgewählt, in deren Völkern sich die Milben weniger stark vermehren. Diese werden dann gezielt verpaart und vermehrt, um diese genetische Disposition mit anderen Eigenschaften zu kombinieren. Es geht darum, diese erbfest zu machen, damit sie in der gewünschten Konstellation weitergegeben und dann über Zucht beliebig reproduziert werden können.

Die Basis dieses Zuchtprogramms beruht auf der Ansicht, dass varroaresistente Bienenvölker über die Eigenschaft verfügen, befallene Brutzellen zu identifizieren und auf den Befall entsprechend zu reagieren. Diese Reaktion besteht im beschriebenen Recapping und Removing (siehe Seite 310/311). Dadurch bleibt der Befall des Volks mit Milben unterhalb der Schadensschwelle. Die Fachausdrücke für diese Verhaltensweisen sind Varroa-sensitive Hygiene (VSH) und supressed mite reproduction (SMR), auf deutsch »eingeschränkte Milbenvermehrung«. Daneben spielen weitere Einflussfaktoren ebenfalls eine Rolle. Viele davon sind noch nicht erforscht.

Am Anfang des züchterischen Bestrebens steht die Bobachtung der Befallsentwicklung. Fallen einzelne Völker durch einen besonders niedrigen Befallsgrad oder eine besonders langsame und niedrige Befallsentwicklung auf, so werden sie auf VSH geprüft. Das bedeutet, dass eine bestimmte Anzahl von Brutzellen geöffnet wird, um den Befallsgrad der Brut zu bestimmen. Gleichzeitig wird Brut bewusst geschädigt, um zu bestimmen, wie hoch bei diesen Völkern die Ausräumrate verletzter Brut während eines bestimmten Zeitraums ist. Naturgemäß gibt es hier große Unterschiede zwischen

Die Königin ist geschlüpft. Wird sie erfolgreich von bis zu 30 Drohnen begattet, ist die Zukunft des Volks gesichert.

den Völkern. Von Königinnen mit diesbezüglich hervorstechenden Eigenschaften werden dann Töchter nachgezüchtet. Diese werden, und das ist eine Besonderheit des Zuchtprogramms, nur mit dem Sperma eines Drohns besamt, dessen Mutter ebenfalls einen hohen VSH- und SMR-Wert aufweist. Das ist die sogenannte Ein-Drohn-Besamung (SDI = Single Drone Insemination). Sie dient dazu, diese besondere Hygiene-Eigenschaft zu testen und dann in der ausgewählten Linie erbfest zu integrieren. Später sollen dann weitere Leistungs- und Vitalitätseigenschaften damit kombiniert werden.

Das klingt alles sehr interessant. Ich bin jedoch gespannt, ob das gelingen wird. Natürlich wäre ich begeistert, wenn das der Fall wäre. Meine Zweifel sind jedoch groß (siehe dazu auf Seite 322 meine Anmerkungen für Berufsimker). Alles klingt für mich wie das bereits angesprochene Hoffen auf das chemisch-synthetische Wundermittel. Hier ist es dann halt die Wunderbiene, die alles kann: Sie ist varroaresistent, generiert große Volksstärken und Honigerträge. Eigentlich kann alles beim Alten bleiben, nur die Königinnen müssen ausgetauscht werden. Der Vorteil ist, dass keine Medikamente mehr angewendet werden müssen. Ansonsten kann genauso intensiv geimkert werden wie bisher. Für die Imkerschaft wäre das eine absolute Gewinnersituation. Doch wo bleibt hier die Biene? Das Versprechen einiger Züchter, eine solche Wunderbiene zu schaffen, erscheint mir illusorisch. Das würde bedeuten, dass sich unsere Probleme allein auf der genetischen Ebene und durch den Austausch von Königinnen lösen ließen.

Szenario 4 - Varroatoleranz-Basiszucht

Dieses Szenario basiert auf dem System der Basiszucht nach Wolfgang Golz (siehe auch Seite 169). Dieser Weg ist mir sehr sympathisch und erscheint mir nachhaltig erfolgversprechend. Dabei wird jeder Imker selbst zum Varroa-Resistenzzüchter. Er nimmt die Vermehrung und die Auslese selbst in die Hand. Basiszucht ist am eigenen Bienenstand leicht zu praktizieren und beruht auf dem Wissen, dass an jedem Bienenstand sogenannte Goldkörner leben, die es zu entdecken und weiterzuvermehren gilt. Goldkörner sind besonders vitale Bienenvölker, die den anderen Standvölkern in Bezug auf den Honigertrag, das Verhalten, die Volksentwicklung, hier insbesondere die Frühjahrsentwicklung und Überwinterung, aber auch Krankheitsanfälligkeit überlegen sind. Dazu können noch weitere Kriterien kommen, die wahrscheinlich für jeden Imker individuell verschieden ausgeprägt sein können, wie zum Beispiel Verdeckelung der Honigwaben, Propolisierung etc. Natürlich gibt es auch »Goldkörner« in Bezug auf die Varroamilbe.

Die Vorgehensweise der Varroatoleranz-Basiszucht: Der Imker beobachtet seine Völker und wählt diejenigen aus, die seinen üblichen Ausleseкriterien am ehesten entsprechen. Diese Basiszucht wird nun um die Kriterien Bruthygiene und Varroavermehrung erweitert. Nur Königinnen von diesen besonders herausragenden Völkern werden zur Vermehrung herangezogen. Alle anderen Königinnen dürfen den Sommer über in ihren Völkern leben und arbeiten, vermehrt wird von ihnen nicht! So kann der Imker den mütterlichen Erbstrom kontrollieren. Golz nennt dies die mütterliche Dominanz: 50 Prozent der vererbten Eigenschaften stammen von der Mutter. Die väterlichen Eigenschaften verteilen sich auf bis zu 30 verschiedene Väter. Diese bringen eine große Variation von Eigenschaften in die Welt. Die nicht »nachzuchtwürdigen« Völker am Stand beteiligen sich nur über die Drohnen am Wettbewerb um die erfolgreiche Begattung. (Vermehrt wird von ihnen nicht, weder über Schwarmzellen noch über künstliche Königinnenzucht.) So kommt eine erhöhte Varroaresistenz bzw. -toleranz in die Breite. Die Königinnen verteilen ihre genetische Disposition über die Drohnen an andere Völker in der Umgebung. Auf Dauer geschieht hier nichts anderes als bei der üblichen züchterischen Auslese. Diese ist aber auf einige wenige Züchter beschränkt. In der Varroa-Basiszucht wird aber jeder Imker selbst zum Züchter. Somit erlangen die Zuchtfortschritte in Bezug auf die Varroatoleranz ein ganz anderes Gewicht und eine gänzlich andere Verbreitung.

Mir gefällt an dieser Basiszucht, dass jeder Imker Autonomie gewinnt, weil er von professionellen Königinnenzüchtern unabhängig wird. Des Weiteren erzeugt jeder Imker seinen eigenen Ökotypus, da die Königinnen an die lokalen Gegebenheiten angepasst sind. Zusätzlich nimmt bei seinem Ökotypus die Widerstandsfähigkeit gegenüber Varroa immer mehr zu. Es wird ja an jedem Stand bzw. in jeder Imkerei separat Auslese betrieben. Ich bin davon überzeugt, dass mit dieser Methode in wenigen Jahren gute Fortschritte zu erzielen sind, wenn nur genügend Imker mitmachen. Dieses Ausleseprinzip kann durch Elemente der naturgemäßen Imkerei erweitert werden, sodass dies insgesamt gesehen einen vielversprechenden Weg in eine gute Zukunft der Imkerei darstellt.

Praktische Umsetzung der Varroatoleranz-Basiszucht. Die Basiszucht wird um die Instrumente der Varroadiagnose erweitert. Der Ausgangsbefall nach der Überwinterung wird über eine Gemülldiagnose bestimmt und notiert (siehe Varroa-Kapitel Seite 248). Danach wird noch einmal Ende Juni/Anfang Juli und vor der Einwinterung Ende Juli/Anfang August der aktuelle Varroabefall bestimmt. Dies kann über eine Gemülldiagnose etc. gemacht werden. So wird für jedes Volk die Befallsentwicklung dokumentiert. Vermehrt wird nur von den identifizierten Goldkörnern, die in Bezug

Das Brutnest und der Honigertrag sind nicht alles.

auf den Varroabefall bzw. die Vermehrung der Milbe am günstigsten abschneiden. Neben der Varroadiagnose kann dieses Verfahren direkt durch einen Varroa-Sensitive-Hygiene-Test zum Beispiel mittels des »Weimarer Bienenstempels« ergänzt werden. Mit diesem wird bei jedem Volk zweimal im Jahr ein genau definierter Bereich der Bienenbrut verletzt und dann nach einer festgelegten Zeit das Ausräumverhalten bzw. das Erkennen der verletzten Brut bestimmt. Die effektivste Ausräumrate dient als zusätzliches Auslesekriterium. Wahrscheinlich genügt es sogar, diesen VSH-Test im Spätsommer nur bei den besten Völkern durchzuführen. So können die Kandidaten für die Vermehrung im nächsten Jahr schon vorab bestimmt werden. Natürlich muss die Überwinterung bzw. die Auswinterung und Frühjahrsentwicklung noch einmal genau beobachtet werden.

Varroatoleranz-Basiszucht bedeutet nicht, dass auf eine Bekämpfung der Varroamilbe verzichtet werden muss. Nur sollten alle Völker zur gleichen Zeit und nach der gleichen Methode behandelt werden. So entsteht Vergleichbarkeit. Die nachfolgende Vermehrung der Milbe in den Völkern dient dann als Maßstab zur Beurteilung.

Resümee

Natürlich ist die Methode »leben oder sterben lassen«, also das beschriebene radikale Szenario, am effektivsten. Auf diese Weise werden alle anfälligen Völker eliminiert. In der Natur geschieht dies genau auf diese Weise. Allerdings leben die Völker weit voneinander entfernt, sodass es weder zu Verflug noch Räuberei kommt. Die hohe Honigbienendichte, die bei uns üblich ist, kann zu massiven Problemen mit horizontaler Transmission, also Reinfektion, führen (siehe Seite 320). Zudem setzt diese »harte« Variante, wie bereits angesprochen, voraus, dass der Imker dieses Sterben ertragen kann. Letztlich geht es mir auch darum, dass eine Methode so attraktiv ist, dass sich viele Imker dafür begeistern lassen und diese auch praktizieren. Dies scheint mir bei der radikalen Variante »leben und sterben lassen« nicht der Fall zu sein.

Dagegen wird ein »sanfterer Weg« eher akzeptiert werden – und darum geht es uns ja auch: Es sollen so viele Imker wie möglich diesen Weg gehen. So wird eine möglicherweise langsamere Entwicklung von Varroaresistenz bzw. -toleranz durch eine hohe Zahl von Völkern, bei denen in großem Stil die Auslese auf Varroaresistenz umgesetzt wird, ausgeglichen. Ich bin davon überzeugt, dass dieser Weg dann erfolgreich sein kann, wenn nach einigen Jahren sehr viele als varroaresistent erkannte Völker in der Fläche vorhanden sind. So kann auch das Fehlen des Genpools wild lebender Bienen ausgeglichen werden. Jahr für Jahr gibt es dann Fortschritte. Das ist mit dem züchterischen Weg (Szenario 3, siehe Seite 316), bei dem nur einige wenige Züchter Erfolge vorweisen können und dann ihre Königinnen zu einem hohen Preise verkaufen, sicher nicht zu erreichen.

Wer alle seine Völker erhalten will, kann wie gewohnt gegen die Varroamilbe vorgehen. Es kann aber auch eine schadensschwellenorientierte Behandlung angewandt werden. Völker mit einem niedrigen Befallsgrad werden nicht behandelt. So kann ein Infektionsdruck ausgelöst werden, bei dem die volkseigenen Resistenzmechanismen in Gang gesetzt werden. Werden mit der Puderzuckermethode im August ein Befall von zehn Prozent und mehr oder bei der Gemülldiagnose mehr als zehn Milben pro Tag festgestellt, so werden die betreffenden Völker behandelt. Vermehrt wird davon nicht mehr. Die Devise lautet also: individuell selektionieren und behandeln. Ich denke, dass es auf diese Weise möglich ist, innerhalb von wenigen

PRAXIS

Wie funktioniert die vertikale Transmission

So wie es nicht die Biene oder das Bienenvolk gibt, gibt es nicht die Genetik an sich. Es gibt eine generelle genetische Ebene, daneben aber immer auch eine sehr individuelle Ausprägung der jeweiligen Eigenschaften. So ist jede Wirt-Parasit-Beziehung immer auch eine volksspezifische, gewissermaßen intime Balance zwischen diesen beiden Wesen. Dies macht dann die besondere genetische Identität des jeweiligen Volks aus. Die Mutter gibt ihre Anpassungsmodalitäten (ihre ganz spezifischen Eigenschaften) an ihre Töchter weiter. Diese bekommen durch die Geburt praktisch die Handlungsanweisung mitgeliefert, wie dieses Volk mit diversen Herausforderungen, wie zum Beispiel der Varroamilbe, umgeht und diese handhabt. Nun werden die Töchter wiederum von vielen verschiedenen Drohnen begattet. Zum genetischen Erbe der Mutter kommt nun das Erbgut verschiedener Väter hinzu. Bewährt es sich, dann ist es gut. Wenn nicht, wird es mittels natürlicher Selektion verworfen. Durch die Vererbungslinie von der Mutter zu ihren Töchtern ergibt sich die Möglichkeit der Weiterentwicklung - individuell Vorhandenes wird verändert, weiterentwickelt bzw. verbessert. So kann sich sukzessive eine Anpassung entwickeln. Eine Ausnahme bildet die Selektion entsprechend der Wünsche des Imkers. Hier hat die natürliche Selektion weniger Möglichkeiten, ihre Wirksamkeit zu entfalten.

Werden Königinnen künstlich gezüchtet, verpaart und eingeweiselt, dann gibt es diese volksindividuelle Vererbungslinie nicht, sondern der Prozess beginnt immer wieder aufs Neue. Es ist, als würde das Programm immer wieder auf den Reset-Modus gesetzt. Das Gleiche passiert übrigens auch, wenn die alte Königin alljährlich durch eine junge, nicht mit ihr verwandte Königin ersetzt wird. Die neue Königin hat nichts mit diesem Volk und seinen spezifischen Verhaltensmustern zu tun. Somit beginnt der spezifische Anpassungsprozess immer wieder aufs Neue. Ähnliches passiert, wenn wir die Standimkerei mit der Wanderimkerei vergleichen. Auch hier kann sich kein Ökotypus herausbilden, weil die Völker nach der Tracht verstellt werden und woanders gänzlich neu beginnen müssen, sich in der Umgebung zurechtzufinden. Es wächst nichts zusammen (siehe Blacquiere/Panziera Seite 332).

Im Gegensatz dazu ist **horizontale Transmission** die Übertragung von Organismen zwischen biotischen oder abiotischen Mitgliedern eines Ökosystems, die nicht durch eine Eltern-Kinder- (Nachkommen-)Beziehung miteinander verbunden sind. Bei den Bienen ist das die Nachzucht von Königinnen als Schwestern der Arbeitsbienen (Nachschaffung oder künstliche Königinnenzucht) bzw. die Bildung von Ablegern durch die Entnahme von Brutwaben.

Jahren den Einsatz von Medikamenten zu reduzieren oder ganz darauf zu verzichten. Allemal ist imkerlicher Mut gefordert.

Dieses Konzept gefällt mir sehr gut, weil dadurch über das Land verteilt auf Dauer gesehen sehr viele Drohnen von ausgewählten Muttervölkern die Drohnensammelplätze besuchen und die restlichen Königinnen begatten.

Basiszucht und naturgemäße Imkerei

Es erscheint mir sehr sinnvoll, den beschriebenen Weg um Elemente der naturgemäßen Imkerei zu erweitern. Eine Betriebsweise, in der der Stress bzw. die Störungen minimiert sind, kommt der Bienengesundheit insgesamt entgegen. Werden zudem die Anzahl, die Richtung und die Auswirkungen der Manipulationen reduziert, so können die Bienenvölker immer mehr gemäß ihrer Natur leben. Es ist zu erwarten, dass sie dadurch auch vitaler werden. Die Beispiele varroaresistenter Völker in der freien Natur zeigen dies deutlich.

Wie sollte das konkret aussehen? Die einzelnen Elemente der naturgemäßen Imkerei habe ich ab Seite 15 ausführlich beschrieben. Eigentlich ist es gar nicht so schwierig, dies umzusetzen. Sogar durch Vermehrung über den Schwarmprozess, verbunden mit einer zielgerichteten und konsequenten Auslese, können sehr gute Königinnen herangezogen werden. Diese stehen nach meiner Erfahrung teuren und aufwendig produzierten Zuchtköniginnen in nichts nach. Königinnen, die über den Schwarmprozess entstehen, entsprechen dem Prinzip der vertikalen Transmission (siehe links). Forschungen auf dem Gebiet der Epidemiologie zeigen, dass Krankheitserreger, die vertikal, also von Eltern auf ihre Kinder übertragen werden, im Lauf der Zeit weniger virulent werden. Erreger, die horizontal, also auf nicht verwandtschaftlicher Ebene, zum Beispiel innerhalb der gleichen Generation, weitergegeben werden, behalten ihre Virulenz bzw. können sogar virulenter werden. In der Theorie würde das bedeuten, dass die Varroamilbe weniger gefährlich wird, wenn die Völker sich über den Vorschwarm - die Altkönigin ist die Mutter - und die Nachschwärme bzw. Restvölker - deren Königinnen sind ihre Töchter - vermehren können. Die Beispiele resistenter Völker in der freien Natur bestätigen diese Theorie. In der heute üblichen Imkerei überwiegt jedoch die horizontale Transmission. Es wird nicht über den Schwarmprozess vermehrt, sondern durch Umlarven und künstliche Königinnenzucht. Das bedeutet, die neuen Königinnen sind Schwestern der Arbeitsbienen. Ableger werden aus nicht schwarmbereiten Völkern gebildet. Es werden Brutwaben samt Bienen aus beliebigen Völkern entnommen und zu neuen Völkern aufgebaut, ohne dass ein Vermehrungsprozess oder -impuls zugrunde liegt. Auch hier dominiert die horizontale Transmission in der gleichen Generationenebene. Durch Räuberei werden ebenfalls Varroen von Völkern der gleichen Generationsstufe in der Umgebung verteilt. So arbeiten wir trotz besseren Wissens gegen die Mechanismen, die die Bienen selbst anwenden und ausbilden würden, wenn sie sich eigenständig von der Varroamilbe befreien wollen.

Wichtig erscheint mir, zukünftig auf das Ausschneiden von Drohnenbrut zu verzichten. Bienenvölker brauchen eine gewisse Menge an Drohnen, zudem würde dieser Verzicht dazu führen, die genetische Einseitigkeit und Armut am männlichen Element aufzuheben und eine größere Anzahl genetischer Neukombinationen und Varianten zu erzeugen. Dadurch steigt die genetische Vielfalt. Hier möchte ich noch einmal auf die Erfahrungen in Kuba (siehe Seite 310) verweisen. Dort konnten

Völker mit einer dem natürlichen Maß entsprechenden Menge an Drohnen und Drohnenbrut Stresssituationen besser bewältigen.

Die naturgemäße Imkerei vertraut auf die Kraft, die Vitalität und die Fähigkeiten der Bienen selbst. Die natürlichen Bedürfnisse des Tieres Bienenvolk sollen möglichst wenig eingeschränkt werden. Das Volk muss nicht mehr ständig den Schaden, den der Imker verursacht hat, reparieren, wie zum Beispiel die Wiederherstellung der richtigen Bienenstocktemperatur. Es kann sich stattdessen auf sich selbst besinnen. Dadurch erhöht es seine Ressourcen und steigert seine Resilienz. Naturgemäße Imkerei heißt, den Bienen wieder die Kontrolle über ihr eigenes Leben zurückzugeben. Dadurch gewinnen sie ein Mehr an Autonomie. Dies scheint für ein immer noch wildes Tier essenziell zu sein.

Mit der Varroa-Basiszucht gewinnt auch der Imker Autonomie. Er lernt durch Beobachtung seine Bienen besser kennen. Schritt für Schritt entwickelt sich deren Fähigkeit, selbst mit der Milbe klarzukommen. Wahrscheinlich dauert es aber ebenfalls ca. zehn Jahre, bis durch Basiszucht eine ganz neue Art von Imkerei entstanden ist. Wunder ereignen sich meist nicht von selbst, sondern müssen vorbereitet werden. Dieser Weg über die Basiszucht erfordert nur wenige tatsächliche Umstellungen. Die wichtigsten Veränderungen finden im Kopf statt!

Die Selektion wird genauso wichtig wie die Honigernte.

Der züchterische Weg für Berufsimker – worin bestehen meine Zweifel?

Grundsätzlich bin ich der Meinung, dass die moderne Imkerei durch die intensiven Betriebsweisen ihren Teil zur Schwächung der Bienen und ihrer Vitalität beigetragen hat, denn diese Betriebsweisen sind gegen die Natur der Bienen gerichtet. Gerade die Einseitigkeit der modernen Bienenzucht bei der Auslese und Vermehrung hat die Honigbienen ihrer stärksten Waffe beraubt: der hohen dynamischen Variabilität von Eigenschaften, die jedes Jahr aufs Neue auf ihre Eignung überprüft werden. Genügen diese nicht den natürlichen Anforderungen, werden sie gnadenlos aus dem Erbstrom ausgeschieden. Der Versuch, eine varroatolerante Biene unter Beibehaltung aller weiteren züchterisch gewünschten Eigenschaften, wie maximale Honigleistung, große Volksstärken, hoher Brutumsatz etc., zu züchten, ist eine Fortschreibung dieser Geschichte. Dies gilt vor allem dann, wenn auch die intensiven Betriebsweisen beibehalten werden.

Auch wenn von Züchterseite immer wieder betont wird, dass die Resistenz auf einem Zusammenwirken verschiedener Mechanismen beruht, so herrscht in Wirklichkeit doch ein eindimensionales Ursache-Wirkung-Denken vor. Das wird dem Naturgeschehen nicht gerecht. Die Beispiele des Überlebens aus eigener Kraft, noch dazu ohne Behandlung, zeigen doch gerade das Gegenteil. Es sind immer vielerlei Faktoren, auch durch die Umgebung der Bienen beeinflusste Faktoren, die zur Resistenzentwicklung beitragen. Die auf einem monokausalen Denken beruhende Vorgehensweise engt das Spektrum der Eigenschaften erneut ein und wiederholt die Fehler der Vergangenheit. Es geht doch zukünftig darum, eine möglichst große Bandbreite genetischer, physiologischer und volkseigener Eigenschaften zu erhalten, die nachhaltig das Überleben der Bienenvölker ermöglichen. Fast alle bekannten Beispiele zeigen, dass die Völker auch deshalb überleben, weil sie die Volksstärke und die Menge aufgezogener Brut im Jahreslauf reduzieren, damit sich weniger Varroamilben fortpflanzen können. Nun zu postulieren, dass es möglich sein soll, die Volksstärken und Brutmengen unserer Hybridbienenvölker aufrechtzuerhalten und gleichzeitig auf eine Varroabekämpfung verzichten zu können, ist für mich schwer nachvollziehbar. Diese Völker sollen dann eben noch mehr Milben ausräumen, also einen extrem hohen VSH-Wert aufweisen. Manche Züchter behaupten ja schon, dieser Wert wäre in einigen ihrer Völker so hoch, dass in der Brut überhaupt keine Milben mehr gefunden worden seien. Das scheint mir utopisch. Es geht doch nicht um die Eliminierung der Milben, sondern um eine Koexistenz. Das zeigen alle Beispiele deutlich.

Letztlich kann es nicht funktionieren, das Versagen eines Systems - hier der intensiven Betriebsweisen - mit einer noch intensiveren Betriebstechnik korrigieren zu wollen. Das ist ein Widerspruch in sich. Wie beschrieben, ist die Honigbiene immer noch eine Art wildes Tier und mit keinem anderen Nutztier zu vergleichen. Wenn wir auf eine Art von Imkerei zusteuern, die durch die Notwendigkeit der vollkommenen Kontrolle über die Befruchtung und Vermehrung gekennzeichnet ist, so nähern wir uns einer noch weitergehenden Zähmung der Bienen, die mit diesem Tier nicht funktionieren kann.

Sehr interessant fand ich die Tatsache, dass die Resistenz scheinbar an einen bestimmten Ort, eine bestimmte Umgebung gekoppelt ist. Werden resistente Völker oder Königinnen in ein anderes Umfeld verbracht, so verschwindet diese Eigenschaft wieder (Homöostase). Sie scheint also nicht unbedingt erbfest zu sein. Worauf dieses Phänomen zurückzuführen ist, weiß man noch nicht. In Ägypten blieb die Varroaresistenz von *Apis mellifera lamarckii* erhalten, auch als wir die Völker von Asiut ins 500 Kilometer entfernte Niltal bei Kairo verbrachten. Dort standen sie in einer von *Apis mellifera carnica* dominierten Umgebung. Im Lauf der Zeit ging die Resistenz gegenüber Varroa zurück und mein Imker Islam muss mittlerweile dort auch unsere Lamarckii-Völker mit Milchsäure behandeln. Ursache könnte die vermehrte Begattung der Königinnen mit Carnica-Drohnen sein. Dies könnte bedeuten, dass durch die Begattung der Königinnen mit nicht resistenten Drohnen diese Fähigkeit wieder zurückgedrängt wird.

Wir hätten, würden wir den züchterischen Weg beschreiten, hier eine ähnliche Situation wie in Ägypten: einige wenige vom Züchter für viel Geld erworbene Königinnen in einem normalen Imkereiumfeld. Auch hier würde die Resistenz langsam wieder verschwinden. Die Imker wären gezwungen, immer wieder Zuchtmütter zu kaufen, um dann mit deren Töchtern einige Jahre erfolgreich imkern zu können. Zudem fehlen bei uns die wild lebenden Bienenvölker, deren Drohnen eine wichtige genetische Ressource darstellen, wie wir auf Kuba oder im Arnot Forest gesehen haben.

Gerade die Ein-Drohn-Besamung ist in meinen Augen ein Sinnbild für ein der Natur widersprechendes eindimensionales Denken und für einen widernatürlichen Weg. Die Gefahr, dass durch die Einengung der Auslese auf einige wenige Merkmale, die perfekt zur modernen Imkerei passen, die Vitalität insgesamt schwindet und andere für die Biene wesentliche Eigenschaften übersehen werden bzw. verloren gehen, ist sehr groß. Die Vielfalt ist essenziell für die Vitalität und Resilienz der Honigbienen.

Ich bin davon überzeugt, dass dieser züchterische Weg nur kurzfristige Erfolge, aber langfristig keine stabile und resistente Bienenpopulation hervorbringen kann. Ich mache aus dieser Einstellung jedoch kein Dogma und würde mich auch gern überraschen lassen.

Autobiografische Notizen

»... Heute dies, morgen jenes zu tun, morgens zu jagen, nachmittags zu fischen, abends Viehzucht zu betreiben, nach dem Essen zu kritisieren, wie ich gerade Lust habe, ohne je Jäger, Fischer, Hirt oder Kritiker zu sein ...«

Dieses Zitat von Karl Marx (aus »Die Deutsche Ideologie«) steht für einen der Impulse, die mich 1979 veranlassten, mich auch beruflich als Imker zu engagieren. Die ökologische Bewegung stand erst am Beginn ihrer Entwicklung und war noch sehr überschaubar. Im Nachhinein ist mir natürlich klar, dass Karl Marx als Theoretiker und Philosoph vom wirklichen Leben nur wenig Ahnung hatte. Wer Viehzucht oder Bienenzucht betreibt, weiß, dass das nicht funktionieren kann, nur nach dem Lustprinzip zu handeln. Stattdessen geht es um Beziehung und Verantwortung. Wichtig war und ist mir aber, dass mit diesem Zitat das Phänomen der Entfremdung umschrieben wird, deren Überwindung ich mir damals im Imkerberuf wünschte. Das ist mir immer noch ein Anliegen. Mit Entfremdung meine ich konkret die Trennung des modernen Menschen von der Natur, aber auch von seiner Arbeit.

Als mir damals die Bienen begegneten, war mir schnell klar, dass ich den Beruf des Imkers ergreifen wollte. Davon erhoffte ich mir, die angesprochene philosophische Herausforderung praktisch umsetzen zu können. Imkerei stellte ich mir als eine so vielseitige Tätigkeit vor, dass sich keine Einseitigkeiten entwickeln könnten. Natürlich ist es wichtig, sich in die Biologie der Bienen und des Bienenvolks zu vertiefen, denn ohne fundiertes Wissen und umfassende Kenntnis dieses Tieres kann niemand ein guter und erfolgreicher Imker werden. Zur Imkerei gehört aber noch mehr! Ein Imker muss auch vom Holz und seiner Bearbeitung etwas verstehen, er muss also ein wenig als Schreiner arbeiten können, wenn er seine Beuten und andere Ausrüstungsgegenstände selbst fertigen möchte. Er muss von Vermarktung etwas verstehen, weil er seinen Honig verkaufen möchte. Nach meiner Erfahrung ist es schwieriger, den eigenen Honig zu einem guten Preis zu verkaufen, als ihn zu produzieren. Auch in Fragen der Ökonomie sollte man sich als Imker auskennen. Natürlich ist der Bienenzüchter auch eine Art Bauer oder Gärtner.

Wie erhofft, entpuppte sich die Imkerei als eine sehr spannende und vielseitige Tätigkeit. Der Beruf des Imkers verschaffte und verschafft mir immer noch große Befriedigung.

Wenn ich ein Bienenvolk öffne, um daran zu arbeiten, so habe ich auch jetzt noch das Gefühl, als würde ein Fenster zu einer anderen Welt aufgestoßen. Magisch ziehen die Bienen uns Imker in diese andere Welt – voller Düfte, Farben, Wärme, Tiefe und Intensität. Dies ermöglicht erstaunliche Erlebnisse und Einblicke in das Innerste der Natur, die mir in einem normalen Beruf sicher verwehrt geblieben wären. Was für ein Wunder an Vielfalt und Komplexität! Diese intime Verbundenheit mit der Natur erlebe ich als ein großes Geschenk. Es ist eine ganz andere Qualität, spazieren zu gehen und die Natur nur als Kulisse wahrzunehmen. Wir Imker leben mit und in der Natur: Allein die Jahreszei-

Der Weimarer Bienenstempel: Damit kann jeder Imker selbst das Hygieneverhalten seiner Bienen überprüfen.

ten und die wechselnden Wetterverhältnisse; über die Bienen zu verstehen, wie sie sich auf den gesamten Naturkreislauf auswirken; die enge Verbindung von Bienen und Pflanzen; der schnelle Wandel der Umweltverhältnisse durch die moderne intensive Landwirtschaft. Manchmal war das fast zu viel an Eindrücken und Erlebnissen. Da kam die alljährliche »Winterpause« immer gerade recht, um all dies zu »verdauen«.

»Als Fragender vor den Bienen stehen.« Dieser Satz, mit dem Hans Wille, der ehemalige Leiter der eidgenössischen Forschungsanstalt für Bienenzucht in Liebefeld/Schweiz, seinen Forschungsansatz beschreibt, hat mich tief beeindruckt. Am spannendsten aber erlebe ich, dass jede gefundene Antwort sofort neue Fragen aufwirft. Mit Bienen zu leben und zu arbeiten, bedeutet, vertraut zu werden mit den Geheimnissen der Natur. So ist der Imker immer auch Biologe, Lebenswissenschaftler. In dieser Tätigkeit verbinden sich das praktische Tun und Können mit der Theorie. Das empfinde ich als sehr bereichernd.

Imker sind oft besondere Menschen. So ermöglichten mir die Bienen viele intensive Begegnungen mit Menschen, die für ihre Leidenschaft »brannten«. Im normalen Berufsalltag gibt es das nicht mehr so oft. Aus vielen dieser Begegnungen entstanden im Lauf der Zeit schöne Freundschaften.

So ist Imkerei für mich nicht nur eine Beschäftigung, sondern kann – natürlich mit gewissen Einschränkungen – als »Lebensform« verstanden werden. Der Imker als Bienenpfleger, Blumenspezialist, Ökologe, Schreiner, Bauer, Förster, Marketingexperte und vieles mehr – das zeigt eine Vielseitigkeit, die Können und natürlich auch Fleiß erfordert. Sie bringt aber auch Zufriedenheit und Demut mit sich. Ja, wir Imker sind privilegiert! Das gilt sowohl für den Freizeitimker als auch für den Berufsimker.

Glossar

Ableger: Form der Vermehrung eines Bienenvolks mittels bienenbesetzter Brutwaben. Der Imker entnimmt eine oder mehrere mit Bienen besetzte Brutwaben und setzt sie in eine leere Beute ein. Dann gibt er eine Weiselzelle bzw. eine begattete Königin dazu.

Absperrgitter: Trennt den Brutraum vom Honigraum, nur die Arbeiterinnen haben Zutritt zum Honigraum.

Afterweiseln: Arbeitsbienen, die ihre Eierstöcke entwickelt haben und unbefruchtete Eier legen.

Ammenbienen: Arbeiterinnen, die sich um die Brutpflege kümmern.

Arbeiterinnen: Alle weiblichen Bienen eines Volks, mit Ausnahme der Königin.

Aufketten: Bienen verhaken sich mit ihren Beinen und bilden so eine Kette oder Traube; sie können so Abstände überwinden, die ihre Körperlänge übersteigt.

Auslaufen: Schlüpfen der Bienenbrut.

Bannwabenverfahren: Biotechnische Maßnahme zur Varroabekämpfung. Die Königin wird in einer Wabentasche vom Brutraum getrennt und kann nur hier Eier legen. Die Brut dient als Varroafangwabe und wird nach der Verdeckelung entnommen.

Beespace: siehe Bienenabstand.

Belegstellen: Ort, an dem kleine Begattungsvölker mit unbegatteter Königin in Begattungskästchen aufgestellt werden. Von dort startet die Königin zum Hochzeitsflug zum Drohnensammelplatz. Dient der Bienenzucht.

Beute: In der Fachsprache der Imker die Bienenwohnung (siehe auch Magazin- und Trogbeute).

Bien: In der Fachsprache der Imker das Bienenvolk als Ganzes, der Superorganismus Bienenvolk.

Bienenabstand: Darunter versteht man in der Imkerei eine Distanzspanne von ca. 7 mm innerhalb des Bienenstocks, die von den Bienen weder mit Bienenwachs verbaut noch mit Kittharz abgedichtet wird.

Bienenflucht: Imkereigerät, das die Gewinnung von Honig erleichtert. Als eine Art Schleuse lässt sie die Bienen nur in eine Richtung passieren. So kann der Imker den Honigraum von einem Großteil der Bienen befreien.

Bruteinschlag: Beginn der Brutaktivität.

Brutnest: Bereich auf den Waben, in dem die Brut aufgezogen wird.

Brutraum: Bereich einer Beute, in dem die Brutwaben angelegt werden.

Brutwabe: Wabe mit verdeckelter und offener Brut.

Buckelbrütiges Volk: Ein Volk, das nur Drohnenbrut aufweist; Arbeitsbienen mit entwickelten Eierstöcken legen unbefruchtete Eier. Das Volk ist nicht überlebensfähig.

Dadant: Rähmchenmaß und Beutenform mit relativ großen Rähmchen: 448 × 285 mm.

Deutsch Normalmaß: Rähmchenmaß für Magazinbeuten: 370 × 338 mm.

Drohn: Männliche Biene.

Drohnenbau: Waben mit Zellen, die für die Aufzucht von Drohnen vorgesehen sind.

Drohnenbrütiges Volk: Die Königin legt nur unbefruchtete Eier, aus denen sich nur Drohnen entwickeln.

Drohnensammelplatz: Stelle außerhalb des Bienenstocks, an dem sich viele geschlechtsreife Drohnen einfinden und auf unbegattete Königinnen warten.

Durchlenzung: Die Führung der Völker durch das Frühjahr.

Eilage: Die Königin bestiftet eine Zelle.

Einlaufen lassen: Einen Bienenschwarm in eine neue Beute einlogieren, indem die Bienen vor dem Flugloch abgeschüttelt werden und selbstständig in die Beute laufen.

Einraumbeute: Beutenform mit einem einzigen Raum und horizontaler Anordnung der Waben.

Einschlagen des Schwarms: Einen Schwarm in eine Bienenwohnung einlogieren.

Eistreifen: Zucht aus dem Ei. Kleines Wabenstück mit frisch gelegten Eiern. Besondere Methode zur Aufzucht neuer Königinnen.

Faulbrut: Anzeigepflichtige Brutkrankheit der Honigbienen, verursacht durch Bakterien.

Flugbiene: siehe Sammelbiene.

Flugling: Methode zur Neubildung eines Bienenvolks.

Futterkranz: Mit Honig und Pollen gefüllte Zellen, die das Brutnest halbringförmig umgeben.

Futtertasche: Behältnis zum Füttern des Bienenvolks, das in die Beute gehängt wird.

Futterwabe: Wabe, deren Wabenzellen mit Futter für den Winter (Honig, Zuckerwasser, etc.) gefüllt sind.

Hinterbehandlungsbeute: Behausung der Bienen. Die Völker werden von der Rückseite aus bearbeitet.

Hochzeitsflug: Begattungsflug der Königin.

Honigraum: Bereich der Beute, in dem die Bienen den Honig in die Waben einlagern.

Honigtau: Von Läusen und verwandten Insekten ausgeschiedener zuckerhaltiger Saft verschiedener Pflanzen, den Bienen statt Nektar sammeln und daraus Waldhonig machen.

Invertzucker: Zucker wird in ein Gemisch aus Trauben- und Fruchtzucker aufgespalten. Ist dadurch für die Bienen besser verwertbar.

Kalkbrut: Eine Pilzinfektion *(Ascosphaera apis)* der Bienenmaden. Begünstigende Faktoren sind feuchtkalter Standort und geringes Putzverhalten der Bienen.

Kellerhaft: Vorübergehender Aufenthalt eines Schwarms oder Kunstschwarms in einem kühlen, dunklen Raum zur Beruhigung.

Königin: Das einzige geschlechtsreife weibliche Tier im Bienenvolk. Wird auch Weisel genannt.

Kunstschwarm: Ein vom Imker ohne Waben künstlich geschaffenes Bienenvolk.

Langstrothmaß: Ein Rähmchenmaß: 448 × 232 mm.

Lithiumchlorid: Bekämpfungsverfahren der Varroamilbe auf der Basis von Lithium.

Magazinbeute: Beutensystem, bestehend aus den separaten Einheiten Boden, Brut- und Honigraum sowie Deckel. Das Magazin wird von oben bearbeitet.

Milbenfall: Tote Varroamilben, die entweder nach einer Behandlung oder eines natürlichen Todes gestorben sind.

Nassenheider Verdunster: Spezielle Applikationsform zur Langzeitverdunstung von Ameisensäure zur Bekämpfung der Varroamilbe.

Naturwabenbau: Wabenbau ohne Mittelwände, den die Bienen aus selbst ausgeschwitzten Wachsschüppchen formen.

Nosema: Durch einen einzelligen Parasiten verursachte hochansteckende Durchfallerkrankung bei erwachsenen Bienen.

Propolisgitter: Dichtes Gitter, dessen Lücken die Bienen mit Propolis füllen.

Rähmchen: Holzrahmen, in den die Bienen ihre Waben bauen.

Refraktometer: Gerät, um den Wassergehalt des Honigs zu bestimmen.

Reinigungsflug: Dient der Entleerung der Kotblase an den ersten wärmeren Tagen im Frühjahr.

Reizfütterung: Zusätzliche Fütterung, obwohl es bereits blühende Pflanzen gibt; soll die Bienen zu verstärktem Brüten anregen.

Ruhr: Nicht ansteckende Durchfallerkrankung der Winterbienen.

Sackbrut: Durch das Sackbrutvirus hervorgerufene Viruserkrankung der Bienenlarven.

Sammelbiene: Arbeiterin, die für das Eintragen von Pollen und Nektar zuständig ist.

Schied, auch Trennschied: Vorrichtung aus Holz, um die Bienenwohnung an die Größe eines Volks anpassen zu können.

Schlupfkäfig: Schutz der Weiselzellen.

Schwarmkiste/-kasten/-fangkasten: Vorrichtung, um ein geschwärmtes Bienenvolk einzufangen.

Schwarmzelle: siehe Weiselzelle.

Spielnäpfchen: Runde Näpfchen am unteren Wabenrand. Anfangsform der Weiselzellen; noch ohne Eier.

Sprungtemperatur: Erhöhung der Bienenstocktemperatur von 37 °C auf 40 °C.

Spürbiene: Arbeiterin, die nach Futterquellen sucht und diese dann den Sammelbienen mitteilt.

Sterzeln: Form der Kommunikation. Dabei heben die Bienen ihren Hinterleib hoch und senden aus dort liegenden Duftdrüsen Pheromone.

Stille Räuberei: Unbemerktes Räubern von Nektar und Pollen durch fremde Bienen, die über eine schadhafte Stelle in die Beute eindringen können.

Stift: Imkerlicher Fachausdruck für das Ei der Bienenkönigin.

Stockgeruch: Der individuelle Geruch jedes Bienenvolks, den auch jede Biene trägt. Daran wird sie am Flugloch von den Wächterinnen erkannt.

Subletal: Fast tödlich.

Tracht: Von Blüten oder Bäumen bereitgestellter Nektar, Pollen oder Honigtau, der von den Bienen gesammelt wird.

Trachtband: Durchgehendes Angebot an Nektar, Pollen und Honigtau über das ganze Bienenjahr.

Trogbeute: Beutenform; alle Rähmchen bzw. alle Waben befinden sich meist auf einer Ebene.

Varroaresistenz: Fähigkeit eines Bienenvolks, aktiv die Zahl der im Volk lebenden Varroamilben zu begrenzen.

Varroatoleranz: Fähigkeit des Bienenvolks, mit einer gewissen Anzahl von Varroamilben zu überleben.

Verflug: Sammelbienen fliegen statt in ihr angestammtes Volk ins Nachbarvolk. Ursache: zu enge Aufstellung der Bienenvölker.

Wabe: Von den Honigbienen aus Bienenwachs gebaute Wabenzellen.

Wabengasse: Der Abstand zwischen den Waben in einer Beute; er beträgt ca. 35 Millimeter. Zwei Bienen kommen ungehindert aneinander vorbei.

Wabenzellen: Gleichmäßig sechseckig geformte Zellen aus Wachs, in denen die Bienenmaden aufgezogen oder Futter eingelagert werden.

Wachsmotte: Schädling im Bienenstock; die Raupen entwickeln sich in den Waben und ernähren sich von Pollen- und Brutrückständen. Sie zerstören dabei die Waben.

Wächterbienen: Arbeiterinnen, die am Flugloch fremde Bienen und Räuber daran hindern, in den Bienenstock einzudringen.

Warmhaltigkeit: Regelung des Wärmehaushalts im Bienenvolk.

Weisel: Imkerlicher Fachbegriff für die Bienenkönigin.

Weisellosigkeit: Zustand eines Bienenvolks ohne Königin.

Weiselnäpfchen: Halbkugelige Zellen aus Wachs, die von den Arbeiterinnen zu Weiselzellen ausgebaut werden, nachdem die Königin Eier hineingelegt hat.

Weiselrichtigkeit: Zustand eines Bienenvolks mit einer Königin, die befruchtete Eier legt.

Weiselzelle: Anderer Name für Königinnenzelle; erkennbar an der Größe und der nach unten hängenden Form. Darin werden die jungen Königinnen aufgezogen.

Zadant: Rähmchenmaß: 420 × 285 mm.

Zander: Rähmchenmaß: 420 × 220 mm.

Zarge: Ein Teil einer Magazinbeute, zum Beispiel Brut-, Futter- oder Honigzarge.

Register

I

J

K

L

M

N

O

P

R

S

Verwendete und weiterführende Literatur

Bauer, D./Bienefeld, K.: *Hexagonal comb cells of honeybees are not produced via a liquid equilibrium process.* Naturwissenschaften 100 (1) 45-49, 2013

Blacquiere, T./Panziera, D.: *A Plea for use of honey bees natural Resilience in beekeeping.* bee world, 95, S. 34ff., 2018

Bretschko J.: *Naturgemäße Bienenzucht.* Graz, 1985

Busse, T.: *Das Sterben der Anderen.* München, 2019

Charrière, J.-D./Imdorf, A./Tschan, A.: *Ausschneiden von Drohnenbrut: Eine wirksame Massnahme zur Reduktion des Varroabefalls.* Schweizerisches Zentrum für Bienenforschung, 1998

Chittka, L.: *The mind of a bee.* Princeton, 2022

Crane, E.: *The world history of beekeeping and honey hunting.* New York, 1999

Crist, E.: *Schöpfung ohne Krone.* München, 2020

Feder, J.: *Der Segen der Einwanderer.* München, 2022

Frie, E.: *Ein Hof und 11 Geschwister. Der stille Abschied vom bäuerlichen Leben.* München, 2023

Friedmann, G.: *Bienengemäße Imkerei.* München, 2016

Gekeler, W.: *Fachkundenachweis Honig.* Stuttgart, 2020

Genath, A.: *Charakterisierung des molekularen Wirkmechanismus Ameisensäure auf Honigbienen und Varroa-Milben.* Inauguraldissertation, FU Berlin, 2020

Golz, W.: *Der Standzüchter.* Hambergen, 1990

Golz, W.: *Die Standbegattung.* Hambergen, 1985

Goulson, D.: *Stumme Erde.* München, 2022

Goulson, D.: *Wildlife Gardening.* München, 2019

Greeff, M.: *An Honigwaben beissen sich Forscher immer noch die Zähne aus.* ETH Zürich, ETHeritage, 2021

Gritsch, H.: *Ausgeschwärmt.* Imst, 2020

Gruber, J. et al.: *Die Reise des Wanderimkers.* Innsbruck, 2020

Gruber, J. et al.: *Honig der Alpen.* Aarau, 2021

Heuvel, B.: *Bienen im Kopf.* Herten, 2020

Horn, H./Lüllmann, C.: *Das große Honigbuch.* Stuttgart, 2002

Jung-Hoffmann, I.: *Die Determination von Königin und Arbeiterin der Honigbiene.* Zeitschrift für Bienenforschung. Villip – Bad Godesberg, 1966

Jungels, P.: *Imkern.* Ismaning, 2021

Kehrle, A.: *Auf der Suche.* Oppenau, 1983

Kehrle, A.: *Züchtung der Honigbiene.* Oppenau, 2017

Kremer, B.: *Mein Garten – ein Bienenparadies.* Bern, 2014

Kritski, G.: *The tears of Re, beekeeping in Ancient Egypt.* New York, 2015

Korsgaard, C.: *Tiere wie wir.* München, 2018

Locke, B.: *Natural Varroa mite-surviving Apis Mell. Honey bee populations.* Apidologie, 47, S. 467–482, 2016

Louveau, J.: *Die verschiedenen Arten der Anpassung der Bienen an das natürliche Milieu.* Allgemeine Dt. Imkerzeitung, 8, S. 257–270, 1967

Luis, A. R./Grindrod, I./Webb, G. et al.: *Recapping and mite removal behaviour in Cuba: home of the worlds largest population of varroa resistant european Honeybees.* open access; https://doi.org/10.1038/s41598-022-19871-5, 2022

Maeterlinck, M.: *Das Leben der Bienen.* Zürich, 2011

Mance, H.: *Mit Tieren leben.* Zürich, 2021

Maurizio, A./Schaper, F.: *Das Trachtpflanzenbuch.* Stuttgart, 1994

Münstedt, K./Hoffmann, S.: *Bienenprodukte in der Medizin. Apitherapie nach wissenschaftlichen Kriterien bewertet.* Düren, 2022

Münstedt, K./Münstedt, K. P.: *Wie kann man Bienen im Umgang mit Krankheiten unterstützen?* Düren, 2022

Niebel-Lohmann, A.: *Wildbienen – artgerecht unterstützen.* Bern, 2022

Nussbaum, M.: *Gerechtigkeit für Tiere.* Darmstadt, 2022

Pfefferle, K.: *Imkern mit dem Magazin.* 1984

Ritter, W.: *Bienen naturgemäß halten.* Stuttgart, 2014

Ritter, W.: *Gute imkerliche Praxis.* Stuttgart, 2016

Schieback, R. et al.: *Handbuch für eine erfolgreiche Imkerei.* Dresden, 2019

Schwarz, R.: *Das Dadant Kompendium.* Salzburg, 2022

Seeley T.: *Bienendemokratie.* Stuttgart, 2010

Seeley, T.: *Das Leben der wilden Bienen.* Stuttgart, 2021

Steiner, R.: *Mensch und Welt. Über das Wesen der Bienen.* Dornach, 1988

Tautz, J.: *Phänomen Honigbiene.* München, 2007

Walton, G./Seidemann, E./Würtenberger A.: *Bienenparadies Biogarten.* München, 2021

Weiler, M.: *Der Mensch und die Bienen.* Darmstadt, 1997

Weiß, K.: *Zuchtpraxis des Imkers in Frage und Antwort.* München, 1986

Wimmer, W.: *Praxishandbuch der thermischen Varroa-Bekämpfung.* Wien, 2015

Wojciechowski, M. et al.: *Phenotypically distinct female castes in honey bees are defined by alternative chromatin states during larval development.* Genome research, 28, S. 1532–1542, 2018

Young, E.: *Die erstaunlichen Sinne der Tiere.* München, 2022

Adressen

Demeter e. V.
Brandschneise 1
64295 Darmstadt
www.demeter.de

Mellifera e. V.
Vereinigung für wesensgemäße Bienenhaltung
Lehr- und Versuchsimkerei Fischermühle
Fischermühle 7
72348 Rosenfeld
www.mellifera.de
www.bienen-schule.de
www.bluehende-landschaft.de

Deutscher Imkerbund e. V.
Villiper Hauptstraße 3
53343 Wachtberg
www.deutscherimkerbund.de

Deutscher Berufs- und Erwerbsimkerbund DBIB e. V.
Hofstattstr. 22 a
86919 Utting am Ammersee
www.berufsimker.de

Österreichischer Imkerbund
Georg-Coch-Platz 3/11 a
A-1010 Wien
www.imkerbund.at

VDRB – Verein deutschschweizerischer und rätoromanischer Bienenfreunde
Jakob Signer-Strasse 4
CH-9050 Appenzell
www.vdrb.ch

HOBOS (HOneyBee Online Studies)
Prof. Dr. Jürgen Tautz
Universität Würzburg
Campus Nord
Josef-Martin-Weg 52

97074 Würzburg
www.hobos.de

IFOAM - Organics International e. V.

Charles-de-Gaulle-Str. 5
53113 Bonn
www.ifoam.bio

Bioland e. V.
Kaiserstr. 18
55116 Mainz
www.bioland.de

Naturland – Verband für ökologischen Landbau e. V.
Kleinhaderner Weg 1
82166 Gräfelfing
www.naturland.de

Bio Suisse
Peter Merian-Strasse 34
CH-4052 Basel
www.bio-suisse.ch

BIO AUSTRIA – Verein zur Förderung des Biologischen Landbaus
Auf der Gugl 3/3. OG
A-4021 Linz
www.bio-austria.at

Biokreis e. V. – Verband für ökologischen Landbau und gesunde Ernährung
Stelzlhof 1
94034 Passau
www.biokreis.de

Forschungsinstitut für biologischen Landbau (FiBL)
Ackerstrasse 113 / Postfach 219
CH-5070 Frick
www.fibl.org

AGNI
Arbeitsgruppe naturgemässe Imkerei
www.agni.ch

Asiut 1995 (Film)
Arbeiten der traditionellen Imkerei in Ägypten
Forschungsstelle für Bienenkunde der Universität Bremen
Dr. Dorothea Brückner

Über den Autor

Günter Friedmann arbeitet seit über 40 Jahren leidenschaftlich gerne mit und an den Bienen. Er ist einer der Pioniere der ökologischen Imkerei und hat die Richtlinien der Demeter-Bienenhaltung mitentwickelt. In Süddeutschland betreibt er die weltweit größte Demeter-Imkerei. Insbesondere die Forschung und die Aus- und Weiterbildung liegen ihm am Herzen. Seine Imkerei ist einer der wenigen anerkannten Ausbildungsbetriebe für den Beruf des Imkers in Deutschland. Seit vielen Jahren führt er Seminare zur ökologischen bzw. artgerechten Bienenhaltung im In- und Ausland durch.

Außerdem ist Günter Friedmann in Berufsverbänden und ökologischen Netzwerken aktiv. Für sein Engagement und seine Pionierarbeit als Berufsimker wurde er 2003 von der damaligen Ministerin für Verbraucherschutz und Landwirtschaft, Renate Künast, mit dem Förderpreis ökologischer Landbau ausgezeichnet.

Mehr unter: www.imkerei-friedmann.de

Danksagung

Mein großer Dank gilt meiner Frau Christel. Für ihre Geduld. Nicht jeder findet Bienen superspannend. Dank auch an meinen Sohn Tobias, der mir unendlich geholfen hat.

Dank auch an meine Freunde Hans Peter Autenrieth, Erika Mayr, Uli Nett und Kolja Flüger für Kritik und Korrekturlesen. Ein weiterer Dank gilt Prof. Hermann Stever.

Bildnachweis

Adobe Stock/Serge: 242; / wiha3: 043; Friedmann, Günter: 002-1, 002-2, 005-2, 019, 020, 023, 032, 041, 049, 051, 057-1, 057-2, 058, 060, 061, 067, 068, 070-2, 072-3, 076-2, 080, 082, 089, 090, 091, 092, 093-1, 093-2, 093-3, 097-1, 097-2, 099, 105-1, 105-2, 105-3, 106-1, 106-2, 109, 116, 120, 121, 130-1, 130-2, 131, 134, 136-1, 136-2, 137-1, 137-2, 137-3, 140, 141, 142-2, 143-1, 143-3, 144-2, 145-2, 146-1, 147-1, 147-2, 149-1, 149-2, 155, 159, 161, 162, 168, 170, 171-1, 171-2, 172, 174, 179, 187, 189, 192-1, 192-2, 192-3, 193-1, 193-3, 194, 196, 197, 200, 203, 204, 209, 214, 224, 226, 233-2, 238, 248-2, 254, 269, 272, 274, 280, 285, 286-287, 288, 295, 297, 302, 304, 307, 309-1, 309-2, 313, 317, 325; iStock/florintt:158; / Jag_cz: 150; Ofenstein, Inge: 005-1, 008-009, 010, 012, 015, 016, 030-031, 035, 038, 040, 047, 048, 054, 070-1, 071, 072-1, 072-2, 073, 074-1, 074-2, 075, 076-1, 102, 114, 115, 123, 132, 138, 142-1, 142-3, 143-2, 144-1, 144-3, 145-1, 146-2, 146-3, 148-1, 148-2, 165, 180, 193-2, 205, 217, 219, 220, 222, 225, 228, 229, 233-1, 240-241, 245, 247, 248-1, 248-2, 250, 252, 275, 278, 300-301, 318, 329, 335; Shutterstock/Kuttelvaserova Stuchelova: 244; Wienold Imkereibedarf: 135

Impressum

BLV ist eine eingetragene Marke der GRÄFE UND UNZER VERLAG GmbH, www.blv.de

ISBN 978-3-96747-045-1

1. Auflage 2024

Projektleitung: Dr. Folko Kullmann

Lektorat: Angelika Lang

Bildredaktion: Esther Herr

Umschlaggestaltung und Layout: kral & kral design, Dießen a. Ammersee auf Basis eines Layouts von griesbeckdesign, München

Herstellung: Petra Roth

Satz & Gestaltung: griesbeckdesign, Dorothee Griesbeck, München

Reproduktion: Longo AG, Bozen

Druck und Bindung: Firmengruppe APPL, aprinta druck, Wemding

Umwelthinweis:

Nachhaltigkeit ist uns sehr wichtig. Der Rohstoff Papier ist in der Buchproduktion hierfür von entscheidender Bedeutung. Daher ist dieses Buch auf PEFC-zertifiziertem Papier gedruckt. PEFC garantiert, dass ökologische, soziale und ökonomische Aspekte in der Verarbeitungskette unabhängig überwacht werden und lückenlos nachvollziehbar sind.

Wichtiger Hinweis

Die Gedanken, Methoden und Anregungen in diesem Buch stellen die Meinung bzw.Erfahrung des Verfassers dar. Sie wurden vom Autor nach bestem Wissen erstellt und mit größtmöglicher Sorgfalt geprüft. Jede Leserin, jeder Leser ist für das eigene Tun und Lassen auch weiterhin selbst verantwortlich. Weder Autor noch Verlag können für eventuelle Nachteile oder Schäden, die aus den im Buch gegebenen praktischen Hinweisen resultieren, eine Haftung übernehmen.

Liebe Leserin und lieber Leser,

wir freuen uns, dass Sie sich für ein BLV-Buch entschieden haben. Mit Ihrem Kauf setzen Sie auf die Qualität, Kompetenz und Aktualität unserer Bücher. Dafür sagen wir Danke! Ihre Meinung ist uns wichtig, daher senden Sie uns bitte Ihre Anregungen, Kritik oder Lob zu unseren Büchern. Haben Sie Fragen oder benötigen Sie weiteren Rat zum Thema?

Wir freuen uns auf Ihre Nachricht!

GRÄFE UND UNZER Verlag
Grillparzerstraße 12
81675 München
www.graefe-und-unzer.de

Ein Unternehmen der GANSKE VERLAGSGRUPPE